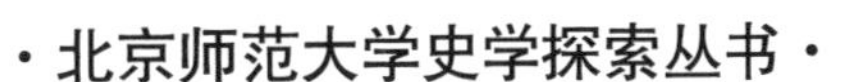
·北京师范大学史学探索丛书·

本书系北京市社会科学基金重点项目“北京工业遗产现状调查与保护利用研究”（项目号 10AbZH175）的最终成果

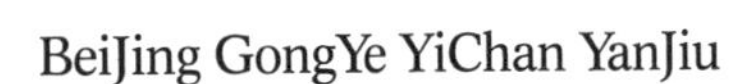
BeiJing GongYe YiChan YanJiu

北京工业遗产研究

李志英　宋　健　著

北京师范大学出版集团
BEIJING NORMAL UNIVERSITY PUBLISHING GROUP
北京师范大学出版社

图书在版编目(CIP)数据

北京工业遗产研究 / 李志英，宋健著. —北京：北京师范大学出版社，2018.7
(北京师范大学史学探索丛书)
ISBN 978-7-303-22182-0

Ⅰ. ①北… Ⅱ. ①李…②宋… Ⅲ. ①工业建筑—文化遗产—研究—北京 Ⅳ. ①TU27

中国版本图书馆 CIP 数据核字(2017)第 047772 号

营 销 中 心 电 话 010-58805072 58807651
北师大出版社高等教育与学术著作分社 http://xueda.bnup.com

出版发行：北京师范大学出版社 www.bnup.com
北京市海淀区新街口外大街 19 号
邮政编码：100875
印　　刷：大厂回族自治县正兴印务有限公司
经　　销：全国新华书店
开　　本：730 mm×980 mm 1/16
印　　张：26.75
字　　数：398 千字
版　　次：2018 年 7 月第 1 版
印　　次：2018 年 7 月第 1 次印刷
定　　价：89.00 元

策划编辑：刘东明 刘松弢　　责任编辑：王艳平
美术编辑：王齐云　　装帧设计：王齐云
责任校对：段立超　　责任印制：马 洁

版权所有 侵权必究

反盗版、侵权举报电话：010-58800697
北京读者服务部电话：010-58808104
外埠邮购电话：010-58808083
本书如有印装质量问题，请与印制管理部联系调换。
印制管理部电话：010-58805079

北京师范大学史学探索丛书
编辑委员会

顾　问　刘家和　瞿林东　陈其泰　郑师渠　晁福林

主　任　杨共乐

副主任　李　帆　易　宁

委　员（按姓氏笔画排序）

马卫东　王开玺　王冠英　宁　欣　汝企和

张　皓　张　越　张荣强　张建华　郑　林

侯树栋　耿向东　梅雪芹

出版说明

在北京师范大学的百余年发展历程中，历史学科始终占有重要地位。经过几代人的不懈努力，今天的北师大历史学院业已成为史学研究的重要基地，是国家“211”和“985”工程重点建设单位，首批博士学位一级学科授予权单位。拥有国家重点学科、博士后流动站、教育部人文社会科学重点研究基地等一系列学术平台。科研实力颇为雄厚，在学术界声誉卓著。

近年来，北师大历史学院的教师们潜心学术，以探索精神攻关，陆续完成了众多具有原创性的成果，在历史学各分支学科的研究上连创佳绩，始终处于学科前沿。特别是崭露头角的部分中青年学者的作品，已在学术界引起较大反响。为了集中展示北师大历史学院的这些探索性成果，也为了给中青年学者的后续发展创造更好条件，我们组编了这套“北京师范大学史学探索丛书”，希冀在促进北师大历史学科更好发展的同时，为学术界和全社会贡献一批真正立得住的学术力作。这些作品或为专题著作，或为论文结集，但内在的探索精神始终如一。

当然，作为探索丛书，特别是以中青年学者作品为主的学术丛书，不成熟乃至疏漏之处在所难免，还望学界同仁不吝赐教。

北京师范大学历史学院

北京师范大学史学理论与史学史研究中心

北京师范大学史学探索丛书编辑委员会

2014 年 3 月

目　录

绪　论

工业遗产是人类历史上最晚出现的文化遗产，但是其意义并不因晚现而降低，相反，它与历史悠久的古代文化遗产一样，都是人类社会瑰丽的文化创造，都是人类社会进步的重要标志，都是人类智慧高度凝结的物质表现。但是，正因为其诞生较晚，且外表的平凡，而被人们冷落了多年，有的甚至消失在了历史的云烟中。因此，保护工业遗产是当下社会各界面临的非常急迫的任务。学界有义务了解和掌握工业遗产存在的现状，研究其丰富内涵和意义，并提出保护利用对策。

一、概念界定与研究意义

工业遗产是最近几十年才被人们熟识的一个概念，中国工业遗产保护的普遍开展更是21世纪以后的事。在此之前，工业遗产并未进入人们的文化遗产视域。人们的普遍看法是，这些傻大黑粗的笨机器，呆头呆脑的灰房子有什么文化遗产价值？难道它们也蕴含文化价值吗？因此，当工业化浪潮成为过去、工业遗产出现时，最初是被人们当作毫无价值的弃儿对待的，是被当作毫无历史价值、文化价值和保护价值的废物对待的，是被当作不但无价值而且占地、占资源的赘物对待的。在此种思想指导下，大量工业遗产被无情的拆除，大量凝聚了人类智慧的工业化遗迹不断的销声匿迹。

第二次世界大战后，世界上最早的工业化国家——英国开始重视工业遗产的价值，开启了世界工业遗产保护的帷幕。但是，世界上其他国家是直到20世纪60年代以后才开始发现工业遗产的文化价值的，并由此开始了工业遗产的考古和研究，开始了对工业遗产的保护和利用历程。中国的工业化晚于西方，后工业化到来也比较晚，对工业遗产的认识和保护利用就更晚了。进入21世纪，工业遗产的价值才逐渐为国人所认识，并且开始了研究、保护和利用。

那么，工业遗产的价值究竟何在？为什么要保护工业遗产？

要明了这个问题，首先必须明确工业遗产这个概念。但由于世界范围的工业遗产研究起步较晚，作为一个学科也尚在形成中，所以目前世界各国学术界、政界和相关国际组织的理解和认识并不一致，中国国内各界对工业遗产的概念界定也不尽相同。

从国际上看，2003 年 7 月，国际工业遗产保护协会(TICCIH)通过了旨在保护工业遗产的《关于工业遗产的下塔吉尔宪章》(以下简称《下塔吉尔宪章》)①。这个宪章从基本定义、研究方法和时间范围三个方面对工业遗产做了基本界定。《下塔吉尔宪章》认为："工业遗产是具有历史、技术、社会、建筑或科学价值的工业文化遗存。这些遗存包括建筑物和机械、车间、作坊、工厂、矿场、提炼加工场、仓库、能源产生转化利用地、运输和所有它的基础设施，以及与工业有关的社会活动场所如住房、宗教场所、教育场所等。"至于时间跨度，则"主要集中在 18 世纪后半期的工业革命开始至今的时间范围，同时也探讨其早期前工业时期及原始工业的根源"。从研究方法看，《下塔吉尔宪章》认为工业遗产研究属于工业考古，"工业考古是研究所有在工业生产过程中产生的，关于文字记录、人工产品、地层结构、聚落及自然和城镇景观方面物质与非物质材料的交叉学科。它以最适合增进理解工业历史和现状的调查为研究手段"。显然，国际工业遗产保护协会的这个界定是很全面的，既关注了工业遗产的物质文化层面，也关注了工业遗产的非物质文化层面，还特别指出了工业遗产的交叉学科性质，并提出了调查研究在工业考古和工业遗产研究方法上的重要性。然而这个界定明显更注重工业遗产的表现形式和它的物质存在，并且采用了枚举式界定，实质上并没有明晰工业遗产的核心本质。

2003 年，联合国教科文组织(UNESCO)作出了工业遗产的概念界定，认为工业遗产不仅包括磨房和工厂，而且包含由新技术带来的社会效益与

① 参见岳宏：《工业遗产的保护初探》，70～75 页，附录，天津，天津人民出版社，2010。

工程意义上的成就，如工业市镇、运河、铁路、桥梁以及运输和动力工程的其他物质载体。① 这个界定显然更进了一步，除了关注工业发展遗留下来的核心物质遗存——工厂等物质遗存外，还扩大到了为工业生产服务的交通运输设施，并且注意了新技术在工业发展中的作用，及其工业遗产价值，还注意了工业遗产的社会效益，这显然使人们对问题的认识深入了一步。但是，这个定义同样没有就其核心本质做出说明。

日本学界将工业遗产纳入近代化遗产的范围，认为所谓近代化遗产是指“江户时代末期至第二次世界大战结束为止以近代化工艺(吸收西洋技术的工艺)建造的工业、交通、土木相关的建筑物(各种建筑物、景观设计)。原本特指建筑物，现也包括近代化工业遗产”。对于隶属于近代化遗产范围内的工业遗产，特指“工业革命以来流传下来的用于经营生产的史料。包含工厂等不动产及机器、文件类动产。较近代化遗产相比更强调工业方面”②。也就是说，日本学界对于工业遗产的界定同样注重其物质层面，但是也强调了工艺和景观设计、史料文献等非物质性的文化现象的价值。日本学界的这个界定力图明晰工业遗产的本质，指出其包括用于生产经营的史料，而史料则明显具有历史的、文化的价值，是需要小心呵护的。

英国是最早提出工业考古这个概念的国家，他们对工业遗产的界定，一般而言是包含在工业考古的概念中的。工业考古(industrial archeology)这个概念最早出现于19世纪末的英国③，但并未引起广泛注意。1955年，伯明翰大学的M. 里克斯(Michael Rix)在一篇文章中提出：“英国作为工业革命的诞生地，留下来丰富的记录那个时代及事件的遗迹……国家应该设置机构和建立相关章程，以保护那些深刻改变地球面貌的工业活动的遗

① 聂武钢、孟佳：《工业遗产与法律保护》，5页，北京，人民法院出版社，2009。

② 平成二十年三月豊田市教育委員会文化財課：《近代化遺産の保存と活用基本方針(案)》。

③ 詹德华：《在“2008中国工业建筑遗产国际学术研讨会”上的发言》，见刘伯英主编：《中国工业建筑遗产调查与研究》，1页，北京，清华大学出版社，2009。

迹。"①他还给工业考古学下了一个简单的定义：工业考古学是关于初期工业活动的遗迹、结构，特别是工业革命纪念物的记录，并对其保护和解说。② 自此，工业考古学引起了英国学术界的普遍关注，工业考古学的成果不断问世。到20世纪60年代末，R.A. 布坎南出版了题为《工业考古的理论与实践》的著作，对工业考古学做了全面的、理论上的概括与阐述。他认为工业考古是一门包括调查、考察、记载和有时还要保护工业遗迹的科学。这些遗迹应当包括所有工业建筑物的遗址、结构和布局，机器和工程的特色以及工人的住房、旅馆、教堂和诸如此类屋舍周围的地表景色。布坎南的这个论述深刻影响了英国学界，英国的工业考古开始走向成熟。由于英国学界对工业遗产的理解深受工业考古的影响，在其研究和实践中特别注重工业遗产的物质遗存的重要性。

综上可知，国际上关于工业遗产的界定基本上都关注其核心的物质遗存——工业发展遗存下来的厂房、机器、矿场、交通运输设施等物质遗存的意义，同时逐渐趋向强调支撑工业发展的文化、科技等精神层面的工业遗存的文化意义和价值。

从国内看，最典型的关于工业遗产的定义是2006年4月1日中国工业遗产保护论坛通过的《无锡建议——注重城市化加速进程中的工业遗产保护》③(以下简称《无锡建议》)。这个建议对工业遗产的界定采用的是类似国际工业遗产保护协会、联合国教科文组织的定义模式，即以罗列的方式囊括工业遗产，"工业遗产包括以下内容——具有历史学、社会学、建筑学和科技、审美价值的工业文化遗产。包括建筑物、工厂车间、磨坊、矿山和相关设备、相关加工冶炼场地、仓库、店铺、能源生产和传输及使用场所、交通设施、工业生产相关的社会活动场所，以及工艺流程、数据记录、企业档案等物质和非物质文化遗产"。这个定义还注意到了中国与西

① 转引自田燕、林志宏、黄焕：《工业遗产研究走向何方——从世界遗产中心收录之近代工业遗产谈起》，载《国际城市规划》，2008，23(2)。

② 转引自言心：《国外产业考古学的兴起与发展》，载《博物馆研究》，1989(2)。

③ 文件全文转引自岳宏：《工业遗产的保护初探》，223～225页，天津，天津人民出版社，2010。

方各国的不同情况。虽然中国的工业遗产、遗存丰富，但从历时性看，中国工业的起步比西方晚了半个多世纪。为此，《无锡建议》特别在时间限度上加以明晰："鸦片战争以来，中国各阶段的近现代化工业建设，都留下了各具特色的工业遗产，构成了中国工业遗产的主体，见证并记录了近现代中国社会的变革与发展。"也就是说，《无锡建议》不认为鸦片战争前的手工业生产遗存属于工业遗产的范围。

《无锡建议》出台后，国家文物局于2006年5月12日发出了《关于加强工业遗产保护的通知》①，这个通知虽然没有明确界定工业遗产，但在谈到工业遗产保护的重要性时提出："各地留下了很多工厂旧址、附属设备、机器设备等工业遗存。这些工业遗产是文化遗产的重要组成部分。"国家文物局的这个提法同样沿袭了罗列的定义模式，但是明确提出工业遗产属于文化遗产的范围，肯定了其在文化遗产的性质上与古代文化遗产一样，同样是灿烂宝贵的人类文化发展的见证。这就在性质上给予工业遗产以充分肯定，并明确了其文化遗产的本质属性。

在上述两个文本的影响下，国内许多学者对工业遗产这个概念提出了自己的看法，力图明晰工业遗产的边界。但大多学者采用的依然是国际工业遗产保护协会的罗列式模式，同时加以适度扩展，细化定义的边界，丰富定义的内涵。王晶、王辉提出：工业遗产是一种新型的文化遗产，应包括物质文化遗产和非物质文化遗产。对于其物质文化遗产的表现形式和属性方面，王晶、王辉认同国际工业遗产保护协会的罗列式定义，对于工业遗产的非物质文化性质则提出："应该包括工艺流程、传统手工艺技能、原料配方等非物质文化遗产。"同时提出工业遗产是一个内涵丰富的概念，在形态上又明显区别于传统的文化遗产和一般的工业生产地段。为此，必须进一步细化其界限，他们提出：需要从价值原则、等级原则、群体性原则和完整性原则四个方面继续完善工业遗产的界定②。上述原则的核心表

① 参见岳宏：《工业遗产的保护初探》，225～227页，附录，天津，天津人民出版社，2010。

② 王晶、王辉：《中国工业遗产保护及再利用体系初探》，见刘伯英主编：《中国工业建筑遗产调查与研究》，12～14页，天津，清华大学出版社，2009。

达为，并不是所有工业遗存都是工业遗产，必须具有一定的文化、历史等价值，具有相对完整性的工业遗存才能称为工业遗产。至于等级原则、群体性原则，王晶、王辉给出的定义实际上属于界定工业遗产时操作层面的方法性原则。还有学者提出应当从历史价值、工艺价值、建筑价值和科学价值定义工业遗产①。岳宏提出应当重点从历史、技术、社会、建筑和科学的价值层面来界定工业遗产，认为只有具备了这些价值的工业遗产才具备了文化的内涵，才称得上是文化遗产，才具有保护的价值，为此，他详细论证了工业遗产价值层面的内涵②。

张京成、刘利永、刘光宇三位学者认为，要尊重《下塔吉尔宪章》和《无锡建议》的工业遗产定义，但是不能照搬上述定义，要从中国的国情出发，客观分析，做出具有中国特色、便于操作的界定。他们给出的定义是："工业遗产是经历过机器大生产方式、在一定区域、一定历史阶段内能够代表工业技术发展水平的工业遗存，它具有技术的、历史的、文化的、经济的、美学的价值。"③张京成等还进一步从外延的角度界定了工业遗产，认为工业遗产从外延来看包括有机统一的三部分：不可移动的物质形态的实体遗迹，譬如车间、厂房、仓库等；可移动的物质形态的实体遗迹，譬如工业机器设备、工业制成品、工厂档案等；非物质形态的工业信息，譬如工业生产的工业流程、生产技能、企业文化等。可以看出，张京成等人的定义试图突破罗列式的定义模式，给出了一个从事物本质出发而界定的定义，并且关注了工业遗产的非物质文化层面。还有学者特别关注了工业遗产的非物质文化遗产特性，即工业隐性物——构成企业或工矿特性的精神、物质、知识和情感特点的文化复合物，它不仅包括记录工业发展的绘画、照片、资料以及与产业相关的文字、音像记录等，而且还包括

① 王德刚、田芸主编：《工业旅游开发研究》，116页，济南，山东大学出版社，2008。

② 参见岳宏：《工业遗产的保护初探》，3～10页，附录，天津，天津人民出版社，2010。

③ 张京成、刘利永、刘光宇：《工业遗产的保护与利用——"创意经济时代"的视角》，61～62页，北京，北京大学出版社，2013。

价值体系、传统和信仰等，如以“宝时”命名的钟厂、以“明精”命名的机床厂、以“光明”命名的眼镜店等，这些蕴含有中国企业独特价值追求的“字号”[①]等，试图引导学界深入探究工业遗产的精神、文化价值。

另外，关于工业遗产范围的广义和狭义问题，学界存在比较多的分歧。有学者认为工业遗产存在广义和狭义两个层面。无论从时间段还是范围分析，工业遗产都应当有广义和狭义之分。广义的工业遗产在时间范围上包括各个历史时期中反映人类技术创造的遗物、遗存。在形态范围方面除了工业生产本身的遗存外，还包括与工业发展相联系的交通业、商贸业以及新技术、新材料所带来的社会和工程领域的相关成就，如运河、铁路、桥梁等交通运输设施和能源生产、传输、使用场所等，以及工艺流程、生产技能和与其相关的文化表现形式等，还有存在于人们记忆、口传和习惯中的非物质文化遗产也属于工业遗产的范畴。狭义的工业遗产，指18世纪从英国工业革命开始的使用煤铁等新材料、新能源，以机器为生产工具的工业生产遗存，包括作坊、车间、仓库、码头、管理办公用房以及界石等不可移动物；工具、器具、机械、设备、办公用品、生活用品等可移动物；契约合同、商号商标、产品样品、手稿手札、招牌字号、票证簿册、照片拓片、图书资料、音像制品等涉及企业历史的档案记录。

从文字表述看，世界遗产委员会实际上采纳的是广义界定法，在其公布的世界遗产名录中，工业遗产名录包含了不少工业革命前的工业遗迹，如新石器时代的比利时斯皮耶纳新石器时代燧石场、公元前5世纪伊朗的舒什塔尔古代水利工程、公元前夕建造的芬兰的加德桥（罗马水道桥）、公元50年前后的西班牙塞哥维亚古城等，还包括建于公元前227年的中国的都江堰水利灌溉工程[②]等。

但是，有的学者反对广义工业遗产的说法，认为“工业遗产不应分为广义和狭义两种，否则会产生偷换概念的问题。原则上讲，工业革命前的手工业、加工业、采矿业等年代相对久远的遗址，以及一些史前时期的成

① 刘静江：《论我国工业遗产旅游的开发》，湘潭大学硕士学位论文，2006。

② 参见联合国教科文组织世界遗产中心、国际古迹遗址理事会官方网站，转引自岳宏：《工业遗产的保护初探》，59～61页，天津，天津人民出版社，2010。

规模的石器遗址、大型水利工程、矿冶遗址等，都不能被看作工业遗产”①。这些学者认为，只有工业革命以后的大工业生产遗迹才能算作工业遗产。

综上可见，国内学界关于工业遗产的概念界定比较多的从国际学界受到了启发，并且吸收了国际学界的相关成果。然而，这并不是说中国学者就全盘接收了国际学界的观点，而是提出了从中国国情出发的问题，并且不满足罗列式的囊括定义，力图揭示工业遗产的本质特征，还特别重视工业遗产的非物质文化遗产价值。

笔者认为，工业遗产应当是有别于古代文化遗产的、有明显自身特点的近代大机器工业的产物，是大工业发展过后的遗存。它既表现为物质文化遗产形态，也表现为非物质文化遗产形态。因此，本书赞成狭义的工业遗产的定义，在狭义上使用工业遗产的概念，并在此基础上展开研究。

需要特别指出的是，虽然目前学界专家提出的很多界定都提到了工业遗产的非物质文化遗产问题，但是，就笔者目力所及，迄今为止学界很多关于工业遗产的非物质文化特性的论述和界定，关注的仍然是工业遗产的非物质文化的表层现象。例如，《无锡建议》中提到的“工艺流程、数据记录、企业档案等”，有些学者提到的契约合同、商号商标、产品样品、手稿手札、招牌字号、票证簿册、照片拓片、图书资料、音像制品，记录工业发展的绘画、照片、资料以及与产业相关的文字、音像记录、企业文化等。实际上，上述工业遗产的非物质文化遗产特性，大多表现的仍然是非物质文化遗产的物质遗存，是非物质文化遗产的物质表现。目前学界已有的研究仍然缺乏对工业遗产背后蕴含的理念、观念、价值体系的研究，缺乏对工业发展带来的独特精神追求的深入探究。例如，大机器工业发展带来的时间观念的变化问题，正是工业生产的一体性、流水线作业的模式，以及轮船、铁路的开通等工业生产的独特生产方式，带来了严格的时间观念，导致人们不再望天决定行动，不再模糊估定时间，时间从此精确到了

① 张京成、刘利永、刘光宇：《工业遗产的保护与利用——“创意经济时代”的视角》，63～64页，北京，北京大学出版社，2013。

分秒；再比如工业生产带来的竞争意识、创新意识、纪律观念等；还有，工人的五方杂处对传统的家族意识、地域意识的冲击，以及新的集体意识的形成等方面，都缺乏深入的研究。而这正是学界要着力加倍的，也是我们的努力方向。

在界定了工业遗产的概念以后，研究工业遗产、保护工业遗产的意义就彰显出来了。工业遗产是迄今为止人类历史上生产力发展最迅速、最辉煌的一段历史的见证，是人类社会变化最剧烈、最深刻的一段历史的记载。如果缺失了工业遗产，人类的文化遗产将缺失最辉煌的一部分，人类历史将丢失一段最重要历史的发展证据，人类文明将泯灭一段最重要的历史文明的积存。人类历史不能没有完整的发展史，如果历史被割断，人类将无法认识过去，更将无法总结历史经验而展望未来。

首先，工业遗产是迄今为止人类历史上最辉煌的一段历史的见证。人类社会在进入工业社会之前，一直在农牧社会或者渔猎社会中蹒跚，社会生产力发展速度非常缓慢，创造的文明成果虽然灿烂，但发展速度和文明进步的速度很难与工业文明比肩。随着工业社会而来的工业文明，是一种完全不同于渔猎文明和农牧文明的近现代文明形式，它以机器生产的工业化为核心要素，以生产资料、资本和劳动力的集中与聚集为主要特征，实现了物质和资源的规模性、专业性积累和使用，力图在资源优化配置和资源利用最大化的基础上实现生产的高效率。

工业化的浪潮带来了全球性的生产力大发展和大变革，“资产阶级在它的不到一百年的阶级统治中所创造的生产力，比过去一切世代创造的全部生产力还要多，还要大。”①世界经济工业化的结果是大大提升了人类社会的生产力，并大大改变了人类社会的面貌，极大地提升了人类的生活水平。因此，工业社会是人类社会历史发展过程中最重要、影响最深远的一个阶段。时至今日，工业化浪潮依然在世界不少地区不断深入与发展，在亚洲、非洲和拉丁美洲的一些地区，实现工业化并完成现代化仍然是其改变社会落后面貌、实现社会进步的重要的历史任务之一。

---

① 马克思、恩格斯：《共产党宣言》，32页，北京，人民出版社，1997。

工业化不但创造了高速增长的社会生产力，还创造了前所未有的高效的生产工具——机器、厂房、车间、设备等，充分显示了人类智慧的发达和科学技术的发展成果。“自然力的征服，机器的采用，化学在工业和农业中的应用，轮船的行驶，铁路的通行，电报的使用，整个整个大陆的开垦，河川的通航，仿佛用法术从地下呼唤出来的大量人口——过去哪一个世纪料想到在社会劳动里蕴藏有这样的生产力呢?”①马克思、恩格斯这段话极其全面、典型地展示了工业化和科技进步给人类社会带来的全新变化和生产力的巨大发展。这些独特的工业化社会的生产工具数量庞大，比肩矗立在全球各地，给地球带来了亘古未有的别样风光。这些生产工具是人类在工业化过程中的创造发明的重要见证，同时又是工业化过程中产生的特有价值观的重要反映，它代表了高度的组织纪律性、对时间的无比珍视、对效率的极力追求等。它又为现代多元性社会提供了实物的佐证和见证，是展示人类社会现代化的不可或缺的元素。

20 世纪下半叶，随着人类社会从工业化社会向后工业化、信息化社会过渡，工业遗产问题出现了。由于世界由传统性向近代性和现代性转变，技术革新迅速发展，产业结构加快调整，社会需求结构发生变化，最终致使机器工业发生转型，城市功能结构出现变动，大量工业遗产形态的物质遗存产生。因此，从根本上讲，工业遗产的出现是社会经济发展的必然结果，是工业转型过程中必然出现的历史现象，也是经济变革和发展带来的世界性的普遍现象。这个过程来的十分迅速，比人类从渔猎社会进入农业社会、从农业社会进入工业社会要快得多。如果说人类进入工业社会用了 300 年的话，那么在工业社会尚未完全隐退的几十年内，后工业社会就迅速降临了。由于后工业社会的到来过于迅速，人们在猝不及防中并未做好应对工业遗产的思想准备，并没有充分认识到工业遗产对于人类社会未来发展的重要历史意义和文化价值。由于这是一段正在逝去而尚未完全逝去的历史，由于这是一段距离现在最近的历史，由于这是一种并非像古典历史遗物一样精雕细刻的物品，人们并不十分珍视工业社会的遗产，破坏工

① 马克思、恩格斯：《共产党宣言》，32 页，北京，人民出版社，1997。

业遗产的事情时常发生，不断发生。仅仅用了几十年，人们就发现，虽然这段历史尚未完全退去，其面貌却已经在不经意间模糊了，很多曾经辉煌的历史见证已经消失了。而这种丢失是无法弥补的，丢失了就是永远的消失，永远的失去。未来，当人们阅读历史的时候，就会发现历史已经因此断裂，人类历史已经缺失了最重要的一环。因此，保护工业遗产的任务急迫而重要，保护工业遗产就是保护人类历史上最辉煌的一段历史。

其次，工业革命导致城市化，工业遗产是城市化的历史见证。城市化是随着工业化到来而出现的。在人类迈入工业社会之前，不论东方还是西方，地球上呈现的都是一片田园风光，地表上到处是由耕地、草场、森林组成的绿海，以及掩映在绿荫中的星星点点的村庄。农村是社会的主体，农业生产是人类生产的主要方式，农业收入是人类赖以生存的主要经济来源。在农业社会中，城市仅仅是农村的附属品，其作用主要是政治性和军事性的。因此，作为乡村的附属品，城市的规模一般都不大，城市人口比重很小。

进入工业社会之后，情况就大大不同了，旧有的城市不断膨胀，新的城市不断产生。这是因为工业的发展要求人力集中，仅仅一个工厂就可以集中成千上万的工人一同作业，遑论众多工厂集中在一个城市；工业的发展还要求原材料和产品就近供应和运输，要求辅助行业的全面配套，要求服务行业的便捷和齐全，要求市场、金融的全面响应，而这些工业发展的配套行业无疑也是需要大量人力去从事、去操作的。工业生产的这些呼唤，都使得人们前赴后继，不断从农村涌向城市。对于工业化带来的城市化和人口集中效应，史学前辈周谷城先生曾经有过形象精彩的论述：“产业界的根本变动，是发展都市的。矿业渐渐发达起来了，于是矿产之物无论在都市上销售，或运到国外销售，或运到中国农村销售，但总有一次或数次在都市上停留。……矿产到了都市上，于是随着来到都市上的人又有大批：买的、卖的、运转的、改造的、使用的，也都聚集在都市了。这样一来，矿业的渐渐发达，便直接帮助了都市的发展。工业也是直接帮助都市之发展的。工业发达中显著的事实，便是大工厂的设立。大工厂设立，本不一定要在都市上。但为着吸收原料及出售熟货以及其他种种的方便起见，总以设在都市上为好。大工厂既已设在都市上了，于是成千上万的工人便随着来到都市上。工人之外，一切直接或间接与工厂有关系的人，也一律来到都市上，或则在都市上长居，或则在都市上暂留。这样一来，工业的渐渐发达，也直接帮助了都市的发展。至于商业，那更不待说了。”①

中国的城市化加速出现于晚清，随着外国资本主义工业的入侵和中国资本主义工商业的发展而不断加速。近代中国的城市有两类，一类是由原来的乡村转化而来，另一类则是在原有城市的基础上转型发展而来。前一类城市大多集中在沿江沿海的通商口岸，大部分是被迫开放条约口岸的结果。这类城市中最典型的是青岛、大连、哈尔滨等城市。以青岛为例，在被迫开放为条约口岸前，青岛只不过是黄海胶州湾沿岸的五个村庄，人口不过七八万，经济以农业和渔业为主，半农半渔，完全是一幅传统乡村经济的景象。1897 年德国强占青岛后，大肆兴修军事设施、修建铁路、开辟港口，青岛开始向现代大都市转变。1914 年以后，青岛又被日本占领，不断在青岛开设工厂、银行等工商、金融机构。外国资本主义工商业的发展又刺激了民族工业的发展，加之有胶济铁路通向内地的便利，物流十分方便，商业也因此快速发展起来。青岛的工业化进程由此迅速启动，到 20 世纪 30 年代，青岛已经从一个小渔村变成了一个现代都市。到 1927 年，青岛的人口已经从开埠前的七八万人猛增到 32.2 万余人②。经济学家刘大钧等人在 20 世纪 30 年代初从事工业调查，谈到青岛时感叹地说：“自开埠迄今，不过 30 余年，而工商业之发达，实有一日千里之势。”③

石家庄是由乡村发展为城市的特例，它并非被迫开放的口岸，而是因为现代交通工业而发展起来的特殊城市。清代石家庄位于直隶获鹿县境内，同治二年(1863 年)的保甲登记是有 94 户人家，人口只有 308 人。④

---

① 周谷城：《中国社会史论》，326 页，长沙，湖南教育出版社，2009。

② 袁荣叜：《胶澳志》，“食货志 工业”，231 页，台北，文海出版社，1928 年影印本。

③ 刘大钧：《中国工业调查报告》，见李文海主编：《民国时期社会调查丛编》二编，近代工业卷，上册，105 页，福州，福建教育出版社，2010。

④ 河北省档案馆档案：《同治二年九月石家庄保甲册》，转引自李惠民：《近代石家庄城市化研究(1901—1949)》，34～35 页，北京，中华书局，2010。

石家庄发展的转机出现于卢汉路的修筑。1889年，在清统治阶级关于修铁路的大讨论中，湖广总督张之洞正式提出修建卢汉铁路的主张。经过统治阶级的激烈争论之后，张之洞的建议被清廷认可，并下旨修建。1902年，铁路修到了石家庄，1903年建成石家庄火车站。同年，石家庄又被确定为正太路的东端起点站，到1907年正太路全线建成。从此，石家庄成为京汉铁路(1900年改称)和正太路的交会点，从而成为当时全国少有的交通转运枢纽，石家庄由此迎来了大发展的契机。因着铁路的便利，工商业迅速发展，人口不断增加，石家庄开始了大踏步城市化的进程。城市规模急剧扩张，面积由1901年的0.5平方千米，扩张到1937年的11平方千米①，1949年又扩张到15.13平方千米。1947年的人口密度已经达到平均每平方千米1784.21人②。可以看出，石家庄作为一个城市的出现，特别是作为一个重要的中心城市出现，主要是由于交通枢纽形成的作用，工业社会的典型产物——铁路的决定性影响显而易见。

上述完全由乡村转化来的城市，其转化原因和路径明白无误地宣示了工业化在城市转型中的作用，说明了工业化带给城乡关系转化的决定性影响。

另一类近代城市是从原有的城市发展而来的，也就是说，在中国古代社会，这类城市已经存在。虽然这类城市已经获得了一定程度的发展，城市也具备了一定规模，但是其性质仍然是古代的，即政治的、军事的因素决定着城市生存的必要性。这些城市的样式也还是古代的，即规模有限，封闭性强，主要是防御性质的，而不是着眼于发展工商业的开放性城市。从中国的情况来看，这类城市的典型特征就是大都修建有城墙。工业化对于这类城市发展的作用虽然不像上一类城市那样直接，但其转型发生的原因仍然是工业化的作用。

---

① 李惠民：《近代石家庄城市化研究(1901—1949)》，332页，北京，中华书局，2010。

② 河北省档案馆档案：《为检同本市面积及人口数字区域图说等项暨本市改称一案电请鉴核由》(615-2-1190)，转引自李惠民：《近代石家庄城市化研究(1901—1949)》，336页，北京，中华书局，2010。

这类在原有城市基础上发展起来的近代城市又有两种，一种是作为原有的政治、军事中心的城市，这类城市在工业化发生后，开始了艰难的转型，并向综合性政治、军事和工商贸易城市发展。另一种则并非重要的政治军事中心，被迫开放为通商口岸或者自开商埠后开始了转型历程。前一种的典型代表是北京、南京、西安等古城。这类城市的特点是，城市建设已经有了一定基础，近代以来少部分衰落了，但大部分还是有一定发展的，城市规模、城市人口与古代相比都有了比较大的增长，其城市扩张及人口的拥挤带来的问题并不亚于新兴的城市。后一种城市的典型代表是上海、重庆等，这些城市的特点是，在古代城市建设的基础上，由于口岸开放带来的刺激效应，工商业发展迅速，尤其是近代机器工业发展较快，从而吸引了大量农村人口进入城市，城市规模因此不断扩张。

上述这类城市的基础虽然不是工业化奠定的，但是城市的扩张、发展则与工业化有密切关系。没有工业化，这类城市不可能有后来的面貌，也不可能在社会经济发展中占据重要地位。

总之，工业发展对于近代中国诸多城市的发展，乃至全世界城市的发展都有重要的意义，工业化是近代城市发展不可或缺的要素。对此，国内外不同学科背景的专家、学者都已形成共识。同时这也就证明了，不仅仅古代城市的宫殿、民居、庙宇等是人类智慧的结晶，是人类社会的宝贵文化遗产，工业发展带来的城市特别是城市中的工业景观也是人类智慧的结晶，也是人类文化遗产的重要组成部分。

再次，从保护和利用工业遗产的环保意义看。一部人类社会的历史就是人类依靠自然、利用自然、改造自然、向自然索取的历史。在人类发展的过程中，一方面发展了生产，另一方面也在不同程度上改变了自然，损伤了自然。这种损伤在人类社会发展过程中是不断加速的，特别是到工业社会，这种损伤达到了顶峰，各种环境污染、环境破坏问题层出不穷。惨痛的教训促使人类反思，20 世纪中期，各种环保思想兴起，各种环保组织出现，人类开始了弥补对自然环境亏欠的过程。正是在这种环保思想的影响下，人们开始反思对待工业遗产的态度，人们认识到，工业遗产不但是人类社会一段辉煌历史的见证，是灿烂的文化遗产，同时也是实实在在的物质成品，它们的出现不但为工业的发展贡献了力量，是工业社会发展的见证，而且由于工业品的坚固性，在后工业社会它们并非不能继续发挥作用，并非一无是处的废物。为此，人们改变了最初对工业遗产的消极态度，开始研究工业遗产的利用价值。很多从事循环经济和可持续发展研究的学者认为，大片拆除工厂会产生很多的建筑垃圾，填满这些垃圾不但要占用宝贵的土地资源，还要消耗掉很多能源和运力；有的工业遗产在拆除的过程中还要消耗大量的新材料，例如，化工厂的拆除，就需要运用多种技术手段和材料来消除其残留的毒素，特别是要消除土壤中残存的有毒物质。如果能让工业遗产继续发挥作用，则既可避免上述弊端，还能为工业文化遗产的保护开辟一条新路。工业发达的德国，在经历了 20 世纪 80 年代以前的大力拆除旧工厂和机器设备后，意识到了工业遗产的重要价值，开始探究工业遗产的利用问题，工业遗产的保护利用随之兴起。他们通过开展工业旅游、建立工业博物馆、改建工业遗存为公园、购物商业区、公共游憩空间等模式，全面开始了对工业遗产的保护利用。

从这个层面来看，讨论工厂价值的高或者低，并不能简单从其内部蕴含的历史价值、文化价值、典型价值、技术价值来衡量，还要看其在保护性利用中的价值，看其可循环利用的价值和对于经济的可持续发展的价值。如果一个工厂从文化遗产保护的角度来看价值不是很高，但从循环经济和可持续发展的角度来看有保留和再利用的价值的话，那它就是工业遗产，就有保存利用的价值。

这样的研究角度，能够让人们跳出价值评价的误区，尽力保护更多的工业遗产。比如，北京尚 8 文化创意产业园，从北京市或者全国工业发展的角度来看，它的历史文化价值可能并不高，但是这并不妨碍从可持续发展的角度来保留并利用它。再如，位于北京房山石花洞森林公园内的原北京军区汽车修理厂，在停产之后一直荒废，2010 年之后，当地政府根据本地的社会需要，利用工厂坚固的废弃厂房改建养老院，充分发挥它的剩余价值。如图 0-1 所示：

图 0-1　由厂房改建的养老院

从房屋的外形看，仍然可以看出工厂车间的造型，但其内部已经是舒适的客房了。这种保护利用模式既避免了制造大量建筑垃圾，充分利用了其固有的价值，实现了物品的循环利用，又保护了工业遗产，同时还满足了社会需要，可谓一举三得。循环经济和可持续发展理念下的遗产保护为工业遗产保护探寻了新路，特别是为那些非典型工业遗产的保护开辟了新路。

下面讨论北京的情况，北京的工业遗产有哪些特殊性？北京的工业遗产保护有什么特有的价值？这是在全面探讨工业遗产的价值之后，由本书的性质所决定必须要专门探讨的问题。

在讨论北京工业遗产的特性和价值之前，需要首先界定本书研究的北京市的地理范围。中华人民共和国成立后，北京被确立为中华人民共和国的首都。为了适应北京的首都地位，北京市的辖区曾做过多次变动，一直到 1988 年，才基本定型为当前的范围，即北接河北省承德地区，东临天津市，南连河北省廊坊地区，西达河北省张家口地区。城区包括东城区和西城区两个区，基本以原内外城为界。环绕城区的是四个近郊区，为丰台区、海淀区、石景山区和朝阳区。近郊区外是十个远郊区，门头沟区、房山区、大兴区、通州区、顺义区、昌平区、平谷区、密云区、怀柔区和延庆区①。本书研究视野中的北京工业遗产即当前位于这个范围内的工业遗产，而不论其工业企业建立之时是否位于当时的北京市界内。

从城市类型来看，北京属于上述近代化的第二类城市中的第一种，即在工业社会之前就已经形成的城市，并且是长期居于政治文化中心地位的都市。从城市历史看，北京有着悠久的历史，如果从周口店北京猿人算起，则有人类活动已经长达60万年以上，正式建城也长达三千年②。从建都史看，如果从成为辽南京(又称燕京)算起③，有1074年的历史，即使从1153年金营建中都算起④，也已有将近860年的历史了。在长期的建城史特别是建都史的过程中，北京作为一座政治、军事、文化中心的城市不断发展，最终成为古代中国规模最大、最宏伟的城市之一。

步入近代后，北京的近代工商业都发展起来，至1949年已有重工业和冶金工业工厂共计831家，资本额高达3.6亿元⑤，各类轻工业工厂2248家，工人一万余人⑥。由于北京政治经济地位的特殊性，金融业也十分发达，是中国北方的金融中心。另外文化教育业也十分发达，聚集了众多的学生、教师和文人。

由于近代以来工商银、教育文化各业的发展，北京地区的人口激增，由咸丰年间的将近50万人，增长到1948年的191万余人⑦。图0-2是1912—1942年北京的人口增长图。

---

① 2015年11月13日，北京市政府正式下发《关于撤销密云县、延庆县设立密云区、延庆区的通知》，明确通知该两区撤县改区，但行政区划不变。自此，县级行政机构在北京成为历史。

② 北京建城始于公元前1045年，见方彪：《北京简史》，4页，北京，北京燕山出版社，1995。

③ 苏仲湘：《北京建都始于北辽》，载《社会科学战线》，1996(6)。

④ 侯仁之：《北京建都记》，载《建筑创作》，2003(12)。此一说法目前为学术界的主流说法，又见王毓蔺、尹钧科：《北京建都发端：金海陵王迁都燕京》，载《城市问题》，2008(11)；曹子西主编：《北京通史》第四卷第三章，中国书店出版社；方彪：《北京简史》，北京，北京燕山出版社，1995。

⑤ 习五一、邓亦兵：《北京通史》，第9卷，188页，北京，中国书店，1994。

⑥ 习五一、邓亦兵：《北京通史》，第9卷，190页，北京，中国书店，1994。

⑦ 习五一、邓亦兵：《北京通史》，第9卷，397页，北京，中国书店，1994。

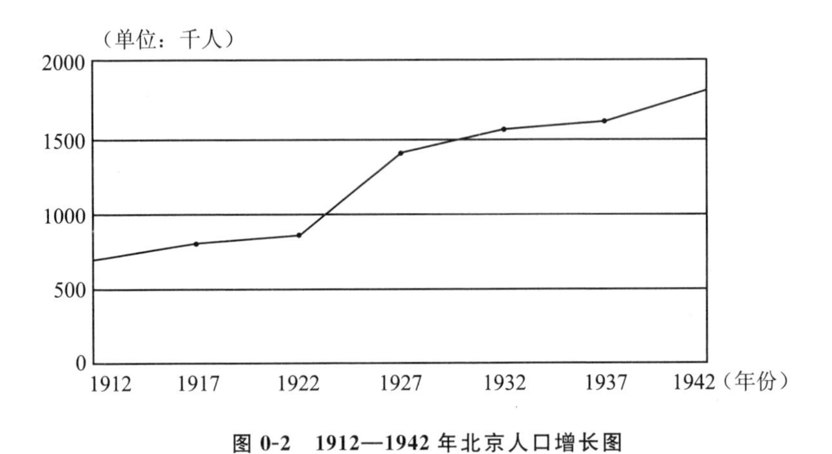

图 0-2　1912—1942 年北京人口增长图

资料来源：史明正：《走向近代化的北京城：城市建设与社会变革》，17 页，北京，北京大学出版社，1995。

随着人口的增加，城市面积突破原有内外城建制，不断向城外扩张。尤其是城门外的关厢地区发展很快，人口聚集、店铺林立。同时，石景山地区形成钢铁工业中心，门头沟地区形成煤炭业中心，燕京大学、清华大学所在的北郊地区也繁华起来。但是，从全国范围看，北京的近代工业依然相对落后，北京依然属于消费型城市。

北京摆脱消费城市的落后帽子，开始机器工业发展的辉煌历程，主要是在中华人民共和国成立后。1949 年北京和平解放后，经过中华人民共和国成立初期的国民经济恢复后，北京先后实施了第一、第二个五年计划，至 1960 年，北京已经初步建成了东北郊的电子工业区，东郊的纺织工业区，建设了半导体、计算机和汽车制造等新兴工业，同时开始向“高、精、尖”的方向发展。20 世纪 60 年代，北京工业虽然遭遇了自然灾害、“文化大革命”的影响，但是工业发展的脚步没有停止，而是在克服困难中继续前进。至 20 世纪末，北京已有工业企业三万余家，其中大中型企业 500 余家，还有首钢总公司、燕山石油化工公司、北京化学工业集团公司、北内集团公司等特大型企业。北京的工业行业齐全，在全国统一划分的 164 个工业门类中，北京有 149 个，工业总产值达 2027 亿元①。在“一五”“二五”

① 周一兴主编：《当代北京简史》，378 页，北京，当代中国出版社，1999。

计划实施的基础上，又建成了以石景山发电厂、首都钢铁厂为核心的西郊钢铁、机电工业区，以丰台桥梁铁路工厂为核心的西南郊桥梁机械制造工业区，东郊双井机械工业区和九龙山玻璃化工工业区，东南郊的垡头炼焦工业区，以及北郊的毛纺工业区、建材工业区，西南郊的燕山石油化学区，东郊和西郊的汽车工业区等。历经中华人民共和国成立后50余年的发展，北京已经彻底甩掉了消费城市的落后帽子，成为一个产业齐全、在全国工业生产以及工业科研方面具有举足轻重地位的重要城市。

自20世纪80年代末起，北京开始了产业转型，特别是借2008年北京奥运会的东风，北京更是从根本上转变了发展观念，提出了绿色北京、人文北京、科技北京的发展理念。北京开始加快城市环境治理的步伐，向以现代服务业、高新制造业作为城市经济支柱的方向转化，努力建设现代宜居城市。随着北京的城市功能定位的变化和产业结构的调整，为了解决城区土地供应紧张以及工业生产带来的扰民、环境污染等问题，一大批在北京城市发展和工业发展过程中曾经发挥过重要作用的工业企业开始陆续退出北京主城区。截至2006年年底，北京已经搬迁企业294家，在城区只留有工业类用地约1500宗，占地面积约50平方千米，建筑面积约1150万平方米，占全市土地总面积的比例已不足7%，而这一比例在北京工业的顶峰时期曾高达50%以上①。工厂的大规模关停并转，极大地改善了城市环境，提高了居民生活舒适程度，扩大了城市发展空间，同时也带来一个现实问题，即由于工业调整而遗留下的众多工业旧址、厂房、附属设施、机器设备等工业遗址、遗产，它们一方面成为首都特殊的文化遗产，另一方面也带来了如何看待和对待的问题。

北京以文明古都闻名于世，存有大量古代文明的遗产。北京有包括故宫、天坛、颐和园、长城、明十三陵和周口店北京猿人遗址在内的六处世界文化遗产，是世界上拥有世界文化遗产最多的城市，北京还有全国重点

① 北京市地方志编纂委员会编：《北京年鉴2007》，290页，北京，北京出版社，2008。

文物保护单位98处，有负责保护可移动文物的博物馆154座①，还有大量的非物质文化遗产。但上述文化遗产大多属于古代文化遗产，譬如北京的六处世界文化遗产全部是古代文化遗产。这些文化遗产彰显了北京古代历史和古代中华文明的灿烂，但均不能表现北京近现代发展的辉煌。随着工业遗产出现，古老北京的文化遗产增添了新的成员，北京的文化遗产增添了新的色彩。从此，北京的文化遗产不但有灿烂的古代文化遗产，也有了灿烂的近代工业遗产。通过了解和观察这些文化遗产，可以完整了解自远古至当代北京文化的灿烂历史。

北京工业遗产的出现带来了文化遗产保护的新问题，由于人们习惯于北京的古都性质，更由于北京古代文化过于灿烂，也就遮蔽了北京近代工业遗产的光芒。人们只重视的是故宫等古代文化遗产，对于工业遗产的重要性和辉煌程度则认识颇浅，或者完全忽视。北京的工业遗产因此不能得到很好保护，甚至遭到不同程度的破坏。如何更好地保护工业遗产？如何更好地利用工业化过后遗留的这些土地和地上建筑？是全部进行商业开发，还是根据具体情况加以规划保护并使其发挥更有价值的作用？成为摆在政府和民间的迫切问题，也成为决定北京工业遗产命运的关键所在。

如何对待工业遗产，是北京在逐渐改变城市功能及定位过程中面临的一个重要问题。这些工业遗址是印证北京城市发展，特别是工业发展变迁脉络的重要历史文化证据，具有无法取代的历史价值。基于工业遗址深厚的文化底蕴和独一无二的历史价值及实用价值，加强对工业遗址的保护、管理和利用，对于传承工业文化、保护和彰显北京文化的深厚底蕴和特色、丰富北京城市的历史积淀，具有十分重要的意义。正是在这一背景下，北京工业遗产问题进入了我们的研究视域。

笔者自幼生于北京，成长在皇城根儿下，对古都北京有着真挚而深厚的感情，对北京有着炽热而深沉的爱。我们目睹了北京的变化，特别是目睹了最近几十年来北京的巨大变化。我们为北京的欣欣向荣而欣喜，又为

① 李秀梅：《北京市近年来文化遗产保护措施的观察与思考》，载《北京行政学院学报》，2010(6)。

从小看惯的老北京的渐渐远去而黯然神伤，也为从小听惯的机器轰鸣的消失而扼腕长叹。我们希望，通过对北京工业遗产问题的全景考察，为首都的工业遗产的保护略尽绵薄之力，期望以此深化北京工业遗产的研究，并以此引起社会各界对工业遗产保护问题的更多关注。

二、工业遗产研究的学术史梳理

随着工业遗产的出现以及人们对之看法的转变，工业遗产的研究逐渐兴起，并且在最近几十年取得了丰硕成果。

笔者目力所及，工业遗产的研究起源于欧美。20世纪50年代至70年代初，欧美国家出现了"现代主义城市更新运动"，开始关注废弃工业厂房和仓库等工业遗产的去留问题，工业遗产开始引起学界的重视。一般认为，最早涉及工业遗产的研究文章是1952年美国学者D. B. 斯坦曼发表的《布鲁克林桥的重建》①；1964年，英国创办了《工业考古》杂志，专门研究工业遗产的相关问题。20世纪70年代以后，西方国家对工业遗产的研究进一步深入。

21世纪以来，工业遗产的研究进入新的阶段。2003年，第12届国际工业遗产保护协会发表了《关于工业遗产的下塔吉尔宪章》②，标志着工业遗产研究进入了新时期，文化遗产保护的对象已经从传统农业社会的文化遗存扩展到近现代工业社会的遗存，更在以往单纯保护的基础上增加了合理再利用的方向。这一阶段的工业遗产研究呈现出多角度和多学科交叉研究的趋势。例如，2004年出版的《工业遗产与地区发展》③一书，论述了工

① D. B. Steinman, "The Reconstruction of the Brooklyn Bridge", *Columbia Engineering Quarterly*, 1952: (3—9).

② 《关于工业遗产的下塔吉尔宪章》：国际工业遗产保护协会于2003年7月10日至17日在俄罗斯下塔吉尔通过。国际工业遗产保护协会(TICCIH)是保护工业遗产的世界组织，也是国际古迹遗址理事会(ICOMOS)在工业遗产保护方面的专门顾问机构。该宪章由TICCIH起草，将提交ICOMOS认可，并由联合国教科文组织最终批准。

③ Patrick Dambron, *Patrimoine Industrial & Development Local*, Paris: Editions Jean Delaville, 2004.

业遗产与历史学、社会学、建筑学、经济学、人类学等诸多学科的关系，认为通过研究工业遗产的社会活动、文化产品及工业产品，可以更清楚地了解当时的社会经济和环境的整体状况；此外，原工业用地的功能转换是地区发展的核心所在，也是正确评估经济增长能力的关键。

中国工业遗产的研究比西方晚了将近40年。但是，近年来中国学界的工业遗产研究在注重引进吸收国外学界先进理论成果的同时，不断深入探究，扩展研究领域，取得了诸多研究成果。

20世纪90年代是中国学界工业遗产研究的起步阶段。这一时期开始出现少量有关工业遗产的学术论文，主要是介绍西方工业遗产案例和西方的相关理论，自主性研究较少。21世纪后，有关工业遗产的研究逐渐增多。各个学科的学者们从本学科的学术专长出发，尝试从历史学、经济学、建筑学、社会学等角度对工业遗产进行了多学科的交叉研究。2006年，单霁翔在《关注新型文化遗产——工业遗产的保护》①一书中阐述了“工业遗产保护的国际共识”“工业遗产的价值和保护意义”“工业遗产保护存在的问题”“国际工业遗产保护的探索”“我国工业遗产保护的实践”“关于保护工业遗产的思考”六个方面的问题，系统地研究了我国工业遗产保护的状况，并且给出建设性思路。2012年，刘伯英在《工业建筑遗产保护发展综述》②一文中概述了国内外工业遗产保护的情况，比较与分析了学界关于工业遗产的多方面研究，并就工业遗产保护和工业文明传承问题进行多方位、跨学科的探讨。2013年，张京成、刘利永、刘光宇等人编著的《工业遗产的保护与利用“创意经济时代”的视角》③一书，通过对我国现有研究成果的梳理，总结了学界的研究历程及特点，探讨了工业遗产保护及再利用的发展趋势，并采用跨学科的方法从建筑学、景观设计学、考古学、历史学、管理学等角度，综合研究、归纳、分析了国外工业遗产保护相关文

① 单霁翔：《关注新型文化遗产——工业遗产的保护》，载《中国文化遗产》，2006(4)。

② 刘伯英：《工业建筑遗产保护发展综述》，载《建筑学报》，2012(1)。

③ 张京成、刘利永、刘光宇：《工业遗产的保护与利用“创意经济时代”的视角》，北京，北京大学出版社，2013。

献，结合中国工业遗产保护与研究的现状，提出来工业遗产保护与利用的“创意经济时代”的视角，具有重要的理论创新价值和实践指导意义。

总之，目前国内有关工业遗产的研究成果很多，概括起来主要涉及以下四个方面：

1. 关于工业遗产的理论探究

随着工业遗产相关研究的逐渐增多，各种工业遗产理论的研究相继面世，并且形成了丰富的研究成果。2007年出台的《全国重点文物保护单位保护规划编制要求》①中探讨了关于文物价值、社会价值的评估要求和世界遗产价值的评估问题；在案例研究方面，对两种不同类型、具有不同价值的工业遗产进行了如何保护的研究，探讨了如何建构城市更新与工业遗产保护之间的平衡问题，为工业遗产保护提供了参考案例。2009年，刘伯英、冯钟平在《城市工业用地更新与工业遗产保护》②一书中从城市规划角度探讨了工业用地的再利用与更新问题，并介绍了国外一些成熟的土地再利用案例。同年，彭芳的《我国工业遗产立法保护研究》③一文，探讨了工业遗产的价值和保护与开发的策略，尤其是保护性改造及利用的策略，从法律保护的角度对工业遗产保护进行了研究，并从多个角度界定了工业遗产的范围，还介绍了国内外工业遗产的相关法律、保护现状与存在的问题，并就相关问题提出了保护工业遗产的立法建议。2009年，陈旭的《旧工业建筑(群)再生利用理论与实证研究》④一文，重点从旧工业建筑群再生利用的法制建设、安全管理、利用策略、造价管理、建造技术五个方面，从可持续发展的角度，对旧工业建筑再生利用的主要问题和矛盾进行了系统研究。

2010年，岳宏的《工业遗产保护初探：从世界到天津》⑤一书，分析和

---

① 国家文物局：《全国重点文物保护单位保护规划编制要求》，2007-05-23。

② 刘伯英、冯钟平：《城市工业用地更新与工业遗产保护》，北京，中国建筑工业出版社，2009。

③ 彭芳：《我国工业遗产立法保护研究》，武汉理工大学硕士学位论文，2012。

④ 陈旭：《旧工业建筑(群)再生利用理论与实证研究》，西安建筑科技大学博士学位论文，2009。

⑤ 岳宏：《工业遗产保护初探：从世界到天津》，天津，天津人民出版社，2010。

探究了工业遗产的价值体系，力图建立相关的评估标准，还探讨了工业遗产的个性及其与整个文化遗产的关系。朱文一、刘伯英主编的《中国工业建筑遗产调查研究与保护》①和《中国工业建筑遗产调查研究与保护(二)》②两部书中主要收录了两届中国工业建筑遗产学术研讨会的优秀研究成果，分别从地区视角下的工业遗产、工业遗产保护与城市复兴等多个方面阐述了学界最新的研究成果与考察实践成果。同年，刘翔在《工业遗产产生原因及特点分析》③一文中提出，工业遗产作为文化遗产的一种新类型，近些年来颇受人们关注，其产生是由多方面因素造成的，可归纳为技术工艺的革新、能源与原材料的结构问题、产业结构的调整以及城市的规划建设四个方面。文章认为从时间、产生原因、内容、差异和价值五方面还可以对工业遗产的特点进行简要地讨论与分析；工业遗产的产生是社会经济发展过程中不可避免的衍生物，无论哪个工业化国家，或早或晚都要经历这个过程，认清其产生原因和自身特点是对其进行理论研究和实际保护利用的基础。

2014年，彭飞等人的《不同保护层次的工业遗产再利用模式探究——以京津冀地区为例》④一文，根据《国务院办公厅关于推进城区老工业区搬迁改造的指导意见》，针对京津冀地区工厂搬迁后原厂区的改造问题，提出了今后更好地保护与再利用工业遗产的建议，主张在京津冀协同发展的战略背景下，有针对性地选择更适合不同保护层次的工业遗产的再利用模式，实现工业遗产的更好保护利用，丰富城市公共空间，提高地区活力，助力地区文化发展。

学界运用多学科交叉研究的理论方法研究工业遗产也有诸多成果。

---

① 朱文一、刘伯英：《2010年中国首届工业建筑遗产学术研讨会论文集：中国工业建筑遗产调查研究与保护》，北京，清华大学出版社，2010。

② 朱文一、刘伯英：《2011年中国第二届工业建筑遗产学术研讨会论文集：中国工业建筑遗产调查研究与保护》，北京，清华大学出版社，2010。

③ 刘翔：《工业遗产产生原因及特点分析》，载《现代商贸工业》，2010(3)。

④ 彭飞、徐苏斌、青木信夫等：《不同保护层次的工业遗产再利用模式探究——以京津冀地区为例》，载《建筑与文化》，2014(12)。

2008年，齐奕的《工业遗产评价体系研究——以武汉市现代工业遗产为例》①一文，以武汉现代工业遗产为例，通过对国内外相关政策法规与特点的研究，选取评价因子，尝试建立了工业遗产保护的系统理论与评价体系。2012年，李和平等人的《重庆工业遗产的价值评价与保护利用梯度研究》②，以重庆的工业遗产为例，从定性的权重分配和定量的评价指标两个方面探索了工业遗产的价值评价方法，确定了工业遗产的四种保护利用梯度。2012年，刘伯英等人的《"中国工业建筑遗产保护之困境与出路"主题沙龙》③一文，引入模糊数学理论和人工神经网络理论，自行开发了工业遗产建筑评估软件。其中模糊RHP评价方法有利于指标权重的科学确定，人工神经网络评价方法ANN则有利于解决专家赋权法中主观性较强的弊端。2014年，宋伟在《青岛市工业遗产旅游资源开发RMP分析》④中提出，青岛工业遗存是我国进入工业时代以来的重要历史见证，在实地调查的基础上，他们使用昂普(RMP)分析方法对青岛工业遗产旅游开发从资源、市场和产品三个方面进行了具体分析，由此提出青岛工业遗产旅游开发的总体构想。

2. 不同地域工业遗产的研究

我国疆土辽阔，虽然工业化起步较晚，但在100多年的工业化进程中，还是在全国各地留下了众多工业遗存。这些工业遗存的分布广泛，遍布全国各地，受到了各地不尽相同的自然、社会、人文、物候等因素的影响，也就呈现出了各自不同的特点。为此，各地学者根据各地的特殊条件，对各地的工业遗产做了比较深入的梳理和研究。然而本书的主旨不是全面研究各地的工业遗产，仅就现有研究中具有突出特点的几个地区做一学术梳理。

① 齐奕：《工业遗产评价体系研究——以武汉市现代工业遗产为例》，见《生态文明视角下的城乡规划——2008中国城市规划年会论文集》，大连，大连出版社，2008。

② 李和平、郑圣峰、张毅：《重庆工业遗产的价值评价与保护利用梯度研究》，载《建筑学报》，2012(1)。

③ 刘伯英、夏天、薛运达等：《"中国工业建筑遗产保护之困境与出路"主题沙龙》，载《城市建筑》，2012(3)。

④ 宋伟：《青岛市工业遗产旅游资源开发RMP分析》，载《旅游纵览》，2014(7)。

(1)上海

上海是中国近代工业最早起步的地区，也是工厂最集中，工业门类最齐全、工业生产发展速度最快的地区。因而上海的工业遗产数量特别多，上海社会各界的保护意识比较强，保护措施也比较到位，特别是数量众多的产业工人出身的市民，对于工业遗产有深厚的感情，在上海工业遗产的保护中发挥了重要作用。为了了解上海的情况，笔者曾亲赴上海，详细考察了上海工业遗产的存在和保护情况。

借助于上海工业遗产学术研究的回顾和实地考察可以看出，上海学界、政界对工业遗产的研究起步较早，最早可以追溯到20世纪80年代末90年代初。1989年，上海市政府响应国家关于“重点调查、保护优秀近代建筑物”的号召，在全市范围内开展了优秀近代历史建筑物的普查，在普查中，将近代工业建筑纳入普查与保护范围内。通过普查和调研，摸清了上海工业遗产的遗存状况。截至2005年，上海已经公布了四批近代优秀建筑保护名录，共有44处工业遗产纳入保护范围，工业遗产的保护数量呈逐步上升的趋势。在这些保护对象中，涵盖了包括杨树浦水厂、江南造船厂、杨树浦电厂等历史悠久的老工业企业的建筑在内的宝贵工业遗存，保护范围包括市政、造船、邮电、轻工、纺织等不同工业门类。

1991年，上海在前期调研的基础上，颁布了《上海市优秀近代建筑保护管理办法》，将上海的近代工业遗产保护纳入了法律保障的范畴。90年代末以后，随着已经确认的上海工业遗产总量不断增加，和海外工业遗产保护利用经验、理念的不断传入，上海工业遗产的保护利用进入了一个新的阶段——以民间倡导为主体，以兴办创意产业为重点的探索发展新阶段。与此同时，上海还积极查找既有遗产保护工作的疏漏，加强对工业遗产的监管力度，扩大保护范围，于2002年7月颁布了《上海市历史文化风貌区和优秀历史建筑保护条例》，进一步完善了1991年颁布的法律规范。2004年9月，上海又颁布了《关于进一步加强本市历史文化风貌区和优秀历史建筑保护的通知》，明确规定“凡1949年以前建造的……代表不同历史时期的工业建筑、商铺、仓库、作坊和桥梁等建筑、构筑物，以及建成30

年以上，符合《条例》规定的优秀建筑，都必须妥善保护”①，进一步明确了上海工业遗产的时间范围和形态范围。

2009年，上海市文物管理委员会在全面总结上海工业遗产保护历程的基础上编写了《上海工业遗产新探》②一书，通过介绍上海第三次全国文物普查中新发现的部分具有代表性的工业遗产，归纳了上海工业遗产的特征，并展示了上海市文物管理部门和文物保护科研机构进入21世纪后在工业遗产调查、发现和评估等工作中的阶段性成果。书中开篇介绍了上海近代工业遗产的历史概况，随后阐述了上海近现代工业遗产的调查、评估方法，并列举了新发现的200多处工业遗产名单。在此基础上，分别就历史分期、地域分布、产业类型及建筑特点四个方面，对上海工业遗产进行了分析总结。其后，以照片、测绘图和文字说明的形式，重点介绍和分析了新发现的30多处具有代表性的工业遗产。同年，上海市文物管理委员会还出版了另一成果《上海工业遗产实录》③，该书根据2007年第三次全国文物普查、上海市文物管理委员会在原有研究成果基础上组织各区县对上海市工业遗产再次进行的全面、系统的调查所取得的调查研究资料，对上海工业遗产的保存现状做了进一步梳理，并选择其中169处(组)遗产按年代顺序排列，配以图片和文字说明作重点介绍，以展示上海近现代工业的发展轨迹和工业遗产的遗存状况。

左琰、安延清所著《上海弄堂工厂的死与生》④一书，全面梳理了上海特有的弄堂工厂的历史沿革和再生情况。弄堂工厂是上海特殊城市条件的产物，曾经在上海工业发展中扮演了重要角色，其生存发展具有强烈的地方色彩。然而，弄堂工厂由于条件限制，工厂建筑往往拥挤在弄堂中，建

---

① http://news.eastday.com/eastday/zfgb/qk/node33809/node33810/node33812/userobject1ai552453.html.

② 上海市文物管理委员会:《上海工业遗产新探》，上海，上海交通大学出版社，2009。

③ 上海市文物管理委员会:《上海工业遗产实录》，上海，上海交通大学出版社，2009。

④ 左琰、安延清:《上海弄堂工厂的死与生》，上海，上海科学技术出版社，2012。

筑密度非常高，又由于弄堂建筑和走向的限制，其工厂建筑形制多、建造质量也参差不齐，并且其发展不断被市井文化所吞没，工厂环境和弄堂环境都因之严重恶化，成为城市发展必须面对的一个难题。以这种具有上海地方特色的工业建筑为研究对象，从当时的社会条件入手，该书研究弄堂工厂产生和发展的历程，在此基础上力求对其历史价值和作用做出客观的分析，并以田子坊和同乐坊等同类开发项目为例，探索了适合弄堂工厂再生的开发和改造模式。宋颖的《上海工业遗产的保护与再利用研究》①一书，通过城市再生的背景、基于文化创意产业的上海工业遗产再利用的研究分析，探讨了以城市文化构建和发展工业遗产旅游为切入点的解决工业遗产保护中遇到的问题；该书还探讨了政府相关部门在工业遗产再利用中应该承担的职责，以及政策法规的制定对工业遗产再利用产生的影响。作者认为，工业遗产是不可再生的，及时合理地保护和再利用工业遗产，不仅仅是政府的职责，更需要社会各界的关注和参与。

个案研究方面，张彩莲的《中国近代工业遗产旅游发展路径研究——以上海杨浦滨江工业遗产带为例》②，从对上海杨浦滨江工业遗产的实地调研入手，全面研究了杨浦滨江工业遗产的情况，从工业遗产旅游发展的定位、模式、战略到产品体系设计都进行了实证研究，提出了工业遗产保护、老工业区经济转型、功能升级等新的发展思路。该文认为，完善的旅游发展路径有助于近代工业遗产的可持续性保护与利用。当今大多数研究工业旅游的学者多为管理、旅游等专业，现有研究中系统性的研究论述、理论探讨、定量分析及规范的实证研究成果均不足，有关中国工业发展的历史阶段以及蕴含的工业文化遗产的意义和价值，几乎没有纳入工业旅游的讨论之中。作者最后得出结论，近代工业遗产旅游发展首先应根据工业遗产所处内外部环境特征、时代背景条件等因素来考虑，选择具体的开发模式及开发战略。张彩莲的思考确有新意，其他学术背景的学者应当更多的介入工业遗产的研究中来，以丰富完善工业遗产的研究。

① 宋颖：《上海工业遗产的保护与再利用研究》，上海，复旦大学出版社，2014。

② 张彩莲：《中国近代工业遗产旅游发展路径研究——以上海杨浦滨江工业遗产带为例》，复旦大学硕士学位论文，2012。

吴强等人的《上海玻璃厂遗址保护及利用的评鉴与分析》①，通过探讨工业遗产的保护利用在城市建设和发展中扮演的重要角色，全面分析了我国工业遗产研究和利用的现状，并在此基础上结合上海的实际，总结了国内第一座玻璃博物馆的建设历程。从上海玻璃厂成功转型这一工业遗产保护和利用的优秀案例出发，提出合理定位、准确决策、严谨设计策划以及灵活高效的后期运作等有效举措，是项目成功的根本保证。目前，我国的工业建筑遗产大致有三种结局：其一是作为文物建筑得到保护；其二是得到开发性保护，被建成博物馆、主题公园或创意产业园区；其三是被直接拆除。前两者都是与文化创意产业互动的表现，是一种良性发展的势态。上海玻璃厂的华丽转身是工业建筑转型的成功实例，为国内许多正在和将要改建的工业建筑遗产树立了一个范例，它的成功表明，工业建筑保护和利用成功与否，首先在于对工业遗产本身的认识和了解，并在此基础上合理定位，准确决策，并施之严谨的后期设计工作和良好的运作，只有这样才能更好地发挥工业遗产的作用。

(2)东北地区

东北是中国的老工业区，自清末伊始，东北地区就拉开了工业建设的序幕，其后的民国时期乃至中华人民共和国时期，东北都在中国的工业化进程中扮演着重要角色。因此，东北地区的工业遗产众多，是中国工业化历史的重要见证。对此，学界一贯比较重视，并有不少研究成果。

有关东北地区工业遗产的研究，大多从片区综合入手展开研究。韩楠的《吉林省工业遗产保护与利用研究》②，以吉林省一省工业遗产作为研究对象，从吉林工业发展历史、工业遗产的具体位置、名称、现存状态以及保护中出现的问题等几个角度入手，详细叙述吉林省内工业遗产的生存状况，分析了吉林工业遗产出现的原因及结果。以长春第一汽车制造厂为典型案例，深入阐述了吉林省工业遗产保护的意义。文章最后分析了吉林省

---

① 吴强、储艳洁：《上海玻璃厂遗址保护及利用的评鉴与分析》，载《工业建筑》，2013(12)。

② 韩楠：《吉林省工业遗产保护与利用研究》，东北师范大学硕士学位论文，2014。

在工业遗产保护方面出现的问题，并提出了一些可行性建议。

王肖宇等人的《沈阳工业建筑遗产保护与利用》[①]一文，在梳理沈阳工业遗产的基础上，主要研究了工业建筑遗产的价值，提出其具有社会、技术及美学三方面的价值。就社会意义而言，它是普通人生活记录的一部分；从技术与科学的角度来说，它对制造业、工程学及建筑学发展史的研究具有重大意义；而那些高品质的建筑物，设计和规划往往也具有一定的美学价值。因此，对于工业建筑遗产，应该给予认定、保护、再利用与再创造。沈阳地区工业建筑遗产有它自己的形象和空间组成特点，以“工业语言”表述着它自身所具备的“工业美”。由于工艺过程的需要，工业厂房往往可以提供一些建筑体量相当大的空间，这些空间又具有很大的可塑性，不仅可以改作他用而满足许多不同的需要，而且还可在其中进行有创意的分划，带来其他建筑常常想要而不可得的空间条件。所以，应该以“保护—再利用—再创造”的思路对待具有重大历史价值的老工业区，使它在现代化的建设中成为更具有地域特色与历史文化底蕴的新城区。

张坤琪的《大庆市工业遗产保护与再利用研究》[②]一文主要从大庆市工业遗产的实际状况出发，梳理了大庆市工业遗产保护与利用的现状，在此基础上提出了大庆市工业遗产保护利用的对策与建议，并展望了大庆市工业遗产保护与再利用的前景。王雅娜的《大连港工业遗产及其对策保护研究》[③]，梳理了大连港的历史沿革和大连工业遗产的形成，对大连港滨水区工业遗产现状进行了实地调研，取得了宝贵的一手图文资料，并在此基础上提出了要合理利用各种优势资源，保护和再利用大连港滨水区工业遗产的思路，主张在城市更新改造过程中，注意保留宝贵的文明起源的印记，促进城市的可持续发展。基于对现状调研的分析，还构建了评价指标体

① 王肖宇、陈伯强、张艳峰：《沈阳工业建筑遗产保护与利用》，载《工业建筑》，2007(9)。

② 张坤琪：《大庆市工业遗产保护与再利用研究》，哈尔滨管理学院硕士学位论文，2013。

③ 王雅娜：《大连港工业遗产及其对策保护研究》，大连理工大学硕士学位论文，2014。

系，分析了大连港工业遗产建筑在历史文化等不同价值领域的综合保护等级，并提出了下一步的研究展望。

在专题研究方面，佟玉权等人的《工业景观遗产的层级结构及其完整性保护——以东北老工业区为例》①一文，从景观学的角度出发，宏观考察了东北的工业遗产，提出工业遗产是由工业区域(带)景观遗产、工业城市景观遗产、城市工业区景观遗产和工业建筑景观遗产所构成的多层级结构系统。东北地区是中国重要的老工业基地，区域范围内有着各层级的工业景观遗产类型，有不少工业景观遗产整体价值突出，保存较好。应当制定各层级工业景观遗产的科学评估体系，通过设立工业遗产保护规划区，将那些真正具有整体意义的工业景观遗产分别列入历史文化名城、历史文化街区及文物保护单位或优秀历史建筑等文化遗产保护序列，以实现工业遗产的完整性保护。

刘丽华的《中东铁路线性工业遗产的整体性保护与利用》②一文，从线性的角度单独梳理了中东铁路历史和现存状况。提出中东铁路是19世纪末20世纪初中国境内最长的铁路，见证了中国20世纪早期工业化、近代化、城市化的社会经济发展历程。中东铁路跨越多个省份、多样化的自然地理区域，涉及多个遗产类型、多种文化要素，是一个规模庞大、体系复杂的线性工业遗产系统，遗产的完整性和系统性在全国具有代表性和唯一性。但目前中东铁路工业遗产呈点状零散地分布在铁路沿线市镇及乡村中，在大规模城乡基础设施及高铁建设进程中，面临着巨大的保护压力和困境。仅仅实施单体性物质遗产的管理模式已不能适用于中东铁路的整体性保护和利用。因此，对于这种重要的工业文化线路，应当从铁路路网线、铁路相关建(构)筑物，到铁路城镇以及铁路沿线自然环境的方方面面实施整体性保护与利用，这既是国际社会大型线性工业遗产保护的通常模式，也是建设特色工业遗产景观、建设特色文化城市的有效路径。

① 佟玉权、韩福文、许东：《工业景观遗产的层级结构及其完整性保护——以东北老工业区为例》，载《经济地理》，2012(2)。

② 刘丽华：《中东铁路线性工业遗产的整体性保护与利用》，载《沈阳师范大学学报(社会科学版)》，2013(6)。

(3)天津

天津是近代以来中国北方地区最重要的工业基地，也是近代中国机器工业的发源地，工业遗存丰富，典型性强。学界对此早有关注，并且成果很多。

岳宏的《工业遗产保护初探：从世界到天津》①一书，在梳理世界和中国的工业遗产保护历程的基础上，利用他身在天津的区位优势，专辟一节研究天津的工业遗产，从回顾天津近代工业的产生与发展入手，详细梳理了天津工业遗产的出现过程，并且列表展示，给出了多种统计数据。然后详细梳理和总结了天津工业遗产的保存情况，梳理了中华人民共和国成立以来天津文化遗产保护过程，明晰了天津官方和民间对文化遗产认识的转变过程。该书还总结了天津工业遗产保护与利用的五种模式：保护为主的原则，将未勘定的文物单位纳入保护体系；博物馆保护模式；文化创意再利用模式；商业开发模式；室外公共空间的景观模式。另外，他还提出了天津尚未实施但可以考虑的民居模式和保护价值不大的工业遗产可做深度开发的模式。他认为，上述保护模式都是"静态保护"模式，还应探索动态保护模式，即工厂运转下的保护的模式——工业旅游模式。该书论述全面，叙述周详，关于保护模式的思考对于工业遗产的保护与利用颇有价值。

天津大学季宏的博士论文《天津近代自主型工业遗产研究》②，从回顾历史入手，叙述了天津各个时期工业发展的进程，并选择每一时期的典型工业遗产进行深入分析，全方位的透视了天津的工业遗产，如历史沿革、选址、格局、功能、结构、风格、工艺、管理培训等。其研究的重点放在了遗产的价值上，探讨了工业遗产价值评估的方法，提出工业遗产保护的最终目标是"创意城市"的理念。刘爱丽的《天津工业遗产现状研究》③，认为天津作为中国工业发展的先锋城市，是学界工业遗产研究的重点，然而从目前的情况来看，天津工业遗产的现状却不容乐观。文章从天津工业遗

① 岳宏：《工业遗产保护初探：从世界到天津》，天津，天津人民出版社，2010。

② 季宏：《天津近代自主型工业遗产研究》，天津大学博士学位论文，2011。

③ 刘爱丽：《天津工业遗产现状研究》，载《社科纵横》，2013(8)。

产的历史、经济、文化社会价值入手，关注天津工业遗产保护现状，并探讨如何解决文物保护与经济建设之间的矛盾，提出无论怎样称谓工业遗产，也无论从哪一个学科来研究工业遗产，无论是从狭义的工业遗产着手，还是从广义的工业遗产去展开探讨，如何对待老工业区都体现了我们对待文明的态度，为了多留一份真实的记忆给后代，也少一些遗憾，要科学、客观地了解工业遗产，保护工业遗产，不断探索行之有效的保护措施。张青的《天津市工业遗产现状分析及保护对策研究》①，分析了工业遗产保护的历史沿革，界定了工业遗产的概念与内涵，在此基础上对天津市工业遗产及其保护现状、存在的问题进行了深入剖析，提出了加强天津市工业遗产保护的对策建议。青木信夫等人的《天津工业遗产群的构成与特征分析》②，从工业遗产群的角度展开了研究，根据系列遗产理论和《下塔吉尔宪章》，在实地调查的基础上，结合前人的研究，对天津工业遗产群进行了系统的研究和分析，尝试从历史沿革、行业分类、保护级别三个方面探讨天津工业遗产群的遗产构成，以期总结天津工业遗产群的历史、行业、空间和人文特征，为天津工业遗产群的保护和再利用提供理论依据和研究基础。

(4)中西部地区

中西部地区受近代工业文明熏染相对较晚，工业基础相对薄弱。因此，学界关于中西部工业遗产的研究相对较少，现有的研究主要集中在武汉、西安、重庆等工业相对发达的城市。

《品读武汉工业遗产》③一书全面展示了近代以来武汉工业文明发展的进程和风貌，梳理了从1862年到1926年年间建立的、在全国或武汉有较大影响和较重要历史文化价值的33家工业企业的发展历史和现状。田燕的

① 张青：《天津市工业遗产现状分析及保护对策研究》，载《建筑与科学》，2014(1)。

② 青木信夫、闫觅、徐苏斌等：《天津工业遗产群的构成与特征分析》，载《建筑学报》，2014(S2)。

③ 彭小华主编，武汉市政协文史学习委员会等编：《品读武汉工业遗产》，武汉，武汉出版社，2013。

《文化线路下的汉冶萍工业遗产研究》①一书，将文化线路理论与汉冶萍工业遗产的考察相结合，对汉冶萍工业遗产进行了认真考证和分析，确定了汉冶萍工业遗产的价值和分级体系，并提出了相应的保护与利用的基本策略。该书的理论架构和研究方法，对区域性遗产整体保护研究有着较为重要的借鉴意义。刘金林等人著的《资源枯竭城市工业遗产研究——以黄石矿冶工业遗产研究为中心的地方文化学科体系的构建》②，以国务院确定的首批和第二批资源枯竭城市——湖北省大冶市和黄石市为例，主张充分利用三千年矿冶文明史遗留下来的古矿冶遗址以及近现代工业发展史上形成的矿冶工业遗产等，丰富创建地方文化学科体系——大冶学，探究工业遗产在资源枯竭城市转型中的作用。

王嵩、袁诺亚的《城市滨水工业遗产的再生——武汉杨泗港码头地块详细规划》③，以武汉杨泗港整体搬迁项目为目标，从整体区域的视域出发，详细分析了杨泗港港区现状，利用要素的价值取向，重新定义和保留了改造滨水工业遗产的功能和空间，力图探索一种经济效益与社会效益双赢的工业遗产保护模式，为城市滨水区可持续性开发建设提供了有益的思路。

陕西的工业遗产研究大致从2008年8月陕西省第一次工业遗产普查工作开始。王西京等人编著的《西安工业建筑遗产保护与再利用研究》④一书，在大量实地调研和收集资料的基础上，力图呈现西安工业遗产的概貌及现有的改造再利用实践。全书介绍了西安工业遗产的历史沿革，梳理了西安工业建筑遗产的概况，分析了西安工业建筑遗产特征，探究了西安工业建筑遗产保护与再利用案例及西安工业建筑遗产保护与利用策略等。金鑫、

① 田燕：《文化线路下的汉冶萍工业遗产研究》，武汉，武汉工业大学出版社，2013。

② 刘金林、聂亚珍、陆文娟：《资源枯竭城市工业遗产研究——以黄石矿冶工业遗产研究为中心的地方文化学科体系的构建》，北京，光明日报出版社，2014。

③ 王嵩、袁诺亚：《城市滨水工业遗产的再生——武汉杨泗港码头地块详细规划》，载《中外建筑》，2014(10)。

④ 王西京、陈洋、金鑫：《西安工业建筑遗产保护与再利用研究》，北京，中国建筑工业出版社，2011。

王西京、陈洋的《居住区规划设计中的工业遗产保护与再利用模式研究——以西安市陕西重型机械厂改造规划设计为例》①，是在上述调研基础上的个案研究，文章从研究陕西重型机械厂改造入手，对西安近现代的工业建筑做了详细、系统的基础调研，提出了从厂区资源、规划定位、社区需求到经济效益等诸方面的更新策略，探寻工业遗产保护与居住区道路系统、绿化系统、公建系统、空间环境系统规划设计的契合点。

重庆大学许东风的博士论文《重庆工业遗产保护利用与城市振兴》②，以重庆的老工业企业为研究对象，从文化遗产学、历史学、建筑学、城市规划学等学科的交叉研究的角度，探讨了重庆工业遗产保护理论及实践方法。许东风通过调查摸清了重庆工业遗存的现状与分布，提出了从整体到局部的评价方法，列出60处有价值的工业遗产保护名录，提出了工业遗产整体性保护与利用对工业城市振兴意义重大的观点。

3. 工业遗产保护利用的对策研究

研究工业遗产，最终是为了保护利用工业遗产，是为了最大限度的保护人类文明的成果，最大限度的发挥工业遗产的文化价值。因此，学界关注工业遗产保护利用的成果比较多。梳理和概括学界的现有研究，关于工业遗产保护利用对策的研究主要涉及工业遗产旅游开发，工业遗产改造与景观更新两个方面。

(1)工业遗产旅游开发

工业遗产旅游开发是国际上工业遗产改造的重要途径，国内学者结合国情开展研究，出现一批有关工业遗产旅游开发的研究成果。初期学界的研究成果主要集中在对国外工业遗产旅游开发的介绍上，特别是对德国与英国案例的介绍和总结上，以及对老工业城市与资源枯竭型城市开发旅游的途径、策略和意义的探讨上。如何俊涛、刘会远、李蕾蕾的《德国工业

---

① 金鑫、王西京、陈洋：《居住区规划设计中的工业遗产保护与再利用模式研究——以西安市陕西重型机械厂改造规划设计为例》，载《华中建筑》，2015(3)。

② 许东风：《重庆工业遗产保护利用与城市振兴》，重庆大学博士学位论文，2012。

旅游面面观(外一则)——原东德 Lausitz 褐煤矿与西德 RWE 褐煤矿的差距》①一文，通过介绍德国对废弃的或者正在使用的工业设施进行旅游开发的做法与经验，考察了原西德 RWE 公司褐煤矿和原东德的 Lausitz 褐煤矿的工业旅游开发，并且对这两个露天煤矿的工业旅游开发进行了比较研究，全面梳理了德国工业生产演变为工业文化的过程，阐述了该国工业文化视角下的旅游、经济和文化意义，提出了德国鲁尔区的更新利用对我国东北老工业基地更新利用的借鉴作用。郭文康的硕士学位论文《英国工业旅游研究》②，从历史沿革的视角研究英国的工业旅游，以英国自 20 世纪以来所经历的经济衰退过程为背景，探讨了工业遗产在区域发展和形象转变过程中的作用，全面分析了英国工业旅游开发与管理过程中的经验与不足。他认为，我国东北老工业基地的状况与工业旅游产生前后的英国极为相似，要借鉴英国的经验，把工业旅游作为东北各省经济发展的优势产业来培育，将工业旅游融入老工业基地调整改造中，对于东北未来的发展具有重要的现实意义。张彩莲的硕士学位论文《中国近代工业遗产旅游发展路径研究 ——以上海杨浦滨江工业遗产带为例》③，以上海杨浦滨江工业遗产带为研究对象，在实地调研的基础上，对近代工业遗产旅游发展定位、模式、战略和产品体系设计做了探究。

王明友、李淼焱所著的《中国工业旅游研究》④一书，通过对工业遗产价值的分析，对工业遗产进行类型划分，评估工业遗产旅游的价值，讨论了工业遗产保护与旅游开发所面临的主要问题，提出了工业遗产旅游的不同发展模式，并结合辽宁省工业遗产旅游发展的实证分析，提出了促进中国工业旅游发展的建议。骆高远的《寻访我国“国保”级工业文化遗产》⑤，

---

① 何俊涛、刘会远、李蕾蕾:《德国工业旅游面面观(外一则)——原东德 Lausitz 褐煤矿与西德 RWE 褐煤矿的差距》，载《现代城市研究》，2006(1)。

② 郭文康:《英国工业旅游研究》，山东师范大学硕士学位论文，2007。

③ 张彩莲:《中国近代工业遗产旅游发展路径研究 ——以上海杨浦滨江工业遗产带为例》，复旦大学硕士学位论文，2012。

④ 王明友、李淼焱:《中国工业旅游研究》，北京，经济管理出版社，2012。

⑤ 骆高远:《寻访我国“国保”级工业文化遗产》，杭州，浙江工商大学出版社，2013。

是我国第一部从文化和旅游的视角全面系统研究中国国家级工业文化遗产的学术成果，该书选择了较有代表性的“国保”级工业文化遗产(如大庆油田第一口油井、青海省的中国第一个核武器研制基地、黄崖洞兵工厂旧址、中东铁路建筑群、青岛啤酒厂早期建筑、汉冶萍煤铁厂矿旧址、石龙坝水电站、个旧鸡街火车站、钱塘江大桥、南通大生纱厂等)，对其概况、发展简史、历史和现实意义及文化和旅游价值等方面进行了深入研究和探讨。王慧的关注点则落在了农村工业遗产旅游方面，其《中国农村工业遗产保护与旅游利用研究》①一书别开生面，对中国农村工业遗产的保护与旅游利用问题进行了较为全面、系统的研究，包括分析概括了中国农村工业遗产的历史形成及特征等。国家旅游局规划财务司编的《大力发展工业遗产旅游促进资源枯竭型城市转型》②，在梳理工业遗产旅游的定义及发展历程的基础上，分析了中国资源枯竭型城市面临的问题及挑战，并以我国资源枯竭型城市的转型为切入点，探讨了工业遗产旅游在资源枯竭型城市转型中的作用及可能的开发模式。

(2)工业遗产改造与景观更新

工业遗产改造与景观更新是工业遗产保护利用中最为常见和最重要的手段之一，无论中国还是工业发达国家，这方面的理论研究与改造实践都取得了较多的成果。我国最早关于工业遗产保护中工业景观的研究见于俞孔坚、庞伟的《理解设计：中山岐江公园工业旧址再利用》③一文，他们认为随着近年来的实践探索的逐渐增多，工业遗产的旧址成为景观与城市建设中的热点问题。有的学者对不同地区的矿区遗址，提出了一些生态恢复、重建的原则和方法，以有助于指导工业遗产地的景观设施设计。另有部分学者提出分级保护的思想，关注的对象也从单纯的工业建筑物扩大到

① 王慧：《中国农村工业遗产保护与旅游利用研究》，沈阳，辽宁大学出版社，2014。

② 国家旅游局规划财务司编：《大力发展工业遗产旅游促进资源枯竭型城市转型》，北京，旅游教育出版社，2014。

③ 俞孔坚、庞伟：《理解设计：中山岐江公园工业旧址再利用》，载《建筑学报》，2002(8)。

工业区域甚至更大尺度的工业景观。还有学者认为工业遗产地景观已形成了自己独特的形态特征，并将其景观分为不同的类型：博览场馆类、再生设施类和风景园林类三大类型。这些学者都力图在总结国外成功案例的改造思路和方法的基础上，分析我国现阶段“后工业”景观改造的发展状况，试图对今后国内的实践提供思路。张伶伶、夏柏树的《东北地区老工业基地改造的发展策略》①，针对东北地区老工业基地的现状，提出了“新城市——工业社区”的理念，并从保护更新、城市整体、生态环境和工业景观四个角度，阐述了东北老工业基地改造的策略，力图为老工业基地保护与社区更新提供新的思路。邵健健的《超越传统历史层面的思考——关于上海苏州河沿岸产业类遗产“有机更新”的探讨》②，以上海苏州河滨河产业类遗产为例，以工业遗产保护与城市“有机更新”的理论为基础，探讨了苏州河沿岸工业遗产的前景，并分析了“自上而下”与“自下而上”的城市规划方法对遗产“有机更新”的影响。朱强的博士学位论文《京杭大运河江南段工业遗产廊道构建》③，以京杭大运河江南段为研究对象，力图通过构建工业遗产廊道、筛选认定区域工业遗产等方法，探讨运河工业遗产廊道的规划格局和保护利用问题，并分别从廊道整体保护格局、主要城镇保护格局、历史工业地段保护性开发、重要工业建筑的保护与再利用四个层面提出相应的实施对策。张琳琳的硕士学位论文《基于城市设计策略的城市旧工业区更新——以陕西钢厂改造为例》④，从陕西钢厂的改造入手，根据我国城市旧工业区更新的现实状况，结合城市旧工业区更新的实施类型，尝试建立旧工业区更新为文化性场所的城市设计框架。刘玲玲等人的文章《工业遗产保护视野下的旧工业区景观改造——以西安大华纱厂为例工业

① 张伶伶、夏柏树：《东北地区老工业基地改造的发展策略》，载《工业建筑》，2005(3)。

② 邵健健：《超越传统历史层面的思考——关于上海苏州河沿岸产业类遗产“有机更新”的探讨》，载《工业建筑》，2005(4)。

③ 朱强：《京杭大运河江南段工业遗产廊道构建》，北京大学博士学位论文，2007。

④ 张琳琳：《基于城市设计策略的城市旧工业区更新——以陕西钢厂改造为例》，西安建筑科技大学硕士学位论文，2007。

遗产景观更新》①，从西安大华纱厂景观改造项目入手，对工业遗产保护视野下的旧工业区景观改造的方法进行了探讨，提出大华纱厂景观改造应当以传承场地历史记忆为轴，结合其在改造后的业态，在满足现代使用功能需求前提下，以地域历史文化作为设计语言，塑造大华纱厂新的功能与空间秩序。

王建国的《后工业时代产业建筑遗产保护更新》②，研究了产业建筑价值评定及分析界定和分类标准，力图形成产业类历史建筑及地段保护性改造再利用的理论和方法体系构架。刘伯英、冯钟平编写的《城市工业用地更新与工业遗产保护》③，以城市复兴理论为研究框架，采用全面综合的方法，对城市工业用地更新的理论与实践进行系统研究，力图以融会的视角，建立城市工业用地更新的战略体系和实施机制。王晶的《工业遗产保护更新研究——新型文化遗产资源的整体创造》④，认为"工业遗产"作为一类新型的文化遗产，明确的定义和内涵至关重要。此书是对这一目前学界研究较少的课题的深入研究和探索。韦峰的《在历史中重构工业建筑遗产保护更新理论与实践》⑤，总结了关于工业遗产保护与更新方面的理论知识，重点介绍了国内十余个优秀的工业遗产保护与更新的案例，具体分析了每个案例的设计背景、设计方法，并提供了平面图、改造施工图、效果图、实景图等丰富的图纸和照片，最后提供了国外一些优秀案例的概况。

综上所述可知，中国的工业遗产研究近年来在引进吸收外国先进理论成果的同时，不断深入探究，创新发展，扩展了研究领域，深化了理论内涵。从工业遗产的建筑保护开发、工业旅游与创意产业开发、工业遗产的

---

① 刘玲玲、蒋伟荣、魏士宝：《工业遗产保护视野下的旧工业区景观改造——以西安大华纱厂为例工业遗产景观更新》，载《建筑与文化》，2014(11)。

② 王建国：《后工业时代产业建筑遗产保护更新》，北京，中国建筑工业出版社，2008。

③ 刘伯英、冯钟平：《城市工业用地更新与工业遗产保护》，北京，中国建筑工业出版社，2009。

④ 王晶：《工业遗产保护更新研究——新型文化遗产资源的整体创造》，北京，文物出版社，2014。

⑤ 韦峰：《在历史中重构工业建筑遗产保护更新理论与实践》，北京，化学工业出版社，2015。

保护策略等角度，不断拓展中国特殊国情下的工业遗产研究，相关专业著述、论文不断涌现，形成了清华大学、深圳大学、河南大学等一批工业遗产问题研究中心。

4. 北京地区工业遗产研究

与全国各地工业遗产研究的不断高涨相比，北京的工业遗产研究相对寂落，成果较少，研究相对薄弱。

2010年之前，关于北京地区工业遗产研究成果主要包括：蒋晨明、罗先明的《北京·首钢：伟大而安静的工业见证》①，王富德的《首钢工业旧址旅游发展的可行性研究》②，张剑华的《北京首钢原址再利用初探——对可行性再利用策略的建议》③，付超英的《从钢铁“忧”到钢铁“游”——首钢发展工业旅游纪实》④，姜杰、茅炫、李春霞的《矿区工业旅游及生态旅游资源开发研究——以北京首云铁矿为例》⑤等文章，均以首都钢铁公司为研究对象，结合实例探讨了工业遗产的开发与保护。傅晓莺、张义丰、李想的《北京山区乡村工业旅游开发的意义与对策研究——以门头沟区龙泉镇为例》⑥，王化民的《北京工业旅游产品的现状及对策》⑦，李建卫的《工业旅游是城市旅游的新增长点》⑧等则着重研究了北京地区的工业旅游问题。上述研究成果从不同角度丰富了北京工业遗产的研究，也日益凸显了人们对工业遗产的关注程度和重视程度。

---

① 蒋晨明、罗先明：《北京·首钢：伟大而安静的工业见证》，载《时尚旅游》，2007(8)。

② 王富德：《首钢工业旧址旅游发展的可行性研究》，载《北京观察》，2006(10)。

③ 张剑华：《北京首钢原址再利用初探——对可行性再利用策略的建议》，载《北京建筑工程学院学报》，2006(6)。

④ 付超英：《从钢铁“忧”到钢铁“游”——首钢发展工业旅游纪实》，载《北京工商管理》，2002(5)。

⑤ 姜杰、茅炫、李春霞：《矿区工业旅游及生态旅游资源开发研究——以北京首云铁矿为例》，载《中国矿业》，2008(6)。

⑥ 傅晓莺、张义丰、李想：《北京山区乡村工业旅游开发的意义与对策研究——以门头沟区龙泉镇为例》，载《安徽农业科学》，2008(1)。

⑦ 王化民：《北京工业旅游产品的现状及对策》，载《投资北京》，2007(6)。

⑧ 李建卫：《工业旅游是城市旅游的新增长点》，载《北京城市学院学报》，2006(1)。

2010年，“第二届全国工业遗产与社会发展学术研讨会”召开，这次会议进一步促进了社会各界在社会迅速转型过程中做好工业遗产的保护与利用的研究与工作，力图将工业遗产研究向更深更广的方向推进，北京工业遗产的研究因此有了进一步的发展。孔建华、杜蕊的文章《北京工业厂区改造中的自然拾掇与有机更新》①，结合20世纪90年代以来北京在建立社会主义市场经济体制进程中产业结构发生的重大变迁，结合工业从城市功能区向周边疏散，工业生产制造大举退出城区，大量工业厂区转作住宅和商业用地的情况，提出北京已经从全国重要的工业基地逐步转变为以服务业为主的城市。随着文化创意产业概念的提出和应用，一批工业厂区发展成为文化生产机构的聚集地，比较典型的如798艺术区及其周边工厂等。在北京的产业转型过程中，工业厂区为北京文化创意产业的兴起提供了生存空间，文化创意产业的发展使一批特色工业厂区得到妥善保护和利用。文章还从北京创意工厂兴起的经济基础、社会政策与文化背景、布局特征与发展模式、前景分析四个方面，阐述了工业厂区与文化创意产业之间的互动在培育城市文化生产空间、丰富城市文化生活方面的重要作用。黄悦、李琳的《首钢旧址工业旅游研究及建议》②，研究了在国家计划下首钢集团向河北省曹妃甸搬迁完成之后，其废旧厂址所留下的大片工业用地和厂房等的利用问题。通过资料分析、同类工业旅游和工业遗产旅游范例比较，以及实地考察等多角度的分析，提出在首钢原址上开发工业旅游的可行性和需要解决的问题，并初步讨论和规划了如何在首钢搬迁之后建立首都CRD的工业旅游模式问题。提出在首钢搬迁后，规划部门可以根据园区整体布局和景点具体特色，借助巨大的创意空间和多种文化手段，实现工业遗址保护与创意产业开发相结合，将宝贵的工业化资源转换成为特色鲜明、个性突出的文化博览中心、人文历史教育基地和城市功能节点，弥补自然景观资源的不足，同时还能以“城市后花园”的定位成为首都公共生活亮点。

---

① 孔建华、杜蕊：《北京工业厂区改造中的自然拾掇与有机更新》，载《城市问题》，2010(3)。

② 黄悦、李琳：《首钢旧址工业旅游研究及建议》，载《特区经济》，2010(5)。

刘伯英、李匡的《北京工业建筑遗产现状与特点研究》[①]一文，提出在工业生产时刻都面临着技术更新、转产升级的时代条件下，工业建筑遗产保护和再利用具有紧迫的抢救性意义。北京作为明清两代帝都和中华人民共和国的首都，长期以来都是一座以消费为主的城市，与上海、南京、天津、武汉、沈阳等中国早期近代工业的重要城市相比，近代工业基础相对薄弱。但中华人民共和国成立后，政府制定了使北京由消费城市向生产城市转变的目标，北京的工业特别是重工业发展异常迅猛，迅速成为重要的工业基地。文章注意到自20世纪80年代后，随着产业升级和城市发展的再次转型，许多大型工业企业纷纷停产外迁。老工业区更新改造常常采取"推倒重来"的办法进行开发建设，大量有价值的工业建筑物和设施设备被拆除。这一问题已经引起了专家学者和政府相关部门的重视，逐渐开始对北京重点工业区工业建筑遗产的现状进行了摸底调查和深入研究，并对保护体系及分级管理办法等进行了探索，颁布了一系列认定、保护和再利用的办法、导则和标准，逐步形成了一套适合北京现状的工业遗产保护与再利用体系。文章对北京工业建筑遗产的现状和保护与再利用的体系作了一个完整的梳理和总结，对今后北京的工业遗产保护与利用有启发和借鉴意义。但是由其学科背景所决定，在历史梳理上不免存在瑕疵，同时在理论探究方面也还有深入的余地。

刘伯英、李匡的另一篇文章《首钢工业遗产保护规划与改造设计》[②]，分析了首钢工业遗产的现状、特征及价值特色，提出了工业遗产保护区的范围、保护名录及保护级别等问题，并提出要通过科学规划将工业遗产保护与旧工业区的更新紧密衔接，并要在此基础上对保留下来的工业遗产进行创新性的改造设计，赋予其全新的功能，使其融入现代城市生活，实现复兴与再生。文章指出，工业遗产的保护与再生是非常复杂的过程，影响因素也很多，还需要从城市乃至区域整体发展的角度出发，以地区经济、

① 刘伯英、李匡：《北京工业建筑遗产现状与特点研究》，载《北京规划建设》，2011(1)。

② 刘伯英、李匡：《首钢工业遗产保护规划与改造设计》，载《建筑学报》，2012(1)。

社会、文化、环境等多方面的全面协调发展为目标，才能最终使首钢工业区真正成为新旧交融、和谐共生的城市新区，实现全方位的复兴。

张艳、柴彦威的《北京现代工业遗产的保护与文化内涵挖掘——基于城市单位大院的思考》①，指出已有的规划案例往往更强调对工业遗产单体建筑或区域物质空间的保护和再利用，而对其文化内涵的认识与挖掘比较欠缺。文章针对中国工业化的特点，提出中国工业发展的阶段性特征明显，工业遗产的类型复杂，并经历漫长工业化道路，与西方城市相比更具独特性和保护价值。具体到首都北京，中华人民共和国成立以来以单位大院形式建设的现代工业充分反映了城市工业化的历史进程与独特的文化价值，已有研究大多从建筑学视角提出工业建筑单体保护和改造问题，侧重对物质空间形态的保护，对其文化内涵挖掘欠缺。为此，文章从单位大院的物质空间性特征、单位制度的内涵以及单位居民的单位情结等方面入手，以北京京棉二厂为案例，对北京现代工业遗产的文化内涵进行解读，研究计划经济时期以单位大院形式建设起来的大型工业企业单位独特的精神追求和文化内涵。

纵观目前学界对北京地区工业遗产的研究，大多集中在首钢等几个典型项目的研究上，有的则集中在特定区域工业遗迹的开发策略研究上，整体性研究仍不够或者疏于简陋。另有不少研究集中于外国工业遗产开发、保护情况的介绍和研究方法的介绍上，缺乏针对中国情况的探究，缺乏有深度的创新性思考。还有的研究仅仅局限于简单的普查、调查和简单的呼吁社会关注等，亦缺乏有一定深度的学术性探讨。

从北京工业发展史的研究看，虽然已有不少学者做了比较系统的梳理，但其研究大多是现有成果的汇集，而非利用新材料的深入探究。有些学者由于其非历史学的学科背景，研究成果的舛误甚多。例如，《工业遗产保护初探——从世界到天津》一书第二编第一章详述了近代中国工业的发展历程，并且制作了多个汇总表，分别详列近代中国官办工业、民族工

① 张艳、柴彦威：《北京现代工业遗产的保护与文化内涵挖掘——基于城市单位大院的思考》，载《城市发展研究》，2013(2)。

业以及外国在华工业的情况，然而其中有的表没有注明资料来源，使人很难确认其可靠度，因而无法使用。有的汇总表则没有显示学术界后来的研究进展，例如民族工业部分，汇总表依据的是孙毓棠先生编的《中国近代工业史资料》第一辑[①]的史料。孙毓棠先生是老一辈学者，功力深厚，该书确为中国近代工业史史料编纂的奠基之作。但是，由于时代条件的限制，其统计尚有缺漏，对此，后来的学者已经有补充[②]，但是汇总表的编者并没有注意到。再如《北京工业发展历史研究》[③]一文，大致梳理了北京工业的发展历史。但是其中也有表述不够严谨之处，如将中国称为“清国”，这是外国对中国的称呼，现在学界一般不使用。还认为洋务派是采用“官办”“官督商办”的模式举办近代工业的，这就漏掉了重要的“官商合办”模式。在北京工业遗产现状上，提出了生产型、转产型、停产型和混合型四个类型，确有创意，但是其研究确实遗漏较多。又如《工业遗产的保护与利用——“创意经济时代”的视角》一书，亦梳理了近代中国工业发展的历史，但所依据的多为二手材料，因而不免舛误。例如该书详细介绍了中国第一家机械化煤矿——唐山开平煤矿的发展历程，其中将矿局主持修建的中国近代第一条货运铁路——唐胥铁路的长度写成10公里[④]。其实，这条铁路的长度史料有明确记载，为15华里[⑤]，也就是7.5公里，而非10公里。当时叫作“马路”，因为铁路建成之初，为了避免顽固派的攻击，曾经使用骡子拖曳列车。当然，上述瑕疵的出现情有可原。我们作为历史学学者，将在本书中充分发挥我们的学科之长，对北京工业发展史做一尽可能详尽和准确的梳理。

---

① 孙毓棠编：《中国近代工业史资料》，第一辑，北京，科学出版社，1957。

② 参见杜恂诚：《民族资本主义与旧中国政府(1840—1937)》，285～528页，上海，上海社会科学院出版社，1991。

③ 参见刘伯英主编：《中国工业建筑遗产调查与研究——2008年中国工业建筑遗产国际学术研讨会论文集》，21～43页，北京，清华大学出版社，2009。

④ 张京成、刘利永、刘光宇：《工业遗产的保护与利用——“创意经济时代”的视角》，103页，北京，北京大学出版社，2013。

⑤ 孙毓棠编：《中国近代工业史资料》，第一辑(下)，646页，北京，科学出版社，1957。

从研究方法和手段看，不少研究者受限于自身的专业背景，许多研究尚停留在研究的浅层面，如《北京工业遗产的研究方法》①一文，虽最早对北京工业遗产的研究方法进行探讨，但该文基本上是从建筑规划学的角度出发，较多地考虑了近代工业遗产中的建筑资源及其潜在经济价值，而忽略了工业遗产中同样重要的非物质文化遗产价值和历史文化价值。在近年来的研究中，从旅游学和地理学的角度出发的研究较多，但是从多学科交叉研究方法的角度来进行工业遗产的研究很少，特别是对北京工业遗产的非物质文化遗产性质的深层内涵探究比较少，即使是探究非物质文化遗产价值的研究也是停留在建筑风格、科学技术价值等浅层面，而没有对这些现象背后的深层精神内涵进行深入开拓。

北京作为有三千年建城史、八百年建都史的伟大城市，有着深厚的文化积淀，其文化涵养不可能不给北京工业的发展以影响。北京又是近代一百多年来中国革命传统和近现代文化滋长的涵养地：自洋务运动时期就出现了近代工业，此后发展不断；北京是伟大的五四运动的发源地和斗争中心，工人阶级的作用对斗争的胜利至关重要；北京是中国共产党诞生的孕育地，出现了中国最早的马克思主义者李大钊等人，并且最早建立了中国共产党的基层党组织；北京还是工人阶级伟大斗争——京汉铁路大罢工的中心；北京也是中国人民奋起抗日的重要地区，卢沟桥事变后，北京地区的国民政府驻军和人民率先开始了中国人民全面抗日的英勇斗争。中华人民共和国成立后，北京又经历了工人阶级意气风发建设祖国的激情燃烧的岁月。上述波澜壮阔的社会发展步履和深厚的文化积淀，不可能不对北京工业的发展产生影响，不可能不影响北京工业遗产文化层面的精神追求，从而形成北京工业遗产特有的精神文化内涵。但非常遗憾的是，目前学界关于此一方面的研究尚付阙如，为此，本书在北京工业遗产的非物质文化的精神层面将做初步开拓，以期对工业遗产文化价值的研究做出应有的贡献。还将在充分占有文献资料，和充分调研的基础上，力求弥补目前学界

① 顾朝林主编：《城市与区域规划研究》，第1卷，第3期(总第3期)，54～72页，北京，商务印书馆，2008。

关于北京工业发展的历史等方面研究的缺憾，并做进一步的深入探索。

三、研究方法与研究内容

从学术研究的角度看，工业遗产的研究具有双重性，一方面是艰深的理论研究，需要占有大量的文本资料和史料，并做艰苦的思考、探究和阐发。另一方面是实践性非常强的田野调查性质的考究和追根溯源的工业考古，需要以不惮烦、不畏艰的态度做大量的实地考察。工业遗产的研究又涉及多个学科领域，具有较强的跨学科特征。上述研究特点决定了本研究的理论与方法的多元性。本研究将在广泛收集北京工业发展和北京工业遗产相关史料、材料的基础上，在大量而充分的田野调查和工业考古的基础上，充分吸收借鉴国内外学术界的先进研究手段和方法，借鉴国内外的最新的研究成果，主要运用历史学的研究方法，辅之以社会学、人文地理学等学科的相关知识，多视角、多方面地探讨新的历史条件下的北京工业遗产现状及其利用和保护问题。

1. 文献研究法：广泛占有史料，收集档案、文集、晚清民国报刊等史料，以及其他资料，在充分占有史料的基础上梳理北京地区工业发展的历史。广泛阅读和检索各类当代文献，了解北京工业遗产的现实状况等。同时，广泛收集资料，了解其他国家和地区的工业遗产保护和改造措施，结合北京地区的实际情况进行对比分析，了解其优势与不足。

2. 工业考古和田野调查法：通过实地走访、调查和记录北京工业遗存，了解如今北京工业遗产的生存状况和保护状况。本书内收有大量照片，部分来自文本资料，部分来自电子资源，还有一些图片没有注明资料来源，则为笔者自己采访拍照而来。同时，还要通过访问本地的老居民、老住户了解老工业的历史变迁状况，以明了北京工业遗产的来龙去脉。

3. 问卷调查与访谈法：根据研究目标精心设计调查问卷，向本地居民及居住在北京市的其他地区的居民按比例科学发放调查问卷，以了解老工业区及工业遗产在民众心中的认知状况及心理定位，以及人们对工业遗产开发与保护的关注程度。然后采用结构性访谈的模式，精心选择调查样本，做进一步的深入交谈，以了解北京居民深层次的内心感受。

本研究的问卷调查主要有两次，一次是北京公众对工业遗产认知状况的调查，一次是北京公众对老北京银行街的认知调查，均获得了大量调查数据，并录入计算机，运用统计软件加以多方面分析和研究。在问卷调查的同时均采用结构访谈的方法，做了深度的访谈调查。

4. 多学科交叉研究法：本研究综合运用景观设计、地理、城市规划、建筑、遗产保护等学科知识，尤其是利用社会统计学的理论与 SPSS 软件对问卷进行统计分析，以期能综合系统的剖析北京工业遗产的历史、现状、价值，并有针对性的做保护对策等若干关键问题的研究。

基于上述研究方法，本书的研究思路是：

第一章，工业社会的形成及对工业遗产形态的影响。工业遗产是工业社会的产物，而工业社会是完全不同于此前人类社会经历的渔猎、农耕社会的一种社会形态，是完全不同于渔猎和农业生产的一种生产模式。通过回顾工业社会形成的历史，探究工业生产的典型特征和特点，研究在此基础上形成的工业遗产的类型，以及明显区别于古代文化遗产的工业遗产的特点。

第二章，北京机器工业的产生与发展。在充分占有史料的基础上，回顾北京近代工业的发生发展，主要是对北京将近一个半世纪的工业发展的历史进行系统梳理，展现北京工业的发生、发展和转型，探究北京的独特的地理条件和文化底蕴对北京工业发展的影响，为工业遗产的问题研究提供史学支撑。

第三章，北京工业遗产的工业考古。对北京现存工业遗产资源进行全面考古和考察，主要运用工业考古、文献调研和实地调查的方法，通过文献和实地考察相结合的方法，掌握北京市工业遗产的现状，全面展现北京工业遗产的生存状况，明晰工业遗产的来龙去脉，调查和揭示遗产保护中存在的问题。

第四章，北京工业遗产精神内涵探究。研究主要沿着文化研究的路径展开，探究工业的出现和发展对人们观念转变的影响，特别是时间观念、协调观念、纪律观念和效率观念的出现均与工业生产的特性有关，基本上都是工业社会的产物。探究北京工业发展中形成或者发扬光大的爱国主义精神、革命精神，以及技术革新、增产节约运动中高扬的革新精神和蕴含了新因素的节约理念。

第五章，北京公众对工业遗产认知情况调查。采用调查问卷与访谈相结合的方式进行，运用SPSS统计软件统计调查数据，并加以分析研究。还要本着本研究秉持的工业生产是一个系统工程的理念，运用文献调研和实地调查的方法，研究老北京银行街——西交民巷的现状。西交民巷集中了民国时期北京大多数银行，是支撑北京工业生产的重要金融枢纽，其建筑也是现代工业的产物。通过这项调查，丰富北京工业遗产的面相和内涵。

第六章，北京工业遗产保护利用对策研究。在田野调查和问卷调查、访谈调查的基础上，在掌握北京工业遗产的现状及保护利用过程中存在问题的基础上，在了解民众认识的基本状况并了解了民众认识误区的基础上，提出我们的保护对策建议，研究更好地保护和利用北京工业遗产的方法和路径。

总之，本书欲从理论的考量、历史的追溯、田野考察和工业考古等多角度，运用多种研究手段，全面梳理北京工业的发展和工业遗产现存情况，探究其重要的历史文化价值，特别是探究其非物质文化层面的内涵，冀望深化对北京工业遗产的认识。同时，通过问卷调查和访谈调查相结合的方式了解北京公众对工业遗产的认知情况，思考和探究更好地保护北京工业遗产的方式和路径，开拓更多的保护途径，努力为北京、为中国保留更多的工业遗产，为人类历史上最辉煌的一段历程挽留和保存更多的实物和见证。

第一章　工业社会的形成及对工业遗产形态的影响

工业遗产是工业社会发展后的产物，工业社会又是工业革命的产物。正是工业革命的发生，极大地改变了人类社会的面貌，改变了人类的生产方式和劳动方式，进而改变了人类的生活方式和生活习惯，并影响和改变了人们的思想观念和精神追求。工业革命的这些不同于以往人类历史的显著特性，同时也深刻地影响了后来工业遗产的面貌和特点。

一、工业革命带来的工业社会

工业革命之前，世界社会经济形态的主体是农业社会，一小部分是游牧社会，或者比农业、游牧更原始的渔猎社会。农业等古代社会经济生产的典型特征主要有以下几点：

第一，依靠农业经济(小部分地方是牧业和渔猎)维持人类的繁衍和社会的再生产，无论民间还是政府，都依靠农业或者畜牧业收入来维持社会经济或家庭经济的运转。从民间看，农业收入是农家的主要经济来源。在中国古代社会，农民也间做小手工业以补充农业收入之不足。在欧洲，虽然在中世纪发展出了城市工商业，但仍然不占据民间经济的主导地位。从政府财政看，农业税是国家财政收入的主要来源，在中国古代，农业税收(田赋)常占到国家财政收入的百分之七八十以上。欧洲某些地区商业比较发达，但也只是农业经济的附庸，并不是政府财政收入的主要部分。

第二，生产力发展缓慢。在古代社会，农业生产的发展从根本上来说是经验总结的产物。也就是说，它的生产进步是依靠人们长期的观察并形成经验来推进的。而经验的形成需要长期的实践过程，需要经过多次实践的重复，证明其经验的正确性，才能最终形成。加之农作物生产的特性——周期长，完成一次观察往往需要半年甚至一年的时间。这就导致了农业生产经验的积累需要漫长的时间，要经历数年乃至数十年的时间才能完成。如此漫长的过程，必然影响农业生产的进步和技术改进的速度。从信息交流看，农业社会的交通十分落后，导致不同人群聚居区之间的交流十分困难，这一点在中西方的古代都是一样的。这种落后的交通条件就又带来了交流的困难，从而使得比较先进的农业技术的推广十分缓慢，也就进一步加剧了农业进步的困难，导致农业生产力的进步十分缓慢。

第三，农业的生产模式主要是在广袤的田野上栽种作物，也就是种植庄稼，属于非劳动密集型露天作业。这种露天作业主要是粮食类作物的种植生产，古代中国的主要农作物是小麦、水稻、粟等，古代晚期又从外部传来了玉米和红薯等高产植物的种植技术，并逐渐在各地推广，不但民众因此多了一种果腹的食物，田野中也多了一番新景象：高耸的玉米和铺蔓的红薯秧夹杂在低矮的小麦和水稻中间。欧洲的气候南北有鲜明的差别，北方属于海洋性气候，冬季温暖，夏季凉爽，南部则是典型的地中海气候，夏季高温又干燥，降雨主要在冬季。也就是说，雨热不同季是欧洲气候的典型特点。这种气候特点很不利于需要高温高湿的农作物，特别是水稻等作物的生长。加之当地土壤肥沃程度偏低，黏性强而不利于排水，就使得中世纪欧洲的农作物主要是黑麦、燕麦和大麦等低产量的粗劣粮食作物。

然而无论中西方农作物的品种有何不同，从总体上看都是以谷类植物为主。这些农作物的种植都需要面积广大的土地，因为株与株之间必须要有一定的间隔，如果种植过密的话，一是无法透风，二是植物的下部很难受到日照，则植物很难茁壮生长。如此一来，不但农作物无法增产，甚至产量也无法保证。农业生产这种特点决定了从事农业生产的人们的生产场地是非常广大的。从中国的情况看，至20世纪上半叶，农民平均每户占有的土地是14.26亩，平均每人3.27亩。也就是说，每个农民每天是在比五个标准篮球场还大的田地上劳作的①。欧洲的人均耕地面积更大，且由于

① 标准篮球场地的尺寸是长28米，宽15米，等于420平方米。一亩地约为666.67平方米。每个农民耕种的土地是3.27亩，则可换算成2180平方米，比五个篮球场还大。

其耕作不太使用肥料，因而只能依靠休耕、轮作的方式来恢复地力，这样，欧洲的生产场地就更大了，两到三倍于中国农业用地。这种在广大空间中的生产，与后来工业社会工人拥挤在空间狭小的工厂车间生产有着天壤之别。

农业生产的又一特点是农作物生长缓慢，周期长，短期内其生长状况并无太大差别。因此，每棵植物在生长过程中并不需要农夫每天照料。人们可以使用较少的人力在一段时间内完成一项生产任务。比如，小麦生长过程中的除草，一般在小麦生长到大约三四寸的春天进行，此事并不需要人们必须在一两天内完成，因为一两天内小麦的生长并无太大的变化，人们只需要在一定的时期内，比如十天或者半个月内完成即可。如此一来，人们就可以用少量的人力在一定的时间内，从容完成面积比较大的小麦的除草任务。总之，一般而言，除了春耕、夏收夏种和秋收秋种等需要抢农时的生产活动外，农业生产一般不需要太多的劳动力集中投入。就总体而言，农业生产属于稀疏型的劳动行业。

第四，农业生产是露天型劳动作业。与古已有之的商业、手工业相比，农业劳动的生产者是散布在广袤的田野上劳作的，这是由农业生产劳动对象的性质决定的。植物依靠阳光的赐予来发生光合作用，产生所需的营养成分，促进生长。同时农作物的生长需要浇灌，水是不可或缺的生长元素。而在农业社会，在生产力还没有充分发展的时候，靠天吃饭是非常普遍的现象，农业生产必须在大自然赐予的露天进行。另外，农作物的生长还需要寄居于田野的昆虫的配合，例如蜜蜂采撷花蜜就是植物受粉的最主要的途径，如果没有蜜蜂的辛勤劳动，则植物的生长繁殖将会受到致命的威胁。许多昆虫还互为食物链，这就又消灭了许多寄生虫，抑制了农作物虫害的发生。上述农作物生长条件的存在都依靠自然环境这一根本的基础性条件的存在。所以，农业生产是露天型作业，不需要太多的建筑物的庇护。

第五，劳动力的稀疏型生产，导致了人们居住的分散。在农业社会，无论东西方，村落都是人们生产、生活聚居的主要场所。因为，如果人口聚集过密，则劳动的半径就会变大，每天赴田间劳作的路途就会变长，这样，劳动的成本就大大增加了。每天耗费在奔波路上的时间太多，一方面占用了宝贵的劳动时间，另一方面还增加了运送生产资料如肥料和收获物的成本。加之农业的露天作业特点，如果在运输途中遭遇雨雪就更会带来更多困难，不但增加生产成本，还易导致运输过程中损失。因此，无论中西方的村落或者庄园的人口都不是特别多的，需要劳动的半径都不是特别大。另外，由于小农经济(13 世纪以后西欧的农奴制逐渐解体，演化为小农经济)的经济体量太小，也不需要太多太大的住房，其规模弱小的经济实力也决定了他们无法承担修建高大房屋的费用。因此，农村的村落基本都是由低矮的小房子、小院子组成的。村落中的高大建筑，在中国一般是村民集资修建的庙宇和戏台等，在西方则是教堂。金碧辉煌的宫殿和豪华的府邸一般都集中在作为政治、军事中心的城市。

上述农业社会的特点，显然与当今人们熟悉的工业社会有很大的不同。因此，在农业经济主导下的古代东西方的大地上呈现的就是一番完全不同于工业社会的景象：广袤的田野，绿油油的庄稼，绿浪翻滚的田野中点缀着一两个劳作的人。田野中间是低矮的房屋构成的村庄。极少数的是有着宫殿、教堂、寺庙等高大建筑的城市。

随着农业生产经验的积累和生产效率的提高，人类社会酝酿着变化。15 世纪，地理大发现和重商主义的发生，使欧洲积累了相对比较多的财富。农业革命的发生，特别是圈地运动使得资本主义土地所有制最终确立，资本主义农场的经营方式在农业中占据了主要地位，为农业技术的革新和机器的应用扫清了道路，从而为工业的发展准备了市场。现代农业的发生，又为工业生产准备了原料。大量农业人口涌入城镇，则为工业准备了庞大的产业军。资产阶级革命的发生，从上层建筑上为资本主义制度的生长扫清了道路，解除了生产力的发展桎梏。所有上述历史条件的生成，都为工业社会的形成准备了先期条件。

工业社会的典型特征是机器生产主导了社会生产，而机器生产在社会生产中统治地位的形成与工业革命的出现密切相关。马克思曾经指出，工具机或工作机是 18 世纪工业革命的起点。这种机器生产最先出现在英国，出现在最需要提供更多更好的纺织产品的领域。因为衣食是人类生存的基本条件，随着社会的进步，人们对于穿衣的要求必然不断提高。同时，由于农业生产力的进步，人口又不断增加，也加大了对纺织品的需要。所有这一切都对纺织业的进步提出了要求。

工业革命特别是纺织生产工具的革命，首先发生于18世纪的英国。这时的英国人口已经从1500年的440万增加到1700年的930万，增长了111%①。落后的手工纺织业的产品已经远远不能满足社会的需要。英国本不产棉花，英国纺织业使用的棉花、棉织品主要从中国、印度等东方国家进口。虽然16、17世纪之交，英国出现了棉纺织业，但是无论数量还是质量都无法和东方的棉织品相媲美，上至达官显贵，下至平民百姓都喜欢使用东方的棉制品。英国上层贵族更是形成了穿用东方丝绸和印花布的风气。在贵族的影响下，整个社会都形成以穿着丝绸为荣的风尚。

但是，大量进口纺织品显然对英国社会经济的发展不利。为了保护本国的棉纺织业，英国政府于1700年颁布法令，绝对禁止进口印度、中国、波斯的印花布，以后又更加严厉的禁止买卖、拥有和穿戴这些棉制品。但是，简单的禁止并不能从根本上解决问题。于是，工业革命在棉纺织业发生，并首先发生于效率低下的织布业。1733年，飞梭出现，织布效率提高了1倍。织布效率提高的结果是"纱"荒出现，市场上的棉纱因此供不应求。于是，纺纱机革命出现了——珍妮纺纱机使得工效提高了15倍。纺织机的改进同时迫切需要动力的支持，如此大能效的纺织机纯靠人力推动，显然已经令操作者十分吃力了。

动力技术革新的迫切性显现了，动力能否改进成为社会生产力是否能够进一步提高的关键。于是，利用水能的水力纺纱机首先出现了，这种水力纺纱机的出现使得大规模生产成为可能。1779年，英国第一座现代意义的棉纺织厂出现，也就出现了聚集大量人力和大量机器的工厂，英国从此开始进入近代大机器工业时代。之后，突破自然条件限制的蒸汽机发明，工业革命开始向更广阔的领域进军。蒸汽机的发明还使得将热能转化为机

① ［意］卡洛·M. 奇波拉主编：《欧洲经济史》，第2卷，29页，北京，商务印书馆，1988。

械能成为可能，机器生产的传动装置发展起来，生产过程有可能不知疲倦地连续进行，这就又大大提高了生产效率。

动能问题解决后，机器的原材料的问题又凸显出来。机器的制造需要大量比木质材料更坚固耐用的金属材料，于是冶金业和采煤业发展起来。冶金业和采煤业的原料与产品，都是体积大而价值相对较小的物品，如果靠传统的人工和骡马运输不但不合算，还不能满足急速发展的生产力的需要。运输业改进的需求又凸显，适应社会发展的需要，轮船发明了，铁路开始修建。到 19 世纪 70 年代，今天英国的铁路网已经基本建成。

随着机器的广泛使用、大规模的铁路铺设和蒸汽机车的运用，以及远洋轮船的使用，都需要对质地更加坚硬的金属材料的精细裁革和造型，需要在精度和质量上都更高的各种金属配件。加之各行业各部门对机器的需求不断增长，手工制造机器已经远远不能满足工业生产发展、提高的需要，于是发展机器制造业、生产能制造机器的机器和重型机器的要求提上日程。早在 19 世纪初期，西方国家就已经有人尝试制造机器，并使用机器制造机器。到 19 世纪中叶，机器制造业作为一个新型的工业部门诞生了。用机器制造机器，不但使得生产效率大大提高，而且使生产精度大大提高，还使得生产的标准化、统一化成为可能，从而为生产流水线这种更先进的生产方式的出现提供了条件。而生产流水线的出现又进一步提高了生产效率。

生产的标准化带来了产品的标准化，又使得商业采购从逐个验货、进货发展到成批订货。这样不但提高了采购效率、节省了采购成本，还为远距离一次性大批量采购提供了可能。商人可以按品号订货，而不必亲赴产地逐个验收。这种商业采购模式就为工厂产品的远距离销售提供了条件，扩大了产品销售范围，也就扩大了市场，进一步刺激了生产。

机器制造业的形成标志着工业革命的完成。80 多年的工业革命，极大地刺激了英国社会生产力的发展，使英国很快实现了在国际上的工业垄断，被誉为“世界工厂”。工业革命的直接后果就是形成与工业生产相适应的工业社会。经过工业革命，英国社会发展了翻天覆地的变化。

第一，英国的社会生产力实现了飞跃性发展，“资产阶级在它的不到一百年的阶级统治中所创造的生产力，比过去一切世代创造的全部生产力还要多，还要大。自然力的征服，机器的采用，化学在工业和农业中的应用，轮船的行驶，铁路的通行，电报的使用，整个整个大陆的开垦，河川的通航，仿佛用法术从地下呼唤出来的大量人口——过去哪一个世纪能够料想到在社会劳动中蕴藏有这样的生产力呢?”①这是马克思、恩格斯在《共产党宣言》中一段经典的话，本书在绪论中已经引用过，这里之所以再次引用，皆因其用简练而生动的语言、十分形象又准确地阐述了工业革命给英国生产力带来的巨大提升。20世纪以后，当中国人与世界的联系加强、中国人开始细致思考西方进步的原因时，仍然惊叹于西方生产力的神速发展：“顾自19世纪初叶以来，欧人之生活乃顿呈异彩。农者、工者、织者，皆弃其旧日笨拙之锄犁、绳墨、机杼，而争趋于科学生产之途。或兢兢业业于规模宏敞之工场，或则汲汲孜孜于精巧简便之机械。举凡力役之效率，生产之数量，莫不猛进突飞，一日千里。他若水之汽船，陆之汽车，传播消息之电报电话，捍御外侮之战舰飞船，亦皆若雨后春笋，奔放怒发而不可压焉。”②这段话明白无遮地宣示了中国人在接触先进生产力后的惊讶之情，形象地表达了中国人的钦佩之感。

由于生产力的巨大发展和进步，英国的社会经济主体发生了变化，由以农业经济为主转变为以工业经济为主。农业产值在国民生产总值中的比重不断下降，从1770年的45%下降到1841年的22%，再下降到1901年的6%。可以说，到人类历史跨入20世纪的时候，农业产值在英国国民生产总值中已经微不足道了。相反，工业产值的比重不断上升，从1770年的24%上升到1841年的34%，再上升到1901年的40%③。“如果将物质生产划分为两个主要部门——工业和农业，这种演变看来在大不列颠表现得最为显著：工业比重在1832年从42%增长到60%，1871年达到73%。”④

---

① 马克思、恩格斯：《共产党宣言》，32页，北京，人民出版社，1997。

② 林子英：《实业革命史》，2页，北京，商务印书馆，1929。

③ 王章辉、孙娴主编：《工业社会的勃兴》，399页，北京，人民出版社，1995。

④ [法]米歇尔·博德：《资本主义史1500—1980》，105页，北京，东方出版社，1986。

虽然中外学者的统计不一样，但总体而言，工业产值已经把农业产值远远甩在了后边，工业生产从此成为国民生产的支柱。这标志着工业社会的形成。

第二，城市成为社会的中心和主体。工业的发展要求大量人力的聚集，工厂的机器生产及其后来出现的流水线生产，都需要大量劳动力聚集在一起劳作；工业的发展还要求良好的交通设施，以便于原材料和产品的运输，而这种运输的距离越近越好，以便节省运输费用，进而节约成本；工业的发展又要求便利的贸易条件，要求市场的繁荣，以便采购原材料，推销产品，而商业的繁荣也需要诸多商号和商人的聚集，只有有了买卖的多种选择，才能让工业的采购、推销人员有更多选择，从而保证质优价廉的原材料的供应和产品的推销，并保证利润的实现。上述这些条件的实现都需要人口的集中才能做到。于是，随着工业革命的加速，人口开始大批涌向城市，涌向工业集中区。18 世纪后半期，兰开夏郡的人口比 18 世纪上半叶增加了四分之三，伯明翰、曼彻斯特、格拉斯哥、利物浦等工业城市的人口则增加了两倍。1851 年英格兰和威尔士的城市人口总和已经超过农村人口，占到了全国人口的 50.2%。到 1861 年，这个比例又进一步上升到 62.3%①。按照现代城市学的理论，城市人口超过总人口的一半，该国就基本实现了城市化。

城市化是工业革命的产物，这是由工业生产的特点决定的，没有城市人口的大批聚集，就不可能实现工业的高速发展。同时，工业化又是城市化的动力，工业越发展，对城市化的要求就越高，城市化的速度就越快。城市的发展反过来又为工业的进一步发展奠定了基础。二者是相辅相成的关系。因此，城市化程度是工业化的标志，也是一个国家是否进入工业社会的标志。

英国发生工业革命后，欧美主要国家受到英国的刺激和启发，也相继踏入了工业革命的轨道。在欧洲大陆，继英国之后开始工业革命的是法国。18 世纪晚期，法国开始从英国引进蒸汽机、珍妮纺纱机等机器，开始

---

① 王章辉、孙娴主编：《工业社会的勃兴》，248 页，北京，人民出版社，1995。

出现使用机器进行生产的工厂。奥尔良王朝时期，法国的工业革命开始加速，工业中蒸汽机的使用更加广泛，纺织工业飞速发展，冶铁业发展起来。19世纪50—70年代，法国的工业总产值增长了两倍，对外贸易额增长了三倍，农村人口占人口的总数已经下降到49%，城市人口超过农村人口①。到第二帝国晚期，法国的工业革命已经完成。在法国工业发展的同时，至19世纪80—90年代，德、俄、瑞典等欧洲国家先后完成工业革命，进入工业社会。

美国的工业革命与其领土的大规模扩张有重要关系。美国独立后就开始了急速的领土扩张，到19世纪中叶，美国已经拥有了从大西洋西岸到太平洋东岸的大片国土，短短半个多世纪，美国的领土就扩张了7.5倍。广袤的领土为美国的工业化提供了优越的地理条件和丰富的自然资源，也为美国农业的发展提供了优厚的基础。这些优越的先天条件都为美国的工业革命夯实了基础。美国的工业革命始于纺织业，到19世纪50年代，美国的机械化棉织厂已经有1000多个。美国内战前，在服装、制革、羊毛纺织等轻工业部门已经完成机械化。美国内战后，工业革命扩展到重工业领域，钢铁、采煤、石油等部门生产发展迅速，速度远远超过英法等国，充分显示了美国经济的后发优势。到19世纪80年代，美国工业的总产值已经超过农业总产值的两倍②，美国的工业革命基本完成。

在西方国家工业革命的示范效应下，东方的日本极力脱亚入欧，通过1894年发动侵略中国的战争，向中国勒索了高达2.3亿两白银的战争赔款，为资本主义的发展准备了充足的资金，社会经济得以高速发展，也在20世纪初跨入帝国主义行列。

在工业革命的引领下，全世界经济发展迅速。1860—1913年，世界工业生产增长了7倍，如果以1913年世界工业生产的指数为100的话，1830年仅仅为4，发展速度之快令人瞠目。世界贸易从1851年的6.41亿英镑增长到1913年的78.4亿英镑，增长了11.2倍③。世界经济的发展特别是

---

① 刘综绪主编：《世界近代史》，131页，北京，北京师范大学出版社，2014。
② 刘综绪主编：《世界近代史》，135页，北京，北京师范大学出版社，2014。
③ 王章辉、孙娴主编：《工业社会的勃兴》，398页，北京，人民出版社，1995。

欧美各国经济迅猛发展，根据英国学者麦迪森的研究，1820年的时候，欧洲和西方衍生国①国民生产总值仅仅为2390亿元②，到1870年增加到6070亿元，到1913年更是骤增到18123亿元③。经济的迅猛发展，大大增强了西方列强的国力。

国力的增强和资本主义生产发展的需要，使得西方列强向外扩张的欲望和能力也空前增强，“不断扩大产品销路的需要，驱使资产阶级奔走于全球各地，它必须到处落户，到处开发，到处建立联系。”④美国共和党主席阿尔伯特·J. 伯沃尔基曾经对波士顿企业家发表讲话说：“美国工厂正在制造的产品远远超过了美国人民的需要，美国土地上生产的物品大于他们的消费能力。命运已经为我们制定了这样的政策，世界贸易应当也必将属于我们。我们将像自己的母国(英国)已经告诉过我们的那样，取得世界贸易。我们将在全世界建立贸易据点，使之成为美国产品的分发点。我们将使商船充斥于大洋，我们将建立与我们的伟大国家相适应的海军，那些自我管理的广大殖民地将飘扬着我们的旗帜，同我们进行贸易，在我们的贸易站周围发展。”⑤这段话典型地代表了西方国家对外扩张的欲求。虽然带有资本主义性质的殖民活动开始于15—16世纪，自新航路开辟就开始了，但是19世纪特别是19世纪的最后三十年才是欧美列强争夺殖民地最激烈、最疯狂的年代，他们争夺的足迹遍及亚非拉、大洋洲等全球各地，而且不断由沿海向内地延伸，凡是可以开发的地区都有殖民主义者的足迹，整个世界正是在19世纪最后三十年被帝国主义瓜分完毕的。

中国就是在西方列强征服世界的浪潮中被拖入工业化大潮中的。在这个过程中，中国倍受欺凌，屡遭屈辱。在列强强加给中国的一次次战争和不平等条约中，中国丧失了大片领土，被勒索大量战争赔款，国家主权逐

① 衍生国指美国、澳大利亚、新西兰和加拿大四国。

② 货币单位为麦迪森折算的1990年国际元。

③ [英]安格斯·麦迪森：《世界经济千年史》，160页，北京，北京大学出版社，2003。

④ 马克思、恩格斯：《共产党宣言》，31页，北京，人民出版社，1997。

⑤ L. S. 斯塔夫里阿诺斯：《全球通史》，转引自王章辉、孙娴主编：《工业社会的勃兴》，408页，北京，人民出版社，1995。

步丧失，人民的生活越加悲惨。到19世纪末，中国几乎被帝国主义瓜分的叫嚣淹没。但是，中国人民并没有被来势汹汹的侵略者吓倒，也从来没有被帝国主义的战争真正征服过。中国人民在奋起抗争的同时开始反思，开始向西方的先进文明学习，开始探求民族独立富强的道路。

最先开眼看世界的是林则徐及魏源、龚自珍等人，正是他们开始了中国人在近代的最初探索。林则徐、关天培等人的英勇战斗，则开近代中国爱国主义传统之先河。魏源提出的“师夷长技以制夷”的主张，彰显了中华民族最初的觉醒。其后，有太平天国运动中农民阶级向西方学习，农民领袖洪仁玕的《资政新篇》更是站在了时人思考的制高点，他提出要“兴车马之利，以利便轻捷为妙”，“兴舟楫之利，以坚固轻便捷巧为妙”，“兴器皿技艺，有能造精奇利便者，准其自营，他人仿造，罪而罚之”①，也就是要发展近代的交通运输业、轮船制造业和工业制造业。洪仁玕还特别提出了发明专利问题，力图保护发明者的权益和生产积极性。

太平天国运动猛烈地冲击了清王朝的腐朽统治，地主阶级中较有生气的部分——洋务派登上了历史舞台。洋务派是清统治阶级中比较乐于学习西方的一派。1866年左宗棠在回顾以往的经历时说：“臣自道光十九年海上事起，凡唐宋以来史传别录说部，及国朝志乘载记官私各书，有关海国故事者，每涉猎及之，粗悉梗概。”②这个表白，大概可以代表洋务派注重及时学习、通过不断的学习来了解西方的情况、中外大势及西方的近代科技的状况，在学习的基础上进而探究改善路径的心态。为此，他们曾自诩“学识深醇，留心西人秘巧”，“机器详情，洞如观火”。由于他们乐于学习，而且比较善于学习，因而对西方资本主义文明有较多的了解，对于世界的发展潮流有着同时代国人中最为清晰的认识：“历代备边多在西北，其强弱之势、客主之形皆适相埒，且有中外界限。今则东南海疆万余里，各国通商传教，来往自如，麇集京师及各省腹地，阳托和好之名，阴怀吞

① 洪仁玕：《资政新篇》，见翦伯赞、郑天挺主编：《中国通史参考资料》近代部分上册，176～177页，北京，中华书局，1980。

② 左宗棠：《拟购机器雇洋匠试造轮船先陈大概情形折》，见《左宗棠全集》奏稿二，64页，长沙，岳麓书社，1989。

噬之计，一国生事，诸国构煽，实为数千年来未有之变局。轮船电报之速，瞬息千里，军器械事之精，工力百倍；炮弹所到，无坚不摧，水陆关隘，不足限制。又为数千年来未有之强敌。”①这是李鸿章的一段名言，其语言之精致、眼光之敏锐、剖析之到位，极其典型地反映了洋务派官员对中外大势的看法，可以说已经达到了当时国人认识的最高水平。与洋务派官员有密切关系的早期维新派思想家薛福成也曾说：“自古边塞之防，所备不过一隅，所患不过一国。今则西人于数万里重洋之外，飙至中华，联翩而通商者不下数十国，其轮船之捷，火器之精，为亘古所未有，恃其诈力，要挟多端。违一言而瑕衅迭生，牵一发而全神俱动，智勇有时而并困，刚柔有时而两穷。彼又设馆京师，分驻要口，广传西教，引诱愚民，此固天地适然之气运，亦开辟以来之变局也。”②薛福成表达的观点与李鸿章表达的观点基本一致，说明这种认识是洋务派上下的共识。正因如此，他们才能有基本一致的行为——办洋务、办机器工业。

由于洋务派最先看到的是西方的坚船利炮，给中国创伤最大的也是西方的坚船利炮，因而给他们触动最大的自然是坚船利炮。所以，他们在探讨应对西方侵略的方法时，首先想到是学习并制造西方的船炮等近代武器。最开始，洋务派的办法是购买船炮，但是中国自古就存在的忧患意识导致他们很快将制造船炮的问题提上了日程：“中国在五大洲中，自古称最强大，今乃为小邦轻视。练兵、制器、购船诸事，师彼之长，去我之短，及今为之，而已迟矣。若再因循不办，或旋作旋辍，后患殆不忍言。”③也就是说，中国如若不及早动手，自制枪炮弹药，则中国将会遭受西方更大的打击。洋务派干将丁日昌则说的更明确：“船坚炮利，外国之长技在此，其挟制中国亦在此。……既不能拒之使不来，即当穷其所独往。门外有虎狼，当思所以驱虎狼之方，固不能以闭门不出为长久之计

① 李鸿章：《筹议海防折》，见《李文忠公全书》，11页，光绪乙巳版，奏稿卷24。
② 薛福成：《应诏陈言》，见《庸盦全集》，19页，光绪丁亥版，文编卷1。
③ 李鸿章：《筹议海防折》，见《李文忠公全书》，25页，光绪乙巳版，奏稿卷24。

也。"[1]他们一致认为，中国必须找寻长久之计，才能抵御外敌侵略，而制造坚船利炮就是最重要的长久之计之一。于是，洋务派开始设军工厂，力图依靠自己的力量制造近代化的军事武器。

最初，洋务派并不清楚西方的坚船利炮是怎样制造出来的，他们所具有的只是数千年传承下来的领导官办手工业的经验。因而，在他们的视野中尚没有机器制造的影子。洋务派最初是企图用手工技术制造坚船利炮。1861年，湘军攻下安庆，清统治阶级面临的危机基本解除，洋务派终于可以松一口气，也终于可以腾出手来施展拳脚，实施积郁心中多年的愿望了。于是，曾国藩在安庆设立了内军械所，即通常所说的安庆内军械所。按照曾国藩的说法，这个军械所要"访募覃思之士，智巧之匠，演习试造，以勤远略。"所以，这个军械所"全用汉人，未雇洋匠"[2]。由此，洋务派开始了采用手工制造方法生产西方坚船利炮的历程。但是，轮船这样复杂、精密的机器组合显然不是手工能够制造出来的。所以，曾国藩主持的手工制造坚船利炮的尝试很快以失败告终。

洋务派从失败中总结了教训，在中国第一个留美学生容闳的建议下，他们懂得了轮船枪炮之类的现代武器其实就是机器的组合，而机器的精密度、材料的硬度等都是要求极高的，绝非手工所能制造，必须要使用机器来制造机器，"中国欲自强，则莫如学习外国利器；欲学习外国利器，则莫如觅制器之器。"[3]李鸿章、丁日昌的这句话可谓极其精辟，点出了问题之所在，洋务派终于在懵懂探索中拨开了云雾。从此，洋务派开始了使用机器制造坚船利炮的历程，也就拉开了中国近代机器制造的序幕，拉开了中国工业化的序幕。

洋务派的探索历程可知，中国的工业化是在外敌的刺激下开始的，因

---

① 总理衙门清档：《海防档》丙，机器局，4～6页，台北，台湾艺文印书馆，1957年影印本。

② 曾国藩：《新造轮船折》，见孙毓棠编：《中国近代工业史资料》，第一辑(上)，250页，北京，科学出版社，1957。

③ 丁日昌：《代李伯相上总署论制造火器书》，见《筹办夷务始末》，同治朝第25册，9～11页，台北，文海出版社有限公司，1988年影印本。

此，早期的中国机器工业以军工和重工业为主。至1894年甲午战争前，中国已经有了使用机器进行生产的近代军事工业企业21个，其中较大的有5个：江南机器制造总局、金陵机器制造局、福州船政局、天津机器制造局、湖北枪炮厂。中型的有5个：广州机器局、山东机器局、四川机器局、吉林机器局、神机营机器局。

军事工业举办后，交通运输、原材料供应、动力供应等配套问题凸显出来，利源外流的问题也极其突出，于是洋务派又开始创办民用工业。自1872年开办轮船招商局始，至甲午战争前，洋务派举办的重要民用工业企业有25家，基本覆盖了铁路、轮船、煤铁金属矿、机器纺织和电信等重要行业，初步建立了中国近代工业的基础。

在官方努力探讨中国工业化途径的同时，民间机器工业企业也出现了。但由于民间资本力量弱小，资金筹措能力不强等原因，无力举办大的工业企业，其投资主要分布在资金需求量小的轻工业领域，包括机器缫丝、机器轧花、机器棉纺织、机器面粉、火柴、机器造纸印刷、制茶、制糖、机器碾米等行业，还有一些小型的采矿业。虽然私人投资主要集中在轻工业领域，无法与官办的重工业对国民经济的影响相比，但是，它起了开风气的示范作用，并且在官办无力顾及的轻工业领域做了最初的探索。

甲午战争之后，中国的工业化进入一个新的时期，清政府政策的改变和民间“商战”呼声的高涨，都给予工业发展以很大的促动。中华民国成立后，南京临时政府颁布了一系列促进社会经济发展的政策，其后历届北洋政府在历史潮流的推动下，基本沿袭了临时政府的经济政策，给予社会经济发展以比较有利的条件。民间的工商组织如商会也不断发展，并且试图影响政府的政策，维护自身利益。加之第一次世界大战期间帝国主义无暇东顾，中国工业获得了相对轻松的内外贸环境，产品销路不断扩张。

在上述一系列有利条件的促动下，中国工业乘势而起，获得迅速发展。到日寇全面侵华前，中国的工业资本已经从4954万元增长到246502万元，增加了241548万元，年均增长率为9.75%，如果再加上交通运输业，则中国工业资本增长率更高，1894—1920年一度高达10.38%①。当然这种发展速度与中国工业的薄弱、基数太小有关。不过，也正是这种高速发展，才使得中国不至于被西方发达国家甩得更远，也不至于在国际竞争中地位更加险恶。

经过几代中国人的艰苦奋斗，到1936年，中国的近代工业总产值已经占到了工农业总产值的10.8%，加上手工业产值，中国的工业总产值已经达到106.89亿元，占工农业总产值的三分之一②。这表明，虽然中国的现代工业仍然很落后，但是中国的工业化已经有了长足的进步，近代机器工业已经是国民经济中有举足轻重影响的力量了。

即使如此，中国的工业化还是远远没有完成：工业总产值仍然没有超过农业总产值，即使是在已有的、规模仍然不算大的工业产值中，绝大部分仍然是手工业，近代机器工业的产值比重仍然很小。这表明中国仍然是一个农业国，是农业和手工业占据社会经济主要地位的经济落后国家。

中国的工业化是在中华人民共和国成立后完成的。1949年10月，中华人民共和国宣告成立，中国人民站起来了。但是，中国共产党接手的却是一个"一穷二白"的烂摊子，中国的工业化不但远远没有完成，社会经济体本身还遭到了战火的严重摧残，支撑工业生产的大量流动资金也流失严重，被外逃的国民政府以及帝国主义侵略者携带出境。但是，中国人民没有被困难吓倒，在中国共产党的领导下，在全中国人民的共同努力下，仅仅经过三年的奋斗，国民经济就全面恢复了。严重的通货膨胀得到治理，工农业生产增长迅速，进出口稳步增长，人民生活显著改善。经过这三年的努力，现代工业已经占到了中国工农业总产值的26.7%③，为以后的工业化建设奠定了良好开局。

---

① 陈争平、兰日旭：《中国近现代经济史教程》，116页，北京，清华大学出版社，2009。

② 吴承明：《中国资本主义与国内市场》，132页，北京，中国社会科学出版社，1985。

③ 陈争平、兰日旭：《中国近现代经济史教程》，199页，北京，清华大学出版社，2009。

但是，怎样建设新中国？怎样才能尽快摆脱落后的面貌？中国应当选择怎样的工业化道路才能尽快赶上世界先进水平？这是摆在中国领导人面前的重要问题，也是决定中国工业化进程的关键举措。经过讨论和思考，中国共产党最终选择了优先发展重工业、带动轻工业和农业发展的道路：“从一九五三年起，我们就要进入大规模经济建设了，准备以二十年时间来完成中国的工业化。完成工业化当然不只是重工业和国防工业，一切必要的轻工业都应建设起来。为了完成国家工业化，必须发展农业，并逐步完成农业社会化。但首先重要并能带动轻工业和农业向前发展的是建设重工业和国防工业。”①以毛泽东为首的中国共产党领导集体选择的这条工业化道路，借鉴了苏联工业化的经验，并结合了中国国情。中国的国情特点是，一方面经济极其落后，面临的国内外形势又极其严峻。中国共产党要保证国家的独立和安全，就必须选择一条能够尽快提升国力的道路。这就必须要集中仅有的财力优先发展能够带动各种经济力量发展的重工业。另一方面苏联和中国同为社会主义国家，政权性质接近，这种工业化实施的路径和具体办法有更多的可以借鉴的经验，从而可以少付代价，多见成效。

第一代中共领导集体选择的这条道路适合中国的国情，特别是适合中国尽快发展重工业，尽快提升国力，巩固社会主义国家基础的需要。因而很快显示了效果，到1957年，第一个五年计划就超额完成了，与1952年相比，工业总产值增长了128.6%，其中重工业产值增长2.1倍，轻工业产值增长83.3%。工业总产值达到704亿元，其中轻工业总产值为317亿元，重工业总产值为387亿元，分别占工业总产值的45%和55%，重工业产值已经超过轻工业。这一年的农业总产值是537亿元②。从工农业产值的比重看，工业总产值已经超过农业总产值。可以说，工业化建设已经初见成效。

“一五”计划完成后，中国的经济建设经历了曲折坎坷，但仍然快速向

① 毛泽东：《实行增产节约，反对贪污、浪费和官僚主义》，见《毛泽东文集》，第6卷，207页，北京，人民出版社，1999。

② 靳德行主编：《中华人民共和国史》，266页，开封，河南大学出版社，1989。

前发展。到1965年，全国工农业总产值已经达到2235亿元，其中工业总产值1402亿元，农业总产值833亿元①。工业总产值已经远远超过农业总产值，工业经济成为国民经济中最重要的部分。

其后“文化大革命”期间，国民经济在动荡中遭到严重破坏。粉碎“四人帮”后，思想解放的春风吹遍全国，改革开放成为时代潮流，现代化建设成为国家建设的中心任务，国民经济的发展再次进入快车道，并以平均每年10%左右的增速高速发展。到20世纪末，中国的工业化基本完成，中国已经基本实现了以劳动要素、资本要素为基本要素的工业生产替代以劳动要素、土地要素为基本要素的农业生产的蜕变过程，标志工业化程度的工业增加值占GDP的比重已经达到44%，工业总产值中重工业比重也已经达到59.9%②。

但是，这种工业化仅仅是比较初级的工业化，也就是说仍然处在依靠以原材料重工业和加工装配业拉动工业生产的阶段。这样的工业生产模式固然可以带动工业生产快速发展，但问题也非常突出：工业生产技术含量低、能源消耗大、环境代价过高，国民经济中服务业的产值和就业比重过低，这说明三个产业配置的不合理，是典型的粗放型经济增长方式。此时，提升中国经济发展层级的任务提上中国经济发展日程，如果不改变现状，则中国经济难以持续发展。

一方面中国的工业化还是低层次的工业化，工业化的任务还远远没有完成，另一方面世界经济信息化发展又扑面而来，中国经济面临紧迫的、再次追赶的任务，如果不跟上时代的步伐，中华民族将再度陷入被动落后的局面。

面对这种严峻的形势，中国经济必须找寻一条可持续发展、高效发展的道路。为此，中国共产党十六大明确提出了中国必须走新型工业化道路的发展思路，即“坚持以信息化带动工业化，以工业化促进信息化，走出一条科技含量高、经济效益好、资源消耗低、环境污染少、人力资源优势

① 靳德行：《中华人民共和国史》，286页，开封，河南大学出版社，1989。

② 陈争平、兰日旭：《中国近现代经济史教程》，263页，北京，清华大学出版社，2009。

得到充分发挥的新型工业化路子”①。在党的十七大报告中，胡锦涛总书记又把这样的发展思路提升到思想路线和价值观的高度，从关怀人的存在的角度提出了科学发展观这一统领中国社会经济发展的指导思想，即坚持以人为本，树立全面、协调、可持续的发展观，促进经济社会和人的全面发展。具体到工业发展，就是“坚持走中国特色新型工业化道路，坚持扩大内需特别是消费需求的方针，促进经济增长由主要依靠投资、出口拉动向依靠消费、投资、出口协调拉动转变，由主要依靠第二产业带动向依靠第一、第二、第三产业协同带动转变，由主要依靠增加物质资源消耗向主要依靠科技进步、劳动者素质提高、管理创新转变。发展现代产业体系，大力推进信息化与工业化融合，促进工业由大变强。”②与此同时，十七大还明确提出了加强能源资源节约和生态环境保护，增强可持续发展能力的理念。可以看出，无论新型工业化道路还是科学发展观，其所追求的工业化，都不是只讲工业增加值的工业发展，而是要做到科技含量高、经济效益好、资源消耗低、环境污染少、人力资源优势得到充分发挥，并实现这几方面的兼顾和统一，只有这样，中国工业的发展才能说是实现了层次性的飞跃。

实际上，新的工业发展模式并不是至此才出现的，中共中央的决策是在总结基层经验、探究经济发展规律后提出来的，也就是说，工业发展模式的换代升级自改革开放以后就已在路上，已在人民群众的探索和不断实践中。正是这种实践带来了工业遗产问题，并在世纪之交大规模发生，引起了学界和社会各界的关注。

① 江泽民：《全面建设小康社会，开创中国特色社会主义事业新局面——在中国共产党第十六次全国代表大会上的报告》，21页，北京，人民出版社，2002。

② 胡锦涛：《高举中国特色社会主义伟大旗帜，为夺取全面建设小康社会新胜利而奋斗——在中国共产党第十七次全国代表大会上的报告》，载《光明日报》，2007-10-25。

二、近代机器工业生产的特点

工业社会的诞生和发展经历了三百余年的时间，与已经存在长达数千年的农业生产相比，工业生产有很大的不同，独具特点和风貌。因而工业生产不但影响了人类社会的进程，而且极大地改变了人类生产的模式和人类社会的面貌。

第一，工业生产与农业生产的首要区别是机器主导下的劳动密集型生产，必须建设巨大的生产建筑以庇护工业生产的正常进行。

在工业生产的第一层级，也就是依靠原材料采掘的重工业和加工装配业拉动工业生产的阶段，其技术水平尚不太高，人力的作用还十分重要，生产总额的提升在很大程度上还要取决于人力投入的多少。譬如，在18世纪70、80年代之交，英国的纺织工业获得了飞速发展，在纺织厂聚集的兰开夏地区有纺织厂143座，每个纺织厂雇佣的工人高达700～800人①，其生产规模之庞大、生产劳动者数量之多，远非手工业时代的作坊所能比拟。随着工业革命的飞速进展并向全世界铺展，这样规模的大型工厂越来越多，西欧各国都出现了越来越多的大型纺织厂。到1840年，后来居上的美国也已经有了规模庞大的纺织厂1200家②。又由机器生产的工序连接性质决定，这些工人的工作岗位不能相隔太远，否则将会大大提升运输成本，并且不便于沟通和管理。纺织厂生产的原料是非常娇嫩的棉花，不能雨淋日晒，日晒过度将会使棉花变黄，雨淋将会使棉花霉变，这些都会严重影响棉线、棉布的质量。半成品棉条、棉线等更不能风吹雨淋，特别是最后一道工序，当棉线纺制到细如发丝的棉纱阶段时，如果操作不当，很容易断裂。棉线断裂后工人必须接线头，从而产生线结。这种有线结的棉线会严重影响未来棉布成品的质量，使得棉布的表面出现凹凸和瑕疵。因此，为了保证生产质量，纺织业必须要有能够遮风挡雨的大型厂房，必须

① 王章辉、孙娴主编：《工业社会的勃兴》，132页，北京，人民出版社，1995。

② 王章辉、孙娴主编：《工业社会的勃兴》，133页，北京，人民出版社，1995。

有能容纳下规模巨大的机器和成百上千工人的生产车间。

随着工业生产大规模化、精细化趋势的不断发展，工业生产的上述特征更加明显。譬如钢铁业和机器制造业，它们同属于重工业，其生产规模相比属于轻工业的纺织业更大，生产的协同性更强。这就需要适应庞大机器放置的更加高大的厂房，同时，由于其生产往往需要更多配套措施予以保证，譬如运输需求，能源、原材料供应等，其生产性占地面积也就更大了。比如在中国工业化的早期，由洋务派于1865年创建的江南机器制造总局，最早是在购买的美商旗记铁厂基础上创建的。这个美商铁厂设在上海虹口，只是为在华外国人专门定造少量小型军器的工厂，因而规模很小，占地也很少。这样一个小工厂，其地理位置不但容易与周边租界的洋人发生矛盾，还因占地规模太小而没有扩展的余地。然而洋务派期望建设的是一个大型机器厂，工厂开工后，随着“机器日增，厂地狭小，不能安置”①的矛盾日益突出。为了适应工厂生产的发展，曾国藩、李鸿章、丁日昌等人乃动议于1867年将工厂迁至上海高昌庙地区，占地面积增加到70余亩。以后江南制造总局又多次扩建，到同治末年，厂区面积已达500余亩②。到甲午战争前，江南制造总局内已经设有机器厂、枪厂、炮厂、火药厂、水雷厂等13个专厂，雇佣工人2821人，车间厂房2064间③，岁入达817893.5规平两，岁出879936.9规平两。其规模之庞大由此可见一斑。

像纺织厂、钢铁厂如此众多的人聚集在一起进行精细度如此高、协调性如此强的社会化大生产，必定需要一个庞大的、能适应生产需要又能保障生产顺利进行的生产空间。于是，为工业生产服务的厂房出现了。这些厂房的最显著特征是庞大。比如，江南机器制造总局内，安置了各种庞大的机器，其中钢铁厂的高炉“炉高三丈，围愈一丈，以风轮扇炽火焰”④，

① 曾国藩：《同治七年九月初二日，新造轮船折》，见孙毓棠编：《中国近代工业史资料》，第一辑(上)，227页，北京，科学出版社，1957。

② 《江南制造局记》，见孙毓棠编：《中国近代工业史资料》，第一辑(上)，281页。

③ 《江南制造局记》，见孙毓棠编：《中国近代工业史资料》，第一辑(上)，279页。

④ 曾国藩：《同治七年九月初二日，新造轮船折》，见孙毓棠编：《中国近代工业史资料》，第一辑(上)，278页，北京，科学出版社，1957。注：炉指炼钢铁的高炉。

如此庞大的机器，为其特设的厂房之高大可想而知。图 1-1 是 1889 年创办的唐山细绵土厂遗址，其厂房之广大可见一斑。

图 1-1　唐山细绵土厂遗址

工业厂房的庞大有两个含义，一是体量大，其高、其广绝非农民的村舍所能比拟；二是数量多，其数量之庞大亦是空前的。而且二者必须同时具备，如果仅具有第一个条件，则工业厂房的高和广或许不能和君王的宫殿相比。但是，宫殿是供统治阶级的君王居住的，一个国家只能有一个君王，宫殿自然不能多，总是少数，也就是说宫殿不具备第二个条件。从工业化的各国来看，一个国家充其量有一座宫殿，譬如中国的紫禁城、英国的白金汉宫、俄国的克里姆林宫。中心宫殿之外虽然还有君王的其他居所，但是从严格意义上讲，这已经不能算作第二座宫殿了，因为它仅仅是君王居所的别墅，譬如夏宫、冬宫等。当君王在中心宫殿待腻了的时候，可以换换地方，换换口味，仅此而已。因此，君王的其他居所实际上只是其中心宫殿的一部分。一国之内也只能有供君王居住的宫殿，臣民是不能盖宫殿的。中国还有非常严格复杂的建筑规格等级制度，僭越建筑规格等级是要治罪甚至杀头的。因此，第二个含义就非常重要了，是区别宫殿和工厂的重要标志。正是因为工厂数量的多，才促成了一个国家工业化，才推动了工业化的进展。

适应大规模机械化生产和劳动密集型生产的需要，首先出现的是适应纺织业发展的纺织厂厂房，这种厂房要适应纺织工业生产的需要，不但其高、其广显著不同于工业社会出现之前的建筑，甚至其建筑形制也特别考虑了纺织生产的特殊需要，在外形上有其鲜明的特点。纺织厂建筑的形式，“大致早年的建筑，多取人字式房顶的建筑，近年的新建筑，则平房多取锯齿式，楼房多取平顶式”①。纺织厂的建筑之所以会建成这个样式，与生产的采光需求和节省生产成本的需求有重要关系，“天然的采光设备与厂屋形式大有关系，如锯齿式的平房是最理想的采光设备，因除了房屋两面的窗户可以透光外，屋顶上直射下来的光线更可以把全室普照通明……至若楼房建筑，在上面的一层固然尚且可以在屋顶上设法补救，而下面的一层，除了离窗较近的四壁，光线可望充足外，内部一定是黑暗的。在天然采光设备不完全的工厂，要想补救厂内光线的不足，只有多装电灯，以为补充，而这是极不经济的办法。”②也就是说，平顶建筑从生产成本来看并不划算，那么为什么有的工厂还要建设平顶厂房呢？其背后是更大的成本考虑，“在地价低廉的地方，为求厂内光线充足，空气调节和运输方便起见，应以锯齿式房顶的平房较为适宜；而在地价昂贵的地方，为节省固定资本计，有时亦不能不权衡，放弃平房，建筑楼房”③。也就是说，工厂放弃锯齿或者人字形平房而建筑楼房与地价这个更大的生产成本有关，而非生产的性质有所改变。

另外，上面的信息还透露了纺织厂生产中的空气调节问题，即是说，锯齿或者人字形的厂房不仅仅有利于生产采光，还有利于车间的通风换气。这是因为，纺织厂的生产原料是棉花等易飘浮物，加之棉花在生长和采摘运输过程中混入的灰尘，就使得其生产过程增加了扬尘的因素。以纺纱厂为例，其工序包括清棉、松棉、混棉、开棉、弹棉、梳棉、并条、粗纺、精纺、纺线等多道工序，每一道工序都要跟含有大量粉尘和纤维的棉花打交道。为此，纺织厂的空气中常充盈着大量尘埃和棉纤维，使得处于生产过程的生产车间的空气十分污浊。著名的调查报告《包身工》曾经十分

① 见图 1-2。

② 王子建、王镇中：《七省华商纱厂调查报告》，见李文海主编：《民国时期社会调查丛编》二编，近代工业卷(中)，72～74 页，福州，福建教育出版社，2010。

③ 王子建、王镇中：《七省华商纱厂调查报告》，见李文海主编：《民国时期社会调查丛编》二编，近代工业卷(中)，72 页，福州，福建教育出版社，2010。

图 1-2　纺织厂厂房：北京京棉二厂厂房遗址

细致、生动的描写了纺织厂内空气肮脏的情况："精纺粗纺间的空间，肉眼也可看出飞扬着无数的'棉絮'"，"一个人在一条'弄堂'(两部纺机的中间)中间反复地走着，细雪一般的棉絮依旧可以看出积在地上。弹花间、拆包间和钢丝车间更可不必讲了。……在那种车间里，不论你穿什么衣服，一刻会儿就一律变成灰白。爱作弄人的小恶魔一般的在室中飞舞着花絮，'无孔不入'地向着她们的五官钻进，头发、鼻孔、睫毛和每一个毛孔，都是这些纱花寄托的场所……做 12 小时的工，据调查每人平均要吸入 0.15 克的花絮！"①纺织工人所处的生产场所空气之恶劣由此可见一斑。除了棉絮外，充斥生产车间空气中的还有裹挟在棉花中的棉叶碎片等杂质，"清花车间是工厂里最嘈杂、灰尘最多的部门之一，将棉花纺成纱的第一步将在这里进行。杂乱的棉花被打碎、抖松、洗净。"②在工人工作的过程中，这些杂物会飞扬起来，并加入棉絮的行列一同飘浮在空气中。另外，有些纺织厂的厕所就建在车间旁边，仅以木门隔开，厕内空间狭小，致使

① 夏衍：《包身工》，9～10 页，北京，解放军文艺出版社，2000。

② [美]艾米莉·洪尼格：《姐妹们与陌生人——上海棉纱厂女工，1919—1949》，35 页，南京，江苏人民出版社，2011。

臭气进入车间[1]，这就使得车间的空气质量更加糟糕，空气中不但混杂有大量飘浮着的细颗粒物，还兼以气味难闻，使得工人的生产条件更加恶劣。

纺织厂这种恶劣的生产环境严重损害了工人的身体健康，不断引起工人的反抗，也引起了社会上有关人士和政府的关注。早在民国初年，就有人开始关注工业灾害，指出工业灾害对工人的危害："工业的发展与工业灾害成正比，随着工业的发展，迅速转动的机器，高压电流的路线，腐蚀性的毒剂，剧烈性的液体，污浊的尘垢，随时随地均有损伤劳工生命健康的可能性。"[2]并且还进一步指出，这种危害不仅对工人不利，对厂方的生产也不利，不是"使工业生产品的质量达到最高地位，使厂方的投资达到最高的利润"[3]的有效途径。工厂的安全卫生问题"无论从经济上，从人道上，从事实的成败，从国家的安宁来讲，都是刻不容缓的事情。是保护工人，救人救己的工作。"[4]这样的话不但观照了工人的利益，也显然很能打动关心生产效益的企业管理方的心。

民间有关人士还不断介绍西方保障工业生产安全的经验，介绍西方的相关做法。有人提出，数百人以上的工厂，应该配有工厂安全师，厂长应制定详尽政策，与安全工程师一起推进工厂安全。厂方还应该对员工进行安全教育，训练工人养成依照最安全方式从事工作之习惯[5]。还有人详论工业安全设备的特性，认为工业安全设备分为有形和无形两种。有形的安全设备指的就是人为预防工业危害之设备，无形的安全设备则是安全训练，教工人如何察觉潜伏之危险，积极实施自身预防。[6] 上述工厂安全合理化设施，就包括工厂采光、通风、取暖，水污渍的处理，工人疾病的预

---

① 吴鸥主编：《天津市纺纱业调查报告》，见李文海主编：《民国时期社会调查丛编》二编，近代工业卷(中)，642页，福州，福建教育出版社，2010。

② 戴芝瑞：《工业安全问题之研究》，载《新青海》，1936年，第4卷第7期。

③ 金宝善：《工厂卫生的重要》，载《工业安全卫生展览会特刊》，1936年1月。

④ 田和卿：《工业安全卫生的真义》，载《机联会刊》，1936年，第143期。

⑤ 丁馨伯：《工业安全实施之检讨》，载《机联会刊》，1936年，第143期。

⑥ 张夏声：《关于工业安全之吾见》，载《机联会刊》，1936年，第143期。

防等诸多方面①。

社会上的呼声最终引起了政府有关方面的注意，北洋政府和南京国民政府都先后出台了相关法令。1923年3月29日，北洋政府颁布了《农商部公布暂行工厂通则令》②，第21～25条涉及机械维护、爆炸物处理、工人保护等方面，其中规定："工厂内于工人卫生及危险预防，应为相当之设备，行政官署得随时派员检查之。"③1929年12月30日，国民政府公布了《工厂法》④，针对普遍存在的工厂安全问题，《工厂法》单列一章——第八章工厂安全与卫生设备——专门规范相关问题，专门对工厂应设有的安全设备与卫生设备做了详细规定。安全设备包括"一、工人身体上之安全设备。二、工厂建筑上之安全设备。三、机器装置上之安全设备。四、工厂预防火灾、水患之安全设备"；卫生设备包括"一、空气流通之设备。二、饮料清洁之设备。三、盥洗所及厕所之设备。四、光线之设备。五、防卫毒质之设备"。⑤ 可以看出，上述法规在规范工厂安全生产的同时，都对工厂建筑的安全性做了相关规定。

在政府的管理和民间的督促下，在西方工业建筑经验和工业安全措施的影响下，中国工业生产建筑在建设时必然要考虑通风、防毒等问题。加之此一做法对企业主自身营利有利，出现独具特色的工厂建筑就是顺理成章的事情了。

第二，工业生产的根本特征是机器生产，其主要生产工具是与农业生产工具有显著不同的各种机器。

随着纺织机和蒸汽机的发明，人类进入工业生产时代，之后各种机器被陆续发明出来。纺织行业有纺纱机、织布机、轧花机、清花机、弹棉

① 戴芝瑞：《工业安全问题之研究》，载《新青海》，1936年，第4卷第7期。

② 《暂行工厂通则》，见《中华民国史档案资料汇编》，第三辑"工矿业"，37页，南京，江苏古籍出版社，1991。

③ 《暂行工厂通则》，见《中华民国史档案资料汇编》，第三辑"工矿业"，39页。

④ 《工厂法(1929年12月30日)》，见《中华民国史档案资料汇编》，第五辑第一编"财政经济五"，39页，南京，江苏古籍出版社，1991。

⑤ 《工厂法(1929年12月30日)》，见《中华民国史档案资料汇编》，第五辑第一编"财政经济五"，43～44页，南京，江苏古籍出版社，1991。

机、清棉机、梳棉机、粗纺机、精纺机等机器。机器加工业则有车、钳、铣、刨等机器。其他行业也有本行业特有的机器，如卷烟业的卷烟机、烟叶烘焙机等；面粉业的磨粉机、洗麦机、清粉机、麸皮机、调和机、打包机等；火柴业有制梗机、理轴机、大颠簸机、小颠簸机、平尾机、石原机、研硝机等；采煤业有手钻、钻岩机、抽水机、通风机、洗煤机等；钢铁业有高炉、包括炼钢炉、炼焦炉等、轧钢机、铸钢机等；此外还有各工业行业全都需要的动力设备，如蒸汽锅炉、电动机、马达等。

图 1-3　清末汉阳铁厂厂房遗址

上述生产工具明显不同于农业生产工具：

第一，其动力系统不再依靠人力或畜力，而是依靠矿石类燃料来驱动。如煤燃烧后产生的热能、煤燃烧产生的热能转化而来的电能，以及石油能源等。这些能量再经过特定机器的输送和转化就可以直接为工业生产服务了。而农业社会生产工具的动力系统基本都是人力和畜力，在水源充分的地区则有利用水力做动力的传统，譬如车水浇灌等。但农业生产使用的动力基本上都是天然能源，尚无利用矿石动力这种附加了更多科技成分、效力更高的动力燃料来驱动生产的方式。虽然手工业中有使用煤炭来打铁的作坊，但是其对煤炭的利用仍然处于初级的阶段，尚无专门转化热能的机器以提高热能的利用率。

正是因为矿石燃料驱动的机器动力的效力更强，也就极大地推动了人类社会生产力的进步和发展，从而使人类社会的生产面貌发生了极大变化。

第二，制造生产工具的原料不同。农业生产工具的材质基本上都是木质的，只在关键部位安装铁质部件，例如锄头、镐头、犁铧等，其间的区别仅仅在于铁质部件所占比例大小而已。例如，犁铧的铁质部件相比锄头、镐头等往往会大一些，在整个工具中所占的比例更高一些。但总体上大部分农业生产工具铁质部件的比例都不大。工业生产的工具则完全不同了，制造这些工具的原料基本上都是经过冶炼的铁，甚至是更坚硬、耐耗、耐高温的钢。这些经过近代冶炼技术加工过的钢铁，不仅比手工作坊生产的木质铁件农具更加坚硬耐磨，而且基本上已经抛弃了木质部分，实现了全钢铁结构。例如车床、铣床、刨床等工作母机，都是全钢铁结构的。这是因为这些机器的精密度要求都非常高，差之毫厘都会对机器的运转，乃至成品的质量产生严重影响，而木质产品显然更容易被磨损，更容易变形，如果磨损后继续使用这些工具，其生产出来的产品必然变形，从而影响产品的精密度和质量。如果因磨损而不断更换生产工具，又会推高生产成本。而钢铁制品由于其本身坚固性和耐磨性所决定，不太容易磨损变形，更能在比较长的时间内保证机器的精密度，从而保证产品的标准。这种产品的标准尺寸对保证生产非常重要，大工业机器生产都是批量化的大生产，与手工生产的最大不同就是产品都是由标准尺寸的零件装配而成的，如果零部件的尺寸不准确，则会影响整个产品的质量，乃至无法装配，而生产的零件化正是生产效率大大提高的关键所在。因此，机器生产零部件的精密度非常重要。比如服装的生产，流水线式的生产显然会比单件生产效率更高，其他行业如机器制造业等重工业生产就更是如此。所以大工业生产对产品零部件的精密度要求很高，而使用钢铁材料制造的生产工具就正好适应了大工业生产的这种需要。

第三，大工业生产对矿石燃料的高度需求，导致了近代化采矿业的跨越式发展。

矿石采掘业是人类社会生产中很早就出现的生产行业，在古代社会，无论东方还是西方，人们都借助于煤的自燃现象认识了煤的燃料功能，并且由此进一步认识了其他地下埋藏的矿石的功能，从而开启了人类利用地下矿石服务社会生产的历史。人类社会的生产工具因此出现了青铜、铁等器械，进而推动了人类社会生产力的发展和经济水平的提高。但是，古人对地下矿藏的利用还是低水平的，限于生产工具的简陋和科技水平的低下，人们只能利用浅层矿藏，而无法利用深层优质矿藏。因为深入采掘，则一无相应的生产工具，二不能解决通风问题，三不能解决透水问题。这些问题不解决，对井下作业来讲就是致命的。然而浅层的矿藏往往不是优质矿石，例如，煤矿的无烟煤最适合工业化的冶炼生产，但是往往埋藏较深，手工采掘业一般不能开采利用。近代以来，随着工业革命的发生和机械行业的产生，适应深层采矿需要的许多独具特色的近代采掘机器出现了。例如，升降机、抽水机、抽风机、电动钻具、矿灯等，深达数百米的矿井也出现了，采掘深层矿藏成为可能，采矿业也实现了跨越式发展，人类社会采矿业的水平提高了一大步。

第四，适应大工业生产的大批量原材料、燃料和巨量产品运输的需求，交通运输近代化了。

只要有社会生产，就会需要原材料、燃料和市场，就有原材料、燃料和产品的运输问题。因此，用于人类社会生产的交通运输工具很早就出现了，有陆地运输的马车、架子车和手推车，也有用于水运的帆船和趸船等。但古代的交通运输规模与近现代相比一般都不大。一是指运输工具规模不大，古代的运输工具都是手工生产的产品，因而规模一般都比较小。陆路运输更是受到道路宽窄的限制，运输工具的规模都比较小。古代运输工具中规模最大的是水运帆船，货物装载量和载重量都远远超过陆路的马车，因此古代运输非常倚重水运。但古代帆船的规模再大，其装载量远不及近代的轮船的运输能力。二是指运输规模不大。古代低下的生产力水平，使其生产规模往往不大，生产中需要运输的原材料、燃料、产品等也就不是特别多。有的原材料和燃料还是就地取材，以节省成本。生产中使用的动植物燃料等，则无须远道运输而来，大大节省了运费。纺棉用的棉花、织丝用的生丝、制陶用的泥土等，一般都是就地取材。所以，某种原材料丰富的地方，一般就是相应种类的手工生产繁荣的地方。最重要的是，古代生产一般都具有自给自足的性质，譬如中国古代的小农经济和西欧中古的庄园经济，这些生产的目标一般都是满足本生产单位的需要，故而不需要太多的贸易和交流，生产的原材料都就近获取，产品也就地销售。中国元明以后形成了地方小市场，其交换范围也基本不超出周边数十里的范围，一般就是三五里。即使是沿海贸易发达的地区，受到航运条件的限制，一般也局限在本地区。例如古代地中海的海运，中国古代的沿海运输等。

适应大工业生产的需要，与大工业伴生的近代交通运输则与古代社会的交通运输完全不同。近代大工业生产，对原材料和燃料的需求都非常大。这种“大”有多种含义，一是体量大，数量多。机器大生产的规模远远大于手工业生产，一方面是机器生产本身规模大，生产效率高，例如一台机器织布机的规模远远大于手工织机，其生产的产品要多得多。另一方面一个工厂往往有多台机器聚集，一个地区又会聚集多个工厂。这种大机器、集团化的大生产自然对原材料、燃料的需求量非常大。二是大工业生产不同于小生产，产销都已经异地化了。这种异地化也包括两个方面：一方面是原材料和燃料的异地化。本地的原材料出产已经不能满足大生产的巨大需求，其原材料和燃料供应圈不断扩大，虽然仍然以本地或者就近供应为原则，但是异地供应已经不可避免。另一方面工业时代的生产已经不是为本地生产，而是为全世界生产，产品的市场越来越大。正如马克思在《共产党宣言》中所说：“不断扩大产品销路的需要，驱使资产阶级奔走于全球各地。它必须到处落户，到处开发，到处建立联系。”①三是工业生产的原材料、燃料发生了变化。工业生产的原材料除了传统的生物原料如棉花(棉织业)、生丝(缫丝和织丝业)、小麦(机制面粉业)等外，还出现了矿物原材料和二次加工的原材料，如矿石(炼钢炼铁业)、钢铁(轧钢)等。燃料则变化为矿石材料——煤炭、石油等。上述原材料和燃料都体积大、重量大，有的还需要采自远方，这就增加了对于运输量和运输频次的需求。四是原材料、燃料消耗快，产品销售快。机器生产的高效率，必然导致原材料和燃料的快速消耗，生产企业必须储存大量原材料和燃料，以防止生产脱节。这就必须预备很大的仓库，对于企业来讲这未必划算，有的企业

---

① 马克思、恩格斯：《共产党宣言》，31页，北京，人民出版社，1997。

受条件限制也未必能预备大仓库。这对矛盾的存在必然加大对运输的需求。从产品来看，则高效率的生产必然导致每天都产生数额巨大的成品，必须要尽快推向市场。否则一方面占用仓库，加大存储费用，另一方面也占用资金，影响资金的周转利用与生利。

上述因素都必然导致运输方式和模式的革命。于是，陆路运输的火车、汽车出现了，海运的轮船也出现了，进入20世纪还出现了效率更高、运途更远的空运飞机。这些运输工具都是近代工业革命的产物，早期一般都采用蒸汽机驱动，二次工业革命后又采用石油或者电气驱动，其外壳和内部构造则受益于高速发展的机械制造业的恩惠。运用了工业革命技术的这些运输工具运速大大提高，装载量和载重量也大大提升，适应了高效的工业化生产的需要。同时，这些近代运输工具适应各种自然条件的能力也大大提高了，通过修铁路，机车可以到达过去很难到达的遥远山区和闭塞的农村，飞机则可以直接越过浩瀚的海洋而将货物运输到古代很难到达的大洋彼岸。上述特性都是适应大工业生产的特性出现的近现代运输工具，这些运输工具满足了大工业生产的需要，并且极大地进一步推动了大工业生产的发展。

第五，大工业的市场化生产导致信息量剧增，信息的获取对于企业的生存发展至关重要，以电报为代表的近现代通信业诞生。

最初，为了获得市场信息，人们利用轮船传送信息，这已经比帆船传送快了许多倍。比如19世纪在中国的外商收购生丝茶叶，一般要参考伦敦和巴黎的市场牌价。这些外商中，能够购置大轮船的大公司就有许多便利条件尽早获得信息，众多小公司的利益就因而受损。然而信息量的不断扩充，和市场行情的瞬息万变，使得轮船运送信息落后了。于是，适应人们快速获得信息需求的电报出现了，其速度远超轮船，岂止几十倍，直至20世纪30年代，人们仍然在赞扬电报的神奇力量："昔英国诗人沙士比亚(Shakespeares)尝有诗云：'吾有宝带兮，以四十分钟一周地球'，当时之人读之，皆嗤为一种架空之理想。岂知太平洋海电告成之日，美国大总统罗斯福发电贺之，属绕地球一周；电报局发电两次，其环绕地球时间，第一次为十二分钟，第二次为九分三十秒，奇哉此环绕太平洋大西洋海底之宝带，视沙士比亚理想中之宝带，所需时间竟不及其四分之一，宁非现代一不可思议之利器耶!"①电报之后，又出现了电话，更加便利了通信和信息交流，从而为复杂的市场经济提供了方便，也为生产者判断变换不断的行情、及时做出决策并传送到执行方提供了方便。

第六，为大工业机器生产提供巨额资金保障的现代金融机构——银行出现。

近代机器工业生产规模巨大，无论是启动还是平时的运转，都需要数额巨大的资金来支撑。从启动看，由于生产规模大，大工业需要的启动资金非常多。譬如建设一个纺织厂、机制面粉厂之类的机器工厂，其启动资金显然大大多于一个手工作坊的启动资金。重工业的启动资金就更大，例如机器制造业、钢铁业、军工生产等，其规模一般都大大超过轻工业，资金规模就更大了。从启动后的运转看，同样需要大量资金支撑，如果资金周转时间长，则需要的周转资金就更多。例如，建设一个钢铁厂，从筹备论证到敲定方案，到购买设备和基本建设，再到购买原材料、试投产乃至最后出成品实现盈利，一般需要非常长的时间。这期间资金只进不出，企业没有收益，因而必须有足够的资金补充，否则就可能功亏一篑。这样巨大的资金规模绝非小生产条件下一家一户或者几个商户合伙经营的资金就能解决的，也非传统的旧式金融机构——中国的钱庄票号和西方的中世纪银行②所能解决，必须要有能够提供巨额资金支持的金融机构。适应大生产的这种需要，社会生产的经济组织发生了变化，面向社会筹资的股份公司出现了。股份公司聚集了社会各方的资金，极大地提高了企业融资的能力和规模。但是，即使是股份公司也不能完全解决企业的生产资金需求。另外，企业从市场筹得的巨额资金也需要管理机构来经营。于是，为现代大生产和市场经济服务的现代金融机构——现代银行诞生了。

在西方，现代意义银行的前身出现于17世纪、工业革命的前夜，其业

① 吴贯因：《中国经济史眼》，96～101页，上海，上海联合书店，1930。

② [德]汉斯·豪斯威尔：《近代经济史》，180页，北京，商务印书馆，1987。

务主要是为政府的财政服务，为国家的对外扩张、政府的军需提供国家信贷。之后随着工业革命如火如荼地进行，工业生产获得极大发展，银行就转而发展起面向工业等实业的各种信贷业务，成为近代大生产的助推器。在中国，现代意义的银行首先出现的是伴随列强而来的外国银行，其主要业务是为侵华各帝国主义政府索要中国的战争赔款服务，同时服务于在华外资企业。甲午战争后，中国自己的民族银行诞生，有政府投资建立的，也有民间集资的股份制银行。华资银行建立以后，其主要业务也是为政府的军政需要服务，对政府的贷款占据银行业务的大部分。也有不少银行致力于为民族工业服务，为民族工业提供各种资金支持。例如，中国北方的重要银行——金城银行，一直鼎力支持中国北方最重要的化工企业——永利化学工业公司的各种业务需要，特别是研制纯碱这种最基础的工业原料的资金需要。永利创办之时的资本才 50 万元，但发展迅速，资金缺口巨大。金城银行本着支持工业生产的宗旨，仅 1926 年一年就贷款给永利 60 万元①。更可贵的是，在永利研制纯碱前途未卜的情况下，金城银行贷款给这样的企业是极其需要魄力和勇气的。在金城银行的大力支持下，永利克服了重重困难，最终成功研制出纯碱，并很快占领了中国市场，打破了英国卜内门公司对中国纯碱市场的垄断。这个成就的取得一方面与永利的奋斗有关，另一方面则与金城银行的鼎力支持分不开。此外，金城银行还竭力支持其他民族工业的发展。其对工矿业、铁路及商业的贷款在 20 世纪二三十年代常高达贷款比例的 50％左右，到 1933 年已经高达 62.33％②。窥一斑而见全豹，由此可知在工业发展的过程中，银行的作用不可小觑，工业与银行业二者须臾不可分开。银行是工业社会的发展的伴生物，也是工业社会和工业经济的重要组成部分。

另外，适应现代金融交易的庞大规模，银行的建筑规模一般都比较大，远超旧式金融机构的建筑。而机器工业条件下现代建筑技术的发展，

① 中国人民银行上海市分行金融研究室编：《金城银行史料》，167 页，上海，上海人民出版社，1983。

② 刘永祥：《金城银行——中国近代民营银行的个案研究》，79～80 页，北京，中国社会科学出版社，2006。

正好为宏大的银行建筑的建设提供了条件。因此从工业发展的角度看，银行建筑也是工业发展的成果，属于工业发展的范围之内。

图 1-4 民国时期的上海商业储蓄银行

上海商业储蓄银行是近代中国最杰出的民族资本银行之一，在近代中国的金融市场上以及银行家范围内影响重大，其总部大楼就是典型的近代西洋式建筑，与西方银行相比虽然有不同时期和不同风格的区别，但都属于西洋建筑的范围，与中国传统建筑的旨趣完全不同。其庞大的体量满足了频繁又数额巨大的银行业务的需要。因此，在研究工业生产发展的时候，不能不关注现代金融业的发展，不能不把银行的发展纳入工业生产发展的视野。

三、机器工业大生产的表征及对工业遗产形态的影响

既然机器大工业生产是显著区别于农业生产的一种生产形态，那么，它的固态表现就必然会明显区别于农业生产的固态表现，在本质上也会有明显不同，由此工业生产就会有自己特有的表征。这种特有的固态表征主要表现在以下两个方面：

其一，朴实无华、简单实用的表现形式。

古代社会的生产是手工业生产，其时代的政治特征是专制统治盛行。

因此，统治阶级可以利用政权的力量驱使大量劳动力去从事某种生产，以满足自己无度的奢华需要。在统治阶级的强力管制下，这种生产可以实现数量众多的劳动者集中从事某一种生产，加之农业生产崇尚的精耕细作，从而为精雕细刻、慢功细活式的手工业生产提供了物质的和思想的条件。又由于长期的专制统治，高层的动向是低层的导向，民间的生产也因此追求精细化。

例如，古代的家具生产，其家具的基本架构在几千年间虽然有所变化，然而并非革命性的变化，生产工具也没有革命性的变化发展。变化最大的是家具的外在雕饰，无论东方还是西方都同样崇尚雕饰的风格。虽然东西方的审美观不太一样，家具雕饰的风格也各有特点，但其花纹雕饰之繁细复杂是共通的，并且都随着历史发展而不断加剧。在中国，这种雕饰的繁复在清代达到顶峰，明代家具虽有雕饰，但崇尚简洁明快的家具风格至清代已经扫荡一空，无论民间还是皇家的家具演变成了精雕细刻、花纹繁复到极端的手工艺品。

图 1-5　清代家具

图 1-5 为清代家具，与明代相比，雕饰成为家具审美的主要成分，家具的整体架构、结构风格均没有太大的变化，变化的只是附加在上面的雕饰，雕饰越多越繁复，则家具越美，越有价值。市场上家具的区别主要在

于其花纹雕饰的不同，而不在于家具风格结构的不同。

图 1-6　欧洲古典家具

古代房屋建筑的风格同样如此，无论东方还是西方，在建筑民居时，除了注重房屋居住的坚固性和舒适性外，也都非常重视建筑的外在雕饰和内部装饰，房屋建设过程中附加了大量的手工艺劳动。虽然大多数贫困百姓的居所只能遮风挡雨，但是，社会主流文化指向、社会财富运用的指向都是明确的，是持肯定和赞赏态度的。由此就导致了即使是民房，在他的能力可以负担的时候，也会追求精细的建筑风格，追求附加了大量手工劳动并呈现了大量手工艺艺术的房屋建筑。

而现代工业社会的建筑工艺则完全不一样，无论建造家具还是建筑房屋，它的终极追求都是实效性，都是最大限度地适应生产力发展的需要，适应高效快捷的社会节奏的需要，而不仅仅是其外在的美丽和张扬。

近代以来的工业生产追求的是高效性和高收益，并呈现了激烈的社会竞争，这使得人们在建筑房屋时，无论是工业生产建筑还是民居建筑，都不是特别重视复杂手工艺的呈现，而是重视房屋建设的标准化和生产的适应性，最终还是为了提高生产效率，实现利润最大化。如果生产中过分重视房屋的艺术性，则必然要消耗大量生产成本和生产时间，最终将影响核心产品的生产效率，而如果主要产品的生产受影响的话，则企业的生存就必然要产生问题，甚至被激烈竞争的市场所淘汰。所以，近代以来的建筑特别是工业建筑通常呈现出简约实用的标准化风格。如图 1-9 所示，以及

图 1-7 法国古典建筑

前文已经呈现的图 1-1 和图 1-2。

其二，简单背后蕴含的复杂劳动与高科技发展。

尽管工业革命导致了工业生产用房、工业生产用具的朴素化，但是简朴平实背后蕴藏的是惊人的创造力和辉煌的科技进步。在工业社会，古代社会闻所未闻的技术发明纷纷涌现，蒸汽机、纺织机、各种工作母机、高科技运输工具——火车、汽车、轮船乃至飞机也纷纷问世。这些机械的产生是近代以来科学发展的产物，也是技术进步的结果。在这些科学技术面前，人们不经过长时间的相关学科的训练和长时间的研究，不可能发明这些技术，即使是简单的学习吸收运用已有的科技成果也是一个艰苦而漫长

图 1-8 四川阆中中国古代建筑样式的民居

的过程。

中国近代工业的发展历程典型地显示了这一点。洋务派举办军事工业后，逐渐认识到了西方科技进步在工业发展中的作用，为此，他们继承了魏源提出的“师夷长技以制夷”的思想，从最初的致力于引进坚船利炮，逐渐转向注重学习西方的科技。李鸿章提出：“西法兼博大深奥之理，苦于语言文字不同，将欲因端竟委，穷流溯源，舍翻书读书无善策。”①江南机器制造总局总办冯焌光说：“枪炮火药与轮船相维系，翻书与制造相表里，皆系今日要图，不可偏废。”②也就是说，即使是在中国工业化的早期，洋务派也已经认识到科技与制造是互为表里的，缺少了科技，制造就没有了灵魂，剩下的就只是一堆徒有其表的钢铁组合和只能照猫画虎的工匠。为此，洋务派于 1867 年在江南机器制造总局内开办了翻译馆，聘请西人指导中国士人共同翻译西书。到了清末，翻译馆共出西书约 200 种，其中绝大部分属于科技类书籍，特别是兵工方面的书籍数量很大，占了绝大部分。

① 《李文忠公全书》奏稿卷 36，15 页，光绪乙巳版。

② 总理衙门清档：《海防档》丙，机器局(一)，103 页，台北，台湾艺文印书馆，1957 年影印本。

图 1-9 现代工业建筑

其余政治、经济、历史类的书籍仅 20 种，勉强占到了十分之一。这样的数字对比既反映了洋务派的选择，也反映了洋务派的认识。对此，思想家梁启超给予了高度评价，他认为“国家欲自强，以多译西书为本，学者欲自立，以多读西书为功”①。也就是说，译西书是国家的自强之本，没有了西书的翻译，也就没有了科技引进的灵魂，从而也就无法摆脱落后的局面，因此江南机器制造总局的翻译馆是做了一件功德无量的事。

① 梁启超：《西学书目表序例》，见《饮冰室合集·文集》之一，123 页，上海，中华书局，1941。

近代机器生产的出现和发展是科技发展的结果，是人类智慧高度进步的结晶。机器不但需要人的创造和指挥，机器进一步的发展也需要科技发展的支撑，离开了有创造力的人、离开了飞速进步的科技，先进机器也会变得落后，也无法赶上时代的潮流。机器又是人操作的，近代科技发展的程度不仅仅在于其发明时的先进性和学习理解的困难，还在于其运用的难度上。一般来讲，要想操作复杂的机器，不经过长时间的培训和实习，是不可能熟练运用的，即使是工业时代认为技术含量最低的纺纱，也需要经过三个月的岗前培训才能熟练上岗。所以，貌似平庸简单的近代机器工业背后蕴含的是农业时代远远不能比拟的复杂的科学技术的支撑。可以这样说，农业时代的复杂是浮在表面上的，工业时代的科技是蕴含在内里的，是更高级的人类智慧的结晶。

近代工业的上述表征，导致了当工业社会逐渐成为历史过往的时候，其遗产就具有了明显区别于古代农业社会文化遗产的重要特征：

第一，它的外表不那么耀眼，不那么引人注目，保护难度很大。

工业社会的生产性质决定了它崇尚的是简洁、快速、高效和不事雕琢，其辉煌过后的遗存自然也是不事铺张的、不耀眼的和朴实无华的。工业生产用的厂房与设备，譬如工业生产的流水线、各种机器、储藏原料和产品的仓库、道路交通设施、供应动力的储气罐、高炉设施以及各种管道等，由于其适应生产需要的中心指向，往往看起来简单、划一、单调，根本无法同古代的文化遗存(如皇宫、寺庙、家宅甚至乡间民居)相比。其外表的简陋、色彩的单调，往往无法引人注意，也就很难使人们把它们上升到文化艺术品的高度来欣赏，或者说人们很难把它们看作有文化内涵的艺术品，更有甚者是将其鄙夷为毫无文化和艺术价值的弃物。在西方国家，工业遗产甚至一度被认为是粗笨、丑陋、肮脏的象征，在城市建设中被纳入拆除之列，必欲令其在视野中尽快消失而后快。例如，在德国，人们曾经致力于拆除甚至毁灭倒闭、废弃的厂矿，认为这是城市的污点乃至耻辱。在这个拆除过程中，很多宝贵的工业化时代的代表建筑和物品烟消云散。中国也经历过这样的过程，20 世纪八九十年代，在社会转型和经济转型的过程中，大量工业遗产被当成累赘拆除，有的甚至是在相关学者的大声疾呼中化为尘土的。

第二，内在科技文化价值含量高，但难以被普通民众了解，甚至非相关学科的学者对此也不甚了解。

工业遗产不但包括工业厂房等外在建筑，还包括工业生产赖以进行的、根本区别于农业生产的生产流水线、各种机器、仪表等生产工具，这些生产工具都是科技发展的结晶，其科技含量之高，需要经过长期学习并接受过专门训练的工人操作。这样，普通民众，包括并非专业出身的其他学科学者就很难理解其中的奥秘，难以欣赏工业遗产的科技含量和对人类科技发展的贡献，也就不容易了解其内在的美和历史文化遗产价值。

另外，工业科技的发展还留下了大量图纸、工业生产流程、操作规范等纸本文献，其自身的纯科学性、纯学术性就更加明显了，也就更难被普通民众接受。通常人们会认为这仅仅是技术资料，而不被上升到工业文化遗产的高度来认识。

第三，工业遗产具有整体性特性，单独保护其中一部分将失去其丰富的内涵，损失完整性。

工业生产的发展不是孤立的，也不能是独立的，任何一个企业乃至一个行业的运转和发展，都需要其他行业的同步运转，需要交通运输、通信电力、矿山开采等行业的同步进步，都需要整个社会经济的进步和配合。即使从一个企业的内部来看，其发展也不是单纯的孤立的。一个企业的发展除了建设生产车间以容纳机器生产外，还需要建设仓库以容纳原材料和产品，需要建设厂内的交通运输体系以利于原材料和产品的快速运转，大型的企业甚至需要建设码头、购买轮船、建设铁路、购买机车等运输工具和设施，以满足大规模生产的需要。例如，钢铁厂内部的铁路运输，矿山井下的巷道运输等。另外，由于工厂内集聚了大量工人，工人的就餐场地、休息场地、女工哺乳室、卫生洗浴设备等也是必要的设施，有不少企业还要建设工人住宅，以保证工人的居住和能够按时到岗。

例如，民国时期中国最大的化工企业——永久黄集团，其内部的各种设施就特别齐全。早在永久黄集团的第一个工厂——久大精盐公司建立时，厂方就把工人的健康和环境卫生问题放在了重要位置。厂内建有大厨房、大饭厅，工人理发、洗澡完全免费。还建有“俱乐部、图书馆、合作社、武术、球队、戏剧社”等，聘有专人指导，以便丰富工人的业余生活，保证工人的身心健康。建厂的同时建设了医院，聘请“医师、药剂师、助产等人员专负其责”①。20世纪30年代初，永久黄集团创办人范旭东在南京卸甲甸筹建硫酸铔厂时，更加重视职工的身心健康问题。厂内专门设立了卫生室，负责全厂人员的医疗保健和环境卫生的管理。卫生室制订有详细的工作计划，要按月向厂方汇报工作，并在厂刊《海王》上刊载，接受全厂员工的监督。卫生室的工作月报极其详细，包括卫生室的人员安排，各种规章制度及其执行情况；各种传染病的防治，新进厂工人的体检，生病工人的诊疗、病假修养；环境卫生的整治等。

下面是1936年6月永利化学工业公司硫酸铔厂卫生室工作月报中有关环境卫生的汇报：

> 本厂地处乡村，一切环境均较城市为良，并请有专任卫生稽查员指导之。全厂面积一千五百三十二亩，共有员工一千七百余人，雇佣清洁夫十八人，全厂面积除稻田等约七百亩外，平均清洁夫一人管理地亩四十六亩，员工百人有清洁夫一人负担清洁事项，此种比例数，较津厂卫生队为佳，但本厂正在建设，废物产生比任何处为多，且各处厕所之清洁，工人饭厅地面之扫除，与工作地饮水之供给，均由清洁夫负责，故工作繁多，颇紧张也。全厂有关卫生环境之设备，列表于后：

名称	种类	数目	备考
饮水井	深300尺	1	以抽水机汲水现饮此井水
饮水井	深600尺	2	

① 范旭东：《久大三十年》，见赵津主编：《范旭东企业集团历史资料汇编——久大精盐公司专辑》，269页，天津，天津人民出版社，2006。

续表

名称	种类	数目	备考
饮水井	深900尺	1	
公共饭堂	长方形	1	职员用
公共饭堂	长方形	1	工人用
公共饭堂	方形	1	工人用
公共厨房	普通式	1	职员用
公共厨房	欧西式	1	外籍职员用
公共厨房	普通式	1	工人用
公共饮水处	白铁龙头式	10	各固定工作地用
公共饮水处	瓦缸式	6	临时外工工人用
公共厕所	自来水长坑式	2	共62个坑位，工人用
公共厕所	普通长坑式	6	共53个坑位，工人用
公共厕所	抽水马桶	5	共54座，职员用
公共浴堂	混合方池	1	工人用
公共浴堂	喷水式	12	工人用
公共浴堂	浴盆式	20	职员用
公共浴堂	喷水式	16	职员用
公共宿舍	楼式	200	每职员一间
公共宿舍	平式	84	每间6人或8人共住，大间每间三四十人共住
农场储粪池	圆形式	18	面积每个50尺，容量每个56.16加仑
农场储粪池	长方式	1	面积200尺，容量135加仑
公共理发室		2	职员用1，工人用1
牛乳场	建筑中	1	农场办理牛2
豆汁点		1	厂外商人办理
公共娱乐室		1	工人
贩卖室	饮食商店	1	
盥洗室		3	职员用

续表

名称	种类	数目	备考
各工作场地		16	废物垃圾污水清除地
码头道路		11	马桶 2　道路 9　短路半里　长路 5 里
池塘沟渠		27	池 19 沟 8，共占地 200 亩
灭蝇工作			日日工作
卫生设备			视需要建议改良
卫生演讲			每星期一次
卫生训练			训练厨役挤牛乳夫

本月环境卫生工作可分项述之：

1. 地面清洁——本厂地面清洁，由清洁夫十一名扫除之。其扫除区域共分四区：大纬路之北各地为一区，大纬路以南、大经路之东为二区，在该二路西南之地，以南一路分三四两区。清洁夫之分配：计一区三人，二区二人，三区三人，四区四人，全厂逐日产生垃圾，自本月十六日起至二十日止，共计一四七五六立方尺，平均每日九八四立方尺，垃圾之处置，因其物质不一而异，可分填坑，掩埋两种，其他可利用之垃圾，如碎路、锯木、煤屑等物，则另堆聚，以待机利用。

2. 饭水——本厂饮水来源，可分江与深水两种，深水井共有四座，其深度由三百立方尺至九百立方尺不等，水质多矿物质，水之细菌测验，经京市卫生事务所数次检查，均无大肠菌群发现，但因井水含矿物质太多，厂内员工多喜欢饮用江水，本室为安全起见，用漂白粉液消毒之。

3. 厕所管理——本厕所分职员、工友两种。职员厕所均为抽水马桶。工人厕所则有永久临时之别，永久者为长坑水冲式。临时者为旧式粪坑，二者共有粪坑一一五个。现在内外工人共一千六百余人，平均每十三人应用粪坑一处，适合标准数量也。工人厕所每日由本室清洁夫洗刷四次。

4. 灭蚊工作——本厂地址，原为水田，池塘特多，又加附件村落环境不佳，最易孳生蚊子。本室成立以来，灭蚊工作每日派员分别散油，平均每池每周有二次散油之机会。现时厂内蚊虫比城内为少，据一般观察，均谓本年厂内蚊子实较往年为少，足证灭蚊成效也。

5. 灭蝇工作——厂内共有储粪处十九处，均为产蝇之地。本室前采用氰化钠消毒，现厂中石灰甚多，改用石灰消毒，经过甚佳。①

从上面这个汇报中可以看出，硫酸铔厂对职工的卫生健康可谓关怀备至，从饮食到饮水，都有严格周到的安排和把关。为了职工的身体健康，甚至专门饲养奶牛供应牛奶，还有豆浆供应。防病消毒、粪便垃圾、道路清洁等事务的管理也十分周到严格，体现了精密的管理思想和高标准的环境卫生要求。这种精细化管理，是永久黄集团能够获得成功的重要因素之一。如果要表现永久黄的工业遗产价值，这类设施显然是不能忽略的，否则不能完整体现永久黄的管理制度和企业精神。

由于大生产特有的工人集中生产作业的缘故，管理方出于节约时间从而节约成本的考虑，以及特殊生产必须有单独就餐空间的需要，民国时期的很多工厂还要求工人在厂内就餐。为此，不少工厂开辟了工人就餐的食堂。例如，1930 年天津社会局组织对天津火柴业调查时，曾详细描述了天津华昌火柴公司食堂的情况，“饭厅组织，系由厂方派职员一人，与工会干事一人，共同管理厨房一切事项。饭厅共计五间，中间置方桌 1 张，两旁设置长形桌 6 桌，长凳共计 22 条，每桌七八人，所用煤炭，由厂供给。工人用饭时，须凭大小牌入饭厅，按时更换，以免无知识之工友乱入饭厅，如有遗失，预为声明，另行补发。每人每月伙食定为 4 元 2 角，余由厂方津贴每人大洋 5 角，倘再遇不足时，须由公司补足之。凡不加入伙食之工人，可在厂方购买洋面项下每月领津贴 5 角，每日两餐均食洋面馒头及米粥、菜汤等。尚有工徒饭厅一处，全由厂方包办，分为甲、乙两班，新工人始进厂时，做活甚少，须由公司备办伙食，在工徒工作之件数内，酌扣工资半数，如工作能力日渐提高，出品数目时时进步，即改为甲班，每月扣饭洋 2 元 2 角 6 分 5 厘。日食两餐，

---

① 《永利化学工业公司铔厂卫生室六月份工作月报》，载《海王》，第 8 年，第 33 期，567～569 页。

均用玉米面及白菜汤，如不足时，全由厂方补足之。”[①]由上述调查的描述可以看出，华昌火柴厂的食堂还是比较有规模的，而且管理颇为精细，正式工人和徒工分开就餐。

工厂设置食堂显然与工业生产的高效率和整体性有关。一个工厂内的各个工序必须同时动工，生产才能顺利进行，否则成系统的生产线就无法维持，就会产生窝工和停工待料的问题，而工人集体就餐显然保证了生产的整体性和协调性。另外，工人在工厂就餐还节省了浪费在路途上的时间，有利于更好的从事生产。当然，在资本主义私有制条件下，厂方办食堂也有资本家进一步剥削工人的考虑，前文华昌公司工人在厂就餐两次，需向厂方缴纳饭费 4 元 2 角，平均每餐 2 元 1 角，而工人的工资平均仅为 10.37 元[②]，如果再加上工人下班后进食的另一餐，则工人的饭费会高达 6.3 元，占月收入的三分之二。如果是工资仅为 6～7 元[③]的低收入工人，则仅在厂吃饭一项就已经耗尽了全部收入。

中华人民共和国的工业建设时期，一方面继承了民国时期工厂办食堂、哺乳室、卫生室的传统，另一方面则由于实施计划经济体制，国家、单位包管一切，工厂内的各种设施更加齐全，食堂、医务所、哺乳室、托儿所、幼儿园等附属设施是必不可少的设备，了解这些设施的存在是理解那个时期工业生产发展和特点的重要一环。因而这些设施自然也就是工业遗产的一部分。如果在保护工业遗产的时候仅仅保留与生产有关的各种遗存，显然是不全面，是不能展现工业时代的完整风貌的，也是不利于深入理解和深入研究工业遗产的。例如，曾经普遍存在的工厂食堂，在农业时代是不存在的，因为农业社会一家一户的生产并无办食堂之必要，其小私有制的特性也导致无法开办食堂。今天，社会进入信息化时代，分散办公

① 吴瓯：《天津市火柴业调查报告》(1931 年)，见李文海主编：《民国时期社会调查丛编》二编，近代工业卷，5 页，福州，福建教育出版社，2010。

② 吴瓯：《天津市火柴业调查报告》(1931 年)，见李文海主编《民国时期社会调查丛编》二编，近代工业卷，22 页，福州，福建教育出版社，2010。

③ 吴瓯：《天津市火柴业调查报告》(1931 年)，见李文海主编《民国时期社会调查丛编》二编，近代工业卷，22 页，福州，福建教育出版社，2010。

乃至居家办公已经成为现实，食堂的领地也缩小了，只在高校和某些大机关还保留有公共食堂，可以说，公共食堂在当代已经成为稀罕物。这就更彰显了工业化时代工厂食堂等工业生产附属设施的独特性和珍贵性。

图 1-10　废弃的工厂厂房

面 1-10 至图 1-12 三幅照片，是位于北京房山石花洞森林公园内的原北京军区汽车修理厂遗址的照片。这个工厂在 20 世纪 90 年代划归地方，归属于燕京汽车厂，成为该厂的一分厂。不久该厂停产，2010 年以后改建为养老院。虽然该厂已经改建，但是工厂的原有格局仍然保留着，其中食堂就是工厂构成的重要部分。从照片可以看出，食堂建筑风格属于典型的工业建筑，为大敞式、广空间建筑，可以容纳较多工人就餐，能够满足工厂内工人就餐的需要。工人就近就餐，省去了出外就餐浪费在路上的时间，也使工人少了自带午餐麻烦，从而有利于工人生产的专注度和生产效率。食堂还给就餐的工人、职员提供了交流的场所和空间，对于信息的互通、人们的交往都有极大效益。因此，这样的食堂是工厂生产的重要一环。

第四，工业遗产具有物质文化遗产和非物质文化遗产的双重特性。

工业遗产的最显著标志是它所具有的、与农业社会完全不同的广大厂房和高耸的烟筒，各种生产线和各种机器，以及运输和通信设备——火

图 1-11　废弃厂房内景

图 1-12　废弃的工厂食堂

车、铁路、轮船、码头、电报机、电报房等。当人们开始认识到工业遗产的文化和历史价值的时候，最初意识到这是一段历史见证的时候，首先注意到的就是这些形象迥异的建筑和机器，至于其中的精神文化内涵则很少关注。当前，社会各界提倡的工业旅游也主要关注的是利用其物质遗存做文化开发和商业开发。

图 1-13　废弃厂房内尚存的职业道德规范

其实，工业遗产简单、粗陋的外表背后蕴藏着丰富的文化内涵和精神诉求。唯物史观认为，存在决定思维，经济基础决定上层建筑，有什么样的经济社会基础，就会产生什么样的精神和思想，独特的精神和思想建构反过来又推动了经济的进步。工业生产的高度科技化，高度的创新竞争，高度的人群聚集和思想碰撞必然催生不同于农业社会的思想文化，必然会产生璀璨的人类思想文化之花。

工业生产是巨量人群的聚集，非一家一姓的聚集，亦非一地一族的聚集，这就打破了农业社会的血族界限和地域界限。不同人群的碰撞和结合，带来不同地域的不同观念和不同习俗的碰撞，又引起了观念的极大变化，行业意识、职业意识、技术意识等不同于以往农业社会的社会意识产生了。工业生产的统一性和高效性，又引起纪律观念、时间观念的变化，产生集体观念、协调观念。又由于工业生产技术的不断进步性、工业企业竞争的激烈性，创新意识、革新意识等观念意识也就产生发展起来了。

近代以来，在中国工业发展的过程中，工人阶级作为中国革命的领导阶级，在中国人民争取解放和民族独立的过程中发挥了领导和先锋作用，工人阶级的阶级意识和革命观念逐渐产生并付诸行动。北京地区就曾爆发过著名的京汉铁路工人大罢工，显示了工人阶级的革命力量和特有组织纪律。

由于中华人民共和国的工业生产建立在一穷二白这个特定的基础上，增产节约是生产奉行的重要原则之一，节约意识、反对浪费的观念广泛传播，并产生了显著效果。由中华人民共和国的政权性质决定，人民是国家的主人，因此安全生产意识空前加强，并逐渐凝聚为一种人人接受的思想意识，成为一种工业文化。

上述种种观念意识都具有丰富的文化内涵，是驱动工业社会不断进步、驱动工业生产不断发展的精神动力。这些丰富的文化内涵的存在表明，工业遗产不但是物质文化遗产，更是非物质文化遗产，工业遗产是两种属性兼而有之的文化遗产。

但是，迄今为止，对于上述工业遗产的非物质文化因素研究极少，现有的工业遗产研究并不能全面展现工业遗产的文化价值，也就不能更快、更好的引起人们对工业遗产的重视，不能引导人们全面地、更好地保护和利用工业遗产，不能更好地发挥工业遗产应有的研究价值、教育价值和文化传播价值。

第二章　北京机器工业的产生与发展

北京是一座古老的城市，近代以后开始了艰难的转型发展。这个转型首先是经济形态由古代向近代的转变，也就是近代机器工业的萌生与发展。北京虽然是政治中心和文化中心，但在时代发展的催赶下，北京的近代机器工业产生了。

一、北京机器工业的发轫(1872—1911)

北京是世界闻名的历史文化名城，有元一代成为全国的政治文化中心。经元明清三代不断发展，北京演变为中国古代社会末期规模最大的消费市场，商贾云集，贸易繁荣，手工业较为发达。

早在元朝，京西就已经有了手工采煤业。明代初年，官营手工业发展起来，明后期，随着社会商品经济的发展，官营手工业逐步被雇工生产代替，原来只供皇家贵族享用的手工艺品在私营作坊开始生产，有纺织、酿酒、食品、鞋帽、窑冶、金银器皿制造、军器制造、营造和景泰蓝、漆器、玉器、印刷等手工业，工匠曾达数十万人①。北京城市地名中也有大量反映手工业遗存的名称，如造甲厂、铸钟厂等，这正是历史上北京地区手工业繁盛的佐证。

1840年鸦片战争以后，中国门户洞开，西方侵略者接踵而来，展开了对中国的经济掠夺，中国原本自给自足的自然经济开始逐步瓦解，并日益融入西方国家主导的世界市场。在部分沿海通商口岸，近代工业破茧而出。北京本属京畿之地，地理位置与城市职能特殊，又远离东南沿海等外国资本主义入侵严重之地，自然经济仍旧居于统治地位，工业化进程较口岸城市起步时间晚，但随着洋务运动的兴起与西方资本主义势力的不断深

① 章永俊编：《北京手工业史》，230页，北京，人民出版社，2011。

入，北京也迎来了现代工业文明的曙光。19 世纪 70 年代，北京开始进入近代工业的滥觞阶段。

1872 年，宛平县商人段益三在门头沟创办通兴煤矿，开始安装机器提升设备，这是北京近代工业开始的标志。① 虽然北京近代工业的开端始于民间资本，但在清政府统治的最后半个世纪里，北京工业真正居于统治地位的却是大量的官僚资本，走的是以政府为主导的后发追赶型工业化道路。

近代以前乃至鸦片战争爆发后较长的历史时期内，清统治者始终故步自封、夜郎自大，往往视西方工业品为“奇技淫巧”，竭力排斥，甚至动用政权力量加以干涉。北京作为国都，直接置于封建最高统治集团控制之下，近代工业能否顺利产生和发展在很大程度上取决于封建统治阶级的态度。西方资本主义入侵后，由于多方面原因，封建统治集团的态度逐步发生变化，客观上为北京近代工业的出现提供了有利条件。

首先，封建统治集团内部对工业品有现实需求。西方入侵者进入中国，不可避免地带来资本主义近代物质文明与生活方式，大量西方工业品也随之涌入中国，追求奢华享乐生活的清统治集团逐渐接受并开始积极追求近代化的生活方式，慈禧本人在兴修御苑时就建造了大量西式建筑，室内陈设西式家具，西苑建立了皇家电厂，在北京地区最早实现了电力照明；工部专门兴修宫廷小铁路，供慈禧本人乘用②，颐和园昆明湖的摆渡开始采用近代蒸汽小火轮。这虽然主观上是为统治集团的享乐服务，但客观上有开风气和促进北京近代工业产生的效果。

其次，洋务运动的兴起直接引发了北京早期工业化的兴起。从 19 世纪 60 年代开始，在洋务派“自强”的口号下，在全国各地先后兴建起一批近代军事工业、重工业企业。北京作为畿辅重地，亟须加强武备以拱卫京师。于是，京师驻军开始装备新式洋枪。但是向国外购买洋枪洋药价格昂贵，清廷乃逐渐改用国货，由天津机器局代为制造，但“取携”不便。总理衙门

① 中国人民大学工业经济系编著：《北京工业史料》，1 页，北京，北京出版社，1960。

② 该铁路位于今北海公园东侧，全长 1 千米，窄轨，蒸汽机车牵引，民初拆毁，现已无遗存。

遂有“在京添设总局，仿外洋军火机器成式，实力讲求，以期多方利用”①的打算。

19世纪80年代，侵越法军威胁中国南疆，为了拱卫京师，必须加强天津海防力量。但天津机器制造局制造武器的实力有限，北京神机营和工部局“所存军需火药通计不过百十万，铅丸袍子等项存储更属无多”，1880年光绪帝下谕旨，特命工部与神机营“赶紧督催办理”②。在此情况下，直隶总督兼北洋大臣李鸿章建议掌管神机营的醇亲王奕譞就近“酌设一局，以开风气而便取携”，如此则“需费无多而应用不穷”③。于是，1883年奕譞开始在京西选址，最终选中三家店。三家店为京西大道起点，永定河出山口第一村，临近门头沟煤矿，是建厂的理想地点。选定厂址后开始建设厂房，先后耗银20万两。又耗银100万两从西欧引进大批机械设备，至光绪十年(1884年)工厂建成投产，生产来福炮、机关枪、水雷、炮弹、子弹等。光绪十六年(1890年)10月28日下午2时，神机营机器局生产过程中不慎失火，大火至夜间方被扑灭，烧毁大部分机器厂房，损失机器产品等达数十万两。经此大火之后，该局即草草关闭。虽然北京神机营机器局从产生到消亡前后不过历时8年，但其历史意义却不容低估，该局的创立引进了晚清北京最大的一批机械设备，开启了体系化机器生产的大幕。其生产能力与技术水平较仅利用蒸汽进行取水、提升作业的通兴煤矿进步巨大。神机营机器局也因此成为北京早期工业化的历史见证和标志。

之后，北京机器工业步履蹒跚。光绪二十四年(1898年)，清政府公布《振兴工艺给奖章程》，顺天府据此提出了发展近代工业的政策规划④。《辛丑条约》签订后，清政府的统治面临内忧外患的危殆局面，为了挽救残局，清政府逐步实施包括鼓励工商业发展在内的“新政”。1903年，中央政府设立商部⑤，该部为解决政府财政困难，积极主张吸收民间资本开设工厂以

① 朱寿朋编:《光绪朝东华录》，3553页，北京，中华书局，1958。
② 《清实录》，第54册，97页，北京，中华书局，1986。
③ 朱寿朋编:《光绪朝东华录》，5725页，北京，中华书局，1958。
④ 周尔润:《直隶工艺志初编》，19页，天津，直隶工艺总局，1907。
⑤ 1906年改为农工商部。

辟财源①。清廷乃实施自强新政政策，逐步放开民间设厂限制。1904年，清政府在京创立高等实业学堂，意在促进工业发展，大体上以达到高等工业学校程度为目的，分专科和预科两科，分化学、机械、电气、矿学四门②，工业教育的启动为这一时期工业勃兴提供了宝贵的技术人才。

北京在近代本来并非对外开放的商埠，但外国商人却在京擅自开设洋行，直接运销洋货，收购京畿地区农副产品。清政府对华商和洋商的货物实行不平等税率，鼓励了洋商的活动。洋货泛滥使北京和近畿地区固有的手工业生产遭受到打击。以织布业为例，畿辅地区向产棉花，民间“纺织皆女工”，由于“外国布来，尽夺布利”③，手工纺织业迅速衰落，加剧了小农经济的瓦解，破坏了旧有封建经济的基础，为近代工业的发展提供了市场流通条件。此外，由于战乱和灾荒等原因，京畿地区不少小农和个体手工业者破产，也为近代工业提供了广阔的劳动力市场。

清末新政时期，北京地区工业发展的成就主要体现在基础工业建设与工业门类完善两个方面：

北京是中国近代史上较早利用电力的城市之一。慈禧在中南海饽饽房修建发电厂，容量75千瓦，专供宫廷使用。这是北京电力工业的开端。其后，英商在东交民巷建瑞记发电厂，容量576千瓦，主要供给公使馆及帝国主义经营的企业使用，中国人民无权问津。④ 光绪二十九年(1903年)，德国商人在东交民巷设立“电气灯公司”，装有3台80马力(58.88千瓦)卧式煤气引擎发动机，向东交民巷外国使馆区供电。⑤

嗣后，清政府官吏筹集资本，于清光绪三十一年(1905年)在前内顺城街⑥创办京师华商电灯股份有限公司，北京第一座公用发电厂——前门西

① 张宗平、吕永和译：《清末北京志资料》，201～202页，北京，北京燕山出版社，1994。

② 李铁虎：《民国北京大中学校沿革》，41页，北京，北京燕山出版社，2007。

③ 汪敬虞编：《中国近代工业史资料》，第二辑，637～647页，北京，科学出版社，1957。

④ 北京电业管理局：《北京电力工业宏伟的十年》，载《中国电力》，1959(18)。

⑤ 王季点、薛正清：《调查北京工厂报告》，12页，出版单位不详，1924。

⑥ 现北京供电局所在地。

城根电厂也于同年动工兴建。翌年11月25日，该厂两台150千瓦交流发电机组竣工发电，并开始对外供电营业。从此，北京的电力事业由供清宫廷、官府衙门和洋人用电逐步扩展为供工业、商业、市民用电，是北京公用电力事业之始。起初设机组三台，容量360千瓦，温炉是低压手烧炉，利用井水发电，到民国元年(1912年)，前门西城根电厂经3次扩建，装机7台，总容量已达3035千瓦①，其中，两台1000千瓦机组为华北地区首次出现的低压汽轮发电机组②。

除电力的建设使用外，1906年京汉铁路、1909年京张铁路、1911年津浦铁路先后建成通车，北京与外界建立了西、东、南三个方向的交通大动脉，加强了北京与东南、长江流域等经济发达地区的联系，为物流畅通、人员来往提供了极大便利。③

1908年3月14日(光绪三十四年二月十二日)，农工商部右侍郎杨士琦奏请“筹办京师自来水暨纺纱厂，调员董理，以资提倡”④获准，3月28日(二月二十六日)，农工商部等又奏：“筹办京师自来水公司，拟招华股洋银三百万圆，并请饬直隶总督每年筹拨官款十五万，预存银行，为保息之用。”⑤至1909年6月，“京师自来水将次告成”⑥，前后规划、建设仅历时一年有余。京师自来水公司的建立使北京一跃成为华北地区少数几座具有现代供水设施的城市之一，并使得北京的公用事业在电力之外又多一近代化生产的领域。

新政时期，北京的煤炭、机械工业均有较快增长，同时在原有手工业基础上，引进现代机器动力，新建了印刷、纺织、火柴等近代工业门类，

---

① 北京市地方志编纂委员会：《北京工业志·电力志》，9页，北京，北京出版社，1995。

② 京师总商会工商调查处编：《京师总商会行名录》，77页，首都图书馆地方文献部藏，1921。

③ 《二七车辆志》编委会编：《北京工业志·二七车辆志》，3页，北京，中国科学技术出版社，1995。

④ 《清实录》，第59册，783页，北京，中华书局，1986年影印本。

⑤ 《清实录》，第59册，786页，北京，中华书局，1986年影印本。

⑥ 《清实录》，第60册，308～309页，北京，中华书局，1986年影印本。

其中尤以官营工厂资本增加为巨。

在机械工业方面，1897年邮传部京汉铁路长辛店机车车辆厂在京创建，初称卢保铁路卢沟桥机厂，由法国设计师图耶按工厂的规制设计。初办时工厂设备十分简陋，后于1900年为义和团损毁。1901年工厂复建，先后建有办公室、客货车迁车台、锻工厂、轧钢厂、锅炉厂、货车装配厂、铸工厂、机工厂、车辆修理厂、油车厂、锯木场、工作坊，工人达800人之多。1905年，邮传部又增设长辛店电器修缮工厂，修理铁路调度电话①。1906年，清政府在詹天佑主持下修建京绥铁路，又在京绥线上设立了南口铁路工厂，占地76.73亩，共有厂房589间，划分为机车、铆炉、打铁、翻砂、机器、木样、电机、修车、木工、油车、杂工11房。有职员31人，工人870人，主要任务是制造机车车辆上的各种配件，修理机、客、货车，制修道岔、夹板、螺丝及各种信号烽、售票打字机、磅秤、路牌、电器、零件、铁木器等。长辛店与南口两个机车厂负责机车和客货车的修理及铁路的维修，由于需要大量的机械，两厂都配备了完善的机械工厂，包括机械、锻、铸、焊、热处理，甚至配备了炼钢设备。这两个厂在此后很长一段时间一直是北京乃至华北地区规模最大的机械工厂②。

印刷工业方面，1908年清政府批准设立度支部印刷局，投资110万两白银，厂址在外城白纸坊，原工部火药局废址。印刷局的规模、样式完全仿照“美国立印刷局”的成规，其设备之齐全、技术之先进为当时国内印刷界所仅有，在国际上也属一流。宣统三年(1911年)三月一日，度支部印刷局印出钢版凹印钞票——大清银行兑换券。从此开始了中国采用雕刻钢凹版设备印钞的历史③。纺织工业方面，1907年陆军部奏办了官商合办的溥利呢革公司。该厂的建立为北京近代毛纺工业的开端，也是当时国内生产

---

① 铁道部铁道年鉴编纂委员会编：《铁道年鉴(1933)》，19页，上海，汉文政楷印书局，1933。

② 铁道部铁道年鉴编纂委员会编：《铁道年鉴(1933)》，25页，上海，汉文政楷印书局，1933。

③ 颜世清：《财政部印刷局整顿局务公牍辑要》，23页，财政部印刷局，1917。

能力最强的现代化毛纺织工厂①。

除以上若干大规模现代化工厂外，清政府在“振兴实业”的口号下，还在北京兴办了工艺局和工艺传习所等培养工业人才的教育机构。如光绪二十八年(1902)顺天府尹陈璧在广安门外四眼井创办了京师工艺局，实行官办、商办和官助商办等办法经营。工艺局“共分十五科，约有工匠徒弟五百余人”，“所设工科，多系京中未有之艺事”②，其中有制作地毯、洋式木器家具、肥皂、织造毛巾、玻璃器皿以及新式打井等。此外，已革翰林院侍读学士黄思永在前门外琉璃厂义仓开设工艺局。开办资本为10万元，购置了机器设备，招募无业贫民，教授他们各种技艺。该局制造十余种产品，如肥皂、中西式家具、地毯、棉布、电器等。局内还设有英文学堂和夜学馆，对艺徒进行文化知识的培养，使他们学成之后或留下充任工匠，或自行开业从事生产③。“据农工商部1904—1908年统计，京师工艺局和工艺传习所生产各种布料达14820件，各种床单、毛巾13750件，大小镜屏401件，大小印花布1896件，染漂各色线料4385件等，除供应宫廷，还有部分作为商品销售。”④

官办工业的快速发展不仅推动了北京近代工业生产规模的不断扩大，储备了一定的生产技术与专业人才，更极大地刺激了民间投资兴业的意向，引导着社会资本向现代工业领域的流动，于是在1905—1911年的短短六年间，北京地区出现了一大批商办近代工业企业，资本总额达到600万以上，见表2-1。

表2-1　清末新政时期北京地区新建商办及官商合办工厂统计表(部分)

年份	企业名称	门类	资本（千元）	性质	出　处
1905	永丰纺织厂	纺织	14	商办	农工商部统计表，第一次
1905	富华织布公司	纺织	11	商办	农工商部统计表，第一次

① 彭泽益编：《中国近代手工业史资料》，第2卷，231页，北京，中华书局，1962。
② 彭泽益编：《中国近代手工业史资料》，第2卷，507页，北京，中华书局，1962。
③ 周尔润：《直隶工艺志初编》，94页，天津，直隶工艺总局，1907。
④ 张宗平、吕永和译：《清末北京志资料》，309页，北京，北京燕山出版社，1994。

续表

年份	企业名称	门类	资本（千元）	性质	出处
1906	益华织布厂	纺织	10	商办	农工商部统计表，第一次
1906	华宝织布厂	纺织	14	商办	农工商部统计表，第一次
1906	华盛织布厂	纺织	20	商办	农工商部统计表，第一次
1908	同昌织布厂	纺织	14	商办	中国经济报告书，31号，4页
1908	祥聚	纺织	20	商办	中国工业综览，264页
1909	首善第一女工厂	纺织	24	官办	商务官报，1910年10期
1905	继长永地毯合资公司	呢绒	12	商办	农商公报，40期，44页
1906	京师毛织厂	呢绒	420	商办	农工商部统计表，第一次
1909	北京清河溥利呢革有限公司	呢绒	840	官商合办	时报，1907年11月10日
1911	华兴织布公司	服装	18	商办	中国工业综览，265页
1893	北京机器磨坊	面粉	10	商办	中国近代工业史资料，1167页
1904	大吉祥机器商粉公司	面粉	10	商办	农工商部统计表，第一次
1906	丰顺面粉厂	面粉	420	商办	农工商部统计表，第一次
1910	贻来牟和记面粉公司	面粉	120	商办	农商公报，40期，49页
1905	丹凤火柴厂	火柴	105	官商合办	农工商部统计表，第一次
1910	度支部印刷局	印刷	4000	官办	农工商部统计表，第一次
1905	大象卷烟厂	卷烟	70	商办	农工商部统计表，第一次
1906	爱国纸烟厂	卷烟	50	商办	农工商部统计表，第一次
1908	大恒砖瓦公司	砖瓦	14	商办	农工商部统计表，第二次
合计			6216		

上述企业中比较著名的有丹凤火柴厂、京华印书局、贻来牟和记面粉公司、北京清河溥利呢革有限公司等，创办资本均超过10万两白银，属于规模比较大，机器生产实现工序化的近代工业企业。如创办于1905年的京华印书局，其前身为直隶官书局，成立后即淘汰了木版印刷设备，而选用铅石设备，承印书刊、教科书、大清银行及其他钱庄的有价证券和新式簿记等。后又设北厂，添彩色石印。厂内的设备有石印、铅印、照相、铸字

炉、西式装订、中式装订等，其业务范围远及西北东北各省，后在各地广设分厂，工人达千人之多，跻身于北京实业界巨擘之列①。贻来牟和记面粉公司开设于1910年，地址在西便门内大街，靠近火车站，主要经营机器磨面加工。开办时资本为12万元，有石磨4部、蒸汽机1台。后采用新式钢轴磨麦机磨面，高峰时期置有新式钢轴磨麦机3组，70马力蒸汽发动机1组，旧式直立磨麦机4架以及35马力蒸汽发动机1组，为当时华北生产能力较强的面粉加工企业②。

经过晚清几十年的发展，北京的近代机器工业从无到有，逐渐发展起来。但是，其主要成分仍然是官办工业。这是因为清政府出于自身统治的考虑，严格控制着北京地区的工业经济管理权。政府行为是决定工业化进程的首要因素，工业发展主要取决于政府投资的多寡，因为政府部门往往直接充当了投资主体。这种工业化道路需要以强势政府为支撑、有力的物质保障为基础，其发展原动力并非来源于市场需求，而是以政府意志为基础，其建立的工业经济也以基础产业和重工业为基础，但这类工业门类往往附加值较低，收回成本周期过长，并不利于资本的迅速积累。虽然清政府已处于风雨飘摇中，其财政情况已十分紧张，但仍不惜重金在京投资兴办实业，先后建立起神机营机器局、度支部印刷局、京师电灯公司、京师自来水公司等一批近代化企业，在短时期内填补了北京近代工业的诸多空白点。与此同时，清政府也逐渐改变了原有对私营工业的过度限制政策，借以振兴实业，扩大政府财政收入。但即使是在有限的商办工业中，官僚投资所占比例仍是不可小觑的。以溥利呢革有限公司为例，该企业商股25万主要为礼亲王、张之洞等官僚贵族认购。丹凤火柴厂，资本几乎全部由商部任职的官员认领，创办者温祖筠，系清政府补用知县。其他如京师玻

① 中国人民政治协商会议北京市委员会编：《驰名京华的老字号》，296～298页，北京，文史资料出版社，1986。

② 后由于美国等西方国家廉价面粉大量输入倾销的冲击，于20年代中期停止面粉加工业务，转而依靠原厂附设机器修理厂的设备和技术力量，改为制造磨面机和铅石印刷机的机械厂。全厂共有大小车床十几台，刨床2台，钻床1台，工徒80多人，技术人员1人等，参见王季点、薛正清：《调查北京工厂报告》，35页，1924年铅印本。

璃厂、贻来牟和记面粉公司等虽名为商办，但实际控股和运作者无不为清政府在任或卸任官员。出现这种局面一方面与官僚阶层掌握着较多的社会财富，具有投资兴业能力直接相关；也因为这些人拥有广博的人脉关系，可以打通官场规避部分风险。事实上，在清季北京近代工业史上，确有相当数量的企业通过与政府协商，享受一定经营特权，如京师自来水公司，招收商股"由农工商部保息，所需一切材料准予免税"，丹华火柴厂经商部奏准，获有"在京城大兴、宛平两县境内专办十年的专利权"①。这些政策措施，在一定程度上保护了民族工业的发展，部分抵御了外国资本主义的疯狂入侵。这一系列新政的实施，推动了北京近代工业化发展的第一个高潮。晚清40余年的工业发展确实为北京早期工业化奠定了基础，并提供了必备的物质条件，但也造成了官办工业为主的局面。

清政府这种官办为主的投资模式，限制了工业企业间的竞争，阻碍了更多社会资金流入工业建设，部分企业仰仗特权拥有稳定的利润收入，不思改进生产技术降低生产成本，阻碍了工业的健康发展。部分官办企业则管理体制更为腐朽，没有严格的成本核算和统计结算，经济效益十分低下。如溥利呢革有限公司规定专为军队制作军呢、军毯，产品不能投向市场盈利，企业生产的产品如数上交，经费完全依靠政府划拨，企业缺乏进行技术改造和扩大生产积累资金的动力，一旦财政供给紧张必然导致企业发展停滞，溥利呢革有限公司即由于经费不足而于1913年宣告停产。官办企业基本沿袭了封建皇都官营手工业的生产和管理体制，仅将过去的手工操作改为机器生产而已，至于那些官督商办或官商合办企业的领导权实际操控在官府手中。因此，清代北京这种以政府投资为主导，以官僚资本为主体的工业化政策，并没有充分调动吸引民间力量，难以顺利完成工业化的使命。

① 王季点、薛正清：《调查北京工厂报告》，32页，1924年铅印本。

二、北洋政府时期北京工业的发展(1912—1927)

从民国元年(1912年)袁世凯定都北京至1927年国民政府上台，为北京工业发展的第二个历史时期，是北京工业发展比较迅速的时期。

1911年爆发的辛亥革命，沉重地打击了帝国主义与封建主义势力，建立起中国第一个资产阶级民主共和国。其后，南京临时政府和北洋政府先后颁布了一系列保护物权、发展生产的经济法规，推行鼓励发展实业的政策。不久第一次世界大战爆发，帝国主义列强忙于厮杀而无暇东顾，减弱了对华的经济侵略，民族工业获得了宝贵的发展时机。紧接其后，五四运动爆发，广泛开展抵制日货的运动，又为民族工业产品的销售扩大了市场。在此长达十年的时间里，中国民族工业迎来了难得的发展机遇。具体到这一时期的北京，民族工业趁着国内外的有利条件获得了较快发展。除国内外社会经济形势的有利条件外，中央政府与北京地方政府给工业经济发展提供的政策扶持，也是推动这一时期北京社会经济特别是近代机器工业发展的有利条件之一。

1. 中央政府扶植工业发展的举措

北洋政府建立伊始，将中央实业行政机构分为工商、农林两部，1914年又将这两部合并，称为农商部，统管全国农工商业事宜。由于北洋政府继承了清政府的财政烂摊子，中央财政极为困难，因而重视实业的发展，力图缓解财政困难局面。袁世凯曾以临时大总统的身份，发布、修订各项经济法规以利实业发展的法规法令，“凡关于保护兴业各法令，业经前清规定者，但于民国国体毫无抵触，应即遵照前次布令概行适用，次第施行”①。同时，还强调“各省民政长有提倡工商之责，须知营业自由，载在国宪，尤应尊重。务望督饬所属，切实振兴，以裕国计。举凡路、矿、林、垦、蚕桑、畜牧，以及工艺场厂，一切商办公司，其现办者，务须加

---

① 《中华民国史档案资料汇编》，第三辑“工矿业”，15页，南京，江苏古籍出版社，1991。

以保护；即已停办及有应办而未办者，亦应设法维持，善为劝导”①。这些政策措施主要有以下各项。

制定、完善各项工商法规，破除旧有体制对实业的限制和阻碍。为推动工商业的发展，北洋政府在清末新政有关法规的基础上，进一步制定并颁行了许多新的工商法规。1912年12月5日，工商部颁布了《奖励工艺品暂行章程》，规定“工艺上之物品及方法首先发明及改良者，得呈请专利”②，把专利权明确限于工艺品的首先发明者和改良者，废除了晚清的设厂专利垄断权，使中小资本获得在各业各地自由设厂的条件。

1913年，农商总长张謇提出应早日颁行商人通例。后经国务总理熊希龄于1914年1月呈请袁世凯批准，同年3月北洋政府公布《商人通例》和《公司条例》，9月1日正式实施。《商人通例》共计73条，其内容较清末仅九条的《商人通例》要丰富完善的多。《公司条例》，共计251条，也大大丰富了清末颁布的《公司律》。《公司条例》规定，“凡公司均认为法人”③，由此明确承认了企业和企业家的法人地位，使之均可享受国家的法律保护，这对工商业从业者的经营给予了法律肯定。

对于公司注册事宜，北洋政府工商部于1913年5月底制定了一个暂行章程，共计18条，7月1日正式实施。该暂行章程规定公司注册由商务司办理，“凡公司、局、厂经部核准注册，当即发给执照，以资信守，并通行该地方官厅保护”④；同时针对清末有关章程中注册费“应缴数目，殊嫌过重”的情况，对注册费用“从轻规定，以恤商艰”。到1914年7月19日，又正式颁布了《公司注册规则》和施行细则⑤，肯定了暂行章程的各项

---

① 《中华民国史档案资料汇编》，第三辑“工矿业”，15～16页，南京，江苏古籍出版社，1990。

② 商务印书馆编译所编：《中华民国法令大全》，150页，上海，商务印书馆，1913。

③ 中国第二历史档案馆沈家五编：《张謇农商总长任期经济资料选编》，25页，南京，南京大学出版社，1987。

④ 江苏省商业厅等编：《中华民国商业档案资料汇编》，第1卷，210～220页，北京，中国商业出版社，1991。

⑤ 中国第二历史档案馆沈家五编：《张謇农商总长任期经济资料选编》，57～73页，南京，南京大学出版社，1987。

规定。

表 2-2　北洋政府鼓励实业兴办系列政策措施统计表①

条令名称	颁布时间	条令名称	颁布时间
暂行工艺品奖惩章程	1912 年 12 月	矿业条例	1914 年 3 月
农商部奖章规则	1912 年 5 月	矿业注册规则	1914 年 5 月
公司条例	1914 年 1 月	征收矿税简章	1914 年 7 月
公司保息条例	1914 年 1 月	审查矿商资格规则	1915 年 5 月
公司注册法则	1914 年 7 月	调查矿产规则	1915 年 6 月
登记通则	1922 年 5 月	小矿业暂行条令	1915 年 7 月
暂行工厂通则	1923 年 3 月	募工承揽人取缔规则	1918 年 4 月
工商同业公会规则	1917 年 4 月	商标法	1923 年 5 月
商品陈列所章程	1914 年 9 月	全国国货展览会条例	1923 年 4 月

保护工商业发展，推行各种奖励措施。1913 年 2 月，时任工商总长的刘揆一在阐述工商部的工商政策时，即特别强调："中国旧治，尊士重农而贱工商。今欲以工商立国，则必于工商业加极端的保护，而足以鼓励人民之企业心，以正社会上轻实利、好虚荣、昧进取、喜保守之趋向。"②不仅如此，当时的工商部还具体制定和采取了"培植工商业人才""选择基本产业""解决资本问题""制造精密统计""推行度量衡新制""设立工商访问局"等一系列措施，以扶植工商业的发展。

为了促进工业的发展，农商部还拟订了《公司保息条例》，于 1914 年 1 月呈准袁世凯批令颁行。该条例规定，"政府为发达实业起见，拨存公债票二千万元作为保息基金"，每年以其利息借助棉织、毛织、制铁、制丝、制茶、制糖各业公司，"为对于公司之股本而保其息"。被保息的公司分为两类，甲类即棉织、毛织、制铁业资本在 70 万元以上的公司，按实收资本额保息 6 厘；乙类即制丝、制茶、制糖业资本在 20 万元以上的公司，按实收资本领保息 5 厘。"凡新成立之公司，自开机制造之日起继续三年，为保

① 《中华民国史档案资料汇编》，第三辑"工矿业"，1～3 页，南京，江苏古籍出版社，1991。

② 《刘揆一集》，66 页，长沙，湖南人民出版社，2008。

息期间”。保息公司自领到第一次保息金后第六年起，每年按照所领保息金总额的二十四分之一摊还；有关保息款项之收支，由农商部委派中国银行经理①。这一措施减轻了因工商界通行的官利制度而带来的企业负担，对于吸引更多的人士创办新的公司企业，进一步促进工商业发展，显然具有积极的作用。

北洋政府颁布实施的《奖励工艺品暂行章程》规定凡“发明或改良之制造品，经本部考验，认为合格者，分别等差，给予奖励。其奖励之法如下：一、营业上之奖励，给予执照，许其制造品于五年以内得专卖之。此项奖励年限自给予执照之日起算。凡此项奖励，本部应将其制造品名及制造工厂名称，或制品人之姓名、商号于公报公布之。二、名誉上之奖励，给予褒状”②。

1915年，农商部又颁行奖励经营实业的奖章规则，规定“凡创办经营各种实业，或其必需之补助事业，确著成效者，得依本规则之规定，由农商部给予奖章”。按照该奖章的规定，凡“建设工厂制造重要商品者，其资本金在5万元以上，营业连续满3年以上；经营直接输出贸易者，其每年货价总额在10万元以上，营业连续满3年以上；发明或改良各种便利实用之工艺品者，视其种类有一二特色以上……”③都可以获得政府奖励。

2. 北京地方政府的措施

在北京地区，中央政府除积极实施以上政策法令外，还专门设立京都市政公所，统筹管理北京地区实业发展、城市建设。京都市政公所制定了城市发展规划，揆度财力，分别缓急，相继对北京城进行了近代化的改造和管理。为促进北京地方工业发展，京都市政公所主要采取了以下三种措施。

第一，整理市政，改善城市基础设施。从1915年开始，市政公所先后

① 《中华民国史档案资料汇编》，第三辑“工矿业”，16～18页，南京，江苏古籍出版社，1991。

② 《中华民国法令大全》，150页，上海，商务印书馆，1913。

③ 《刘揆一集》，77页，长沙，湖南人民出版社，2008。

主持改建了正阳门，增开了和平门，打通了东西长安街，拆除了皇城，开辟了南北新华街，使封闭的皇都向开放的近代城市格局发展。修建了环城铁路，解决了城市环线的交通；1924年12月由官商合股的北京电车股份有限公司经营的第一条有轨电车线路开始运营，以后陆续在北京设立了6条有轨公共汽车。交通的便利，有效促进了商品和人员流通，加快了北京近代化的城市步伐①。

第二，举办国货展览会，扩大北京工业的影响，为推销工业产品造势。“民国四年六月十八日，农商部为奖励国货起见，诚设国货展览会于京师，罗致各省物产，择优陈列。俾由展览上之比较以为研究国货种类竞争、工商事业改良之准备。展览会由京都市出品协会自筹经费，广征京都市所有工艺原料，共有出品者一百余家，品物一千余种参与陈列，展览日期自九月一日至九月十日，历时十天。”②举办国货展览会起因于“欧美各国，以世界为销货之场，故其设置展览会往往通牒万国萃集精良，固不仅饰一时一地之瞻听已也”。而“我国制造之兴，伊古以远代有，发明宫室、衣服、舟车、箭矢，前民利用载籍昭然。于今时，开埠互市数十年来，乃渐益趋于颓靡，败退之域盖已。无可讳言，邦人未尝不窃然忧之。默查社会心理，对于内地制造亦颇能注意讲求，苟能循是渐进，必将日见起色。惟以介绍无术，则销路艰宽比较无方”。市政公所希冀通过举办大规模的国货展览活动，吸引公众对实业的关注，“京都为首善之区，百工云集，制造精良，驰名四远，在昔为全国之冠，此固社会所公认也，乃历时既久，渐改旧观，失提倡之方，循固蔽之见。驯至工艺日见消沉，原料随之缺乏，即日用所常需乃转无借求之适应。吾人目见市政之凋敝，当亦同抱今昔之感矣”③。通过开办国货展览会，开阔了北京工商业者的视角，也达到了宣传推介北京工业品的效果。

第三，设置京都市工商业改进会，推进北京工业生产技术提升。在参与国货展览会的过程中，北京工业界深感自身装备水平的落后，改进生

---

① 林颂河：《北平社会概况统计图》，11页，北平，社会调查所，1931。

② 京都市政公所：《京都市政汇览》，23页，北京，京华印书局，1919。

③ 京都市政公所：《京都市政汇览》，25～26页，北京，京华印书局，1919。

产、销售的愿望十分迫切。在此背景下，京都市政公所于“民国四年六月，设京都市工商业改进会，专为京都市出品渐次研究改良之预备，其事务所先在新开路，继迁天安门内，今移海王村公园之内，内部组织有研究室、评议会及萃宝所。研究室则选足当代表之原料食料制造各品供其研究，分类陈列任人参观。每年夏正前半月间，更举临时陈列以资展览上述之比较。评议会则为工商业代表及工商学者之结合，月有例会，出其心得，互相攻错，以促技术上之向上。萃宝所则为商品贩卖之介绍，惟以尚待详议，徐图设置”①。其中研究室下设：包装研究室、广告研究室、标本研究室。京都市工商业改进会的设置，旨在“振兴京都市工商业，谋都市经济之发展，以改良制造便宜销售，并备市政督办咨询”，该会“对于市内市外经营工商各业务并直接监督提倡之机关及与有关系者得为相互联络以利推行”，自设立后先后组织展开工业改良研究，提倡的主要改良方式包括：“都市固有物品良好者，回复其原状，并得因时宜为一部变更之研究；京外或国外物品之适于时用者，并得以研究改良之结果，剀切指导之；其他之工艺或原料有研究改良之功用者”三个方面，研究涉及的工业品包括：“一、用具；二、服饰；三、陈设品；四、文房具；五、学校用品；六、饮食品；七、药品；八、书画；九、音乐；十、玩具及嗜好者等。”②通过“直系的比较：市内物产之新旧比较”和“横系的比较：市内固有物产或仿造之物与市外或外国制品的比较”，找寻北京工业生产的差距，奋起直追。工商业改进会的设立和运行，在一定程度上提升了北京工业技术水平，因而得到了实业界的肯定。

民初有利的社会经济环境为北京近代工业的发展提供了有利条件，北京工业蓬勃发展起来，首先表现在工人队伍的逐步壮大上。以采用大机器生产、注册资本较多的规模以上工业为例，1912 年，全市产业工人总数为 5382 人，之后呈不断上升态势，至 1920 年已达 8920 人，增长了约 65.7%（见表 2-3）。

① 京都市政公所：《京都市政汇览》，26 页，北京，京华印书局，1919。

② 京都市政公所：《京都市政汇览》，26 页，北京，京华印书局，1919。

表 2-3 1912 年至 1920 年北京地区规模以上工业工厂职工人数统计表①

年份	人数(人)	年份	人数(人)
1912	5382	1917	6058
1913	4828	1918	6811
1914	5783	1919	7694
1915	6483	1920	8920
1916	7316		

再以中央政府直辖工厂为例，1914 年在京的中央直辖工厂共有工人 3276 人，短短 7 年后的 1921 年，这一数字激增至 9568 人，增长近两倍(见表 2-4)，其中财政部印刷局、陆军被服厂、京汉路机车厂工人达千人之多，足见这一时期工业经济的发展之快。

表 2-4 1914 年、1921 年中央官厅直辖工厂职工数目统计表② (单位：人)

官厅别	工厂名称	1914 年	1921 年	官厅别	工厂名称	1914 年	1921 年
国务院	印铸局	134	176	财政部	印刷局	882	1737
内务部	首善工厂	395	301	陆军部	被服厂		2600
	妇女习工厂		167		第二被服厂		1121
	教养局	44	211		制呢厂		285
	博济工厂	60	116		卫生材料厂		55
	普慈工厂	43	54	交通部	京汉路电务修理厂		129
	普善工厂	55	70		京汉路印刷所		119
	商水会工厂	50	62		京汉路机厂	637	960
	育善工厂	76	80		京汉工务修理厂	155	158
	京师游民习艺所	533	569		京绥路南口机厂	212③	800
合计						3276	9770

再从工业门类数看，清季北京工业虽有发展，但无外乎纺织、煤炭、电力、印刷等若干门类，至民国初年工业勃兴，工业门类渐次增多。据民

① 据农商部总务厅统计科编：《农商统计表》，第一至九次，1912 年至 1921 年版。

② 据农商部总务厅统计科编：《农商统计表》，第三次、第十次，1912—1921。

③ 无南口机车厂 1914 年数据，以 1913 年数据代替。

初北京市社会局统计，北京的机器工业已经可以按“火柴业、啤酒业、电气及自来水业、地毯业、织布业、印刷业、铁工业、工艺业、瓷器制造业、玻璃制造业、机器面粉业、杂项工业”①12类统计。可以看出，相比清末，民初北京出现了一些新的门类，北京工业已经有了显著的进步。但是，北京工业的门类仍然多局限在轻工业，如面粉、纺织、火柴、工艺等行业，需要一定高端设备和技术要求的机械工业和化学工业等行业依然十分薄弱。其后经过十几年的发展，至1928年，北平市政府财政统计中“民间工厂种类”已经按“化学门、饮食门、纺织门、机械门、服用门、公用门、窑业门、木料门、燃料门、交通门、文化门、其他门”②12门划分了，不但出现了交通、机械等基础工业，而且出现了反映当时工业水平的化学工业。这说明，北京的近代工业不但继续拓宽了范围，而且科技水平有了比较大的提高。

从具体行业看，电力、钢铁、机械制造等重工业部门获得了长足进步。纺织、食品等轻工业行业则蓬勃发展起来。

重工业方面，电力工业是民初北京工业发展的产物。随着民族工商业的发展，北京地区用电量日益增长，清末建立的京师华商电灯公司西城根电厂的发电能力已远远不能满足用电需求。于是在1914年，公司复呈经农商部立案，增加公司股本至600万元。1919年8月，华商电灯公司在北京西郊广宁坟村新建石景山发电分厂，首台汽轮发电机组容量为2000千瓦，于1921年10月建成，1922年2月通过石景山至前门的北京第一条33千伏输电线路向城区送电③。

1923年10月，石景山电厂增装英国制造的3台手烧低压锅炉(厂编号

① 北平市社会局档案：《北京市工商业团体一览表各大工厂调查表、农会、商会及东安、西安、广安、西单文化商场组织沿革及现在管理营业概况》，北京市档案馆，档案号J002-001-00233。

② 北平市社会局档案：《北平工厂联合会工厂调查表及北平各行商会登记调查表》(1928年)，北京市档案馆，档案号J002-004-00010。

③ 北京市地方志编纂委员会：《北京志·电力工业志》，21～26页，北京，北京出版社，2002。

4、5、6号炉)竣工；1924年2月，增装英国茂伟厂制造的5000千瓦汽轮发电机1台(厂编号3号机)投产发电；1926年4月，增装英国制造的3台8.1吨/时低压锅炉(厂编号7、8、9号炉)竣工，至1927年，北京华商电灯公司已成为华北最大规模电厂之一。

除北京华商电灯股份公司外，民初北京地区还新建大量企业自备电厂，且为数众多，这些电厂多不与公共电网相连，自发自用，不但利于企业的动力需要，而且对于缓解京城的电力紧张发挥了积极作用。主要电厂包括：

双合盛啤酒厂电厂，始建于1914年，商办，工程投资20万元，装有汽罐3台，7千瓦发电机1台，47千瓦发电机1台，共计54千瓦。

石景山制铁厂发电厂(首钢动力厂前身)，建于1919年，在北京西郊筹建石景山制铁厂时，投资500万元建电厂，安装250千瓦直流发电机2台，于1924年投产发电，供制铁厂照明。

东安市场电灯房，始建于1923年，初为官办。装有蒸汽机1台，120千瓦发电机1台，1924年改为商办，自发自用，后因成本过高，改由北平华商电灯股份有限公司供电。

大森里电灯房，1923年始建，商办。工程投资5万元，装有蒸汽引擎带动的95千瓦发电机1台，供照明用。

门头沟煤矿公司电厂(北京矿务局河北电厂前身)，1925年由中、英股东各出白银10万两自建电厂，安装200马力(149.2千瓦)发电机2台，80马力(59.68千瓦)发电机3台，750千瓦发电机1台，1929年安装完发电。

通州发电厂，1924年始建，位于北京市通县东门外大蓬村，距东门3千米。该厂原为北京市电车公司自备电厂，安装1500千瓦机组1台，750千瓦机组2台，100千瓦机组1台，共计3100千瓦。

另有：协和医科大学电厂安装发电机5台，总容量675千瓦；北京图书馆电厂安装190千瓦发电机1台；双桥电台电厂安装1000千瓦发电机1台；北宁铁路电厂安装60千瓦发电机2台；其他各工厂、学校、机关、单位自备发电机组为数众多，难以统计。

钢铁工业是北京从无到有的一个重工业行业。第一次世界大战期间，国际钢铁价格暴涨，西方国家输入中国的钢铁总量急剧减少，国内工业发展又急需大量钢铁做原材料，在此情形下，北洋政府以“官商合办”名义兴建龙烟铁矿及附设的石景山炼铁厂。该厂“位于京西永定河畔，工程浩大，全厂占地二千二百亩，有单轨铁路通入厂中，工厂建筑系由美国贝林马萧公司承办工程及安装一切机件，并聘美国人格林为工程师。与农商部定有合同，资本共用去六百余万元，官股及商股共五百万元。农商部与交通部各分官股一百二十五万元，此外还由美国茂生公司垫付若干万元”①。至1922年，工厂主体建筑已完成80%，建有250马力发电机2座，打风机2座，水泵2架，水塔1座，抽水机2座，绞车机2架，烟囱3个，500马力发动机6台，清灰炉2座，厂用机车2辆，热风炉2台，钢炉4座，化铁炉1座，升卷机1座。另建有专线铁路自三家店至将军岭一线共计6千米，耗资40万元。在永定河畔石景山下已出现了一片炼铁厂的建筑群。但是因第一次世界大战结束后，帝国主义又将钢铁向中国倾销，铁价低落，无利可图；加之军阀混战，无力经营，于1922年停工。虽然龙烟铁矿及附设的景山炼铁厂几经周折在民国初年并未建成投产，但该工程确为北京近代工业化以来单笔投资规模最大、生产系统最为庞杂的工业项目，其无疾而终与当时国际钢铁市场低迷，市场需求不旺密切相关，也从一个侧面反映了当时北京工业基础尚为薄弱，技术装备积累尚难支撑大型钢铁工业的建设，其市场需求也不足以消化现代化钢铁企业的产品。

机械工业是现代工业体系中不可或缺的重要组成，正如本书第一章所述，它的出现是工业革命完成的标志。所以，机械工业的出现对于中国十分重要，对于北京工业的发展更是有着基础性的作用。因为机械工业对于技术装备及工人素质都有较高要求，是某一地区工业化水平的缩影和重要标尺。民初时人记载：“自工业革命而后，机器之发达日精，其用日繁，吾国工业因外力之竞争，遂亦日趋于改革之途径，始而用外国机器仿造洋

① 卓宏谋：《龙烟铁矿之调查》，41页，北京，文岚簃印书局，1937。

货，进而仿造各种机器以求自给，上海开风气之先，平津后起于后，至于近年，吾市自制之机器，已有相当之成绩。”①“自工业革命而后、机器之功用日精、大而海陆运输之具、细而寻常日用之品，以及一针一缕、一钉一丝、皆出于机制。我国见外货之皆机制也、于是购机以仿制。又见机之不能自制也、购机多耗金废时、于是进而制机、并进而制机之料与制机之机。此机器铁工厂之所由起也冶铁炼钢以汉冶萍为首创。制造机器、沪上实开其先。三十年来，铁工厂之组织、亦即由南推进而至平津。”②

1912 年，民族资本家便在京开设了永增铁工厂③，创办时只有资本 1 万元，修理人力车等。经过一个时期的发展，这个工厂积累了一定的资本。1921 年扩建厂房，增购机器，职工增至 200 多人，仍然为各系军阀修理武器并生产矿山用的小绞车、水泵和铆焊炉等，是私营工厂中规模最大的一个，1927 年资本总额达 25 万元。1921 年美国教会集结了一部分资本，开办了海京铁工厂，有职工百余人，制造暖气炉片和协和医院用的手术台等，后来美国人将资本抽回国内，改由中国人继续经营。此外，还有一个以中国资本名义登记、实际上为美国资本的升昌铁工厂。根据 1924 年的调查，海京、升昌两厂的资本总额为 326818 元，差不多占了当时被调查的 62 家机械工厂(不包括长辛店铁路工厂等交通部门附属企业)资本总额的一半④。1923 年，北洋军阀向中法实业银行借款并募集部分私人股份，在其所开办的有轨电车公司下附设有轨电车修理厂。1923 年香山慈幼院创办慈善型铁工厂，购买德国旧式车床 11 部，开始创造简易车床；但因质量低劣，成本高昂，销路不佳，利润微薄，资本家即改做机器配件、木螺丝、铁钉等产品⑤。

---

① 北平市物产展览会编查股：《北平市物产展览会汇刊》，147 页，1935。

② 池泽汇、娄学熙、陈问咸编：《北平市工商业概况》，421～422 页，北平市社会局，1932。

③ 民国时期北京机械工厂多称为铁工厂而鲜见机械厂之称谓。

④ 王季点、薛正清：《调查北京工厂报告》，4 页，首都图书馆地方文献部藏，1924。

⑤ 《当代北京机械工业》，192～197 页，北京，北京日报出版社，1998。

纵观北洋时期北京的机械工业，“铁工厂之制器，概属仿造。约分两类：一造模，二刨旋。专用刨旋者，只用原铁料从事制造(亦有先须造成钢模者)，其造模者，先绘图样，照图制为木模，复由木模以砂制为坯样，将铁镕化灌入，乃成。亦有须加刨旋或他种手续者。此造模与刨旋二者之要则，首在量准尺度，次在精选铁质。尺度稍有差缪，铁质不能适合，则完全失其效用。以故平市现状之下，各厂能仿制之品，甚属有限。缘制器之用具，不惟有多少之分，并有大小之别，如用具不全备，则必不能仿制。”①从上述记载看，民初北京机械工业虽已能制造部分机器设备，但工艺水平仍然有限，处在低水平仿制的阶段。“……又制器之铁料，不惟有生熟之分，并有性质之别，如铁料不精良，则亦不能仿制(例如，永增现仿制人力车轴，其轴中钢珠，须用外货，不能仿制)且规模较大之厂，其制造手续，可全由本厂完成。否则如造模须由翻砂厂代制，刨旋及油漆电镀等项，尚须借助于他厂。此皆仿制之情形也。若言创制新器，则所罕见。”②这种情况表明北京机械工业虽已起步，但由于自身工业基础较薄弱，技术储备不足，又缺乏相应的机器，因此生产步履维艰，困难重重，大量工业机械制品生产尚属空白，须仰赖外埠输入。

从企业规模上看，“平市机器铁工厂六十余家之工人总数当在五千人以上。永增为最大之铁工厂。职员约二十人，工人约二百二十人，学徒约六十人。其他各厂，百数十人至数人不等。工资，每人每月自六七元至五六十元，食宿由厂供给。学徒满期，为三年一节，不给资，间有月给一二元者。其营业情形，颇见发达”③。各厂的工人已经多在百人以上，说明工厂已经具备相当的规模。机械工业作为民初北京发展较为迅速的重工业门类，不仅填补了北京的工业空白，显著提升了北京的工业技术水平和生产能力，而且使北京摆脱了旧有单纯拥有手工业与加工工业的落后境地，是民初北京工业发展水平提升到一个新的高度的重要标志和集中体现。

---

① 《北平特别市工厂之调查》，载《工商半月刊》，1929(9)。

② 王季点、薛正清：《调查北京工厂报告》，22页，出版单位不详，1924。

③ 《北平市大小工业之概况》，北京市档案馆藏，档案号J002-004-00207。

与重工业相比，北洋政府时期，轻工业是北京地区发展最为迅速的工业门类，其中以纺织、火柴、啤酒等行业最为兴盛。

纺织工业与民众生活休戚相关，“衣以章身，与食住二者同为人生之要需，国人素尚俭德，布衣者占大多数，是以布之需要最广，近年来提倡国货之风日盛，国布销行随之而畅”①。加之社会风气的变化和民初改服制的需要，都大大刺激了纺织工业的发展。其中棉纺织业继清末之后又有一批新厂开业，采用华纶、经纶、经纬等新式设备进行生产，有的还采用了电力驱动。据1924年资料记载，京师织布业亦日趋发达。现家数甚多，大者数十架，小者数架……据称大小总逾百数户。其中规模较大的是祥聚、镕善、经纬三家，职工均超过百人。印染工业到1918年已有印染厂、加工作坊96家。规模较大的有大顺、西晋和两家，大顺职工达150多人，西晋和职工达130多人，一般染坊也有五六十人之多。②

针织工业是纺织工业的重要组成部分，晚清才传入中国，北京地区最早使用机器进行生产的针织厂是1911年开设的华兴织衣公司，该公司设有织衣机3台，内瑞西式1台，本大力1台，以及缝纫机、袜机等纺织设备，春夏主织棉织品，秋冬主织毛织品。华兴公司的成立，为北京针织业培养了一大批专业技术工人。规模较大的还有前门打磨厂的利容毛巾厂，有毛巾机20架，工人45名。其他针织厂大都是家庭手工业户③。

第一次世界大战结束后，帝国主义卷土重来，加上国内军阀混战，民族经济受到沉重打击，其中纺织业是遭受打击最大的行业之一，北京的纺织工业也不例外。据1925年《经济半月刊》所载《去年北京经济回顾》一文记述：“北京工业向鲜巨大机器工厂……近年因战事影响更形衰退。至于织布、袜子、毛巾等工厂，则因去年棉贵纱贱，沪津各纱厂皆减少出货，京内棉纱殊感缺乏。而毛料也以交通不便之故，来源不旺。前岁各厂织造货品已较普遍为减。而当年市面之冷淡，各乡销路之迟滞，实较往年为甚。

① 北平市物产展览会编查股：《北平市物产展览会汇刊》，168页，1935。

② 《当代北京纺织工业》，6～8页，北京，北京日报出版社，1988。

③ 杜文思：《平津工业调查》，171页，北平市市立高级职业学校，1934。

故各厂出产虽属不多，然尚有积存之叹。十九无利可言，赔本者尤属累累”①。所以，在北洋政府统治的后期，北京的纺织工业步履蹒跚，无发展成绩可言。

食品工业是民初北京地区另一发展甚为迅速的轻工业门类。清末，北京已建有尚义酒厂、贻来牟和记面粉公司等轻工业工厂。进入民国后，北京市民的社会生活习惯发生重大转变，食用机制面粉，饮用汽水、啤酒成为流行的生活方式。“西式烟酒、咖啡、荷兰水、糖果、饼干、罐头等食品在许多商店里经营，而且还出现了专营商店，如前门外二妙堂咖啡冷食店，以经营洋酒罐头发了家的祥泰义等。最初喜欢西式食品的多为达官贵人及喝了洋墨水的大学教授，到后来便逐渐推广起来。……今则非三星白兰地，啤酒不用矣。”②消费需求的变化，开拓了新的市场，市场在短期内就迅速扩大了，北京的现代食品工业适应需要迅速发展起来。

北京食品工业的门类因此不断完善，先后建立了酿造、啤酒、汽水、面粉、制糖、糕点、乳业等一批利用近代机械设备加工生产经营的食品企业。其中以啤酒和汽水等食品业产量质量为佳，执北京轻工业之牛耳，京产“双合盛”啤酒行销全国各地，一时声名大噪，20 世纪 80 年代仍有生产。

啤酒系丹麦发明，晚清传入中国，广受欢迎，每年销量不断攀升。到民国初年，“我国需要啤酒之量日增，而各企业家设厂仿造之品，不见佳良。德日等国之啤酒输入数，甚足惊人。华商张廷阁，侨俄有年，久在海参崴营商业，积有巨资，极思回国创办啤酒厂，以挽利权。于民三③同一捷克人名尧西夫嘎啦氏，由哈埠来平，赴玉泉山参观啤酒汽水制造厂，见该厂只有汽水，并无啤酒。其时正值德国啤酒不能来华之时，氏因言此地能制德国啤酒。于是张邀尧氏为技师，出资二十万元，择地在广安门外平汉路广安门车站旁④，建设双合盛啤酒厂，并报部立案，于民五开始制造

① 《去年北京经济回顾》，载《经济半月刊》，1925(9)。

② 胡朴安编：《中华全国风俗志(下)》，6 页，上海，上海书店出版社，1986。

③ 民国三年，1914 年。

④ 因此地可引玉泉山之水。

出货。初只购地二三十顷，嗣因存麦摊麦屯酒窖冰储瓶等，皆须建筑房屋，陆续拓地至七十余顷。并续加资本三十余万元。”①生产“啤酒所用原料，为大麦与酒花，以国产大麦为大宗，多来自徐水宣化。徐水丰收时，年产大麦约在五万石，歉时在三万石左右。宣化丰收时，年产大麦约在三万石，歉时在二万石左右。其物质，以徐水为最优，粒大皮薄色白。宣化次之，粒大皮厚色青。至酒花则为造酒之主要成分，即如中国之酒曲，产自德奥等国。闻入桶酿酒时所用之鲜引子，仍为首先发明之丹国农人所有，他人迄今不能仿造”②。由于制造工艺讲究，“北平双合盛之五星牌啤酒，为中国唯一之优良酒品，性质滋味，与外来德国啤酒殊少差异，且定价较廉。以故遍销各地，尤以北平及天津、上海、汉口、济南、青岛、烟台为最大销场。北平一处崇关十八年份货物统计表所列，已有二万八千六百九十六打之多。因此种啤酒，销售外人者十居其九。销售本国者十居其一。凡居留外侨最多之处，最易销售。其总销量年约六万箱（大瓶每箱四打，小瓶每箱六打，大瓶每重二斤半，小瓶每重一斤半）”③。

进入20世纪20年代，由于帝国主义势力卷土重来，中国民族资本主义在冲击下进入曲折发展时期，北京经济则由于外向性不强而一枝独秀，但并不能长久，后因受到津沪等地经济衰退的波及而发展渐缓。

纵观这一时期北京地区工业的发展，工业经济的发展主要推动力与清末相比已经不再来自政府，而是依靠市场需求拉动和市场调节的推动，民间工商业逐渐居于工业发展的主导地位。私人资本兴起、轻工业迅速成长是这一时期北京工业发展的主要特征，轻工业也逐渐取代清季时期的基础工业、重工业一跃成为北京工业经济的支柱之一，同时重工业亦发展起来。北京工业经济的总量有了较快增长，工业资本较清季激增一倍以上，

① 池泽汇、娄学熙、陈问咸编：《北平市工商业概况》，343页，北平市社会局，1932。

② 北宁铁路经济调查队编辑：《北宁铁路沿线经济调查报告》，145页，北宁铁路管理局，1937。

③ 池泽汇，娄学熙，陈问咸编：《北平市工商业概况》，350～351页，北平市社会局，1932。

是北京工业的第二个快速发展时期。但是，北洋政府统治时期的这种市场调节模式，缺乏统一的政府统筹和规划，企业资本又有限，工艺比较落后，产业结构严重畸形，缺乏足够的市场调适能力和竞争能力，使得工业发展后劲不足。这一系列缺陷在20世纪20年代以后逐步显现，加之遭遇了其后国民政府统治时期的迁都之变，北京工业恰如屋漏偏逢连夜雨，进入了一个发展缓慢时期。

三、南京国民政府时期北京工业的蹒跚步履(1927—1937)

1927年，在扫荡了北洋军阀统一全国后，国民政府宣告成立，并宣布定都南京。政治形势的变化，使得北京骤然失去了首都地位。1928年6月28日，经国民党中央政治会议第145次会议决定，南京国民政府将北京改名为北平，并成立北平特别市，直隶国民政府①，随后原北洋政府的机关单位大部迁至南京，史称“国府南迁”。

首都和国府南迁至南京后，直隶降格为河北省，北平市改名为北平特别市，暂为河北省省会。一年后省会迁至天津，北京降为一般城市。北京的城市地位因此一降再降，市政府原下设的财政、土地、社会、公安、卫生、教育、工务、公用8个局，由于行政级别降低、财政困难等原因，几度归并或裁撤，最后仅存社会、公安、工务3个局②。福无双至，祸不单行，在行政级别不断下降的同时，北京所辖行政区域也骤然萎缩，原京兆地方所辖20余县，全部改隶河北、察哈尔两省。北京市界总面积不足700平方千米，除京北清河、京西香山外，其他方向出城十里便入河北省境。至七七事变前，北平市总面积虽几经拓展，也不过706.93平方千米，不仅不足今天北京市辖区面积的4%③，甚至小于同期天津、唐山等华北周边

---

① 《国民政府公报》，第71期，5页，1928年6月。

② 《北平市政统计》，17页，北平特别市社会局，1946。

③ 截至2010年7月，北京市全境总面积16807.8平方千米，据北京市政府国土资源局网站 www.bjgtj.gov.cn。

城市。

北京城市地位的下降和城市面积的缩水，不仅使北京市民尤其是工商业者顿感一种空前的失落感，而且从根本上影响了城市的发展。中央政府迁都南京，北京原有机关部门人员多随同南下。原在京的政府中央银行——中国银行、交通银行，也将总行迁至上海，大大影响了北京的资金融通，并因此波及工业的筹资和融资。城市地位下降，城市面积缩水，居民外迁。上述政治经济形势变化，对于处于工业化初级阶段的北京地区来说无异于釜底抽薪。

国府南迁带给北京的第一个影响就是人口锐减，政府机构和居民外迁，使得城市人口骤然降到150万人。时人曾如此描述国府南迁后北京地区的人口："素称大有人满之患的北平，现在忽然大变了现状。虽然不敢说是十室九空，哼！大概也差不多了。不信随便走到那条大街小巷里，看那墙上电线杆子上，鲜红的招租单子，不知有多少！由此看来，方知我言之不谬。还有铺子歇业，学校延期招考，这全是北平人口减少的最有力的证据。前任的老爷们自从将饭碗摔了之后，到是很自量，知道自己在北平是绝对没有立足之地了，于是扶老携幼，趁早'溜也'！"①对于那些曾经到过北京的国人来说，再度来京，其感受的反差则更为明显："我再到的北京，离开才一年多的工夫，他已改名换姓称北平了，记得去年暑假离他的时候，是何等热闹中！要人似朝忙暮忙，忙着捧老小子张作霖坐大元帅，忙着抽小百姓的筋，敲小百姓的髓……汽车夫忙，饭店招待员及厨夫忙，以至于小民们苦于奔命的供应忙，一切莫不显出大忙特忙，忙个不了，所遁形敛迹的，只有学子们领导的民众运动。这次来了，大变化了，热闹的北京城冷落萧条，现在虽是初秋天气，大类如凄凉的九丹，最苦的胶皮车夫都在那里安闲的休息着，来往的行人真减了许多，惟是青天白日徽章或是旗帜，陈列的陈列，飘扬的飘扬……"②

人口减少又带来了消费减少与市场萧条。随着人口的减少，消费人口

---

① 凤纪：《树倒猢狲散》，载《世界晚报》，1928-08-15。

② 霞：《再到北京》，载《大公报》，1928-10-09。

也减少了，特别是高官达贵这类有着超强消费能力的人群减少了，市面的萧条势所踵其后而来，“一时间深宅大院，空闲冷落，市面一片萧条景象，商铺频频倒闭”①。用时人的话来说就是“市面穷”：“我们见着商家，只一谈起来，他便愁容满面的说，市面穷。在这市面穷三个字里，包含着无限的焦虑与痛苦。只觉前途是不得了，环境是无办法，要埋怨也埋怨不了谁。所以实实在在的说一句话，就是市面穷。”②国府南迁后的第一个中秋节，北京市内各糕点店铺门前购买者寥寥，存货甚多，而照往例，月饼往往在节前二三日已经售完。此外肉店门前均竖有大减价之牌。市面的窘迫可见一斑。

据国民政府北京地方政府公安局行政科统计，在宣布国府南迁后仅三月有余的 1928 年 9 月下旬，10 天之内，北京地区内城停业商店 310 家，外城停业商店 506 家，四郊停业商店 155 家，其中饭馆及旅店业占十分之三，其余还有未经允许停闭的饭店、歇业而未准者百余家③。1929 年 1 月 1 日至 10 日，十天之内，北京市内“停闭商店四百七十七家，虑年关将至，恐尚有数百家不能支持”。北京地区商号在 1928 年以前有 39000 余户，而截至 1929 年 1 月，这一数字降至“不足两万九千七百九十……现在只得维持现状，质量不同，环境使然，平市大商号占全数三分之一，余皆负贩小商也”，仅“自一月一日至十日，复停关商店四百七十七家”④，北京近代经济史上著名的商号——瑞蚨祥，1925 年的营业额超过 60 万元，1927 年陡然降为 37 万元，1928 年进一步跌至 30 万元，1929 年已不足 27 万元⑤。

市场的萧条严重影响了人们的收入，人们必然要紧缩开支，降低生活水平。曾经依靠祖产及特权地位过活的“闲人”阶层，如北洋政府中下层官员及依附于官员的亲属家人等，由于时过境迁，失去了往日养尊处优、衣

---

① 北平市物产展览会编查股：《北平市物产展览会汇刊》，12 页，1935。

② 《市面穷》，载《世界晚报》，1928-08-29。

③ 《全市萧条百货滞销北平市之最近情形》，载《顺天时报》，1928-09-19。

④ 《北平商市萧条》，载《工商半月刊》，1929(3)。

⑤ 中国科学院经济研究所等编：《北京瑞蚨祥》，16 页，北京，生活·读书·新知三联书店，1959。

食无忧的优裕生活。“北平的丘九，更是著名的阔。你看他们永远是革其服，皮其履，冬天又穿其洋外套，真是阔乎其阔了。现在首都南迁，一般的人，全都失了业，以至于穷。但是丘九怎样呢？因为他们的家长失业所以也就随着变穷了，不像从前那样阔绰了，现在全都是穿着很长很瘦的裤子，来代替洋式裤，很短很瘦的棉袍，来代替外套，鞋呢？不是那双裂了纹的黄皮鞋。然则素称大爷派的丘九，以至于此，亦云窘矣。”①普通市民生活则也在市场萧条中趋于拮据，“市民为了节俭，改乘电车，以致人力车价值顿贱，难以果腹”②。越来越多的市民“成了冷水打的鸡毛，越过越少。这也不用得把算盘来算，那是一定的道理，少一家人家，就要多空出一所房子。所以慢慢的过着到了现在，空房子到处都是。这可急煞了一班吃瓦片的，望着上万上千银子的血本，在那里要成废物。人有钱，最稳当的莫如置不动产。现在看起来，觉得就是不动产，也未必就靠得住能当现钱。说来说去，还是各人预备一点本事好，东方不亮西方亮，本事是带着可以跑的，并不受地点的限制，然而吃瓦片一类的人，他也以为是吃本事，那就不亦误乎”③。人们收入的减少、生活水平的下降必然影响消费，而消费的下降会直接影响工业生产的市场，带来市场萎缩，从而直接导致工业生产停滞。

北京的近代机器工业具有强烈的都市经济色彩，其发展赖以依存的条件即为繁荣的市场，如果市面不景气，则必然导致工业生产萎缩：“北平各种工业制品，夙有京货之称曩昔贸易，以畅销于蒙古东三省为大宗，而津保及华北各省，亦其主要之销场。自国府南迁后，地方经济，日渐凋敝，渐入衰落之境矣。”④表 2-5 是三次调查的数据，典型地反映了国府南迁后北京工业萎靡不振的情况。

---

① 幻云生：《丘九穷了》，载《世界晚报》，1928-12-16。

② 《北平地面之兴废》，载《大公报》，1928-08-23。

③ 《瓦片也靠不住》，载《世界晚报》，1928-08-18。

④ 《北宁铁路沿线经济调查报告》，115 页，北宁铁路管理局印，1937。

表 2-5　20 世纪 20 年代北京工厂调查统计表

	民国十三年调查①		民国十五年调查②		民国十八年调查③	
企业门类	调查厂数(个)	工人数(个)	调查厂数(个)	工人数(人)	调查厂数(个)	工人数(人)
纺织工厂	35	2384	30	2985	95	3168
机械工厂	8	589	6	776	16	678
化学工厂	11	1458	4	1460	9	751
食品工厂	3	595	2	280	4	184
杂项工厂	3	691	14	918	21	2266
特别工厂	2	497	2	466	—	—
总　计	62	6214	58	6885	145	7047

在 1924—1929 年，北京地方政府曾对境内工业企业进行过多次调查，第一次在 1924 年，北京农商部在颁布暂行工厂通则以后，特派员调查北京的工厂，编有北京工厂调查报告。第二次在 1926 年，北京农商部为颁布保工政策，又派员视察江、浙、京、津的工厂，印有保工汇刊。第三次在 1929 年，河北省工商厅视察员奉命调查北平大小工厂，编有北平工厂调查表。严格来讲，三次调查都未把所有应当调查的工厂包括在内，只包括工厂的大部分情况，调查的结果更因为调查机关和调查方法的不同，不能详细比较。但三次调查对比，还是可以反映出 20 世纪 20 年代北京工业的衰退。

1929 年的调查，范围较大，不仅包括了符合工厂登记法的相关企业，还包括了部分中小厂商，故而第三次调查工厂数较第二次调查增加了 87 处，但这并不能完全反映真实情况，因为虽然工厂数目增加了，在技术没有明显改进的情况下，工人数量并没有显著增加，新增工厂平均每厂仅 1.86 万人，这显然不合理，应当是总体上裁员的结果，反映的是工厂生产的缩减。在各类工厂当中，衰退最显著的是化学工业，工厂数量显著减少，工人数量减少了一半。也就是说，虽然化工厂数量看起来减少的并不多，1929 年只比 1924 年减少了两个，但是工人数量逐渐减少，这就明显

① 据《北京满铁月刊通讯》，第 24 期，62～63 页。

② 据《保工汇刊》，第 140 期，9 页。

③ 据《河北工商公报》，第 1 卷，第 7 期，11 页。

反映了工厂生产的不景气。即使是与人民生活息息相关、任何条件下其产品都为人们生活所需要的食品工业也处于衰退中，在所有工业行业中只有纺织业一项无论工厂数还是工人数量有所增长。

与工厂规模、工业品销售不断锐减形成佐证的是，1928 年后北京地区的失业工人数量始终处于不断攀升之中，市民失业率居高不下，失业工人已占原有工人总数的三成以上(见表 2-6)。

表 2-6　1928 北平市各业行会失业人数①

	1928 年 6 月职工数(人)	1928 年 12 月失业职工数(人)	1929 年 6 月失业职工数(人)	1928 年 6 月至 1929 年 12 月失业职工数(人)
食品业	27127(100%)	4650(17%)	5118(19%)	9763(36%)
服装业	26121(100%)	5257(20%)	5202(20%)	10459(40%)
金属业	4233(100%)	464(11%)	561(13%)	1025(24%)
日用业	9677(100%)	849(9%)	1161(12%)	2010(21%)
燃料业	4045(100%)	459(11%)	728(18%)	1197(30%)
染料业	12318(100%)	737(6%)	1130(10%)	1867(15%)
其他	10398(100%)	1940(18%)	1199(14%)	2439(22%)
合计	93919(100%)	14356(16%)	15099(17%)	28760(33%)

时人记载称："本市非工业区域，大小工厂甚少，其稍具规模者如京华印书局、双合盛啤酒工厂、丹华火柴工厂、永增铁工厂，寥寥数处。其余或规模狭小或为手工业及家庭工业。自国都南迁以后，市面萧条，以致工业界呈消沉之象。本市手工业中如景泰蓝、地毯、绢花、雕漆属特有之出品，且能远销国外，惟此等工业近年因种种原因外销颇感疲滞……"②。也就是说，不仅产品的内销发生问题，即使是外销产品也因为西方经济正处于史上最大的经济危机时期而受到严重影响。

地毯工业曾是北京近代出口创汇的大宗商品，其繁荣时代之贸易额，每年不下 200 万元③，"地毯工业，自咸同年间，已由新疆蒙古等地传入北

① 《北平市政公报》，第 41 期，89 页。

② 《北平市注册厂商一览表》，北京市档案馆藏，档案号 J002-004-00036。

③ 汤用彬等：《旧都文物略》，237 页，北京，北京古籍出版社，2000。

平，其发达纯受西洋之影响，光绪二十九年(1903年)开国际展览会于圣路易时，中国地毯获得第一奖，嗣后西人对中国地毯，益加称许，需要日增，于是北平地毯工业，日趋兴旺，尤以欧战时最为兴盛。究竟北平不是商埠，不适于大工业的组织，而又与华北唯一商埠的天津毗邻，于是地毯工业，又乘时兴于天津，而北平地毯业大为减色。及后因国内战乱频繁，加以政治中心转移，不徙地毯工业更为衰落，其余一切工业，亦莫不凄然。"①即使是情况稍好的北京传统支柱工业——纺织工业，形势同样严峻，"织工业，华北地方，以天津最盛。北京此项工业，工人多属女工，工厂的设备，甚为简陋，散处工人居多。工厂主以原料分给工人，工人在家庭工作，所以每天工资，殊无定额，只视其作物数量而定。平市织工业出品，只可销售于本市内及市附近而已。从前市人购买力较强，货物消耗较多的时期，此项工业因成本轻而获利亦较多。但是现在的衰落程度，可谓无以复加了。"②

北京地区传统优势产业尚且如此，其他工业门类情形也自不必说。令人最为震惊的是曾经耗资600万之巨兴办的龙烟铁矿石景山炼铁厂也横遭不幸。1928年，国民革命军抵达北京，战地委员会委员长蒋作宾委派黎世衡为龙烟铁矿局局长，将石景山炼铁厂全部接收。黎氏不仅没有整顿厂务以求发展，反而竟将厂内重要机件作价数万转卖门头沟各煤矿。后由经济部派专员查办，只得改由铁道部于1930年2月接收保管石景山炼铁厂③，设置了铁道部龙烟铁矿厂保管处，人员三十余驻山。境况之凄惨令人扼腕叹息。

"九一八事变"后，抵制日货渐成风潮，加之部分东北官僚、商人携大量资产内迁，北京的工业得以部分复苏，著名的燕京造纸厂即于这一时期由张学良投资创办，成为当时整个华北唯一的机制造纸厂。但由于华北局势的不断紧张恶化，北京地区工业发展没有一个安全稳定的环境，因此无法很好发展，仍处于停滞乃至衰退状态。至抗日战争全面爆发前夕的1936

---

① 梅启昭：《北平工商业一瞥》，载《实业统计》，第1卷，第1期。

② 程文蔼：《北平市工商业概况》，载《工商半月刊》，1933年，第16期。

③ 卓宏谋：《龙烟铁矿之调查》，62页，北京，文岚簃印书局，1937。

年，北京共有工厂 6895 个，职工 50997 人①。与清季和北洋时期北京的工业相比，此一时期虽有所发展，但与同期天津、唐山等华北城市相比，差距却在不断扩大。

四、抗战及国民政府接收时期北京工业的曲折道路(1937—1948)

抗战时期，北京成为日伪在华北地区的统治中心和主要经济据点，日军为推行以战养战政策，加紧了在北京地区的掠夺性工业建设，先后兴建了琉璃河水泥厂、丰台桥梁厂、北京酸素株式会社、厚生橡胶厂、北支乳胶制品厂、北支制药株式会社和京津唐电力网，利用日本八幡制铁所停产的生产设备、拆运大冶铁矿设施扩建了石景山制铁所，拆运上海市南电厂机组扩建石景山发电厂，创办了华北规模第一的新民印书馆，还抢占了大量位于北京的中国官办厂矿，实行统制经济。

日本代替英国控制京西矿区后，设立了大台采碳所(1939 年)，以便于将所产煤炭大部，劫运给煤炭资源贫乏的日本本土②。日军还在京东规划建设了新兴的工业区，建有北支烟草株式会社、北京制水冷藏株式会社、大信制纸株式会社、北京锻造株式会社、北京麦酒株式会社、野田酱油株式会社、日本电业公司、东西烟草株式会社、天野工业所、今村制作株式会社等一批资本雄厚、设备先进的现代化工业企业，并预留大片土地作为其余 11 家企业的建设之用③。在日伪“苦心”的经营下，北京地区的工业实现了沦陷区内的畸形繁荣，产业门类日臻完善，填补了一系列工业空白，工业产值也不断增长，逐步摆脱了长久以来工业落后的面貌，成为华北地区乃至全国范围内一座较为重要的工业基地。

但需要明确的是，抗战时期北京工业发展的实质是不折不扣的殖民地

① 中国人民大学工业经济系编著：《北京工业史料》，2 页，北京，北京出版社，1960。

② 北京市政协文史资料委员会编：《日伪统治下的北京郊区》，112～116 页，北京，北京出版社，1995。

③ 未能建成。

经济，日伪在京投资工业建设完全是为日本的侵华战略服务，其发展北京工业的最终目的是为了更大限度地掠夺中国财富和北京地区的资源，北京地区工业的发展并没有给中国人民带来福祉。如琉璃河水泥厂的投产为日军工事营建提供了大量急需的建材，桥梁厂服务于军事运输与掠夺物资的调运，钢铁、煤炭等基础产业的扩建为日军扩大和维持战争提供了重要的战略物资储备，其他各类工业建设也无不与日军侵略行为密切相关，而大批民族工业则由于日军的劫掠、物资统制政策而走向凋敝乃至倒闭。在日本宣告无条件投降之际，日军破坏了很多北京地区工业设施，将制药厂、橡胶厂等当时技术比较先进的关键仪器设备转运回国，对于不能搬运的设施则采取捣毁措施。如当时华北最大的钢铁企业石景山钢铁厂，在1945年8月生产过程中，日方人员故意将铁水凝固于高炉之中，致使生产完全陷于停滞，设备报废，给以后恢复生产带来了重重困难。

虽然沦陷后的北京陷入日伪的黑暗统治，但在一定时期内，北京的城市工业并没有完全凋敝，还是有所发展，这种情况的出现与当时北京工业所遭遇的特殊历史背景有关。首先，同上海、南京等城市不同，北京虽然也较早陷入日军之手，但城区没有遭遇战火涂炭，城市原有工业经济基本得以完整保留，这为沦陷时期北京工业的继续生产提供了物质基础。其次，由于日伪的侵略，各地社会持续动荡，而北京作为日伪华北的统治中心，控制严密，局势相对安定，为数众多的中小城市民族工商业者迁居北京，如河北高阳的机器纺织厂、印染厂即纷纷迁建北京①，这在一定程度上有利于北京工业经济的繁荣。最后，北京160万市民、4万日侨的庞大消费市场、沦陷初期日伪经济统制的相对松散都是北京工业发展的利好因素。

但在这些有利因素的背后是更多深层次制约北京工业发展的复杂问题。首先，日伪的殖民统治造成华北地区城乡正常交流的中断，北京原有经济腹地大为减少，作为消费性城市的北京，失去广阔腹地后，其原材料供应、产品销售都出现了极大困难，工业的持续发展难以维系，这是战争后期，北京经济不断恶化、通货膨胀率居高不下的重要诱因。其次，日伪

① 《华北纺织工业会统制规程类集》，北京市档案馆藏，档案号J001-002-00181。

通过武力劫掠的方式，强占了众多中国厂矿，巧取豪夺，破坏了既有经济结构和产业链条，特别是日伪推行的物资统制政策，给中国民族资本造成了毁灭性打击。再次，日本侵略者在战争后期，强力推行重点开发策略，造成了北京工业结构的进一步畸形化，完全纳入了日本军事战争轨道，难以发挥服务城市消费的经济职能，与此同时，迫使工人在恶劣的环境下超强度劳动，待遇微薄，终日挣扎在死亡线上，不仅削弱了居民的购买力，不利于经济持续增长，更从根本上动摇了北京工业发展的根基。

在这种历史环境下的北京工业，固然会取得一时的畸形繁荣，但最终会因体制机制的严重问题而走向崩溃。

(一)沦陷时期北京工业经济发展的整体概况

第一，在工业经济规模上，沦陷时期的北京工业较战前水平有了一定规模的增长。在国府南迁前的 1928 年，北京规模以上工业总数已达到了 58 家，工人总数超过 6885 人，中小工厂与手工作坊合计超过 2000 家，工人达 7 万人之众①。国府南迁后，北京工业由于市场萎缩曾长期陷入徘徊之中，工厂总数至 1929 年虽增至 145 家，工人总数反而跌至 7047 人，工厂小型化趋势明显，这一状况基本延续至抗战爆发。

北京沦陷后，由于大量日资的疯狂涌入与军事订货需求的旺盛，北京工业出现了快速恢复性增长。据日方北京多田部队参谋部、兴亚院华北联络部政务局调查所、“大日本帝国”大使馆经济部、满铁北支经济调查所、北支那开发株式会社、华北交通株式会社、兴中公司株式会社等共同组成的北支工场调查委员会机关的不完整统计，至 1939 年年底，北京近代工业企业工业总数已超过 161 家，总资本 59265293 万元，从业人数 8939 人，年工业用电量 1133645 千瓦时，全部超过了战前最高水平②(见表 2-7、表 2-8、表 2-9)。此后数年中，北京地区的工业企业总数没有大的波动，工业新增投资多限于煤铁重点资源开发，其中仅石景山制铁所一处增加投资即

---

① 《北京满铁月刊通讯》，第 24 期，62～63 页。

② 北支工场调查委员会编：《华北工场统计》，2～5 页，北支工场调查委员会，1939。

在2亿元以上。

表 2-7 1939年北京工业企业从业者情况调查表①

资本系统	从业人数	职员	职工	其他职工	管理人员		
					日本人	中国人	其他
总数	8924	1261	7308	355	243	694	13
日本	2274	233	1780	261	117	73	7
中国	5398	822	4482	94	58	567	6
合办	1252	206	1046		68	54	
日资合计	3526	438	2826	261	185	127	7

表 2-8 1939年北京工业基本情况统计表②

资本系统	工场数	实出资本（万元）	功率（马力）	生产额（万元）	材料使用额（万元）	电力使用额（kW·h）
总数	161(4)	59265293	2150.4	(不详31) 17283773	13084925	1133645
日本	52(3)	52426075	688.5	(不详12) 5776664	3863297	717240
中国	103	2522104	1217.85	(不详25) 8821677	7128697	220518
合办	5(1)	4317114	244.05	(不详1) 2685432	2092931	195887
日资总计	57(4)	56743189	932.55	8462096		

表 2-9 1939年北京工场规模数统计情况③

工业类别	不足15人	15～30人（不含）	30～50人（不含）	50～100人（不含）	100～200人（不含）	200～500人（不含）	500～1000人（不含）	1000人以上（不含）
总数	42	37	23	27	7	5	2	—

① 北支工场调查委员会编：《华北工场统计》，2～5页，北支工场调查委员会，1939。本表系日本人统计，蔑称中国为“支那”，已改过。

② 北支工场调查委员会编，《华北工场统计》，21～22页，北支工场调查委员会，1939。

③ (伪)华北政务委员会政务厅情报局编：《国民政府还都华北政务委员会成立三周年纪念特刊》，110～111页，国家图书馆馆藏，1943。

续表

工业类别	不足15人	15～30人（不含）	30～50人（不含）	50～100人（不含）	100～200人（不含）	200～500人（不含）	500～1000人（不含）	1000人以上（不含）
纺织工业	12	10	6	9	4	1	—	—
金属工业	0	5	1	3	—	—	—	—
机械器具工业	5	5	3	3	—	2	—	—
窑业	0	0	1	2	1	1	—	—
化学工业	11	7	1	1	—	—	—	—
食料品工业	6	3	—	2	1	—	—	—
制材及木制品工业	1	—	2	1	—	—	—	—
印刷及制本业	2	5	5	4	1	1	1	—
杂工业	5	2	4	2	—	—	1	—

但应该强调指出的是，沦陷时期北京兴办的工业企业除了日伪重点开发的煤炭、电力、钢铁、机车修造企业外，企业规模普遍不大，30人以下的厂矿占到了全部厂矿的42%以上，100人以上的厂矿仅14家，1000人以上的企业则完全没有，甚至低于民国初年的工业经济规模。

第二，从产业结构上看，北京原有工业基础相对薄弱，缺乏完整的工业体系，重要的工业原料、生产技术完全依靠外部市场。在产业结构上以纺织、印刷等轻工业为主，机械、钢铁、化学等基础性工业门类长期滞后。北京沦陷后，由于大量日资的涌入，一批新兴工业门类先后建立，涉及机械、冶金、建材、化学、食品、制材、印刷(见表2-10、表2-11)，其中从民国初年即筹备兴办的石景山制铁所建成投产，填补了华北地区近代化钢铁生产的空白。制药、化学、建材、电子等一批具有一定技术水平的工厂也先后投入运营，在一定程度上优化了北京工业结构，在城市工业化的进程上取得了一定成就。但由于抗战后期，日伪推行重点开发政策，对一般民用工业投资不足，加之恶性膨胀与物资匮乏，民用工业生产普遍陷入停滞，因而最终并未从根本上扭转北京产业失衡的状态，反而加剧了工业经济的异化。

表 2-10 北京工厂数目统计①1939 年

工业类别	工场数（个）	占全部工业百分比(%)	生产总额（万元）	产值占全部工业百分比（%）	厂均产值（万元）
总数	157	100.0	17283768	100.0	1120278
纺织工业	42	26.8	3581723	20.7	85279
金属工业	9	5.7	473620	2.7	52624
机械器具工业	18	11.5	604750	3.5	33597
窑业	5	3.1	307657	1.7	61531
化学工业	20	12.7	1532396	8.9	76620
食料品工业	12	7.6	5235776	30.4	436148
制材及木制品工业	4	2.5	585180	3.3	146295
印刷及制本业	33	21	3001418	17.4	90952
杂工业	14	8.9	1961248	11	137232

表 2-11 1937 年至 1939 年北京新增工业企业统计②

工业类别	合计	1939 年	1938 年	1937 年	1937 年以前
总数	157(52)	25(24)	20(29)	5	106(8)
纺织工业	42(0)	—	1	2	39
金属工业	9(2)	1(1)	1(1)	—	7
机械器具工业	18(11)	4(3)	4(4)	—	10(4)
窑业	5(4)	4(4)			1
化学工业	20(2)	2(2)		2	16
食料品工业	12(10)	4(4)	5(5)		3(1)
制材及木制品工业	4(4)	2(2)	1(1)		1(1)
印刷及制本业	33(16)	8(8)	6(6)	1	18(2)
杂工业	14(3)	—	3(3)	—	11

注：括号内为日资企业。

① 北支工场调查委员会编：《华北工场统计》，43～45 页，北支工场调查委员会，1939。

② 北京物质委员会编：《北京物质委员会报告书》，14～16 页，北京物质委员会，1938。

第三，在工业经济的产权结构上，沦陷时期的突出特征是日资企业的恶性膨胀与民族资本的不断萎缩衰落。抗战前，北京地区的日资工业企业仅8家，在全市工业经济中的地位微乎其微，而北京沦陷仅仅两年后(1939年)，日资工业企业已达52家，占全市工业企业总数的33%。在那些关系经济命脉的工业门类，日资更是居于主体甚至垄断地位，如金属工业，日资占全部工业的47.5%，建材工业，日资占77.7%，制材和钢铁工业甚至占到了100%，可见日资扩张之迅速。这显然不是正常市场竞争的结果，而是由于日本的财阀、私人资本仰仗侵略特权，与日伪统治集团狼狈为奸，巧取豪夺的结果。应该说在日本侵略者的暴虐统治下，北京社会各阶层都受到压迫，不仅普通市民、工人惨遭劫掠，民族资本家、中小工商业者也都无法逃脱侵略者的魔爪①。

表 2-12　北京工场数目统计二② 1939 年

工业类别	工场数(个)	日资	中国	合办	生产总额(万元)	日资总额(万元)	中国总额(万元)	合办总额(万元)
总数	157				17283768	5776664 (33.4)	8821672	2685432 (15.5)
纺织工业	42	2	40		3581723	160000 (4.5)	3421723	
金属工业	9	2	7		473620	225140 (47.5)	229480	19000 (4)
机械器具工业	18	9	7	2	604750	108140 (17.9)	54610	442000 (73)
窑业	5	4	1		307657	239100 (77.7)	68557	
化学工业	20	1	18	1	1532396	150000 (10)	1402396	75000 (5)
食料品工业	12	9	2	1	5235776	3085694 (59)	2123725	26375 (0.5)

① 华之国编：《陷落后的平津》，8～9页，时代史料保存社，1939。

② [日]富田等：《华北开发事业之概观》，71页，天津市图书馆馆藏，1945。

续表

工业类别	工场数（个）	日资	中国	合办	生产总额（万元）	日资总额（万元）	中国总额（万元）	合办总额（万元）
制材及木制品工业	4	4			585180	585180（100）		
印刷及制本业	33	17	15	1	3001418	801493（26.7）	9980	2100075（70）
杂工业	14	3	11	2	1961248	516917（26.4）	1421331	23000（1）

（二）各工业门类的发展情况

1. 煤炭开采工业

北京煤炭、矿产资源的开发历史悠久，早在元代，煤炭就已成为城市炊事、取暖的主要燃料。北京近代化的煤炭、矿产开采始于19世纪70年代的京西机器采煤。日本侵略者对于北京地区丰富的煤炭、矿产资源垂涎已久，但囿于自身实力的不足，在近代早期，北京地区的煤炭、矿产开采权主要落入英美等国资本家手中。日本全面侵华战争的爆发后，日本侵略者开始不择手段、疯狂地加强掠夺北京地区的矿产资源。首先是由日本产业部矿业课株式会调查部派员对北京的煤、金、钨等矿产进行调查，并编写调查报告。例如，1936年，河田学夫等编写的《北支那矿山调查报告》，其中第三篇记述了密云、昌平、宛平、门头沟等地的砂金、炭田、红柱石、夕线石、石灰岩等矿种的调查情况；同年，仑正夫著有《河北昌平县花塔铅矿山调查报告》；1938年，河田学夫、吉泽甫著有《北支那重要矿产资源调查报告》；1940年，增渊坚吉、东乡文雄等著《河北省密云县火郎峪重石调查报告》；1941年，荒川坚治著有《河北省密云县重石调查报告》；渡边义就、津田秀勇、上岛庆笃等著有《兴亚院支那重要国防矿产资源调查报告》；1944年，兴良三男著有《河北省密云县沙厂附近重石矿体调查报告》，伊泽道雄著有《北京市及其周边的地下水》等①。

① 北京市地方志编纂委员会：《北京志·地质矿产水利气象卷·地质矿产志》，361～363页，北京，北京出版社，2001。

在调查矿产资源的基础上，日本加强了对北京矿产资源掠夺的部署，强化统治机构，增加劳力，延长工时，促使采矿量迅速增加。1938年，日本成立了华北开发股份有限公司，专门经营和控制华北地区的交通、电气、矿产、制盐等业。还在北京专门成立了支公司，对北京矿产掠夺的重点是煤矿、金矿，其次是萤石、黑钨矿、石灰岩和石墨矿等。沦陷时期被日本人控制的煤矿企业主要有杨家坨煤矿、门头沟煤矿、川南工业门头沟矿业所、利丰煤矿公司、大台煤矿、房山坨里煤矿等，这些煤矿在日占期间的产量大多得到了提高。

为侵略战争的需要和攫取巨额利润，日本在垄断和掠夺平西煤矿的过程中，还采用卑劣的手段，制造平津地区的煤荒，打击中国的民族工业。具体做法是：

一是实行物资配给，限制民窑生产。日本规定，凡民窑需用的火药、电石和粮食等物品，一律实行配给制。配给的物资只限煤窑使用。日方此项规定，既限制民窑生产，也拟达到阻止火药等物资流向抗日根据地的目的。

二是控制铁路运输，设立民窑收煤所。日本对铁路实行军事占领，民窑产煤不经批准，不得外运。1943年，日本在门头沟煤矿设立收煤所，强迫众小煤窑签署“宣誓书”，强行收购民窑产煤。

三是成立“四门组合”，统制煤炭销售。日本以低价收购煤炭，又在城内设店高价销售，获取暴利。日方在城内设立“四门组合”(即北三门门头沟煤炭统制贩卖公司和南城门门头沟煤炭统制贩卖公司)，只许自己卖煤，不许他人卖煤。从而形成产运销独家经营的局面。日本侵略者利用这个垄断权制造了1944年北京、天津大煤荒。导致众多工厂、商号歇业，大量民窑关闭破产，大批矿工逃荒、讨饭、饿死街头。正是由于日本垄断平西煤业、蓄意制造煤荒，打击了北京地区的民族工业。据统计，门头沟地区1936年有民窑150家，至抗日战争末期仅剩下50余家①。

① 《新民报》，1939-05-26。

表 2-13　沦陷时期北京地区煤炭产量调查①　　（单位：万吨）

年份	门头沟煤炭产量	房山煤炭产量
1938	80	10.6
1939	29.9	9.2
1940	155	17.3
1941	203	19.4
1942	189.9	15.3
1942	108	—

据战后北京敌伪资产管理委员会统计调查，仅 1938 年至 1942 年，门头沟地区总产煤炭约 766 万吨，房山地区总产 71.8 万吨，占到了华北沦陷区煤炭总产量的六分之一左右(见表 2-14)。其中绝大部分煤炭被日伪劫掠而走。

表 2-14　沦陷时期华北主要煤矿煤炭生产量②　　（单位：千吨）

<table>
<tr><th>企业＼年份</th><th>1936</th><th>1937</th><th>1938</th><th>1939</th><th>1940</th><th>1941</th><th>1942 上半年</th><th>1941 较 1936</th></tr>
<tr><td>井陉煤矿公司</td><td>880</td><td>720</td><td>306</td><td>694</td><td>384</td><td>635</td><td>438</td><td>−245</td></tr>
<tr><td>磁县矿业所</td><td>830</td><td>—</td><td>80</td><td>64</td><td>116</td><td>322</td><td>157</td><td>−508</td></tr>
<tr><td>开滦矿务局</td><td>4713</td><td>4713</td><td>3898</td><td>5400</td><td>6468</td><td>6658</td><td>3366</td><td>1945</td></tr>
<tr><td>利丰川南</td><td>—</td><td>—</td><td>—</td><td>—</td><td>90</td><td>260</td><td>76</td><td>260</td></tr>
<tr><td>中英</td><td rowspan="2">309</td><td>—</td><td>—</td><td>146</td><td>443</td><td>536</td><td>281</td><td rowspan="2">1156</td></tr>
<tr><td>门头沟小矿</td><td>—</td><td>800</td><td>38</td><td>748</td><td>929</td><td>288</td></tr>
<tr><td>坨里</td><td>430</td><td>—</td><td>—</td><td>100</td><td>193</td><td>198</td><td>85</td><td>−232</td></tr>
<tr><td>大台</td><td>—</td><td>—</td><td>—</td><td>10</td><td>86</td><td>107</td><td>30</td><td>107</td></tr>
<tr><td>北京地区小计</td><td>739</td><td>—</td><td>800</td><td>294</td><td>1470</td><td>1770</td><td>684</td><td>1031</td></tr>
<tr><td>华北合计</td><td>7162</td><td>5433</td><td>5084</td><td>6452</td><td>8528</td><td>9645</td><td>4721</td><td>2483</td></tr>
</table>

① 《北平市政府关于将接收门头沟各煤矿所存物品全数移交警察局给门头沟煤矿接收委员叙双全的训令(附各矿历年经营情况调查)》，北京市档案馆藏，档案号 J009-001-00051 号。

② 参见中央档案馆、中国第二历史档案馆、吉林省社会科学院合编：《华北经济掠夺》，376～378 页，北京，中华书局，2004。

除了煤炭，在此期间日本还对金矿、钨矿、萤石矿、石墨矿等其他矿产资源进行了大规模的开采和掠夺，并对中国工人和农民以强迫劳动的形式进行压迫和剥削①。

2. 钢铁工业

(1)制铁

除煤炭工业外，钢铁也是日伪在北平工业统制的重点。早在1914年，中国人自己刚刚知道龙关山出产的矿石是赤铁矿的时候，设在天津的日本大仓洋行就刺知了这个情报，并拿到了矿石标本，而且还特派专员到龙关县勘察。1916年，中国有人拟意开采这个铁矿，日本又要贷款1000万日元“以敦邻谊”。后来虽因寺内内阁倒台而没能实现，但是日本垂涎龙烟铁矿的野心却已暴露②。

龙烟铁矿开采后，日本曾多次派遣经济特务刺探情报。1918年10月15日，龙烟铁矿公司经理张新吾致电龙烟铁矿兼代主任、工程司(即现在的工程师)程文勋：“三菱公司欲购本公司矿石，现派技师若林弥一郎，偕同随员二人前往参观烟筒山矿地，乞妥为招待，并将情形善为说明。若林君系矿师，随员中有地质学者一人。”③1922年秋，当石景山炼厂建设初具规模时，日驻华使馆又派4名日人驱车入炼厂内刺探情报。化铁处主任胡博渊得知后，拒绝其参观、拍照，双方发生了争执，后以日本使馆赔礼道歉了结。1928年，国民政府接管龙烟铁矿之后，日本仍然为窃夺龙烟铁矿加紧活动。到1931年，日本驻张北领事山崎诚一郎致函察哈尔省政府，要求将龙烟矿务局的一切财产、管理机关名称，以及所在地代表者姓名和住址等情况告知，其蛮横欲夺之心暴露无遗④。1936年8月，国民政府驻日商务参事向实业部报告说：日本“南满洲铁道株式会社”所属“兴中公司社长十河长信氏约谈华北可办诸事业，于龙烟尤为注意”。审隔两月，日本

① 北京市地方志编纂委员会：《北京志·地质矿产水利气象卷·地质矿产志》，361～366页，北京出版社，2001。

② 卓宏谋：《龙烟铁矿厂之调查》，4～5页，北京，文岚簃印书局，1937。

③ 佚名：《沦陷区铁矿之现状》，载《资源委员会季刊》(第一期)。

④ 《龙烟铁矿经营调查报告书》，北京市档案馆藏，档案号J061-001-00492。

在天津的驻屯军司令田代便与冀察政务委员会商讨开发龙烟铁矿一事，拟中日“合办”。1937年七七事变，日本帝国主义发动了大规模侵华战争，迫不及待地以军事手段占领了龙烟铁矿与石景山炼厂。

1938年4月，日本侵略军委令兴中公司接管龙烟铁矿和石景山炼厂。按照日本人的习惯，龙烟铁矿改名为“龙烟铁矿株式会社”，石景山炼厂改为“石景山制铁所”。自此，石景山炼厂与龙烟铁矿逐步分开①。1938年4月20日，兴中公司在日本制铁株式会社的协助下，共同投资组织生产，对北洋政府筹建的日产250吨的第一炼铁炉开工修复。经过对储水池、泵站、水塔与炼铁炉等设备稍事修补，于是年11月20日点火开炉②。

1938年10月，日本以3.5亿日元组成“北支那经济开发株式会社”，以中国华北地区作为侵华后方基地，进行资源掠夺。1940年3月，在日本军部扩大钢铁生产的指令下，北支那经济开发株式会社与日本制铁株式会社共同投资，改组了兴中公司经营的“石景山制铁所”，改名为“石景山制铁矿业所”，各出1250万日元扩大钢铁生产。于是，由日本八幡制铁所拆迁陈旧的日产360吨焦炭的索尔绍式废热副产炼焦炉一座及洗煤机等设备建成的石景山铁厂，1942年3月投产。同年年底，日本制铁株式会社与北支那经济开发株式会社又共同投资1亿日元，组成“北支那制铁株式会社”，经营华北地区钢铁和副产品的生产与销售③。

1943年2月，德军在斯大林格勒的战役中遭到了毁灭性打击，世界反法西斯战争出现了重大转折，日伪面临更大的困难。为挽救灭亡的命运。日伪调整了政策：经济上由对华北的重点开发变为单一的超重点的军工生产。为扩大生产规模，“石景山制铁矿业所”改组，归属北支那制铁株式会社领导，随又改称“石景山制铁所”，计划扩充炼铁、炼焦、制钢等设备，年产50万吨生铁，并配以炼焦、洗煤等设备，故此，急速从日本和中国南方等地拆迁来一些炼铁、炼焦等设备。1943年2月，从日本釜石制铁所拆

① 《石景山制铁所概要(2)》，北京市档案馆藏，档案号J061-001-00016。

② 《北铁石景山制铁所建设现状报告》，北京市档案馆藏，档案号J061-001-00191。

③ 《石景山制铁所扩充计划规状及关于石景山制铁所将来之经管》，北京市档案馆藏，档案号J061-002-00030。

迁了一座因技术落后而淘汰、停用10年之久的日产380吨炼铁炉，于当年12月15日在石景山点火开炉(称第二炼铁炉)，但其设备及作业系统均欠完善。此间，从津、沪拆迁与新建11座日产20吨的炼铁炉，亦先后开炉。1943年3月，为配合炼钢、炼铁计划，着手修建容积为120万立方米的第二储水池。4月，着手拆迁上海南市发电厂的两台6400千瓦与3200千瓦发电设备，于翌年1月5日建成发电。1944年2月，从日本大谷制铁所拆迁来一座日产600吨的炼铁炉(称第三炼铁炉)和日产650吨65孔焦炉一座，同时建造第二洗煤场和机修厂。日伪还于该年从湖北大冶钢铁厂拆迁两座日产450吨炼铁炉。但在运送北京石景山途中，遭国民党空袭，两座炼铁炉毁于战火，拆迁计划遂告破产。

到1943年年底，日本已逐步丧失了战争的主动权。由于维持战争必须仰赖于钢铁资源，日伪对石景山制铁所越加重视，1944年，日本国务大臣藤原一行、华北最高指挥官冈村宁次、日驻北京使馆经济部长冈松等日军大小头目先后来到制铁所“视察”，为之撑腰打气。然而，此时的石景山制铁所已成强弩之末，企业经营面临着诸多困难，先是制铁株式会社社长田厉于7月21日病逝，由福田庸雄继任，随后收缩了制铁所内部机构，从原来的6部、27课、90个系，改为5部、1会、13课、50个系。1945年8月15日，炼铁炉冶炼状况每况愈下；至24日，日人仇心不解，将第一、第二炼铁高炉中的铁液冻结在炉缸内，致使钢铁生产设备完全报废①。

在日本侵占北京的8年中，日本侵略者投入2961人(其中石景山制铁所1347人、龙烟铁矿1139人、北支采矿269人、北支钢铁贩卖株式会社123人、久保田铁工所73人)，奴役华工约6万人，耗资2亿多日元，为在华北地区最大单项投资，可谓倾其全力。其间共掠夺龙烟铁矿砂374万吨，生铁27.0952万吨(其中石景山制铁所为25.0257万吨，龙烟铁矿为2.0695万吨)。除战争末期因交通阻滞部分产品未能启运外，大部被劫运至日本本土，充做军工生产②。

---

① 新京报编：《抗战北平纪事》，314页，北京，中国画报出版社，2006。

② 北京市政协文史资料委员会编：《日伪统治下的北京郊区》，276页，北京，北京出版社，1995。

(2)炼钢

1938年，日本浅香制铁所在西直门外小村建设浅香铁工厂，该厂占用英国人开办、已经倒闭的一家玻璃厂的厂房，厂主、职员、工头都是日本人，雇佣中国工人20人，安装1架辊径230毫米的旧轧钢机，1台200千瓦电机和1座13米长的加热炉，成为北京第一家轧钢厂。1941年扩建以后，工人增加到60多人，1架辊径250毫米、5架230毫米横列式轧机，日产小圆钢、扁钢3～4吨。该厂虽规模有限，却为北京摆脱有铁无钢的历史迈出了艰难的第一步。该厂于日本投降后停产。1947年，该厂改组成为建国制铁总厂股份有限公司，同年6月恢复轧钢生产，后成为华北地区最大的民营钢铁企业。

随浅香铁工厂之后，北京又改扩建、新建有"北支锻造株式会社""中华铁工厂"等若干家小型轧钢厂。它们多以废旧钢材为原料，用锻锤加工钢材，车削铁路用的螺丝、铆钉等军需品。北支交通下属的长辛店铁路工厂，于1943年3月建成1座2吨的电热炉并成功投产，该设备可熔化废钢铸造工件，供修理机车使用，不产钢锭。单炉出钢量1.5吨，产量最高每天1炉，最低每周1炉。至抗日战争胜利前，铸钢最高日产量2～3炉，年设计产量超过1600吨①。

(3)铸铁

北京近代化的铸铁工业始于1920年，当时由5人出资1500银圆，在北京朝阳门大街开办中华汽炉行。1931年，该行在广安门外南蜂窝购地22亩，建设新厂，包括翻砂场、机器场②。1937年，日本久保田铁工所在石景山建设久保田铁工厂，从日本久保田尼崎工厂拆迁二手设备，建成3座8吨/时的化铁炉，2部3吨/时的立式砂型铸管机，以及扬砂机、烘模炉、倒管机、切管机、水压试验机、吊车等，1939年11月和1940年2月该厂铸管一场、铸管二场相继投产。共有日本技职员87人，中国工人300多

① 北京市地方志编纂委员会：《北京志·工业卷·黑色冶金工业志 有色金属工业志》，216页，北京，北京出版社，2005。

② 池泽汇、娄学熙、陈问咸编：《北平市工商业概况》，133页，北平市社会局，1932。

人，生产刚性接口灰口铸铁管[①]。铸管一场生产直径100毫米、150毫米铸管，铸管二场生产直径200毫米、250毫米、300毫米铸管，此外还生产水管的附件。生产工艺是：手工制作泥芯，风锤捣砂造型，用烘模炉烘干砂型，用化铁炉熔化铁水，立式砂型铸管机铸造直管，机械倒管、切管，用水压机检验铸管的质量。1941年中华汽炉行与日本人合资，扩建了化铁平炉。1942年该厂并入"北支那制铁株式会社"，中国工人增加到600多人。1944年，生产铸管6773吨，达到最高年产量，铸管合格率71%[②]。

3. 机械工业

北京近代机械工业(北京历史上称为机器铁工业)始于清季的神机营机器局，此后由于受技术落后、市场不足等条件制约，发展十分缓慢，生产多限于机器修配(含电焊、气焊、修理配件等)[③]。铁工厂在民国初年只有荣利、德聚、麟记、贻来牟和记、万德栈等几家。到1937年，机器铁工厂发展到80家，不仅可以进行简单的机器及零件制造、机器修理还开始尝试生产成套工业设备[④]。七七事变后，日伪为了把华北建设为侵略基地，广泛修筑铁路，开矿山、建工厂，这都刺激了北京机器工业的发展。从1940年到1944年，是北京机器铁工业发展的黄金时代，利润很高，厂数增加到三百户以上。部分工厂设备齐全，产品种类繁多。如慈型厂，高峰时工人总计近1000人[⑤]。全市机械工业企业月消耗生铁平均104吨，最大用量240吨；熟铁25吨，最大用量45吨；型铁26吨，最大用量45吨；铁板11吨，最大用量19.2吨；钢材2.4吨，最大用量3吨[⑥](表2-15为规模以上机械工业企业调查)。

① 《久保田铁工场即石钢铸造厂卷》，北京市档案馆，档案号J061-002-00005。

② 北京市地方志编纂委员会：《北京志·工业卷·黑色冶金工业志 有色金属工业志》，119页、195页，北京，北京出版社，2005。

③ 《北平市工业企业登记》，北京市档案馆藏，档案号J133-4-1号。

④ 《当代北京工业丛书》编辑部：《当代北京机电工业》，1～2页，北京，北京日报出版社，1988。

⑤ 《北京第一机床厂调查》(内部资料)，3～8页。

⑥ 中国民主建国会北京市委员会等编：《北京工商史话(第三辑)》，61页，北京，中国商业出版社，1988。

表 2-15 沦陷时期北京机械工业调查表①

工业类别	资本系统	工场数(个)	实出资本(万元)	电动机(马力)	其他动力(马力)	工人(人)
普通机械器具工业	日本	4	30000	32.5	—	69
	中国	5	2000	7	—	157
	合计	9	32000	39.5	—	226
车辆制造业	日本	6	199000	9.75	—	529
	中国	2	不详	187	—	176
	合办	1	7649	7.5	—	340
	合计	9	206649	204.25	—	1045
铁道用品制造业	中日合资	1	750000	50	100	230
合计	日本	10	229000	16.75	—	245
	中国	7	2000	212.5	—	497
	合办	2	750000	51.6	100	243
	总计	19	981000	280.85	100	985

沦陷时期北京机械工业的发展，不仅反映在工厂数目与产品总量的增益上，也体现在大量新产品、新技术的运用方面，这一时期北京机械工业的装备技术水平有了较大提高，产品种类日渐增多。如中法大学铁工厂成功仿制外国高压水泵和小型低效水泵，到1939年，同益铁工厂时期，正式投入批量生产②。民国初年，北京即有商号开始销售电子管收音机，部分私营电料行(销售灯口、灯泡、开关、保险、电线等电灯用具和承接电气安装工程等)开始兼营收音机修理业务，也组装一些矿石收音机、电子管收音机在门市销售，但数量十分有限。1937年7月，日军侵占北京后，为了加强奴化宣传，控制公众舆论，规定市民只能收听550千赫至1500千赫范围(即中波段)以内的广播，并强行推销所谓“协和式”标准型三四灯收音机，后在北平设立“华北广播协会收信机工厂”，位于德胜门内草场大坑，采用日本运来的全套散件，组装二五灯电子管收音机；该厂共有职工200

① 北支工场调查委员会编：《华北工场统计》，43～44页，北支工场调查委员会，1939。

② 北京市地方志编纂委员会：《北京志·工业卷·机械工业志》，15页，北京，北京出版社，2001。

余人。为当时国内最大规模的无线电装配生产厂①。

据北京光复后的调查显示，沦陷时期北京机械工业产品涉及10余个门类，上百个品种②。

4. 建材工业

1938年，日伪提出了《北京都市计划大纲》，计划对北京进行大规模的改扩建工程，以适应侵略华北的需要。在城市西郊新建行政区，使之成为日军在华北的政治军事指挥枢纽，在城市东郊兴建工业区，努力实现城市经济的自给。日伪的大兴土木造成了北京地区建材供应的紧俏，为减少建材远程运输成本，加紧掠夺北京地区的矿产资源，1939年，东京浅野洋灰公司来华，筹建华北洋灰股份有限公司琉璃河工场(今琉璃河水泥厂前身)，同年10月破土动工，设计年生产能力10万吨。迁来东京深川水泥厂陈旧设备12台，回转窑4台(台时能力为4.6吨)，水泥磨2台(台时能力为11吨)，生料磨2台(台时能力为15吨)，烘干机2台，余热发电机2台。这套破旧设备在日本使用过10年至20年。设计能力年产水泥16万吨，至1942年分段试车，1944年5月投产，当年生产水泥3.4万吨。该厂生产所需石灰石从30华里外的周口店进行开采，原料的装卸、储运和破碎全由工人肩抬手搬，生产现场烟尘弥漫，缺乏起码的环保和安全生产设施、事故不断发生③。

除水泥厂项目外，日伪还在北京东郊、南郊、西郊新建砖瓦窑6座，加上民族资本的砖瓦厂、石灰窑分别达到20家、36家，年产方砖6000万块，石灰13万吨，不仅满足了北京地区市场需要，还面向华北各城市乡村进行销售④。

5. 印刷工业

七七事变后，日本侵略者为了达到奴化中国民众的目的，对印刷工业

---

① 《当代北京广播电视和电子元件工业》，8～9页，北京，北京日报出版社，1990。

② 《北平市工业企业登记》，北京市档案馆藏，档案号J133-4-1。

③ 《北京工商史话(第四辑)》，154～156页，北京，中国商业出版社，1989。

④ 《当代北京建筑材料工业》，10～11页，北京，北京日报出版社，1988。

严密控制，使其为奴化教育服务。为了扩大日伪宣传品、亲日著作、奴化教育课本的刊印发行，日本侵略者与聚集北京的汉奸勾结，于1939年年初，创办了新民印书馆。从日本运来各种新式印刷机器，1939年年末，工人即达1000余人。到了1943年，该馆除印刷教科书、出版物外，还兼印钞票，职工多达2000人以上，为华北地区最大规模印刷厂。该局名为印书局，实则以印刷伪政权标语口号、传单及敌伪新民会刊物为主①。原财政部北京印书局在北京沦陷后就沦为伪联合准备银行指定印钞厂，后由于沦陷区恶性通货膨胀愈演愈烈，该厂不断扩建，增加胶印、凹印、铅印设备17台，职工增至3000余人。

表2-16　沦陷时期北京印刷工业调查②

资本属性	企业数量（家）	资本额（万元）	动力（马力）	员工数（人）
日本	17	264000	60.75	513
中国	15	343700	136.5	591
合办	2	2500000	16.3	720
合计	34	3107700	213.55	1824

与日伪直接经营的印刷企业畸形繁荣形成鲜明对照的是众多私营印刷企业的日趋衰退。以抗战前华北原有规模最大、设备最为先进的京华印书局为例，该局在北京沦陷后，由于日军干涉，教科书的印刷完全停止，其他书籍因有所顾忌也基本上停印。一些较大的经常性印件，不仅有同业的竞争，且多为敌伪势力所把持，业务很难开展。同时，大批日本浪人倚仗权势打入较大企业，攫取厚利。京华厂在这种险恶的情况下继续维持生产，对日本浪人强行交来的业务更难推托；但若完全停止生产，厂房、设备又极有可能为日伪霸占。在困境之中如临深渊、如履薄冰，全厂职工从战前高峰时期的近千人减至不足40余人。且40余人的生计也无法依靠正

① 北京市档案馆编：《日伪北京新民会》，74页，北京，光明日报出版社，1989。

② 北支工场调查委员会编：《华北工场统计》，59～60页，1939。本表系日本人统计，原表将中国称为“支那”，已改过。

常生产经营进行维持，职工需于夜晚拉人力车、做小生意方能养家糊口[①]。北京最大的私营印刷厂尚且如此，其他小厂经营则更加困难。据北京社会局统计，1942年，全市私营印刷业的全年印刷生产量为99190令纸。到了1943年，已萎缩至不足55000千令，约为上一年度的55.6%，降幅惊人，此后产量仍逐年递减，大部分印刷厂停业或转产。从加入印刷同业公会的会员数来看，由七七事变前的262户递减至抗战胜利前的不足180户[②]。

6. 化学工业

北京化学工业起步较晚，多停留在手工作坊阶段。1928年，河北冀县人步登云投资银洋100元，在北京东四牌楼附近租用民房4间，雇工2人，采用火烤硫化的方法生产刻制图章用的橡皮和瓶塞、水搋子等橡胶制品。1930年前后，有"一生""纪隆"两家私人开办的工业社生产矽酸钠，和平硝厂生产土硝，3家作坊合计雇工20余人[③]。

日本侵占北京后，由于海陆交通受阻。西药、医疗用品输入困难，再加上北京被日本军队侵占，药品器械十分短缺。这时，一方面，日本商人乘机掠夺中国资本，雇佣廉价劳动力，开设药厂以获暴利；另一方面，民族资本家利用当时一些高等院校及医院的医药人员生活困难，甚至失业的时机，集资开办了一些药厂。

1938年，有日商建立"酸素株式会社"，利用一台生产能力为每小时30立方米的小制氧机生产瓶装氧气，主要供军用，职工40余人。当年又有日本药商开设了北支制药株式会社。厂址在崇文门内沟沿头1号，职工最多时达200余人(其中有20名日本人)。1940年7月，日本开办官办株式会社帝国脏器药研究所(简称"脏器药厂")，厂址在前门外西经路3号，到了1944年该厂职工近200人，产品众多，仪器丰富，初具小型工业生产规模。1941年，日商"北支乳胶制品厂"开业，生产医用乳胶手套，两个橡胶

---

① 中国人民政治协商会议北京市委员会文史资料研究委员会编：《驰名京华的老字号》，300～302页，北京，文史资料出版社，1986。

② 《北京市商会关于印刷业、毯业、服装业、铁工业纺织业、芝麻油业等同业公会申请配给工人食粮等的呈及市公署的批》，北京市档案馆藏，档案号J071-001-00365。

③ 《北宁铁路沿线经济调查报告》，145～146页，北宁铁路管理局，1937。

厂都为半机械化生产，合计有职工50余人。日本人在1942年还开设了第一制药株式会社。

除日商开设的三家药厂外还有民族资本家开设的一批药厂。例如，于1940年开设的新亚药厂华北分厂，这个厂的职工最多时达五六十人①；于1942年2月开设的福民药厂，该厂职工有30余人；于1942年7月开设的爱伦化学制药厂。至抗战结束前的1944年，又由民族资本开设了钱氏药厂、大成制药厂、震亚卫生材料厂(今北京卫生材料厂前身)等医药化学工厂。这些工厂虽然设备较为简陋，规模有限，但却为缓解北京地区医药产品短缺局势发挥了一定作用，也为日后医药化学工业的发展积累了技术与人才。

7. 纺织、服装工业

纺织、服装工业原为北京工业的支柱产业，工厂、职工数目占全部工业的比重高达30%以上。日伪侵占北京后，北京的纺织、服装工业内部发生了分化，那些服务于日军军需的印染厂、被服厂由于原材料供应、军事订货充足，发展十分迅速。而那些与城市民生密切相关的针织、土法染布却由于日伪的种种限制，生产不断萎缩。

8. 造纸工业

“民国十三年，北平出现了第一家机器造纸厂——初起造纸厂，当时只造些宣纸和书皮纸。九一八事变之后，有逃进关的几位东北人士，投资几十万创办了燕京造纸厂。日伪侵平后，燕京被日人强迫接办，拆卖了旧机器，改装从日本运来的新机器，又在广安门外设立分厂(后改为北洋造纸厂)，并开办了大信造纸厂。沦陷期间，由国人开办的近代化造纸厂还有义和、北平、永泰、大兴等多家，其中永泰由日伪人员经营，大兴为自来水公司附设的”②。

上文中燕京造纸厂，实为张学良将军出资，委托其亲信汪博夫、杜荣时等人为代理出面筹建。建厂初期，全厂职工仅100人，日产能力约1.5

---

① 北京市地方志编纂委员会：《北京志·工业卷·化学工业志》，237～289页，北京，北京出版社，2001。

② 《北平市工业企业登记》，北京市档案馆藏，档案号J133-4-1。

吨，主要销售于本市，为缓和古都纸荒起到一定作用，月营业额约八九千元[①]。北平沦陷后，燕京造纸厂停产三个月，后在日伪威逼下低价转为日营。日本侵略者抢夺燕京造纸厂后，为垄断北平的造纸业，攫取更大的利润，对该厂继续进行了扩建和技术改造，使造纸能力增加到日产约6吨，为原来生产能力的4倍。

抗战胜利后，国民政府从日伪手中接收了大量工业企业，在北京地区改组新建了部分工厂，如将日本兴建的橡胶企业拆停并转，建立了新华橡胶公司，北支制药改组为中华科学企业公司第二厂等。但在企业改建过程中，贪腐的国民政府官员多趁机搜刮，中饱私囊，变卖不少设备和产品，加之内战爆发，交通不畅，商贸终止，巨额军费又加大了国民政府的财政赤字，国统区经济恶化，致使北京地区工业建设基本停顿，通货膨胀严重，生产规模除服务内战需要的被服加工、机械修造外均大量收缩，且因美货倾销北京市场，民族工业深受排挤。在多种因素的作用下，至1948年年底，全市工厂总数虽已达13000多家，但绝大多数为规模极小、工艺落后的手工工场与家庭作坊，百人以上企业仅有电灯公司、电车公司、长辛店铁路工厂、琉璃河水泥厂等十数家，工业产值不足1.05亿元，企业经营多陷入困境，规模与效益不仅低于抗战时期，甚至不及民国初年的平均水平，北京工业走到崩溃的边缘[②]。

综上所述，从近代工业出现到北京和平解放前夕，北京工业步履蹒跚地走过了80年的工业历程，总体来看，近代以来的北京工业是不断向前发展的，但发展速度较为缓慢，并呈周期螺旋状上升，期间虽有数次勃兴复苏，也创造过工业发展的短暂辉煌，但更多的是震荡与徘徊，从发展的巅峰迅速跌落、衰败。简陋的厂房，落后的装备，低下的生产水平，畸形的产业结构——这就是近代北京工业发展的最终结果，也是当代北京工业发展的全部物质基础。

① 《燕京造纸厂参观志略》，载《职业月刊》，1934(1)。

② 北平市人民政府工商局：《北平市工业调查》，2页，北平市人民政府，1949。

五、现代北京工业的快速发展(1949—1978)

1949年1月，北平和平解放，千年古都重新回到人民手中，曾经濒临崩溃的北京工业迎来了前所未有的发展机遇。人民政权以发展生产、维护社会稳定、保障人民生活为宗旨大力开展发展生产的工作。不断推进企业的民主改革，当家做主的工人阶级迸发出空前的劳动热情，众多老企业重新焕发了生机，为之后更大规模、更加系统全面的工业化浪潮的到来奠定了坚实基础。

北京在和平解放伊始就系统接管了全市44家官僚资本企业，建立起最早的一批全民所有制工业厂矿，随后中央在京机关、部队又先后移交近300个生产企业纳入北京地方国营工业系统，这些企业构成了恢复时期北京工业发展的骨干，通过企业民主改革与职工政治教育，广泛开展群众性生产运动，激发了广大企业职工的生产积极性，通过健全计划管理和经济核算制度，提升了企业经济效益和运行效率。对于私营工业和个体手工业，北京市按照中央统一部署，及时调整政策，利用它们有利于国计民生的方面，限制其不利方面，采取加工订货、收购报销、提供贷款等措施加以扶持，通过减免税赋的方式引导民间资本流向工业生产，使私营工业和个体手工业得到稳步发展，进而繁荣了首都经济，充盈了市场。此外，北京市在领导建设地方工业的进程中，积极动员，群策群力，发挥了重要领导职能。一方面，为工业建设选配了大量得力干部，由富于长期革命斗争经验的区县级以上干部担任主要工业企业负责人，加强党政领导；另一方面，市属各部门想方设法从有限的物质资源中给予工业建设以财力、物力、人力的支持①。

因此，从北京和平解放到1952年年底，北京工业经济出现了近代以来前所未有的高速增长。在三年多的时间内，北京工业职工队伍增长近一倍，由1948年年底的8万余人增长至17万人，工业总产值由1.05亿元增

① 郑天翔：《回忆北京十七年》，31～32页，北京，北京出版社，1989。

长至8.3亿元，增长近8倍，北京市主要工业品产量均取得很大提升，均超过近代以来的历史最高产量，1952年全市生铁产量34.2万吨，原煤产量220万吨，发电量达2.8亿千瓦·时，水泥20万吨①。然而这一时期，北京市的工业投资却是十分有限，直接生产性投资仅6413万元，新建千人以上的工业企业仅1个，即新华印刷厂，生产的迅速恢复发展主要得益于生产关系的变革和正确的管理引导②。

国民经济恢复时期北京工业的持续发展，为当代北京工业化起步奠定了初步物质基础，积累了工业运行管理的重要经验，培养了北京工业系统的干部职工队伍，具有积极的历史意义。但也必须承认，这一时期北京工业的发展还停留在较低水平，工业弱小、落后的面貌仍没有得到根本改变，这主要体现在：第一，工业企业的生产技术水平十分低下，绝大多数北京工业产品都是技术含量不大的简单加工，多数产业不具备从原料生产到成品制造的生产能力；现代工业占北京城市工业的比重亟待提高，1952年全市工业总产值中有35%由手工业产生，工业企业中的大多数生产过程仍然依靠手工操作，石景山钢铁厂1.3万名职工中，手工搬运工人即占到了四分之一。第二，工业产业结构相对失衡，日用消费品生产占到了全部工业产值的60%以上，纺织、食品、服装均占全部工业产值的10%以上，钢铁、煤炭等基础工业部门虽有所发展，但在全市工业中所占比重不升反降。第三，工业生产投入不足，前期发展基本依靠挖掘既有生产潜力，缺乏设备更新和技术储备，电力、水泥等企业生产设备已处于满负荷运转，设备损耗严重，已无增产可能。第四，在工业所有制结构变化方面，国营工业占全市工业比重没有显著增长，个别年份国营工业的增速甚至低于私营工业和个体手工业，国营工业在工业化建设中的示范带动作用没有得到有效发挥。此外，工业人口占全市人口的比例仍仅为3%，较1948年仅增

① 中国人民大学工业经济系编著：《北京工业史料》，9页，北京，北京出版社，1960。

② 《北京市十年建设成就统计资料(工业)》，北京市档案馆藏，档案号ZH013-001-00035。

长了1个百分点①。

1953年，中国开始实施国民经济第一个五年计划，大规模的工业化建设在全国范围内展开，依据中共中央和国务院的统一部署，北京制定了"由消费城市向生产城市的转变"的战略目标，基本任务是在充分发挥原有企业潜力的基础上，优先发展重工业，有计划地建立新厂。这一战略决策在北京城市发展历史上，第一次明确将发展工业、建设工业化城市作为北京的发展目标与城市定位，开启了北京现代工业化发展的新纪元。

有必要指出的是，随着时代的发展以及现代经济、环保理念的深化普及，在今天看来，50年前由政府部门做出的将北京发展为以重工业为主的综合性工业城市的战略决策存在一定的历史局限性，从经济发展的资源优化整合、区位条件等角度分析，该决策都存在部分非科学、非理性的成分。但对于任何问题的分析都必须放到一定的历史条件下，这一政策的形成与实践与苏联模式、斯大林工业化的历史经验和教条主义的影响有关，社会主义现代化被时人更多的等价为工业化，具体就是以钢铁、煤炭、机械等为主的传统机器大工业，而且严峻的国际形势也迫使中国政府必须将尽快强国的战略考虑放在首位。可以说，这一政策有很强的历史必然性与客观合理性，并充分彰显了处于一穷二白境地下的中国人民急于摆脱经济落后面貌，建设工业化强国的迫切心情与美好愿望。

在这一政策的指导下，"一五"计划时期，北京地区累计完成工业投资9.5亿元，超过了近代北京工业化80年的投资总和，全市新建工业企业41个，改扩建工业项目329个②。北京产生了电子、通信等新兴工业门类，填补了国内空白，纺织、建材、印刷、电力、机械工业得到加强，工业结构趋于合理，部分工业行业的产品产量已跃居全国前列，由于北京电子管厂等三大电子元器件工厂的建立，使北京成为全国电子工业的中心，投资1.3亿元的东郊三大纺织厂拥有23.4万枚纱锭和7000多台织布机，北京

① 《研究室调查、搜集关于首都城市建设的材料》，北京市档案馆藏，档案号001-009-00303。

② 中国人民大学工业经济系编著：《北京工业史料》，10页，北京，北京出版社，1960。

迅速成长为国内新兴的棉纺织工业基地①。在工业布局方面，初步形成了东郊十里堡棉纺织工业区、东北郊酒仙桥无线电工业区、东南郊垡头机械、化工工业区和西郊衙门口重型工业区四大工业聚集区。在工业管理方面，北京对各国营厂矿进行了更加深入的生产改革，建章立制，强化涵盖计划管理、技术管理、经济核算在内的科学管理，克服生产冗乱现象，使生产步入正轨，同时高度重视工业企业的群众工作，坚持政治挂帅，配合政治运动开展，掀起生产高潮。

截至1957年年底，北京地区工业总产值突破23亿元，比"一五"计划开始前的1952年增长了1.7倍，年均增长22%，工业超过商业与服务业成为北京城市经济的主导产业，三大产业结构比例从2∶4(弱)∶4(强)转变为1∶5∶4，北京向着生产性的大工业城市发展方向快速迈进②。1958年至1960年，北京地区工业连续三年高速增长，工业总产值增至86亿元，年均增长近70%，工业产值占社会总产值比重增至76.8%③。

1958年，北京经济建设进入第二个五年计划，伴随着"大跃进"的时代浪潮，这一时期工业基础建设规模较"一五"期间有了更为迅猛的增长，工业建设的核心是："要在充分利用和适当发挥现有工业的生产潜力的基础上，进行扩建、改建和适当的新建。"④期间先后兴建工业项目800余个，如重型机器厂、特殊钢厂、化工二厂、制药厂、手表厂、橡胶厂、搪瓷厂纷纷拔地而起。华北重要的能源基地"京西矿务局"完成了旧井改造，原煤采掘、运输完全实现了机械化；电力工业方面，兴建了中国第一座大型热电厂，在永定河流域实现了水电梯级开发，建立了华北地区装机最大的水电机组；冶金工业方面，扩建了石景山钢铁公司，建立了炼钢车间，使石景山钢铁公司真正成为一座钢铁联合企业，摆脱了数十年来产铁无钢的尴

① 宋汀：《我对解放后北京纺织工业的几点回忆》，载《北京党史》，2007(6)。

② 《市委关于北京市工业发展问题的报告》，北京市档案馆藏，档案号005-001-00324。

③ 李振兴主编：《北京工业志·综合志》，661～671页，北京，北京燕山出版社，2003。

④ 李振兴主编：《北京工业志·综合志》，725页，北京，北京燕山出版社，2003。

尬境地；汽车工业逐渐由简单修造向配件、组装生产迈进；化学工业则从无到有，填补了一系列空白，城市东南郊以化肥、农药、燃料为主要产品的化工区初具规模；“一五”时期开始兴建的东郊十里堡一带的棉纺织工业区也建成投产。至此，一个涉及冶金、机械、建材、纺织、轻工、化工、电子、仪表等诸多门类的现代化工业基地雏形已经显现。

“一五”“二五”十年间，北京工业投资共计34.9亿元，占全市总投资的三分之一以上，相当于近代北京80年间全部工业固定资产的40倍。① 在这短短的十年间，北京经历了一场惊天巨变，由一座破败消费城市一跃成为全国主要工业中心之一。1962年北京市工业总产值已达42亿元，相当于1949年的26.7倍，年均增长28.8%，其中重工业年均递增32.2%。工业总产值在工农业生产总值中的比重由1949年的55%上升为92%。② 这种转变与发展，意义之重大，影响之深远是时人难以想象的——工业的振兴一方面展现了新生的社会主义制度的优越性，对带动全国工业发展起到了引导示范作用，也鼓舞了全国人民建设社会主义的斗志；另一方面改变了北京长久以来工业品完全依靠外埠供给的格局，使城市面貌焕然一新，创造了前所未有的物质财富，为城市更新改造提供了宝贵资金，为国家建设提供了物质积累；此外，也为展现新中国、新北京形象提供了重要窗口，有利于对外宣传工作的开展。

“二五”计划结束后，北京工业坚持中央“调整、巩固、充实、提高”的方针，稳步发展，到“文化大革命”爆发前的1965年，北京基本完成了工业化的战略任务，实现了由落后消费城市到现代生产城市的历史性转变。初步建成一个门类比较齐全，在全国工业中占有相当分量，具有较高技术水平的现代化工业城市。从1949—1965年的十七年时间，是近代以来北京工业发展最为迅速，奠定工业化坚实基础的关键历史时期。北京工业化建设主要成就包括：

① 北京市统计局编：《欣欣向荣的北京——三十五年来北京市国民经济和社会发展概况》，61页，北京，北京出版社，1984。

② 北京市统计局编：《欣欣向荣的北京——三十五年来北京市国民经济和社会发展概况》，59页，北京，北京出版社，1984。

第一，工业持续较快增长，工业经济增速不仅居于国内大中城市前列，甚至超过了世界历史上各国城市工业发展的历史最快增速。工业经济占全市经济的比重逐步上升，工业规模与工人阶级队伍不断壮大，工业体系建设与工业布局趋于完善。许多工业部门和工业企业从无到有、从小到大、从少到多、从粗到精，成倍地、成十倍地增长起来。工业对城市发展的能动作用也逐步显现，到1963年全市地方工业上缴利润已超过1949年全市工业总产值，地方财政工业收入占全市财政总收入的40%以上，占全部企业收入的75%以上。①

第二，装备技术水平显著提高，工业品产量与质量协调增长。北京地区日用工业品曾严重依赖外埠输入。经过1949年以后的持续发展，到1964年，日用工业品的本地自给率已到70%，大量优质工业品还远销国内外市场，工业年出口创汇近5000万美元。北京工业还填补了我国工业的大量空白，北京研制生产出全国第一台大型压路机、第一台联合收割机、第一辆无轨电车、第一台自动机床、第一台内燃机车、第一辆国产轿车、第一台电子计算机……为国民经济建设做出了卓越贡献②。

第三，在努力实现自身发展的同时，北京工业积极支援国内其他省市工业化建设，并开始承担工业建设援外任务，逐步成为国家工业化的坚强堡垒。北京电子工业在全国处于先行地位，为支援其他地区电子工业建设，北京曾向全国各地成建制输出企业管理干部和技术工人3500多人③，为兄弟企业提供人员培训，给予生产、技术、管理全面援助。北京机电工业系统先后将十余个技术先进、效益良好的新建工业企业内迁到西北地区。北京电力工业系统先后支援京外单位优秀干部职工近2000人④。北京

① 中共北京市委党史研究室编：《社会主义时期中共北京党史纪事（第6辑）》，286～287页，北京，人民出版社，2005。

② 《高举总路线红旗，发扬自力更生、奋发图强的革命精神，北京向现代化工业城市迈进》，载《北京日报》，1964-09-21。

③ 中共北京市委党史研究室编：《社会主义时期中共北京党史纪事（第6辑）》，316页，北京，人民出版社，2005。

④ 北京工业志编纂委员会：《北京工业志·电力工业志》，81～82页，北京，中国科学技术出版社，1995。

建材工业、轻工业系统先后组织力量参与朝鲜、蒙古、越南等国的工业项目援建，建设成效得到了受援国的高度肯定①。

1966年，“文化大革命”爆发，大规模的群众运动对正常的工业生产产生了巨大影响，加之全国工业战略方针的调整，大规模的工业化建设被以备战为核心的三线建设和地方五小工业替代②。受此影响，北京工业在“文化大革命”时期新办了为数众多的街道工厂、校办企业。这一时期最为重要的大工业项目是在京西南燕山地区兴建了中国规模最大的天然气、石油冶炼基地和石油化工基地。从1967年起，数十万建设大军，不畏匮乏的物质条件、恶劣的自然环境，舍身忘我艰苦创业，在极为困苦的条件下先后建成东方红炼油及向阳、胜利、曙光、东风、前进、长征等一批石化企业，而今这些带有浓重时代特色的企业仍在为北京的社会经济发展默默做着奉献。

到改革开放前的1979年，北京工业企业发展到3746个，工业总产值达到213.4亿元，其中重工业产值比例达63.7%，仅次于辽宁省。随着工业规模、产值的不断跃升，北京工业发展的深层次问题也逐渐暴露，内部结构不合理、轻重失衡、粗放型增长与管理滞后造成的经济效益问题，环境污染与工业“三废”引起的城市环境生态安全问题，工业规模过大造成的煤炭、供水紧张的资源问题都不断困扰着北京社会经济的进一步向前发展，当代北京工业面临着新的机遇与挑战。

六、当代北京的产业转型与工业遗产的出现(1979年至今)

从北京和平解放到1979年实行改革开发的三十年间，北京工业发展虽然经历过短暂的起伏与震荡，但趋势是不断向前的，成就举世瞩目，概述如下：

第一，工业增速较快，成长为全国第二大综合性工业城市。改革开放

① 中共北京市委党史研究室编：《社会主义时期中共北京党史纪事(第6辑)》，105～106页，北京，人民出版社，2005。

② 即小玻璃、小水泥、小化肥、小钢铁、小煤炭。

前的30年间，北京工业投资在1万亿元以上，固定资产达到近200亿，总产值超过250亿，三十年间年均增长17.6%，远超过同期全国平均水平，至20世纪80年代初，北京已成为全国仅次于上海的，全国第二、北方第一的工业中心。北京多项工业产品产量在全国占有重要地位，石化产品占全国该门类总产22.7%，居全国第一，文教艺术工业占9.8%，居全国第二，电子、毛纺织工业居全国第三，皮革加工、服装缝纫居全国第四，冶金、通用设备、家用电器制造居全国第五。在80年代初全国主要工业品产品排名中，北京的合成橡胶、塑料、乙烯、冰箱位居全国首位；铁矿石、家用洗衣机、电子计算机位居全国第二；发电设备、呢绒、毛线、汽车、焦炭、彩色电视机位居全国第三；生铁、内燃机、录音机、合成纤维位居全国第四，居全国第五的有钢材、机车、缝纫机、啤酒、家具；居全国第六的是钢、手表、塑料制品、甲醇、收音机，位居全国前十位的还有机床、日用铝制品、合成洗涤剂、皮鞋、中成药等。①

第二，建立了门类齐全的工业体系，工业企业及各类工业产品在全国具有较强竞争力，创造出一大批名优品牌。在20世纪80年代全国划分的164个工业大类中，北京拥有149个门类。机电电子及机器制造、石化与基本化工、纺织与印染构成北京三大产业支柱，占全市工业产值的60%以上。雪花冰箱、白兰洗衣机、牡丹电视、金鱼洗涤灵、熊猫洗衣粉、212吉普、130轻型卡车、大宝SOD蜜等都是家喻户晓的畅销产品，行销全国各地。新中国第一台电子计算机、第一台精密机床、第一辆轻型汽车、第一只晶体管……无数个共和国工业新纪元都诞生在首都北京这片新兴的工业热土上。

第三，形成了较为合理的工业布局。中华人民共和国成立后的30年间，北京的工业建设不同于近代北京工业发展基本依靠市场自我调节、零散布局的旧模式，依托科学的调研、规划，对首都工业进行统一布局，按照分散集团式的布局，围绕中心城区先后建立十余个工业小区。经过“一五”“二五”时期的建设，在“文化大革命”前主要形成了西郊石景山钢铁电

① 据国家统计局中国统计年鉴数据库数据检索整理。

力工业区、丰台桥梁机车制造工业区、东南郊化学工业区、东郊棉纺工业区、东郊机械工业区、东北部酒仙桥电子工业区、清河毛纺工业区、北郊电信器材工业区、房山琉璃河窦店建材工业区等。虽然20世纪50年代末，在"大跃进"口号下，大办街道工厂，造成工业布局混乱状态，影响了城市建设和居民生活。但总的来说，这段时期新建的工业企业，尤其是一些能耗多、污染较严重的大中型项目，主要布局在东郊和南郊，位于城区下风下水方向。这种分散建工业小区的集团布局方式基本上是合理的。

第四，工业的快速发展构筑起现代北京前进的物质基础，赋予了北京城市文化新的内涵，深远地影响了北京的历史走向。自20世纪50年代末开始，工业产值始终占到了首都经济总量的六成以上，工业成为首都国民经济赖以为系的基石，此外工业企业还是解决首都居民就业的最主要渠道，这一局面一直持续到改革开放深入进行的20世纪90年代。

虽然北京工业在较短的时间内取得了辉煌的成就，但受当时特定历史环境的局限，深层次的体制机制问题制约着北京工业在20世纪80年代以后的健康发展。这种体制机制问题主要表现为：工业产业内部结构不合理、轻重失衡；粗放型增长与管理滞后造成的经济效益问题；环境污染与工业"三废"引起的城市环境生态安全问题；工业规模过大造成的煤炭、供水紧张的资源问题四个方面。以上四个问题相互交织，相互影响，其根源在于对北京工业发展模式、道路的认识存在偏差，在社会、经济条件已经变化的时候，仍然片面认为只有发展重化工业、基础工业才是实现工业化的唯一途径，致使原材料工业、重工业长期在工业中所占比例过高，耗费资源过高，没有充分发挥北京的人才智力优势，反而加重了城市生态负担与资源载荷，带来了严重的环境问题。例如，在1958年"大跃进"时期建设的3000多个街道工厂，许多位于城市居民区中，工厂产生的废气、噪声、振动等污染，对城市居住环境造成了极大的影响，许多工艺落后、能耗较高的冶炼厂、铸造厂分布在城市核心区与人员密集区，远离交通枢纽，不仅不符合效益最佳原则，更严重破坏了城市环境，危害了市民健康与生活品质。到改革开放前夕，由于首钢、重型机械厂、锅炉厂等大型工业企业的大规模扩建，工业污染进一步加重，城市居民对于改变污染扰民的呼声日益提高。

此外，在工业布局方面，工业用地占城市总面积的比例过大，且与居民生活区域交错分布，互为阻碍，这在世界各国的首都中是罕见的。北京于20世纪60年代末在城区大办“五七”工厂，新建了1000多个小工厂，后来这些工厂逐渐发展，大部分升级为区、市属厂，构成城区工业的主体。加之后来各单位和街道在市区见缝插针、随意定点、大搞违章建筑，发展“五七”工厂，停办的学校和科研机构也改为工厂，更加剧了城区工业布局的混乱局面，造成城区工业过于拥挤和杂乱无章的状况，给城市建设和环境质量带来了许多难以处理的问题。近郊工业，由于搞了很多填空补齐项目，使工业小区迅速膨胀，再加上城市建设向外扩张，原来预留的隔离带被迅速填满，使城区与近郊区工业小区之间的隔离带消失，影响城市环境质量。为此，从70年代中期开始，北京逐步加强了对工业“三废”、城市污染的治理，并取得了部分成效，并从1978年开始了对污染较大工业的搬迁，125家厂点列入名单，并着手对35个重点污染企业的治理。①

北京工业发展至80年代初期已经走到时代的历史的转折关头，深度改革与战略调整已不可避免，在原有工业化模式基础上的小修小补已很难奏效，大规模的工业政策调整呼之欲出。

进入20世纪80年代，随着全国范围内的经济体制改革由农村向城市推进，北京开始重新考察城市规划问题。1982年，北京市修订了北京城市建设总体规划，提出要在北京工业已具有相当基础的前提下，按中央方针进行调整，今后近郊工业区不能再安排新工厂或者占地扩建，并要有计划地把一部分工业企业搬出市区，同时在远郊区县开辟以工业为主的卫星城镇。1983年7月14日，中共中央、国务院对《北京城市建设总体规划方案》做了批复：“北京是中国的首都，是全国的政治中心和文化中心，是世界著名的古都和现代化国际城市，北京城乡经济的繁荣和发展，要服从和服务于北京作为全国的政治中心和文化中心的要求。”“工业建设的规模，

① 王虹：《经济、能源、环境关系——北京地区实证研究案例》，230页，北京，中国环境科学出版社，2011。

要严加控制。""今后北京不要再发展重工业。""而应着重发展高精尖的、技术密集型的工业。当前尤其要迅速发展食品工业、电子工业和适合首都特点的其他轻工业。"①

1984年，北京市颁布了《关于对污染扰民企业搬迁实行优惠政策的通知》(以下简称《通知》)，开始了对污染企业的整治。《通知》宣布要对污染企业实行税收、贷款等优惠政策措施，鼓励其搬迁，开始了北京工业的"大搬迁、大关停"。例如，高熔金属材料厂由宣武区报国寺迁往昌平沙河，金属构件厂由朝阳大北窑迁往通州梨园，北京玻璃总厂由宣武区槐树街迁往大兴黄村，第三制药厂由海淀北洼路迁往朝阳区长营。新建的工业项目基本布局在昌平、顺义、大兴、通州等地。到1990年，全市共搬迁治理171家工厂，北京城市的污染状况得到初步改善。与此同时，北京工业结构的布局也发生了显著变化，市区新建工业得到控制，远近郊工业发展迅速，而且随着北京城市"科技兴工"新技术改造与"节水节能"的发展，工业生产值增长了1.6倍，水能耗却减少了1/3。②

然而，这仅仅是万里长征走完了第一步，北京工业经过10年的搬迁改造，仍然存在很多问题。第一，环境污染依然严重，"三废"排放总量很高，城市工业产生的废气、废物增加了14.6%～17%，城市环境质量在下降；第二，市区的工业用地比重仍然很大，全市73%的工业仍然栖息在城市，仅北京中心地区就有1900家工业，它们的存在与北京城市功能产生巨大的矛盾；第三，工业用地经济效益低、布局混乱零散、基础设施落后，影响着城市布局与土地资源的有效利用；第四，由于将工业"原规模"搬迁，既无有力的政策支持，又限制在"原规模"，资金难以落实，致使搬迁后的大量企业陷入困境。这些问题的存在，影响着北京工业的搬迁步伐和北京城市环境改善的进程。

根据国际国内经济形势的变化和北京的具体情况，1992年12月，北

---

① 王军主编：《北京市国民经济和社会发展计划大事辑要(1949—1990)》，440页，北京，北京出版社，1991。

② 王军主编：《北京市国民经济和社会发展计划大事辑要(1949—1990)》，463页，北京，北京出版社，1991。

京市政府再次向国务院报送《北京市城市总体规划》，1993年10月获得了国务院批复："突出首都的特点，发挥首都的优势，积极调整产业结构和用地布局，促进高新技术和第三产业的发展，努力实现经济效益、社会效益、环境效益的统一。"针对北京市工业部门领导的想法，国务院强调"北京不要再发展重工业，特别是不能再发展那些耗能多、用水多、占地多、运输量大、污染扰民的工业。市区内现有的此类企业不得就地扩建，要加速环境整治和用地调整"①。

正是从这一时期开始，北京重新诠释了工业在首都社会经济中的地位和作用，将实现工业产业升级与现代化调整视为北京经济工作的重心。1995年，为推进企业技术进步和促进产业结构调整，北京正式出台了《北京市实施污染扰民企业搬迁办法》，结束了"原规模"搬迁模式，确立了搬迁与调整相结合的思路。同时，北京提出工业结构调整"五少两高"②和"退二进三、退二进四"③的原则，竭力调整北京市的工业结构布局，以解决污染扰民问题。

随着国有企业经济体制改革的不断深入和首都经济发展战略目标的实施，1999年5月，北京又重新修订出台了《北京市推进污染扰民企业搬迁加快产业结构调整实施办法》。两个文件的出台，对北京工业的搬迁与调整起到了极大的推动作用。1999年12月和2000年8月，北京市又先后出台《北京工业布局调整规划》和《北京市三四环路内工业企业搬迁实施方案》，这几个文件加大了北京工业布局的调整力度，极大地促进了北京中心城区工业用地的调整与优化。

但是，调整也带来了一些新现象、新问题。首先，对工业产业调整的认识存在缺失。调整方式单一，基本采取了原址拆除，异地重建的模式，没有认识到城市工业调整是城市更新的重要组成部分，其对城市社会重构、经济发展、文化建设、资源整合、提升城市综合竞争力及实现城市复

① 北京市地方志编纂委员会：《北京志·城乡规划卷·建筑工程设计志》，310页，北京，北京出版社，2007。

② 即能耗少、水耗少、物耗少、占地少、污染少和高附加值、技术密集程度高。

③ 即退出第二产业、发展第三产业；退出二环路，迁至四环路以外。

兴具有重大意义；对产业发展前瞻性不够，对职工安置等重大社会问题缺乏解决之道，造成部分城市居民生活不便。

其次，工业用地调整后的利用问题。改造初期设想的退二进三在不少地方成为泡影，工作空间集体消失，制约了城市发展的后劲。从现有情况看，既有工业用地绝大部分被改造为城市居民生活用地，其比例高达75%。这种状况的产生，利益驱动是主要的深层次原因，由于银行贷款利率的政策导向，房地产开发的商业贷款利率要大于居住贷款利率，现金流的压力要求开发商需要尽快回收资金，使得过去20年的工业用地调整改造成了“雾里看花”。

又次，调整搬迁后的工业企业发展遭遇困境，北京工业出现总体滑坡。从20世纪90年代开始，北京对于工业领域的投入逐年减少，扣除原材料价格上涨因素，基本处于停滞状态，对比同期上海、天津工业投入的迅猛增加，其差距更为明显。工业投入的不足直接导致增长的乏力，同时由于市场经济浪潮的冲击，北京工业在全国工业中的优势地位迅速丧失，一大批名优品牌淡出市场，工业品产值、效益在全国的排名日趋靠后，部分工业门类已完全消失，曾经的全国第二大工业中心已淡出全国主要工业城市行列。

再次，北京工业调整的利益分配不均。房地产开发商通过土地经营，成为最大的受益者，工业企业在某种程度上获得了短期效益，而政府部门背负了沉重的包袱，众多工业企业职工、离退休人员也没有充分享受到搬迁调整带来的效益。例如，经过调整改造后出现的大量公共资源配套设施实施率严重不足，成为政府最大的责任压力。

此外，必须引起重视的一点是在城市工业调整中对文化建设的忽视与破坏。多年来，社会从上到下对工业历史遗迹的研究匮乏，公众对工业遗产价值的认识不足，工业用地的调整主要采用“推倒重来”的方式，致使大量有价值的工业建筑被拆除，造成了城市工业文化记忆丧失①。北京城市

① 陈军：《北京工业发展30年：搬迁、调整、更新》，载《北京规划建设》，2009(1)。

中存在许多重要的工业历史遗迹，像创于清末的长辛店机车厂(二七机车厂)、京师丹凤火柴有限公司(北京火柴厂)、清河制呢厂(清河毛纺厂)，民国时期的双合盛啤酒厂(五星双合盛啤酒厂)、海京铁工厂(北京第一机床厂)、北京啤酒厂(首都啤酒厂)等，在北京工业调整改造过程中已经完全消失。

有鉴于以上诸多新问题、新挑战，进入21世纪以来，根据北京举办2008年奥运会，建设人文北京、绿色北京、科技北京的总体构想，北京进一步加大了工业调整步伐，加快对东南郊、京西石景山等区域内工业企业的更新改造，并进行了更加审慎、科学的规划。

随着工业的逐步调整和更新，北京加快了近郊工业区的发展。根据《北京市"十一五"时期工业发展规划》的要求，按照"布局集中、用地集约、产业集聚"的原则，北京市政府以产业基地和工业开发区为依托，鼓励发展新型都市产业，加速发展高新技术产业，适度发展现代制造业，从"城区—总部基地、环城—高新技术产业带、郊区—现代制造业基地"进一步拓展转变为"一个集聚区、两个产业带、多个特色工业园区"的空间布局，形成"梯度分布、专业集聚、特色突出、协同发展"的产业分布。

2006年，北京市政府开始加快创意文化产业建设，以提升城市的文化底蕴和国际竞争力。酒仙桥电子城出现了"798"现象，许多画家利用798厂的工业厂房，改造成艺术工作室进行创作与交易；北京朝阳酿酒厂、北京拖拉机厂这些"文化创意产业"的更新改造的成功案例也出现了，为北京工业用地调整更新提供了新的思路。

2005—2006年，北京市开展了北京垡头工业区、北京焦化厂工业区、北京首钢工业区、北京第二热电厂的更新改造研究，对于工业用地历史遗产的保护问题，社会公众对此给予了极大关注。面对风起云涌的更新改造思潮，2008年年初，研究部门提出了北京中心城工业用地整体利用更新策略，除对更新改造的总体目标、规模结构、发展方向、思路策略、组织模式进行了积极探讨外，还将北京工业遗产保护问题置于前所未有的高度。

如今，历经三十余年的拆除、迁建后，在北京中心城区仍然分布着许多老工业企业，它们有的位于旧城边缘，如地处西南二环的北京第二热电厂，有的则就身处闹市之中，如美术馆附近的北京胶印厂等。而它们无一例外都面临着城市发展、区域改造的考验，其命运前途未卜。如何对待这些劫后余生的宝贵工业遗产，成为时代摆在北京面前的一道历史性难题。

产业升级换代，旧有工厂拆停并转，优化城市布局，是历史的必然与时代的进步。伴随着一座座老厂房的轰然倒下，一根根曾经代表工业文明与城市形象的巨型烟囱的爆破拆除，传统意义上的机器大工业渐渐淡出了公众的视野，取而代之的是鳞次栉比、星罗棋布的新兴商业区、现代化住宅楼、高新产业园，由于传统工业的巨大牺牲，北京得以天更蓝，水更清。

告别辉煌的昨日，拥抱更加和谐绚烂的明天。我们更不应忘却，那曾经数以千计的工厂矿山，成百万计的几代劳动者为北京城市现代化所建立的卓越功勋，是他们用默默的奉献与辛劳的汗水，支撑起这座城市的脊梁，创造前所未有的物质财富，是北京现代化的先导。到 20 世纪 80 年代，北京工业从业人数曾经达到 170 万人，占城市人口的近 1/4。北京市工业的发展记录了几代产业工人的理想和希望，在那火红的年代，他们以忘我的豪情缔造了人类工业文明史上一个个崭新的奇迹，续写了壮美的华章。

虽然北京市工业发展出现了烟囱林立，环境污染严重的问题，但其创造的工业文明、带来的生产力大发展，仍然是北京城市发展过程中一段辉煌历史的记录。工业遗产的保留，在记录辉煌的同时，也有助于后代人认识自然事物的属性，领悟到客观发展的规律。今人应当对历史负责，为后人留下关于工业时代辉煌与失误的记录。

北京因为曾经拥有门类齐全、规模宏大的现代化工业，也就拥有为数惊人的大量工业遗产。忘记历史就意味着背叛，铭记与感恩是出于一种朴素而简单的良知，当我们享受着今天的富足生活时，有必要去关注身边的工业遗产，留住我们共同的精神财富，传承这座城市的文脉与灵魂。

第三章　北京工业遗产的工业考古

目前，学界已经公认工业遗产研究属于现代考古学的范畴。但工业考古不同于古代文物的考古，工业考古的主要指向是对最近250年来的工业革命与工业大发展时期物质性的工业遗迹和遗物的保护和记录①，也就是说，工业遗产研究是奠基在工业考古基础上，只有通过工业考古明晰了工业遗产的历史和现状，才能在此基础上做进一步的工业遗产保护、工业遗产文化内涵的研究。

近年来，北京工业遗产的保护问题已经受到了社会各界越来越多的关注，并且已经开始探究和采取保护利用措施，北京的工业遗产保护利用初见成效。但是，这仅仅是刚起步，北京工业遗产的研究和保护利用与发达国家和地区相比，甚至与中国其他地区的工业遗产研究和保护利用相比，仍然存在很大差距，还有很长的路要走。保护工作面临诸多困难，其中最重要的一点即从政府到民间都对北京工业遗产的总体现状不甚了了，从而无法有针对性的采用有效措施加以保护，这表明北京工业遗产的工业考古任重道远。到目前为止，北京究竟拥有多少工业遗产？这些工业遗产的存在究竟呈现什么样的状态？北京工业遗产究竟有哪些类型？它们的来龙去脉究竟如何？不同类型的工业遗产的历史价值、文化价值究竟如何？迄今为止，上述问题均未得到很好解答，需要运用工业考古的方法予以明晰。

北京工业遗产的留存情况并不是十分清楚，这种状况的出现是有多方面复杂原因的，其中最重要的一条是历史原因使然。

在北京工业产生和发展的漫长过程中，社会外部条件并不好，一个企业乃至一个行业要生存发展下去，需要克服诸多困难。这种困难早期主要是西方侵略势力的压制、封建势力和落后保守思想的阻挠，比如詹天佑主

---

① Paler. M & P. Neacerson, *Industrial Archaeology: Principles and Practice*. London & New York: Poutledge. 1998: 1, 141.

持修建著名的京张铁路，如果不是詹天佑面对巨大困难的坚强支撑，如果不是北京和铁路沿线民众的倾力支持，以及技术人员的努力工作，这条中国人自己主持修建的第一条铁路干线很可能半途而废。再如，由洋务派头面人物李鸿章和刘铭传动议修建的天津到通州的铁路，也在顽固派强大的反对声浪下胎死腹中，致使北京东部的交通发展大受阻滞。清末新政以后，清政府奖励工商业的政策出台，使得工业发展的外部条件有所改善，工商业获得了比较快的发展。但是，政治条件并未完全改善，帝国主义经济侵略对中国民族工业的高压仍然存在，仍然羁绊着中国工业的发展。进入民国后，军阀混战，政治混乱，更是不利于工业发展。在这种条件下，工业企业创建和破产频繁稳定性差。中华人民共和国成立后，北京工业则经历了产业规划的过滤和产业的换代升级，亦是几多沉浮。

北京历史上的工业企业在市场经济的时代浪潮中，有的昙花一现，有的几经发展后退出了历史舞台。有的企业组织形式发生了巨大变化，或者重组改造，或者变更企业名称而转产。即使是部分老字号、老企业，由于几经搬迁、改建，也已失去了其赖以生存和彰显于世的浓厚历史文化价值，不再属于工业遗产的范畴。有些工业企业的建筑和设施挪作他用，虽仍然是难能可贵的工业遗迹，却由于产权单位的错综复杂，使得保护开发工作举步维艰。

在本章当中，我们将对北京工业遗产的基本留存进行工业考古，对北京工业遗产保护面临的困境进行初步的梳理和阐释。囿于客观条件的限制，我们很难完全掌握北京工业遗产的全部信息资料，但我们尽力而为，力图展现其全貌，并就部分典型性遗产展开重点论述，以求达到管中窥豹之效。

一、北京工业遗产的类型学划分与工业考古

自 20 世纪 80 年代以来，北京逐步展开了大规模的产业升级、搬迁改造和环境治理，北京的产业结构发生了历史性转变，众多工业企业因此关停并转，并由此产生了为数众多、类型各异的工业遗产。因此，对于北京

工业遗产留存状况的梳理，有必要从探究其类型学的差异开始，以便更明了其性状，为有针对性地进行遗产价值评定与后期保护开发打基础。

根据目前北京地区工业遗产留存的基本情况，我们将其分为以下几种类型。

(一)生产型

生产型工业遗产是指那些产生较早、具有较长的发展历史，至今仍进行规模化生产，保持或部分保持了企业历史风貌、传统工艺设施的工业企业。这些历经百年岁月雕琢、仍旧运转的机械设备、发挥作用的厂房车间，形象生动地展现了近代工业化的艰难历程，是北京工业发展史的重要见证。

由于这类工业遗产本身还在创造物质财富，因而其保护开发具有一定特殊性。虽然这类工业遗产在北京工业遗产总量中所占比例较低，但其承载的历史文化价值、教育价值十分丰富，属于不可再生的稀缺性资源，是今后工业遗产保护与开发的重点对象。

从空间分布上看，生产型工业遗产大多分布于北京城近郊，因而较少受到城市拆迁改造的影响而得以幸存至今，如北京牛栏山酒厂、京张铁路等；只有少数企业由于历史原因或行业特殊性而分布在核心城区，如北京胶印厂等。从产业分布上看，该类型遗产多为与居民生活紧密相关、污染较少的轻工业企业，涉及一轻工业、二轻工业、食品工业等多个门类，而那些仍旧处于生产状态的污染较为严重，不符合绿色北京发展战略的工业企业会随着北京工业调整的深入而不断关停，如石景山的首钢集团，始建于1919年直至20世纪一直在生产运营的，2010年正式停产。与此同时，更多的生产型工业企业也陆续停产、改建、拆迁。这类企业刚刚停产，其企业物质形态保存的相对完整，加强对这类遗产的科学研究、合理保护，是工业遗产保护的一条捷径，相比那些已在一定程度上遭到破坏的企业，其整体性较好，因而文化价值相对较高。如果不能及时保护，极易造成此类遗产的破坏消失。对此类遗产的保护可谓亡羊补牢，如果不及时下手，则连补救的机会都没有了。

以下是尚在生产运转的工业遗产企业：

1. 北京牛栏山酒厂(始建于 1952 年)

清代诗人吴庭祁有诗云:“自古才人千载恨,至今甘醴二锅头。”这两句诗赞美的就是酒中珍品二锅头酒,也常被北京酒友用作借以向外地亲友推荐北京特产的物品。二锅头确是地道的北京特产,早在清代中叶就在京城民间流行开来,并传承至今,而二锅头生产企业中最富声誉的就是如今家喻户晓的“牛栏山二锅头”。

北京牛栏山酒厂坐落在顺义区京密路和潮白河之间的牛栏山镇。此地古代就有烧造白酒的传统,清康熙年间达到鼎盛,其后不断发展,形成了烧锅众多的局面。1952 年,牛栏山酒厂在四家老烧锅——公利号、福顺成号、义信号和魁胜号的基础之上公私合营而成。

牛栏山二锅头的制作工艺早在清中叶的“老烧锅”时期已经成熟:“蒸酒使用的是甑锅和釜锅。在甑锅内放入发酵的酒醅,在釜锅内注入凉水。甑锅中的酒醅加热后,变成酒气,遇釜锅的凉水凝聚成酒,用管引出。釜锅内的凉水温度随之升高,就再换一锅凉水,以降低温度,继续使酒气冷凝成酒。不同锅次凉水所冷凝出的酒,香气和口味都有明显区别。用第二锅次凉水冷凝出的酒,是各锅次中质量最好的酒,杂味少、口味醇,因而商家特意单独引接出来售卖,冠以‘二锅头’之名。‘二锅头’,实际上是以蒸馏过程中掐头去尾保持中段的酿造方法而得其名。‘掐头’是指在蒸馏时,将最先从釜锅流出的酒掐掉,‘去尾’是指去掉最后流出来的酒。”①可以看出,二锅头的工艺十分讲究,产品也是成品中的最优部分。这样的酒当然质量高,口感好,因此牛栏山二锅头之名才能广为流传,广受欢迎,一直延续至今。

公私合营后的牛栏山酒厂继承和发扬了二百多年来牛栏山的酿酒工艺和酒文化传统,酒厂在兴修新的厂房、生产线的同时,保留了大批 1952 年建厂时修建的早期酿酒车间,老厂房至今还保留着中华人民共和国成立初期的样式,分为甑锅、发酵池、晾床、冷却桶等几大核心区域。其工艺流

---

① 张庶平、张之君主编:《中华老字号》,第 5 册,2 页,北京,中国商业出版社,2007。

程则与旧时“老烧锅”颇为相似，“高粱先用开水闷，这个过程称为‘润料’，随后倒进甑锅高温蒸煮，即‘糊化’，随后铺在晾床上用刮板机吹凉，加入酒曲之后就可以填进发酵池发酵了。”直径两米多的老甑锅，已经沿用了二三十年，依然“海纳百川”。这样的生产日复一日，年复一年，至今从未停歇。也就是说，牛栏山的工艺虽然源自手工业，但是公私合营后在保持原有生产风格的基础上，加进了近代机器工业的生产方式，实为近代工业的企业。

古朴的酿酒车间、沿用数十年的酿酒设备、传承不息的酿酒技艺，积淀了牛栏山酒厂工业遗产的丰富价值，而且随着时代的变迁而越显珍贵。“牛栏山”商标于2006年被国家工商总局商标局认定为“中国驰名商标”，牛栏山二锅头的传统酿制技艺也被列入国家级非物质文化遗产保护名录，其产品获得国家“原产地标记保护产品”认定。

为了继承发扬牛栏山悠久的传统酿造技艺，牛栏山酒厂提出“传承链”这一概念，将传统的个体口传言授方式转变成为现代管理制度的现代传承模式。一是组织拜师会，让新入厂的员工拜经验丰富的酿酒老技师为师，学习烧酒技艺，通过老技师的口传言授确保传统技艺的代代传承。二是成功进入师门的徒弟必须遵守“严守本门技法，不得私自外传，不可自减工料，终身不得参与制假贩假”等多项规矩①。“传承链”概念的提出为更好地继承和创新“牛栏山”传统酿造技艺打下坚实的基础。2013年，牛栏山酒厂成立博士后科研工作站②，为进一步传承和提升二锅头传统技艺提供了更高的平台，也就在发展中更好的实现了保护牛栏山酒厂物质的和非物质的工业遗产。

2. 北京印钞厂(始建于1908年)

北京印钞厂位于西城区(原宣武区)西南部的白纸坊，东南临右安门，西北临广安门，其前身为清“度支部印刷局”，筹建于光绪三十二年(1906年)。这一年，清财政处会同度支部奏称：“发行纸币，宜设印刷官局，办

---

① 牛久仁、包边诗：《北京牛栏山酒厂实现跨越式发展》，载《中国食品安全报》，2014-11-06。

② 杨柳：《牛栏山酒厂博士后科研工作站挂牌》，载《工人日报》，2013-11-06。

理全国纸币，各项有价证券，各种报、牍、簿、籍印刷事务。”①同时奏请利用旧工部制造火药局的旧址作为印刷局的厂址。这表明，清政府财政处和度支部建立这个印刷厂，是为清政府未来的币制改革、发行纸币做准备的，并且力图减少用地费用。光绪三十四年(1908年)，财政处和度支部的奏请获清廷批准，印刷局的建设启动。建设期间，印刷局帮办陈锦涛主持从美国引进了万能雕刻机、凹印机全套设备，以及石印机、圆盘印码机、照相机等设备，还购置了工业锅炉、发电机等动力设备，并延聘了美国技师做技术指导。1910年，清政府又将邮传部奏设的印刷局并入，增设筑活版课工厂。同年5月，印刷局粗具规模，度支部拟定了印刷局章程26条，同时奏请赋予其印制邮票、车票、盐引等各种官用证券的权力。其中邮票印刷使得多年由外国人控制的总税务司把持的邮票印刷权回归中国人之手。1911年，印刷局首次印制出了钢版凹印钞票“大清银行兑换券”1元、5元、10元、100元四种样币。这是中国最早采用钢版凹印设备印制的钞票，揭开了中国印刷技术新的一页。但辛亥革命爆发后，度支部印刷局印制的大清银行兑换券未能发行便休印了。

中华民国成立后，该局改称财政部印刷局，隶属北京政府财政部。1913年，印刷局购办了切纸机，添置铅印、石印、打印等机件，力图扩大生产。1914年秋，由美国米拉奔建筑公司设计，“一切悉按美京华盛顿印刷局形式办理”②，由日商华盛公司包建的主体工房竣工投产。1915年全局建筑完毕，生产纳入正轨。总计全局共占地24.4公顷，设有主工房大楼、机务科工房、活版科工房、印刷完成工房、锅炉房、发电房，以及水塔、泵房、办公用楼、家属区等配套设施，基本上代表了20世纪初世界工业建筑的水准，亦为当时国内规模最大、设备最先进的印钞造币厂。1928年6月，该局改称财政部北平印刷局，隶属国民政府财政部。抗日战争时期，该局被日寇霸占，一度改为伪中华民国临时政府行政委员会印刷局，

---

① 颜世清：《财政部印刷局报告书》，1916年12月出版，见陈真编：《中国近代工业史资料》，第三辑，317页，北京，生活·读书·新知三联书店，1961。

② 颜世清：《财政部印刷局报告书》，1916年12月出版，见陈真编：《中国近代工业史资料》，第三辑，319页，北京，生活·读书·新知三联书店，1961。

后改为华北政务委员会印刷局。抗日战争胜利后，1945年11月国民政府接收了该局，改组为中央印制厂北平厂。总之，在整个民国时期，该局始终是中国政府最主要的印钞企业之一，在近代中国经济社会发展和金融秩序整顿中扮演了重要角色，其生产水平也随着时代的进步和时间的流逝不断提高，机器设备也逐渐更新。

北平和平解放后，1949年2月1日，解放军接管工厂，厂名定为中国人民印刷厂，仅仅用了两天时间就开工印刷出了人民币，当时的口号是"军队打到哪里，人民钞票就供应到哪里"①。之后，中国人民银行总行第一印刷局、第二印刷局、第三印刷局及华北银行石家庄直属厂的部分职工奉命调来充实工厂，到1949年年底，全厂职工已经从刚刚军管时的426人猛增到5000余人。1950年3月，经中国人民银行批准，该厂更名为北京人民印刷厂。以后又先后更名为中国近代印刷公司、国营五四一厂、北京人民印刷厂等。1993年，定名为北京印钞厂。2008年3月12日，作为印钞造币行业现代企业制度改革试点单位，北京印钞厂更名为"北京印钞有限公司"，并成立北京印钞有限公司董事会。

在中华人民共和国成立后的60多年间，北京印钞公司先后参与了新中国第一套至第五套人民币和中国银行港币、澳门币的设计与印刷，为保证国家货币的发行做出了很大的贡献。该厂还设计、印制了人民币第一张塑料钞票——迎接新世纪纪念钞，成为世界少数几个能够印制塑料钞票的企业。还为北京奥运会印制了奥运历史上首张纪念钞。还设计印制了多种债券、凭证及高级美术画册，是当代中国最重要的现代化的印钞基地②。

如今，北京印钞厂仍位于创建时的原址，但面积扩大了。由于在岁月的流逝中企业的业务量不断扩大，中华人民共和国成立后该厂历经五次改扩建，厂区总建筑面积已达10万平方米。但包括1914年建成的主工房在内的多处历史建筑依然保存完好，进行结构强化后仍能承担现有生产任

---

① 北京印钞厂厂史编辑办公室：《军队打到哪里，人民钞票就供应到哪里》，见北京市政协文史资料委员会纪念北京解放四十周年史料专辑《北京的黎明》，301页，北京，北京出版社，1988。

② 刘宇鑫：《北京印钞厂迎来百年生日》，载《北京日报》，2008-10-11。

务，并已于2008年入选北京市优秀近代建筑保护名录。这些建筑的存在是北京近代工业化发展的见证，更是北京宝贵的工业遗迹。

图 3-1　财政部印刷局全景

资料来源：张复合：《北京近代建筑史》，200页，北京，清华大学出版社，2004。

图 3-2　今北京印钞厂正门

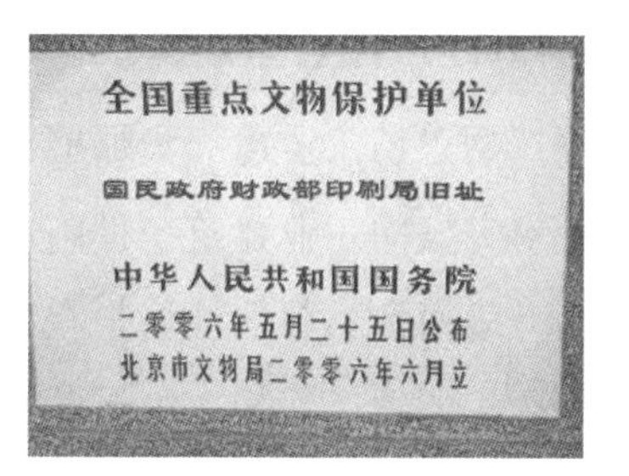

图 3-3　印钞厂文物标示

北京地区典型的生产型工业遗产还有：始于清康熙二十七年(1688年)，建厂于1958年的北京益华食品厂(其产品是著名的通三益秋梨膏)；建成于20世纪初的长辛店机车车辆厂、京张铁路等。

图 3-4　京张铁路青龙桥车站远景

图 3-5　青龙桥车站近况

图 3-6　百年京张铁路至今仍正常运转，北京 S2 线动车组在青龙桥车站做技术停车

(二)停产搁置型

停产搁置型工业遗产指那些已经停止工业化生产、失去原有效用、但保存相对完好的工业建筑、设施等。它们的停产，多由于近年来北京工业的转型升级而致，但遗址保护相对完好。这主要是由于近年来在社会各方呼吁下，工业遗产保护力度不断加强，使得宝贵的工业遗产得以保留。也有部分停产搁置型工业遗产是由于自身区位条件较差、改建其他用途价值较低，而无法得到有效开发利用，幸运地保存了下来。这些停产搁置型工业遗产多为集中在旧城区的街道小工厂，或者是远郊区县已经倒闭关停的大批建于 20 世纪六七十年代的备战企业和小三线企业。

停产搁置型工业遗产在空间分布上没有严格的规律可言，目前具有代表性的有：

1. 北京炼焦化学厂(始建于 1958 年)

北京焦化厂建于 1958 年，位于北京市东南部垡头边缘，总占地面积约 174 公顷。焦化厂兴建前，北京燃料结构单一、环境污染严重、能源浪费巨大。为彻底解决这些问题，当时的北京市委决定兴建一座炼焦化学厂，通过煤的气化降低污染，达到能源综合利用、节省燃料的目的。北京焦化厂使用了中国自主研制的第一台炼焦炉，推出了第一炉焦炭，并第一次将人工煤气通过管道输送到市区，开创了北京燃气化建设的历史。从第一座焦炉投产以来，焦化厂为京东各主要工业企业和北京近一半的家庭提供了近50年的煤气，共为北京输送了商品煤气148亿立方米，替代燃煤2000多万吨。[①] 为北京经济发展和居民生活条件改善做出过积极贡献，也为北京环境的改善做出了贡献，其发展历程是北京辉煌的工业发展史的重要一环。

21世纪以来，随着北京申奥成功、天然气进京以及城市建设的快速发展，焦化厂所处的地理位置和产品已经不能适应北京城市建设尤其是环境保护的要求。2000年8月，北京市颁布了《北京市三四环路内工业企业搬迁实施方案》，加快了解决工业企业污染扰民问题的步伐。根据当时的《北京奥运行动计划》，北京焦化厂被列入了重点污染企业，并被要求在2008年前完成拆迁工作，主要设备迁建到河北唐山。按照预定进度，2002年焦化厂逐步减产，2006年7月15日，北京焦化厂在运行了47年后正式熄火。同年，北京市规划委主持了对首钢、焦化厂、798等工业建筑遗产现状的调查分析，对北京工业用地进行了整体规划利用研究[②]。

2007年，北京市国土局收购了焦化厂原址，并纳入政府土地储备，主厂区内的各种建筑物、设备都面临拆除。这一决定在新闻媒体报道后，社会舆论大哗，焦化厂厂区的去留受到社会各界的强烈关注，大批普通市民、“两会”代表委员纷纷建言市政府和有关管理方，建议停止拆除焦化厂，保留工厂原貌，并作为工业遗产加强保护。各界人士认为，北京焦化厂的发展与新中国煤化工业有着紧密的关系，历史上曾创造了商品焦产量第一、自建我国第一座6米34孔大容积焦炉等多个中国焦化工业的“第一”，在技术上也具有一定的先进性，因而具有较高的工业遗产价值。保护其工业遗存，对于丰富北京城市建设发展史的多样性，记录北京辉煌的工业发展历程，丰富北京的历史文化名城内涵，满足广大市民尤其是老一代工业职工的情感需求，满足市民日益多样的休闲需要，集约利用城市存

① 北京市规划委员会详细规划处编：《北京焦化厂：留住工业记忆》，载《北京规划建设》，2009(1)。

② 刘巍：《工业遗产保护与城市更新的关系初探——以北京焦化厂、首钢工业区、石家庄东北工业区为例》，见《2014（第九届）城市发展与规划大会论文集》，1～8页，中国城市科学研究会，2014。

量资源，都具有重要的文化遗产意义和现实意义。同时，开展北京焦化厂工业遗产保护，也是在发展循环经济、实现经济可持续发展上做的有益探索。①

鉴于社会各方的呼吁和欲求，北京市政府紧急叫停了焦化厂的拆迁工作，并决定转变发展思路，开发和再利用焦化厂蕴含的丰富的工业遗产。2007年，北京市规划委员会、北京市文物局联合公布了《北京优秀近现代建筑保护名录(第一批)》，其中包括6项工业遗产。北京焦化厂的1＃、2＃及1＃煤塔名列其中②。2008年10月，北京市国土局联合北京市规划委组织了"北京焦化厂工业遗址公园开发再利用"的国际设计竞赛，准备从中选取优秀方案进行实际运作。这一活动得到海内外学术界的高度关注，也引发了强烈社会反响③。同年，北京规划委组织了"北京焦化厂工业遗址保护与开发利用规划方案征集"活动，将工业遗迹最为集中和典型的T字形区域规划为工业遗址公园，通过主要的生产工艺流程将这些建筑物串接起来，形成煤之路、焦之路、气之路、化工之路四条特色游览线路，完整展示焦化厂的生产工艺流程和产业风貌特色。工业遗址公园两侧则建开发建设区和地铁车辆段，采用较高强度的开发模式，借助密格网道路系统和开发空间系统，形成灵活的小型开发单元，并对地下空间进行大规模的整体开发，用以平衡公园运转投入④。

① 北京市规划委员会详细规划处：《北京焦化厂：留住工业记忆》，载《北京规划建设》，2009(1)。

② 刘巍：《工业遗产保护与城市更新的关系初探——以北京焦化厂、首钢工业区、石家庄东北工业区为例》，见《2014(第九届)城市发展与规划大会论文集》，1～8页，中国城市科学研究会，2014。

③ 关于北京焦化厂工业遗产保护规划问题可以参考：邱跃、文爱平：《继承奥运工程建设珍贵经验 以创新精神做好城乡规划工作——北京焦化厂工业旧址保护与开发利用规划访谈》，载《北京规划建设》，2009(1)；栾景亮、贾映仑：《落实科学发展观 不断提升城乡规划水平——北京焦化厂工业遗产保护与开发利用规划方案征集》，载《北京规划建设》，2009(1)。

④ 刘巍：《工业遗产保护与城市更新的关系初探——以北京焦化厂、首钢工业区、石家庄东北工业区为例》，见《2014(第九届)城市发展与规划大会论文集》，10页，中国城市科学研究会，2014。

今后，焦化厂地区将形成一片大规模保障房居住区，同时配套连通地铁 7 号线的地下商业带，还要建设幼儿园、养老设施等。焦化厂保障房项目在原焦化厂土壤处理的过程中，为了彻底“根除”污染土，清理出了一片巨大的地下空间，其中包括一个 400 米长、300 米宽、18 米深的深坑，未来将用于发展地下商业。这一系列规划措施表明，焦化厂的保护利用不仅仅着眼于工业遗产的保护开发，还兼顾了北京市住房紧张的问题，以及人民群众日益提高的生活水准的要求，特别是兼顾了环境污染问题的解决，是一个综合考虑综合利用工业遗产的典型。

2. 北京棉纺织二厂

棉纺织业曾长期是中国民族工业的支柱行业。中华人民共和国成立伊始，国家曾着力在北京东郊建立了大规模的纺织工业基地，纺织厂、印染厂、针织厂连成一片，形成了一个十分壮观的棉纺织工业生产区。北京的纺织工业由此发展起来，并且一跃成为北京工业的支柱行业，北京由此彻底摘掉了纺织工业薄弱区的帽子。北京棉纺织区的形成，是新中国人民政府解决人民穿衣问题决心和魄力的见证，记录了北京纺织工人为实现这一目标所做出的极大努力。几十年间，北京纺织行业一直发展迅速，直到改革开放初期，都是北京上缴利税和出口创汇的大户。

20 世纪 90 年代，中国纺织工业开始了纵深调整，北京棉纺织工业按照北京市工业总体布局的要求，开始淡出历史舞台。京东各纺织企业先后进行重组改造，合并为目前的京棉集团，原有厂区被基本拆除完毕，兴建为全新的商业写字楼、高档社区。按照原计划，京棉二厂应于 2007 年 8 月完成全部搬迁工作，并在顺义新建厂区。其后因资金不到位、政策不衔接等问题，搬迁工作被搁置下来，旧有厂区也未进行有效开发。这样，京棉二厂得以避免被拆除，成为整个京东纺织城仅存的宝贵工业遗产，也成为北京纺织工业辉煌历史的唯一见证。

图 3-7　京棉二厂曾经的生产场景

图 3-8　京棉二厂在建设之中

资料来源：《人民画报》，1953(10)。

京棉二厂是新中国第一个采用全套国产设备装备起来的大型棉纺织厂，企业试生产时，党和国家第一代领导人曾亲自到厂视察。在长期的发展中，该厂曾经为北京经济的发展、为中国棉纺织业的进步做出过巨大贡献。北京市政协委员郭栖栗于2008年向北京市建议，利用“纺织城”这个金字招牌，将京棉二厂打造成“时装之都”，在厂房内展示历朝历代民族服饰，以实物的方式让人们了解黄道婆开创的中国棉纺织史，同时还可订做、销售服装，从而实现价值叠加。这样做，不但保护了工业遗迹，也传承了传统工业的精髓，又可带来社会和经济效益。这一倡议受到市委市政府的重视，也启发了京棉集团的干部职工，开始酝酿利用创意产业的模式开发老厂区①。

随着朝阳区CBD——定福庄一带发展文化创意产业的规划的制定，京棉二厂最终改造翻新成为一座大型文化创意产业园区。它的建设借鉴了798、751等老厂房改建的运营经验，又结合了本厂和本地区的特点，建设成为以传媒出版产业为重点的特色文化创意产业集聚区，改名为莱锦创意产业园。2011年9月，莱锦创意产业园正式开园，新媒体类、广告类、动漫类等100多家创意企业入驻园区，总共聚集了创意人才近万人，开园4

① 参见《京棉二厂转型创意产业，3亿元打造体验“纺织园”》，北京文化创意网，2008-09-17。

个月就实现了100%的出租率①。厂区占地面积约为13万平方米，现建筑总面积约11万平方米。国棉公司特别聘请了国际知名的日本设计师隈研吾前来设计，在充分保留原有建筑特色的前提下，他采用结构分割、天然采光、立体绿化等措施，将旧厂房改造成为庭院式的工作园区。改造之后，纺织企业厂房特有的锯齿形屋顶不仅保留了下来，锯齿形还被用在了园区建筑的各个角落，成为园区特色的标志。在改造利用上，莱锦创意产业园除按照最新建筑规范进行老厂房结构加固外，还将原厂区内砖混结构危房改造成航母工作室，并重新改造了全部市政设施，在提升品质的同时，延长了建筑的使用寿命，进一步增加了其使用价值②。

(三)破坏泯灭型

破坏泯灭型工业遗产是目前北京工业遗产中数量最多的一类，其中相当多数具有较高的历史文化价值，但是由于各种原因已经完全消失，造成了难以弥补的巨大的文化和历史的损失。

1. 北京双合盛啤酒厂(始建于1914年)

图3-9 双合盛啤酒厂麦芽塔原貌

图3-10 遭受严重破坏后的双合盛啤酒厂厂区

① 参见张艳、柴彦威：《北京现代工业遗产的保护与文化内涵挖掘——基于城市单位大院的思考》，载《城市发展研究》，2013(2)。

② 冯强：《京棉二厂“变身”时尚创意园，老国企焕发生机》，http://news.hexun.com/2012-04-13/140388048.html，2012-04-13。

很多北京人是从啤酒瓶的商标上认识这座极富特点的建筑的。20世纪八九十年代，市场上常见的五星全麦啤酒的商标，便是这座造型奇特的建筑——啤酒厂设备塔。这座建于1915年的设备塔看上去是如此醒目，坚实的身姿、极富特点的造型明显区别于那个时代的中式传统建筑，带有明显的西洋建筑风格，又明显区别于古代民居，而带有显著的工业建筑风格。从远处望去，通体呈现灰黑色，颇有几分相似于古老的西方城堡或教堂，其形状又颇似一个硕大的啤酒瓶。有学者这样描述这座建筑的价值："设备塔反映了啤酒的造酒工艺，上书'双合盛啤酒厂'几个大字，是啤酒厂的重要标志。"①然而，今天即使在互联网上进行搜索，也难以查找到这座老建筑的详细资料了。

北京双合盛啤酒厂为我国民族资本自主投资兴建的第一家啤酒厂，创办于民国初期的1914年，是民初实业救国浪潮的产物之一。"啤酒之发明始于丹麦，嗣后欧美各国，争相效仿，流行日广，我国从前输入之啤酒，多系德日等国之产。每年销数甚巨。"②民初，国内尚无国人兴办啤酒厂，但社会上却已经出现了旺盛的消费需求，加之在华外国人的需要，啤酒的市场需求很高，而且处于不断攀升中。在此条件下，旅俄华商张廷阁看准商机，在京投巨资五十万元创办了双合盛啤酒厂。初期的双合盛啤酒厂仅有糖化室一所、烤原料设备一所和酒窖三处，生产条件比较简陋，产量也有限。随着啤酒市场的不断扩大和盈利的增加，厂方又先后于1921年和1930年两次增资扩建，生产能力不断提高，年产啤酒达到了3000余吨的水平③，资本额超过百万，工人一千有余，跻身当时北京规模最大的企业之列。1916年，第一批"五星牌啤酒"问世，酒液清亮透明，泡沫洁白细腻，口味纯正，毫不逊色于进口啤酒，因而一面世就广受消费者欢迎。

---

① 周建森：《北京一保护建筑已成废墟，曾见证近代工业史》，载《北京晚报》，2007-12-25。

② 池泽汇、娄学熙、陈问咸编：《北平市工商业概况》，343页，北平市社会局，1932。

③ 周建森：《北京一保护建筑已成废墟，曾见证近代工业史》，载《北京晚报》，2007-12-25。

1926年，“五星牌啤酒”又在工商部的国货展览会上一举夺标，并在巴拿马国际展览会上获奖①，从此更是声名鹊起，闻名遐迩。由于双合盛的产品“性质滋味，与外来德国啤酒殊少差异，且定价较廉，以故遍销各地，凡以北平及天津、上海、汉口、济南、青岛、烟台为最大销场，成为我国北方华商所设之唯一啤酒公司”。“欧战时岁占吾国全部之销场，欧战告终，美国及青岛啤酒亦稍有销路，则德国站人啤酒颇有输入者，然此等远道而来之酒运费昂贵，故在北方该厂啤酒仍占有独霸之势。”②经过岁月的磨砺和企业不断锐意创新，双合盛啤酒至此已经成为中国北方最大的啤酒厂，其产品也成为北方市场份额最大的啤酒产品。

中华人民共和国成立后，双合盛的发展势头依然良好，在继承传统的基础上不断创新，展现了较好的市场竞争力。改革开放后，京城百姓喝啤酒仍然是认“五星双合盛”和“北京啤酒”这两个牌子。因双合盛啤酒厂位于城西的广安门外，北京啤酒则位于城东，两家就以天安门的国旗杆为界，双合盛在城西经营，北京啤酒则在城东销售。两个品牌几乎占据了北京全部的市场份额。以后两厂又致力于联营，成立了联合公司，所联营的厂家于1992年达到42家，年生产啤酒100余万吨。1992年11月30日，北京双合盛五星啤酒集团公司成立，具备了年产18万吨啤酒的生产能力。1995年1月12日，“双合盛”与美国亚洲战略投资公司第一投资公司合资成立了北京亚洲双合盛五星啤酒有限公司。2000年8月又加入了青岛啤酒集团公司，成立了北京五星青岛啤酒有限公司，至2005年年底，公司已经形成年产20万吨啤酒的生产能力，在激烈的北京市啤酒市场竞争中占有了一席之地③。

但令人惋惜的是，五星青岛啤酒却再也没有使用“双合盛”的商标，“双合盛”这个曾经响亮的商标逐渐淡出人们的视野，渐渐被人们遗忘，企业在追逐经济利益的同时丢失了宝贵的百年品牌，丢失了蕴藏着丰厚的历

① 《中国的啤酒发展史》，搜狐财经，2008-03-07。

② 王季点、薛正清：《调查北京工厂报告》，4页，首都图书馆地方文献部藏，民国十三年(1924年)。

③ 赵一帆：《消失的双合盛五星啤酒》，载《首都食品与医药》，2015(4)。

史底蕴和文化内涵的老商标。又由于工业遗产保护意识的淡薄和考虑问题的片面性，双合盛在注重传统技艺传承的同时，并没有充分保护好企业宝贵的物质文化遗产，过分看重企业短期经济利益。2005年，双合盛酒厂为获得更大发展空间，搬出经营了80年的广安门厂区，原址被拍卖出售改为住宅用地。企业原有的大批珍贵工业遗产——如建厂时设立的麦芽塔、糖化车间以及众多的机械设备都没有得到妥善保护和保存，都在开发商的推土机下消失殆尽。这个中国近代史上第一座也是中国历史上的第一座啤酒厂就这样消失在历史的烟云中，这个标志性的啤酒工业建筑永久地从人们的视野中消失了。企业不但因此失去了文化传承、失去了见证历史的重要载体，北京工业也因此失去了重要的历史见证和文化遗产。

2. 清河毛纺厂(始建于1908年)

19世纪60—90年代，一场自上而下的洋务运动拉开了中国近代化和工业化的序幕。以“求富”为目标、以鼓励民间投资为导向的官督商办、官商合办的民用工业出现了，并且由此带动了民族工业的产生发展。清河毛纺厂正是清政府这一政策的产物。1907年，候选道谭学裴禀呈清政府陆军部，呈请创立溥利呢革有限公司，官商合办，额定资本100万两白银，“分设制造和呢革两厂，专供本国军队之用”，同时，谭学裴还拟具了开办章程和办法。陆军部对此建议非常赞赏，乃上奏清廷，最终获“旨准”。之后，为了支持企业的开办，陆军部拨款50万两白银作为官股入股，并派谭学裴赴外洋考察制造办法和招股事宜①。次年，谭学裴赴欧洲考察后归国，他认为“织呢一项，中国毛料甚适军服之用，较欧洲所产尤美”②，开始着手工厂的建厂筹备。同年，工厂开工建设。工厂厂址在考虑了纺织业的用水问题后，最终选在了北京西北郊的清河镇，共占地160亩，建设厂房280余间。还从英国进口纱锭4800枚，织机58台。又雇佣工人300余人，以满足工厂的用工需要。1909年，工厂正式建成投产，可月产军呢数千码。但是不到两年，清政府就覆亡了。进入民国后，工厂的丰厚盈利被北

① 《准办溥利呢革公司》，载《广益丛报》，1907年第155期。

② 《见闻》，载《南洋兵事杂志》，1908(21)。

洋政府看重，1915年，北洋政府国务卿陆征祥以政事堂名义宣布接收溥利呢革公司，改名为陆军呢革厂，并委派曹锐、何守仁分任总办帮办，溥利呢革公司自此变成了官办，归陆军部所有①。这座创办于清末的呢革厂就是北京清河毛纺厂前身，是中国工业化发生后创办并生存下来的最早的毛纺织工厂②，也是北京地区最早的现代化纺织企业，更是清末民初远东地区规模最大、设备最新的毛纺织企业。

但是，受民国时期不稳定的国内政治环境影响，以及外商的倾轧等经济原因的影响，该厂在民国时期曾先后数次停产，产权、厂名多次变更，经营十分困难，只是勉强维持而已。1948年12月28日，工厂更名为"北京清河制呢厂"。

北平和平解放后，清河毛纺厂焕发了生机，生产得到了迅速的恢复和发展。1949年6月20日，工厂全面开工，1950年就生产呢子558455公斤，比1949年增加了96%③，还完成了十万码呢的第一批国家订货；1952年元月，企业投资383万元的6800锭精纺车间正式投入生产，可年生产精纺产品25.9万米。1954年，企业又投资142.6万元改建长毛绒车间，可纺纱2000锭。1956年，投资702万元动工扩建一万锭精纺厂，主要纺织设备由日本进口。1958年3月，投资957.6万元开工兴建绒毯厂，新建厂房28600平方米。1962年，北京清河制呢厂更名为北京清河毛纺厂。资料显示，至此企业已经有厂房13781平方米，纱锭7128枚，织机102台，有老工人为主的职工1700人，主体产品是精纺毛织品、毛线、毛条④，已经发展成为中国毛纺织业的骨干企业之一。这一时期，清河毛纺厂的生产规模不断扩大，企业经济效益位居全行业前列。

---

① 《政府公报》，第151期，1915-02-19。

② 1879年(光绪五年)，左宗棠奏设兰州机器织呢局，是为中国最早设立的机器毛纺厂。但这个厂受自然条件的限制以及其他问题的困扰，只维持了五年就倒闭了。故清河毛纺厂是中国最早建立并持续生产长达近百年的毛纺厂。

③ 陆禹：《北平工矿业的新生》，见北京市政协文史资料委员会纪念北京解放四十周年史料专辑：《北京的黎明》，276页，北京，北京出版社，1988。

④ 秋瑟：《二十四城记——一个百年老厂的世纪变迁》，载《中国纺织》，2009(11)。

自1962年开始，企业为了扩大生产规模，进行了大范围的厂区建设，部分1908年建厂时的老建筑被拆除了，仅保留溥利呢革公司的2层办公楼，这在今天看来已经十分遗憾了。但这还只是悲剧的刚刚开始，20世纪90年代以后，清河毛纺厂的历史遗迹开始遭遇灭顶之灾。由于市场结构和市场需求的变化，清河毛纺厂生产经营面临较大困难，生产规模日益下降，部分厂区被改造为住宅小区、商业写字楼。2007年12月25日，北京纺织控股公司召开北京清河三羊毛纺织集团有限责任公司成立大会，正式宣布原北京清河毛纺厂、北京制呢厂、北京市毛纺技术开发公司并入北京北毛纺织集团有限公司，组建成立北京清河羊毛纺织集团有限责任公司[①]。2008年奥运会前夕，该厂生产环节完全搬迁到平谷马坊地区，企业也改制为中美联合北京制呢有限公司。此后，工厂将部分旧有生产设备捐赠给首都博物馆，其余大多数被当作废品出售。更令人痛心的是，毛纺厂旧厂区内仅存的几处具有百年历史的工业建筑，也被开发商在获悉文物部门将保护毛纺厂旧有建筑的消息之后迅速拆除，曾经立有厂牌的位置已经成为一片废墟，代之而起的是华润集团兴建的橡树湾小区[②]，一座展现北京近代纺织业历史的宝贵工业遗产就这样完全消失了。

20世纪80年代末至90年代初，笔者李志英曾在中国近代经济史教学中，以案例教学的方式带领学生参观过清河毛纺厂。那时，建于1908年的几座历史建筑尚存，孙中山的题词也保存完好，高挂在由老办公楼改建的厂博物馆中。车间里机器轰鸣，带我们参观的厂方负责人还特别告诉我们，正在运行的机器从20世纪20年代制造的，到近年代制造的都正在使用。今天回想起来，清河毛纺厂不但是北京乃至中国毛纺工业百年发展的历史见证，更是毛纺工业机器设备沿革的见证，将彼称之为毛纺机器设备博物馆并不为过。如果这个包含如此丰富的中国工业历史发展信息的工厂能够保存下来，则为中国近代工业的发展添一生动例证，为教育后人添一

① 秋瑟：《二十四城记——一个百年老厂的世纪变迁》，载《中国纺织》，2009(11)。

② 秋瑟：《二十四城记——一个百年老厂的世纪变迁》，载《中国纺织》，2009(11)。

活灵活现的历史教科书。但是，如今这一切都已经成为过眼云烟，辉煌的历史符号早就湮没在历史烟云的深处了。至今每每想起这事，笔者都十分痛心，内心充溢的常常是冰冷的、滴血的痛楚。一座记载了百年老厂世纪变迁的历史遗存，其存在的文化价值、符号价值和历史价值早已经远远超越了其实业价值，仅仅着眼于经济效益的做法显然是十分短视和错误的，这种短视行为造成了不可复制的文物的毁灭，带来的是无法挽救的中华工业文化的损失，这种损失将会在未来中国文化发展和文物保护中不断闪现，令人痛心。

3. 北京石景山发电厂(始建于1919年)

清光绪三十一年(1905年)①，官宦史履晋、蒋式瑆、冯恕等具禀农工商部呈请代奏，请求在京城内外创设京师华商电灯股份有限公司②，是为北京近代民用电力工业之滥觞。京师电灯有限公司最初设厂于前门内顺城街，“向瑞生洋行购买蒸汽炉两座，二百马力横轴汽机两架，三线交流发电机两座，汽机直接电机，共生电力二百五十余基罗滑脱(瓦)，可供十六烛光电灯八千余盏。”③电厂建成并供电后，广受欢迎，人们深切地体会到了电灯的便捷和清洁，因此电厂建立不久，电力就供不应求，市场需求迅速扩张。面对广大的市场，电厂经营方经股东大会讨论决议后，电厂两次扩大了生产规模。到民国初年，京师已有电灯三万余盏。其后，城市用电量不断增加，工厂又于1919年8月，在北京西郊广宁坟村新建石景山发电分厂，即为北京石景山电厂前身。该厂安装的首台汽轮发电机组容量为2000千瓦，于1921年10月建成，1922年2月通过石景山至前门的北京第

① 京师华商电灯股份有限公司的筹建又有光绪三十二年之说，本研究采用徐家椙的说法，见徐家椙：《参观北京电厂记》，载《太平洋报》，1912-08-20；又见汪敬虞编：《中国近代工业史资料》，第二辑(下)，826页，北京，科学出版社，1957。

② 池泽汇、娄学熙、陈问咸编：《北平市工商业概况》，464页，北平市社会局，1932。

③ 徐家椙：《参观北京电厂记》，载《太平洋报》，1912-08-20，又见汪敬虞编：《中国近代工业史资料》，第二辑(下)，826页，北京，科学出版社，1957。

一条33千伏输电线路向城区送电[1]。

京师电厂“所购机器，均来自英德，锅炉二十座，系英国拔柏葛公司所造。所用之汽机，为透平机，共十台，共二万六千八百五十三马力，又有发电机十台，为三相星形，共有三百六十三马力，均系英国茂伟、德国西门子所造。总值为五百三十二万余元”[2]。到1936年，城内和石景山两座发电厂总装机容量已达35035千瓦，为当时华北地区最大的发电厂。日据时期，日伪当局大规模扩建该厂，企图使之成为日伪“精心”构建的京津唐电网的骨干电厂，为日本帝国主义的侵略服务。

中华人民共和国成立后，石景山电厂在保障城市供电、维护社会稳定、促进经济发展方面发挥了重要作用。1955年，电厂开始利用苏联技术设备进行企业设备升级，装机达到了10.9万千瓦。改革开放后，北京开始了产业转型，又由于产业升级换代的需要，80年代末，石景山电厂具有60年历史的多座发电机组被爆破拆除，设备送交首钢化炉炼钢。与此同时，石景山发电厂改建为燃煤热电厂：安装了3台20万千瓦供热汽轮发电机组，配备3台670吨每时燃煤锅炉。3台机组分别于1988年、1989年、1990年建成投产。20世纪90年代初期，北京地区严重缺电，集中供热需求增加，为确保3台机组稳定供热，满足最大供热需求，石热决定扩建一台20万千瓦供热机组，工程于1995年投产。至此，石景山热电厂总装机容量达80万千瓦。当年，石景山发电总厂有火力发电厂3个，水电站4个，燃油汽轮机电站1个，总装机容量为176.6万千瓦，发电量76.4亿千瓦·时，工业年产值达5.66亿元[3]。

进入21世纪，北京开始实施绿色北京的建设战略，石景山热电厂的生产模式已经不能适应北京发展的需要，因为石景山热电厂在为北京输送大量光和热的同时，其正在运转的4台机组每天要消耗约万吨燃煤，排出大

① 北京市地方志编纂委员会：《北京志·电力工业志》，5～7页，北京出版社，2004。

② 北京市地方志编纂委员会：《北京志·电力工业志》，20～31页，北京，北京出版社，2004。另一说为五百一十余万元，见徐家楣：《参观北京电厂记》。

③ 刘宇鑫：《百年石景山热电厂关停》，载《北京日报》，2015-03-20。

量粉尘污染大气环境，严重破坏了北京的空气质量，威胁居民的身体健康。为了北京环境保护的大局，2015年春，石景山热电厂内4台发电机组全部关停，2座烟囱都不再有任何烟尘排放。有1993年建厂史的石景山燃煤热电厂至此正式退出历史舞台。如今的石景山电厂厂区环境整洁，绿树成荫，但却难觅历史的踪迹，仿佛这里没有发生过那段辉煌的工业发展史。这种状况真切地反映了当今人们保护工业遗产意识的淡薄。

图3-11 1949年时的北京石景山发电厂，时称北平发电所

图3-12 关停前的北京石景山电厂

4. 北京丹华火柴公司(始建于1905年)

北京丹华火柴公司由清政府商部于光绪三十一年(1905年)奏请创办，其上清廷的奏折云："窃为火柴一项来自外洋，销数最旺，上海、汉口、四川皆有华商设立公司抵制洋货，京师都会之地尤宜招商兴办，以塞漏卮。"①之后，商部令北京商会各董事筹议此事。北京商会经商议后，决定由分省补用知县温祖筠等牵头筹办。最终，众商决定集股5万两白银在京师设立丹凤火柴公司。商部查看了北京商会的筹办报告后上奏清廷云："臣等查温祖筠等熟悉商务，家道亦尚殷实，其所请制造火柴意在创兴实业，挽回利权，所拟章程悉照臣部奏定公司律办理，自应准予立案，拨给官股银五千两，以资提倡，并准于京城内外大兴宛平境内专办十年，借免

① 《商部奏招商设立京师火柴公司并拨助管本片》，见陈真、姚洛编：《中国近代工业史资料》，第一辑，552页，北京，生活·读书·新知三联书店，1957。

搀夺。”[①]这样，在清廷的大力扶植下，丹凤火柴公司诞生，是为北京地区最早出现的生产引火材料的工厂，厂址设在今东城区永定门外沙子口路。

由于得到了清政府给予的专利权的保护，以及“五城察院各衙门一体保护”[②]的政策支持，丹凤火柴公司的业务发展很快，“自开办以来，销售畅旺，卓著成效”，次年就出现了增资需要，“近公司中人恐原招资本不敷周转，必致局面狭隘，不能与各国火柴公司争衡，因议续招股本五百股，集资推广，已由商部批准立案，并谕令遵照前订招股章程，妥为办理。”[③]

民国以后，丹凤火柴公司遇到了外资火柴公司的强力竞争，发展大受影响。为了与外资火柴公司竞争，1918年[④]，丹凤火柴公司与天津华昌公司合并，改称丹华火柴公司，丹凤火柴厂称为丹华京厂，华昌火柴厂称为丹华津厂。此后，由于资本力量的壮大，公司业务发展迅速，到20世纪30年代丹华火柴公司已经成为华北最大、全国规模第二的火柴企业，资本总额达到150万元[⑤]，并已发展有三个工厂。除北京、天津的老厂外，公司还在安东开设分厂，并附设锯木部和木场，实现了火柴用木材的自给，不再耗资进口轴木，降低了生产成本，提高了企业生产效益，产品行销华北各地以及京绥、京汉沿线[⑥]。

① 《商部奏招商设立京师火柴公司并拨助管本片》，见陈真、姚洛编：《中国近代工业史资料》，第一辑，552页，北京，生活·读书·新知三联书店，1957。

② 《商部奏招商设立京师火柴公司并拨助管本片》，见陈真、姚洛编：《中国近代工业史资料》，第一辑，552页，北京，生活·读书·新知三联书店，1957。

③ 《商务官报》，光绪三十二年六月五日，第10期，第37页。

④ 农商部税务处令，中华民国七年(1918年)十月二日，《政府公报》第969号，中华民国七年(1918年)十月七日。另一说为1917年，参见《丹华火柴公司调查材料》，见陈真、姚洛编：《中国近代工业史资料》，第一辑，550页，北京，生活·读书·新知三联书店，1957。另有一说为1918年，见中国日用化工协会火柴分会编：《中国火柴工业史》，16页，北京，中国轻工业出版社，2001。

⑤ 吴瓯：《天津市火柴业调查报告》(1931年)，见李文海主编：《民国时期社会调查丛编》二编，近代工业卷，5页，福州，福建教育出版社，2010。另一说为120万，参见兆聪《最近我国之火柴业》，载《工商半月刊》，第七卷第三号，1935年2月1日。

⑥ 《丹华火柴公司调查材料》，见陈真、姚洛编：《中国近代工业史资料》，第一辑，550～551页，北京，生活·读书·新知三联书店，1957。

图 3-13　北京火柴厂的产品

中华人民共和国成立后，经过公私合营，丹华火柴公司北京的工厂更名为北京火柴厂，生产发展势头良好。据原北京火柴厂副厂长贾崇正回忆：“六七十年代是北京火柴厂发展最兴旺的时期，那时候火柴都是定量供应的，需要凭据副食本到商店换购。火柴在市场上来说是供不应求的，北京火柴厂生产多少都不愁销路。那时候，能到全民所有制的北京火柴厂上班儿，是值得炫耀的美差。”贾老先生还说：“当时无论是一线工人、工程师还是管理者，都有很多到国内外进行交流的机会，出国进行技术援助的机会也很多。”20 世纪 80 年代末 90 年代初是北京火柴厂最后的辉煌，“北京火柴厂有正式员工 1000 多人，年产火柴最高可达 46 万件”，但是“打火机、微波炉、电子点火器刚一普及，火柴的市场一下子就萎缩了，企业改革的压力就被分摊到了每一个职工的头上。1993 年，北京火柴厂被选定为北京市体制改革的重点单位，最终被迫遣散工人，厂子也转移到了通州区次渠，开始与一家镇办企业合营。原有的 1000 多位职工全部下岗、自谋生路”①。北京火柴厂旧址全部拆除，原貌已经荡然无存，变成了主要由原北京火柴厂职工居住的富莱茵花园小区。机器设备运到通州区次渠，但生产已经基本停止，工厂只有正式编制工人不到 10 人，每年机器也就运转一两个星期，只是为一些宾馆、饭店制作宣传性的广告火柴。工厂的存在就像它的产品一样，只具有象征意义，北京火柴厂早已失去了往日的辉煌。

① 2011 年 7 月 27 日于东城区永定门外沙子口路 76 号富莱茵花园小区贾崇正家访谈调查。

除以上四处遭到破坏的典型性工业遗产外，北京遭到严重破坏的工业遗产还有：始建于1949年、创造了新中国机械工业无数奇迹的北京第一机床厂，开中国市政建设集体供热先河的第一热电厂等。

（四）博物馆保护利用型

在中国的文物保护领域，工业遗产可谓命运多舛，与古代文化遗产、自然文化遗产相比，其价值长期被社会各界所忽略。由于大量的工业遗产没有纳入文物保护范围之内，全国范围内的工业遗产不断遭受到毁灭性打击的威胁。与西方国家从20世纪60年代起就开始重视工业遗产保护相比较，中国工业遗产保护已经滞后近20年，但是，进入21世纪后，情况正在发生变化。随着经济的发展和人民生活情趣和审美情趣水平的不断提高，越来越多的工业遗迹性博物馆出现在人们的视线中，不少工业遗产因此得到抢救性保护，这类博物馆也成为保护工业遗迹和提高人民群众生活水平的有效模式之一。

1. 北京自来水博物馆

北京自来水博物馆坐落于东直门北大街清水苑社区，建筑面积1500平方米，是利用京城历史上第一座水厂——东直门水厂原汽机房的旧址修建而成。1908年，在内忧外患的形势下，农工商部大臣溥颋、熙彦、杨士琦上奏光绪皇帝和慈禧太后，奏请“筹办京师自来水”设施，称“京师自来水一事于卫生、消防关系最要”，“有益民生”。于是，1908年成为北京自来水事业的肇始之年，北京的第一家自来水厂“北京自来水厂”在东直门外（今东直门清水苑小区）开工，清末著名的北方实业家周学熙成了“京师自来水公司”的第一任“总理”（董事长）。

为修建博物馆，北京自来水集团共投资400多万元，聘请专业公司进行设计修建。博物馆内共陈列各种与水有关的实物130件、模型及沙盘34件、图片110幅，全方位地反映北京自来水90多年的发展历史。自来水博物馆还专门开辟了一个展区，用于展示中华人民共和国成立后到20世纪70年代末以及改革开放以来北京自来水事业的蓬勃发展历程。一百年后，这座百年历史的自来水厂依然存于世间，成为一座花园式水厂（北京水源一厂）和“北京自来水博物馆”。

2. 龙徽葡萄酒博物馆

北京龙徽酿酒有限公司的前身是1910年法国圣母天主教会沈蕴璞修士创建的葡萄酒厂，聘请法国人里格拉为酿酒师，生产法国风格的红、白葡萄酒，年产量仅为5～6吨。1946年，注册为“北京上义洋酒厂”，正式向外出售葡萄酒。中华人民共和国成立后，酒厂收归国有。1959年2月，北京市政府将其更名为“北京葡萄酒厂”并迁址于燕京八景之一的玉泉山东南，并注册了“中华”品牌，首创了许多世界或国内独有的新产品，力求切合中国消费口味、消费水准和消费需求，因此产品面世后就广受欢迎，在市场竞争中处于领先地位。1987年3月17日酒厂改建为“北京龙徽酿酒有限公司”。

北京龙徽葡萄酒博物馆是北京首家葡萄酒博物馆，坐落在龙徽公司拥有近百年历史的地下酒窖内，是北京市唯一一家讲述北京葡萄酒百年文化及历史发展的葡萄酒博物馆，也是北京市工业旅游示范点之一。该博物馆最大限度地保留了有关京城葡萄酒酿制的珍贵的工业遗产，有深厚的文化积淀。这里的每一件展品、每一张照片、每一瓶葡萄酒都有自己的故事，每一个故事都见证着中国葡萄酒发展的历史与进程。

总体看，除以上四种基本类型外，北京工业遗产还有综合保护利用型、文化创意园利用型等其他类型，不少已实现了较好的保存开发，其中的具体保护案例还将在第六章北京工业遗产保护开发的对策研究中结合保护对策问题详细考察。

二、北京工业遗产的地域留存与工业考古

通过对北京工业遗产类型学的考察，我们已经对北京不同类型工业遗产的留存状况、具体价值、历史源流做了比较详尽的工业考古，但对于北京工业遗产的整体状况仍缺乏感性的总体把握，这就需要站在全局的高度，对北京工业遗产的地区分布情况再度做工业考古，探求其地理分布状况和各区域的特点，以利于更加系统性的总体把握，并为北京工业遗产的保护开发规划提供依据。

依据目前已掌握的信息和资料，并结合我们的实地考察，暂将北京工业遗产划分为十余个分布区。

(一)旧城区工业遗产分布区

近年来，北京市不断加大了对旧城区的工业拆迁力度，但由于种种原因，部分企业仍得以留存，除了那些符合目前产业政策的污染小、效益高的都市工业外，部分传统产业也由于历史遗留问题未能完全迁出。截至目前，具有50年历史以上的工业企业在城八区内尚有350余家，部分企业虽然生产环节迁出，但厂房车间等工业建筑由于开发成本较高等原因仍然存在。这些饱经历史风霜的工业建筑，在失去了原有功能之后又构成了新的城市文化景观。

1. 东城区

(1)北京胶印厂

美术馆后街的胡同里，一个黄蓝相间的烟囱宛如一根艺术标杆，高高矗立在一堆灰白色的老厂房中间，这就是有着60多年历史的老国企——北京胶印厂的烟筒。该厂始建于1954年，隶属于市印刷工业集团有限公司，是中型专业性彩色印刷企业，占地共十亩，约6600平方米，总建筑面积达12000平方米。

图3-14　现存北京胶印厂旧址

20世纪90年代初，胶印厂工艺革新之后，部分厂房开始闲置，这对于以营利为生产目的的企业来说显然是非常不划算的。为了盘活资本，厂方于1992年将其租赁出去用作民居或商铺。21世纪初，中央政府正式颁布消防法，胶印厂原来的租赁方式因存在安全隐患而不再被允许实行。恰在此时，北京市开始提出发展文化创意产业的企业发展思路。于是企业开始考虑新的发展方向，并于2007年前后将老厂区打造成了“印刷创意工厂”和“后街美术与设计创意产业园”，开始走上文化创意产业之路。

胶印厂所在地为京城的文化中心——文化气息极为浓厚的美术馆后街，这里西眺故宫博物院，紧邻老北京皇城根遗址公园，南依人民艺术剧院的剧场，周边被以四合院为代表的老北京民俗文化居所环绕，其地理位置和文化底蕴得天独厚，可谓兼具场地空间和文化集群这两个建设文化创意园区所需要的基本条件，为建设文化创意产业园区提供了有利条件。又由于该厂占地面积不大，园区被定位为高端品牌产业园区。加之有美术工艺的依托，园区以发展美术、广告及地产环境艺术设计为重点①。2010年6月，后街美术与设计园正式挂牌，成为继798、三间房动漫基地之后北京又一代表文化创意产业集聚区。

图3-15　北京胶印厂文化创意产业园

① 李晓慧：《胶印厂里的创意产业园》，载《印刷经理人》，2009(3)。

在改建为文化创意产业园区后，北京胶印厂至今仍保留着20世纪六七十年代的设计格局，高大厚重的建筑物固守整个院落，各种风格迥异的设计机构、画室就恰如其分地嵌在顶楼之上、笨重的铁制楼梯尽头以及高低错落大小不一的旧车间中①。在这里，新与旧共同诉说着岁月变迁，见证着北京工业的华丽转身。

北京胶印厂与多数依托工业园发展的文化创意产业园的不同之处在于，虽然经历了转型，但它并没有停产，生产车间里工人还在忙碌着，“这几年印刷市场的竞争越来越激烈，受到国内外旧工业改造的启发，胶印厂建立了今天大家看到的文化产业园区和后街美术馆。”后街美术馆管绪副馆长谈起了创办“后街美术与设计园”的最初构想时如是说。办公室副主任卢知白介绍生产厂区和留存下来的老设备时说：“我们打算以后把这些老设备作为展品好好保留下来。旧的工业设施虽然随着历史的发展逐步失去了它原有的作用，但作为过去岁月的一种记忆来看就能发现它的新价值”。②

(2)北京珐琅厂③

过了永定门城楼，沿南二环东行，有一座名叫“景泰桥”的立交桥。景泰桥下往南走的马路叫作景泰路，周边是景泰小学、景泰小区……这个以“景泰”为名的地区，皆因北京珐琅厂而得名④。该厂是公私合营的产物，于1956年1月由42家私营珐琅厂、清廷造办处(专为皇宫制造)、数家民间作坊合并而成。这里生产全中国最为知名的景泰蓝珐琅工艺品，是国家级非物质文化遗产保护传承基地，旗下的“京珐”品牌是北京市著名商标。

景泰蓝又称“铜胎掐丝珐琅”，是一种在铜质的胎型上，用柔软的扁铜丝，掐成各种花纹焊上，然后把珐琅质的色釉填充在花纹内烧制而成的器

---

① 李晓慧：《胶印厂里的创意产业园》，载《印刷经理人》，2009(3)。

② 佚名：《北京一批旧工业厂房争相艺术变身，胶印厂的美术理想》，载《侨报》，2010-11-24。

③ 虽然北京珐琅厂起源于古代，其核心工艺也传承了古代文化的工艺和理念。但是，其生产在处理内胎的结构时仍然与现代机器生产有关，而且其管理理念也随着时代的进步而不断现代化。特别是在中华人民共和国成立后实施了有中国特色的管理模式，从而培育了企业的现代工业管理理念。因此，本书仍然将其归入工业遗产的范围。

④ 晓晔：《北京珐琅厂：家门口的奢侈品基地》，载《渤海早报》，2014-03-06。

物。这种精细的手工工艺已有600多年的历史，起源于元朝，盛行于明朝景泰年间，并趋于成熟。由于这种铜胎掐丝珐琅以蓝色为主，故被后人称为“景泰蓝”，是最具北京特色的传统手工艺品。步入近代后，其生产又增添了机器压胎的程序，实现了与机器工业的接轨。①

现在的北京珐琅厂在原有基础上打造成了京城景泰蓝文化创意产业园，实现了老字号品牌的优势与文化创意产业的融合。这个文化创意产业园基于对其目前园区内生产设施的升级改造，将旧厂房、配套用房的装饰，园内绿化、美化等工程，全面提升到与园区建设主旨相适应的艺术风格，并在细节方面加重体现珐琅厂特色。如在东门建设具有明清时期建筑风格的门头一座，院内标识墙与仿古门头统一总体设计、改建。由于景泰蓝属宫廷文化，曾是皇家和王府的专用品，多年来一直深藏闺中，鲜为人知。文化创意产业园的建立，为百姓了解皇家文化打开了大门，它以景泰蓝文化产业为基础，让人们深入了解景泰蓝、珐琅厂及京珐品牌，同时普及了中国传统文化。如今，过去深藏宫中而鲜为人知的宫廷艺术，已经飞入寻常百姓家了。②

(3)原京奉铁路正阳门东火车站

原京奉铁路正阳门东车站(俗称前门火车站)始建于1903年，1906年完工建成。站房建筑平面为矩形，由中央候车大厅、南北辅助用房和钟楼四部分组成，建筑面积约3500平方米。整栋建筑主要用青砖砌筑，采取英式砌法。由于东车站位于北京内城南墙与护城河之间、地处北京内城正阳门东侧，北为使馆区，南是商业区，位置十分重要。正阳门地区因此也就成为北京内外交通的主要门户，同时促进了商业的发展和街市的繁荣。到民国初年，正阳门地区一度成为北京综合商业中心和金融中心，并带来交通量的剧增，从而又引发了1915年环城铁路的修建、改造正阳门城门瓮城、建筑车站等建设行动。北京的城市功能和结构因此发生了重大变化，古都北京加快了近代化的历程。

---

① 周伟：《新思路助珐琅厂换新生》，载《劳动年报》，2013-04-02。

② 姜子谦、张令月：《北京珐琅厂：借文化创意园再探旅游市场》，载《北京商报》，2013-08-29。

图 3-16　京奉铁路正阳门东火车站

1959 年，新北京车站建成后，正阳门东车站逐渐失去作用，先后被改造成科技馆、工人文化宫、剧场、老车站商城、电信市场等。1965 年又拆除了包括中央大厅在内的以北的建筑；1976 年唐山地震中钟楼受损，后又于 1993 年 5 月拆除。仅存原南部辅助用房“旧南楼”，由于其北临前门东大街，其北墙(即中央候车大厅南内墙)成为外墙；其南部和东部已加建建筑，从而使原来的南墙、东墙成为内墙。从 1993 年 7 月开始，在旧南楼基础上，利用原址南侧地段进行复原改建。2008 年 8 月 1 日改为北京铁路博物馆，专门展示近代以来北京铁路建设与发展的历程。2004 年该建筑被

图 3-17　北京铁路博物馆

列为北京市级文物保护建筑①。

除此之外，东城区的工业遗产还包括北京塑料七厂、北京证章厂、同仁堂制药厂(原北京中药厂)、北京电车修配厂、北京玉器厂、北京608厂(北京博士伦眼镜公司)等。

2. 西城区

(1)北京地毯五厂

北京的手工地毯素有“软黄金”之称，是一种中式传统手工织造品。优质的手工地毯往往选料精良、做工精细、色彩丰富、风格各异，图案具有古朴典雅、稳重大方、民族气息浓郁等特点，常常作为装饰品出现在肃穆、高雅的场所。北京地毯五厂是合作化的产物，建立于1956年，由北京“祥立永”“震东”传统地毯生产作坊和北京市第三地毯生产合作社合并成立。主要产品是“天坛牌”高级羊毛手工打结地毯，以出口为主，销往美国、日本、欧洲、香港等四十多个国家和地区②。地毯五厂曾为人民大会堂东大厅和化工厅、北京市政府接待室、建设部会议室、国税局接待室等提供地毯和艺术挂毯③，由于其精湛的生产工艺和高超的产品质量，蜚声海内外。目前是国家级非物质文化遗产北京宫毯的传承单位，拥有中华老字号地毯经营门店④。其厂内沿用了数十年的生产设备，以及历久弥新的精湛工艺，都是一笔宝贵的工业遗产。如今，北京地毯五厂不断扩大规模和生产，发挥其工业遗产的现实功用。

(2)北京胶印二厂

原名长城印刷厂，系由中共地下党员王倬如、梁蔼然等人在董必武的直接领导下于1945年筹建的。抗战胜利后，党中央决定向北平等过去日占区派干部开展工作。王倬如、梁蔼然被选定，因二人都曾担任过冯玉祥和鹿钟

① 刘伯英、李匡：《北京工业建筑遗产现状与特点研究》，载《北京规划建设》，2011(1)。

② 轻工业部经济研究所编：《中国轻工业年鉴1987》，495页，北京，中国轻工业出版社，1988。

③ 北京市经济委员会编：《北京工业年鉴》，521页，北京，北京燕山出版社，1999。

④ 曹喜蛙、高立：《彩丝茸茸软黄金——走访北京地毯五厂》，载《商品与质量》，2011(33)。

麟的机要秘书，有非常好的掩护身份。王倬如在抗战前还曾为冯玉祥创办过一个印刷厂，印行冯玉祥的著作，有丰富的办厂经验。他还是北京人，在北京有祖产，到北京活动有充分的根据。两人的上述条件都有利于开展地下工作。为此，两人在商议良久后，准备在北京开办一个印刷厂做地下活动的掩护。为此，两人首先在重庆开展了筹资活动，以个人名义向自己的社会关系征募资金，到 1945 年 10 月已经募集到了资金 250 多两黄金，已足敷办厂之用。

1945 年 11 月，办厂时机成熟。党组织决定梁蔼然留重庆，由王倬如先行前往北平筹办。临行前，董必武召见即将赴北平的王倬如，指示他要先"站稳脚跟"，"把工厂办起来，有个立脚点"，然后"和北平地下党取得联系。"①随后，王倬如搭乘国民党接收大员的飞机回到了阔别 20 多年的家乡。到达北平后，王倬如立即开始工作，先是积极物色合适的管理和技术人员，组建了办厂班子，由梁蔼然任董事长，王倬如任厂长，同时还招聘了会计和技工等重要技术人员。之后又在宣外大街路东租赁了厂房，并购置了日产全开胶版印刷机、对开胶版印刷机、电动磨板机、电动切纸刀、四开平版印刷机、二号圆盘机，以及各号铜模和各号铅字、铸字炉等设备。其机器设备之健全和先进，为当时北平乃至全国的印刷界所少见。总计全厂共有工人七八十人，分胶印组、制版组、铅印组、排字组和装订组。至此，全厂无论设备还是人员构成都颇有规模了。筹备工作就绪后，工厂于 1946 年 3 月正式建成并对外营业。

开始营业后，中共地下党员以印刷厂的业务为掩护开始地下工作。到 1946 年冬，梁蔼然也自南京来到北平，并在第 11 战区司令长官部挂了个少将参议的名义，他利用公开身份开展地下党的工作。随着党员人数的增加，王倬如、梁蔼然、丁行、王冶秋、朱艾江五人组成了长城印刷厂党小组，梁蔼然任组长，小组工作直属党中央，工作任务是为党做情报和统战工作，不与地方党组织发生横向联系。② 1947 年 2 月，国共和谈破裂，中

---

① 王倬如：《在北平办印刷厂做秘密工作的经过》，见中共北京市委党史研究室编：《北京革命史回忆录》第四辑，21～22 页，北京，北京出版社，1992。

② 王倬如：《在北平办印刷厂做秘密工作的经过》，见中共北京市委党史研究室编：《北京革命史回忆录》第四辑，24 页，北京，北京出版社，1992。

共和谈代表撤离北平，为了以后工作的方便，党中央派董明秋携带秘密电台加入党小组，具体负责情报工作。此后，党小组的各位党员利用印刷厂的掩护和各种公开身份，收集大量军事情报、社会情报，还做了大量的思想和统战工作，并护送了不少进步人士和学生去解放区工作。

1947 年 9 月底，负责秘密电台工作的董明秋被捕，梁蔼然、丁行和其他多名地下党员也随之被捕，被关押在南京国民党国防部监狱。得知消息，党组织曾多方营救，但终未成功，董明秋等长城印刷厂的地下党员于南京解放前夕被国民党特务杀害。其中丁行的陵墓现在雨花台，照片和事迹陈列于雨花台革命烈士馆。王倬如等人则摆脱了特务的追踪，从前门乘火车南下经保定进入解放区。

长城印刷厂的地下党组织遭到破坏后，国民党北平行辕二处接管了工厂。军统特务把持了工厂事务，并遣散了原先的职工，另外从天津招来一批工人，从事伪造解放区边区票的勾当，企图破坏、扰乱解放区的金融秩序。

对于国民党特务霸占工厂的行为，地下党展开了针锋相对的斗争。一方面积极营救被捕的同志，另一方面则多方奔走力图夺回工厂。秘密党员金允良请求鹿钟麟将军出面申请发还印刷厂，在金允良反复力陈后，鹿答应帮忙，并利用关系请到了第 11 战区司令长官部参谋长张知行的信函。金允良还找到了民主人士、工厂股东周显亭、张景华、黄柏馨等人一起向国民政府当局要求返还资产。在这些人的不断要求下，国民党北平军统方面考虑到长城印刷厂的股东中还有冯玉祥、鹿钟麟、孙连仲等高官名人，就将案子推到国民政府国防部处理，国防部则在北平解放前三个月将长城印刷厂发还给了股东。在军统控制工厂期间，地下党领导工人开展了防止敌特破坏和盗窃机器设备、准备迎接北平解放的斗争，最大限度地保存了工厂资产。

北平解放后，长城印刷厂完整地回到人民手中，归属中共中央情报总署管理，主要是为情报署和政务院印刷文件，为政协印刷“国旗、国徽”草案和相关文件，以及军管会的命令、公告、法令、布告等，为和平解放后北京的社会稳定与发展做出了贡献。1952 年，情报总署将长城印刷厂移交北京市，更名为北京印刷四厂，以后又扩建为北京胶印二厂，厂址迁到先农坛，位于现先农坛体育场西侧。

改革开放初期，北京胶印二厂发展良好。但不久就遇到了新问题，乃于1993年与港资合资成立长城利丰雅高印刷公司，利用北厂区开展生产和经营活动。2001年又与民营金特印刷公司合资重组，利用南厂区从事生产和经营。2012年全厂退出生产经营，厂区出租给中共中央和国务院有关部门做办公用房。至今，全厂只剩木器车间尚在生产，已迁至西四与京华印刷厂等组成联合体，联合运营，联合管理，独立核算。

先农坛厂区内北厂区已经被租赁单位改建，工厂原有格局已遭破坏。但南厂区保存完好，工厂格局、厂房车间等都完整保留下来，只是厂房内部做了适应办公需要的装修。厂方在南厂区内原托儿所小院尚留有一个留守物业管理处。

北京胶印二厂遗址是目前笔者所知唯一的由中共北平地下党创办的、具有革命渊源的北京工业遗产，其创立和发展在北京工业遗产中独具特点，其自身不仅蕴含了工业遗产的品格，而且蕴含了中国民主革命的革命品格，反映了革命先烈大无畏的革命精神和高超的革命智慧，是北京工业遗产乃至全国工业遗产、革命遗产中不可多得的宝贵财富。

图 3-18　北京胶印二厂原生产车间，已改建为办公大厅

除上述企业之外，西城区的工业遗产还有北京电焊机厂、北京厂桥消防器材厂、北京京华印刷厂、北京ABB电器公司(原低压电器厂)、北京印钞厂(原度支部印刷局)、北京邮票厂等。

图 3-19　北京胶印二厂留守物业管理处

3. 海淀区

北京外文印刷厂成立于 1951 年，是以承印国家对外宣传印刷任务为主的大型国有书刊印刷企业。从成立至改革开放初期，外文印刷厂一直致力于行进在中国印刷技术、材料、工艺发展的前沿。改革开放后，各出版社和印刷厂的关系逐步市场化，同时，计算机排版软件和外文字库的发展，都使外文印刷厂原有的排版资源优势逐渐消失①。

2012 年，在北京印刷业调整产业结构、转型升级的过程中，有着 60 多年历史的北京外文印刷厂彻底退出印刷市场，转型为外文文化创意园。在园区内，带有老工业时期痕迹的建筑经过现代设计与改造，转型为集合文化创意产业发展和高科技资源聚集地的创意园。

现外文文化创意园位于北京海淀区紫竹院南路 20 号，占地面积 2.7 万平方米，建筑面积近 4 万平方米，由 11 栋 1 层至 4 层的建筑围合组成。园区地处海淀科技园政策区与北京政务区交会处，周边遍布多家央企、建筑设计研究院及高新企业，以及首都师范大学、北京工商大学等高校，其转型思路适应了地区的文化氛围和发展需要。

① 张立民：《北京外文印刷厂的繁华“遗梦”》，载《印刷工业》，2012(5)。

图 3-20　厂房改建的创意园工作室

除此之外，海淀区的工业遗产还包括北京地铁太平湖车辆厂、北京牡丹集团(原北京电视机厂)等。

(二)北京东北郊电子工业遗产分布区

中华人民共和国成立初期，中央政府在北京东北郊(今酒仙桥、大山子地区)筹划兴建了大型电子工业基地，目标是填补了国内电子工业的空白。20 世纪 90 年代以后，该区域内的电子工业企业走向衰落，厂区内出现大量空置厂房。但由于距离市区较远，当时的房地产开发价值不大，众多工业建筑没有被迅速拆除，而是搁置起来，因而侥幸躲过房地产开发的一劫，很多颇具特色的工业建筑得以保留，或者遭受的破坏比较少。进入 21 世纪后，这一区域内先后兴起了 798 艺术区、751 时尚广场、酒厂・ART 艺术园等文化创意园。众多工业遗产因此获得了有效开发利用，成为世人瞩目的文化现象。

1. 798 艺术区

“798”即原国营 798 电子工厂的老厂区，位于北京朝阳区酒仙桥街道大山子地区。该厂为 20 世纪 50 年代初由苏联援建、东德负责设计建造的国家重点工业项目，曾经为新中国电子工业的发展做出过卓越贡献。

20 世纪 80 年代以后，798 老厂开始衰落，并于 1989 年前后开始向外出租闲置的厂房。其厂区内的包豪斯风格的建筑简练朴实，建成后的几十年来虽然经历了无数的风雨沧桑，但是依然坚固敦实，是典型的工业建筑。这些老建筑群是城市工业遗产的重要组成部分，反映了北京工业发展的历史，具有较高的历史文化价值。如何利用这些具有深厚工业遗产信息的建筑，为北京、为历史保留更多北京工业发展的见证，是摆在人们面前的重要课题。那时人们虽然没有意识到这个问题，却在实践中走出了一条自我发展、自我更新的道路。

自 2002 年开始，一批艺术家和文化机构看上了空间广大的厂房对于艺术创作的方便条件，开始不断进驻这里，成规模地租用和改造空置厂房，作为进行艺术创作的场地。由此，798 厂区逐渐发展成为艺术中心、画廊、艺术家工作室、设计公司、餐饮酒吧等各种现代空间的聚合，形成了具有国际化色彩的“SoHo”式艺术聚落和“Loft”式生活方式①。然而在改造的过程中，艺术家们只是利用了厂房广大的内部空间，并没有力量去改变其外貌，因而其外层仍然保留了典型的工业建筑风貌。站在艺术区主街放眼望去，半空中是弯曲的巨大钢管和各种管线，地面上是典型的工业用房，还有废弃的机床、生锈的铁门、斑驳的电线杆等工业时代留下的痕迹。这个艺术区的存在是工业文化与现代文化嫁接的产物，它们所代表的是生活、文化、空间综合表现的外部形式呈现与内在艺术活动的结合。这种结合——工业遗产改造后内部空间的利用和外部面貌的保留，可以使人们清晰地感受到传统的工业文明的脉搏与历史传统的延伸，在这样的空间里，虽然置身艺术中却可以体验工业遗产的文化魅力。

---

① 沈实现、韩炳越：《旧工业建筑的自我更新——798 工厂的改造》，载《工业建筑》，2005(8)。

这个文化创意产业园区的形成，是一个独特的文化现象，其独具特色的探索无疑为北京的工业遗产保护探索了一条新路，从而引起了社会各界和相关部门的重视。2006 年 1 月 15 日，北京市发改委向两会代表下发文件，明确表示了 798 艺术区被列为北京 6 个文化创意产业集聚区之一的意见。这个在废弃工业遗产基础上建立起来的艺术区，在政府职能部门的支持下，通过保护、改造和再利用的景观工程，使生态、艺术和社会三者紧密相连，一个城市的历史文化与工业景观由此完美结合，一个新的城市文化中心形成了。

2. 酒厂·ART 艺术园

酒厂·ART 国际艺术园坐落在北京市朝阳区安外北苑北湖渠，系在朝阳区酿酒厂的原址上重新规划改造而成的。

朝阳区酿酒厂创建于“文化大革命”后期的 1975 年。到 1988 年，随着经济体制改革的深化，酒厂和北京市红星股份有限公司签订了“联营承包经营协议”。2002 年年底，北京红星股份有限公司单方面提前两年解除了协议，酒厂因此陷入困境，仅维持着两条白酒生产线，勉强运营而已。

此后，艰难维持的酒厂并不甘心败落，而是不断探索企业发展的新路。2004 年年底到 2005 年年初，酒厂开始与北京英诚科贸发展有限公司联手，联合打造新的文化产业园区。由酿酒厂提供发展所需的空间，英诚科贸发展有限公司提供技术和资金支持。2005 年 3 月，双方开始全面合作，英诚科贸发展有限公司在调研的基础上确定了酒厂艺术园文化产业项目，并对承租的厂区进行了全新治理和包装，还有选择地将其转租给文化艺术机构和艺术工作者，从而使厂区变成了文化艺术机构和艺术家聚集的艺术园。

艺术园紧邻中央美术学院，东边与国际自由艺术家相对集中的望京小区相连，西经亚运村直达奥运主场，是 2008 年奥运会展示北京文化创意的窗口，因而区位优势明显，有利于发展文化创意产业。建成后艺术园共占地 70 余亩，艺术家从事创作的工作室和用于展览、展示的展区的面积近

3 万平方米①，由于发展良好，园区声名鹊起，已有多国艺术家、博物馆和美术馆馆长及使馆人员来园进行艺术交流。

自 2005 年创建至今，艺术园充分利用了原来酒厂的空间资源，在酿酒厂原有基础上重新规划，充分保留老厂的工业遗风。园区老厂雄浑大气，烟囱、水塔、大型酒罐耸立，还保存了两条酒品生产线。这些工业化的符号充分显示了近代工业发展的阳刚之气和工业生产的精密的严谨态度。改造后的园区内电力、水、暖、通信、环境等均得到逐步改善，厂房、工作室全部交由艺术家和艺术机构使用，艺术机构和艺术家们对创作、展示空间的直接投资已超过 3000 万元人民币，落户园区的艺术珍品价值达 3 亿多元人民币②。这些措施和建设，都使得老酒厂焕发了生机，旧有的工业资源得到充分的二次利用，不但保证了国有资产的保值升值，还为工业遗产的保护利用踏出了一条新路。

(三)建外纺织工业遗产分布区

建外纺织工业遗产分布区即为上文已详细介绍过的京棉二厂所在地，是中华人民共和国成立后建立的国内第一批棉纺织工业基地。这里曾先后建成数十家大中型国有棉纺、针织、印染企业，各厂的产品质量上乘，产品广受欢迎，曾行销海内外，总计为国家创汇 30 多亿美元，远远超出同期国家对企业投资，对国民经济贡献很大。目前这一区域内的工业企业已基本拆迁完毕，仅余京棉二厂一处大型工业遗迹。

(四)京西煤炭工业遗产分布区

京西地区历史上就是北京重要的能源基地，主导产业是以煤炭、砂石和石灰为代表的资源开采业。京西煤矿的开采最早可以上溯到元代出现的手工开采的官窑。到明代，此一地区的采煤业获得了蓬勃发展，到明后期又发展起了民间开采，出现了众多小煤窑。万历二十一年(1593 年)，顺天

① 《集聚区展示：中国北京酒厂》，http://finance.sina.com.cn/hy/20081203/17145586540.shtml，2008-12-03。

② 《集聚区展示：中国北京酒厂》，http://finance.sina.com.cn/hy/20081203/17145586540.shtml，2008-12-03。

府府尹许弘纲上奏云：北京西山等地的采煤业“官窑仅一二座，其余尽属民窑”①。到了清代，京西采煤业的发展已经影响了京师居民的生活方式，“京师不尚薪而尚煤”，也就是说，京师居民已经放弃了依靠柴薪生活的模式，转而依赖煤炭了，上至王公贵族，下到平民百姓，均以煤为取暖和做饭的主要燃料。根据乾隆二十七年(1762 年)的统计，京师西山已经有煤窑 16 座，宛平有 117 座，房山有 140 座，共计 273 座。②

近代以降，京西煤矿的生产开始向近代机械化开采过渡。1873 年，商人与官僚联合创办了通兴煤矿，以蒸汽为动力，用于矿井提升，这是北京地区的第一家近代工业企业③。1883 年，吴炽昌开始筹办北京西山煤矿，煤矿资本与醇亲王奕譞以及直隶总督李鸿章都有关系，实为官督商办性质。1884 年，通兴公司开始用机器生产，到 1886 年月产已经达到 50 余吨④。1896 年，该矿被美国资本吞并，为北京地区最早的“中外合办”企业之一。以后，英资、德资先后跟踪而至，参与到企业的筹资和经营中来，并在 1911 年改组为“通兴煤窑有限公司”。1920 年，英资麦边财阀在吞并裕懋公司的基础上，又合并了通兴公司，宣告成立的中英合办门头沟煤矿公司⑤，即门头沟煤矿的前身。合并之后，公司资本增加到 150 万元，中方资本占 51%，英方资本占 49%，矿区面积扩大到 586.75 公顷。生产规模也随之扩大，又开凿了两个竖井，成为门头沟地区最大的矿井。1930 年的年产量已经达 16 万吨⑥，到 1934 年又增加到 43.8 万吨，占到了门头沟

① 邱浚：《守边议》，见《明经世文编》，第 73 卷，转引自贺树德撰：《北京通史》第 6 卷，273 页，北京，中国出版社，1994。

② 彭泽益编：《中国近代手工业史资料》，第一卷，389 页，北京，生活·读书·新知三联书店，1957。

③ 魏开肇、赵惠蓉：《北京通史》，第 8 卷，296 页，北京，中国书店出版社，1994。

④ 许涤新、吴承明主编：《中国资本主义发展史》，第 2 卷，496 页，北京，人民出版社，2003。

⑤ 北京师范大学历史系三年级、研究班编：《门头沟煤矿史稿》，4 页，北京，人民出版社，1958。

⑥ 朱楚辛：《中国煤矿和矿业会议》，见陈真编：《中国近代工业史资料》，第四辑，910 页，北京，生活·读书·新知三联书店，1961。

地区产煤总量的39%①。

1941年12月太平洋战争爆发后，中英合办的门头沟煤矿被日本侵略者占领，实行"军管理"，改为商营中日合办，英国的产权被日本取代。为了侵略战争的需要，日本侵略者不遗余力的大肆采挖，最高年产量曾达55万吨②。抗战胜利后，国民政府对门头沟煤矿按敌伪产业处理，由敌伪产业管理局接管经营。

1949年12月15日，人民解放军解放门头沟，门头沟煤矿回到人民手中。广大矿工的生产积极性得到极大释放，仅1949年前五个月产量就逐月提高，由1月的21884吨，提高到43585吨③，短短的五个月提高了一倍还多。之后煤矿进入了快速发展时期，到1962年年产量达到450万吨④。"文化大革命"时期企业生产受到影响，但是改革开放以后又进入快速发展的轨道。

门头沟煤矿历史悠久，在漫长的发展过程中，各种政治力量和文化因素的影响较多，这使得京西煤炭工业区不但是北京近代产业的发源地，更是北京地区工业遗产样式和类型最为丰富的区域之一。在这里，从传统到现代，从简陋到先进，各阶段的采煤形态保存得非常完整。不但具有中外罕见的十分完整的古代采矿原生态环境，还有众多的现代工业化的物质遗存，始建于1887年的老矿井、日据时期的运煤高线、各类采矿工具、矿工生活用品，样样俱全。除了实物，京西煤矿地区还形成了独具特色的企业文化、行业精神，由于采煤是高危行业，在采煤区生命最受重视，由此还衍生出了很多与众不同的民俗。

由于长期的资源开采，到20世纪末期，京西煤炭矿产资源已经呈现加速衰减的趋势，开采成本也越来越高。又由于对资源开采业的过度依赖，

① 《中国近代煤矿史》编写组：《中国近代煤矿史》，117页，北京，煤炭工业出版社，1990。

② 《中国近代煤矿史》编写组：《中国近代煤矿史》，396页，北京，煤炭工业出版社，1990。

③ 北京师范大学历史系三年级、研究班编：《门头沟煤矿史稿》，52页，北京，人民出版社，1958。

④ 北京师范大学历史系三年级、研究班编：《门头沟煤矿史稿》，122页，北京，人民出版社，1958。

这一地区也付出沉重的经济和环境的代价：产业结构单一，城市化进程缓慢，水土流失严重，环境日益恶化，生态严重失衡……另外，京西的煤炭生产安全水平也比较低，2004年之前，京煤集团(北京市唯一的大型国有煤炭企业)的安全生产水平一直低于全国平均水平，到2008年百万吨死亡率才首次降到1以下，为0.86。但2010年，这个数字又上升到1.4。显然，京西煤炭产业已经不适应北京地区的发展，按照北京整体规划思路，曾经为北京市做出贡献也带来很多安全隐患的小煤矿逐步退出历史舞台。2010年6月，北京市彻底关闭了所有小煤矿①。

在北京经济发展进入转变增长方式和调整产业结构的关键阶段，京西地区在矿山关闭后的经济发展面临着巨大的挑战，如何适应北京市经济结构调整的总体要求，建设北京西南生态屏障，抓住新的发展机遇，发展替代产业，实现产业转型，是摆在京煤集团面前的重要课题。

根据新修编的《北京城市总体规划(2004—2020年)》，包括京西地区门头沟、房山两区等在内的京郊六区县被赋予了“生态涵养发展区”新的功能定位，房山更兼具城市发展新区的历史重任。2011年，北京市做出了京西转型发展的重大决策，出台了《关于加快西部地区转型发展的实施意见》，提出重新打造西部地区的重点功能区格局的理念。从自然条件看，北京西部地区重峦叠嶂，草木丛生，生态资源的优势显而易见。另一方面，门头沟地区又有着深厚的文化资源，特别是工业遗产资源积淀深厚。但是，把生态资源优势和文化资源的优势转化为经济发展的优势，并非易事，亦非一蹴而就的事。历经近千年的矿山开采和近百年的钢铁冶炼，北京西部地区的生态环境早已破坏严重，永定河河床常年干涸沙化，多年矿山开采造成山体植被破坏，水土流失和风沙严重，生态系统退化。这些外部条件都是打造西部地区生态屏障的障碍。为此，北京市政府和门头沟区政府努力加强生态修复和重点生态工程建设，通过坚持实施京津风沙源治理、太行山绿化和平原造林工程，为昔日的荒山披上了绿装。对于矿山修复，则加大资金扶植力度，专门设立了9亿元的西部矿山关停地区生态修复补偿转

① 程宇婕：《京西煤矿：要安全 也要健康》，载《中国能源报》，2011-04-11。

移支付资金，近年来已修复矿区达12.24万亩，修复率达77.4%①。此外，从提升城市品质方面出发，北京市还重点投资西部建成了一批高品质的城市森林公园，如丰台区世博园、房山滨水森林公园、门头沟万亩森林公园等。如今，生态园区已成为京西最有价值的对外名片了。

值得注意的是，在注重生态治理的同时，对于京西煤矿的工业遗产保护则显得比较滞后，正在逐步关停的京西煤矿矿区并未得到充分的保护和利用，如何充分发挥其工业遗产的价值，需要周密的调研，系统的论证和全面的规划，以及脚踏实地的实施。

图3-21 已经关停多年的门头沟煤矿老矿井

图3-22 抗战时期，日寇修建的碉堡成为历史的见证

图3-23 废弃的厂房建筑默默诉说着近代北京的沧桑巨变

① 刘震、赵方忠：《京西嬗变》，载《投资北京》，2014(8)。

(五)石景山钢铁、机械、电力工业遗产分布区

这一区域也是北京近代工业发端较早的地区。早在1883年(光绪九年)醇亲王奕譞就在此创办了神机营机器局。民国初年，石景山炼铁厂、石景山发电厂等重要企业均落户于此，使这一地区日渐成为北京的重工业聚集区。中华人民共和国成立后，随着首钢的扩建及北京重型机械厂、北京重型电机厂等一大批企业的新建，这一地区的发展达到了顶峰。目前这一区域内的企业多维持正常的生产经营，值得关注的是区内的最大企业——首钢已搬迁，于2010年年底正式全面停产，其后续的工业遗产保护工作令人瞩目。

1. 首都钢铁公司

1911年，龙烟矿被发现，北洋政府和一批外国专家经过一系列考察，确认其为一个很有开采价值的铁矿。此后不久，第一次世界大战爆发，各国需铁，导致世界铁价大涨，“我国之汉阳生铁，在欧战前每吨仅价值二三十两白银，到了1918年9、10月间，竟涨到二百五十两左右之多，相当于过去的十倍。”①北洋政府看准商机，同时也为扩大军需供给而考虑，于1918年创办成立了官商合办的龙关铁矿股份有限公司，后该公司与宣化县烟筒山等公司合并，成为一家新的公司——“官商合办龙烟铁矿股份有限公司”②。然而好景不长，很快第一次世界大战结束了，铁矿石价格陡落，企业前景开始不被看好，且由于铁矿砂、焦炭等原材料运输成本耗费巨大，未来企业经营会十分困难。北洋政府的官僚、商人于是考虑在北方筹建冶铁工厂，进行铁矿的深加工，避免仅仅卖原料的亏损局面。由于石景山地区地势宽敞，交通便利，且位于京畿之地，易于政府掌控和保证战时的安全，人们便选定在此地建厂。

龙烟铁矿公司石景山炼厂(简称石炼)从1919年筹办建厂到1928年被

① 关续文:《老北京冶铁史话》，21页，香港，银河出版社，2004。

② 公司额定资本为500万元，官商各半。官股的250万元由农商部和交通部各出资125万元。私股的250万元中，现职大总统徐世昌16万元，黎元洪副总统与冯国璋各5万元，国务院总理段祺瑞35万元，靳云鹏、曹锟各1万元，曹汝霖10万元，陆宗舆11万元等，商股总计140户，共集资230万元。

南京国民政府接收的近十年里，主要进行了三项工程，一是开发烟筒山铁矿，二是开发将军岭石灰石矿，三是建设石炼，但工程并未全部完成。从1928年南京国民政府接收石炼到1937年抗日战争爆发的九年间，基本毫无建树。到1937年7月，日本侵略者制造了卢沟桥事变，发动全面侵华战争。8月，日本侵略者霸占了位于卢沟桥以北约9千米的石景山炼厂，实施“军事管理”，开始了长达八年的残暴殖民统治，炼厂成为疯狂掠夺中国矿产资源的一个重要基地。其间生产的大部分生铁运回了日本。炼厂也开始出铁水，至1948年总共出铁水28.6万吨。1945年与久保田铁厂(首钢公司铸造厂前身)合并，改名为石景山钢铁厂①。1945年8月，日本宣布无条件投降，中国取得抗战的全面胜利，中国人民收回了石景山炼厂。但此后的几年，由于在国民政府的统治下，经济凋敝，通货膨胀，物价飞涨，民不聊生，企业仍无建树。1948年12月17日凌晨，中国人民解放军第四野战军攻占石景山。石景山钢铁厂终于回到了人民的怀抱，进入了新的时代。

中华人民共和国成立后，百废待兴，钢铁被列为重要物资，纳入国家的计划范畴。石景山钢铁厂的发展步入了正轨，占地面积和生产规模都有了较大扩张。经过从20世纪50年代到60年代中期的扩建发展，初步建设成为集采矿、烧结、焦化、炼钢、轧钢为一体的钢铁联合企业。1978年的钢产量已经达到179万吨，步入中国十大钢铁企业之列②。到1996年9月19日，首钢已由一个单一的钢铁企业，发展成为以钢铁业为主，兼营矿业、机械、电子、建筑、海外贸易等多种行业的跨地区、跨行业、跨国经营的大型企业集团。

此后，首钢的发展开始面临巨大压力，作为北京水、电、煤的消耗大户，严重制约了北京的社会经济发展。2001年，北京申奥成功，急迫地需要北京改善环境条件。为了适应北京的发展和奥运会召开的需要，为了还

---

① 习五一、邓亦兵：《北京通史》，第9卷，187页，北京，中国书店出版社，1994。

② 刘伯英、李匡：《首钢工业遗产保护规划与改造设计》，载《建筑学报》，2012(1)。

首都北京一片蓝天，为了开拓更加广阔的发展空间，首钢决定实施搬迁。2005年2月18日，国家发改委下发《国家发展改革委员会关于首钢实施搬迁、结构调整和环境治理方案的批复》，正式批准首钢搬迁调整方案及首钢京唐钢铁厂立项。2005年6月30日，首钢炼铁厂五号高炉正式熄火，标志首钢北京地区涉及钢铁产业的压产、搬迁工作正式启动。到2010年年底，首钢北京石景山钢铁主流程全面停产。首钢石景山厂区在历经百年的喧嚣之后寂静了下来，开始了从钢铁生产工厂向工业旅游区的转型。

首钢坐落于永定河畔、石景山东麓，因此山而得名石景山钢铁厂。石景山古名梁山、碣石山、湿经山、石径山、石经山等，属太行山余脉，位于首钢厂区西北隅，北邻北京市发电厂和黑头山，西界永定河，海拔183.7米，是十里钢城的制高点。石景山自古有"燕京第一仙山"的美誉，山上古迹遍布，有晋唐时期的金阁寺、明正德年间的碧霞元君庙和众多摩崖石刻，有玉皇神祀遗址、晾经台和古井。1919年石景山炼厂开始施工建设，山上又修建了白楼别墅两座，作为美国工程师格林的休息场所，中华人民共和国成立后改为首钢厂史展览馆。中华人民共和国成立后石景山上还建有红楼一座，作为迎接国家领导人视察的休息场所。1958年，首钢率先实行承包制进行大规模扩建时，刘少奇曾来首钢视察，在石景山上的红楼住了四天。中华人民共和国成立后，首钢领导人还在石景山的制高点处修建了一座功碑阁，用以纪念首钢历史上的杰出人物。也就是说，首钢虽然在近代以来发展成了重工业区，但实际上人文荟萃，文化传统深厚，加之丰厚的工业遗产，具有发展旅游业的得天独厚的条件。

图 3-24　碧霞元君庙

图 3-25　摩崖石刻

2006年，首钢和北京市规划部门委托清华大学组成专门的专家组，在厂区内进行工业遗迹的摸底调研。专家们历时3个月，调研了220余座建筑、设备，拍摄照片数千张。最后，他们将这些工业遗址分为三类：文物类、强制保留类和建议保留类，并提出了建议保留的项目名录以及未来开发利用的设想。① 2007年北京市公布的《北京优秀近现代建筑保护名录》中就提到了首钢史展览馆及碉堡、首钢厂办公楼及碉堡等。同年，北京市规划委组织编制了《首钢工业区改造规划》，经北京市政府批准，当年4月发布实施。该规划提出要"跳出房地产、超越CBD"，将首钢老厂区划分为工业主题公园区、文化创意产业区等七大功能区，对工业遗存以区域保留或单体性保留两种方式进行保护。②

2009年，北京市规划委组织了"首钢工业区改造启动区域城市规划设计方案征集"，其规划范围为启动区的1.26平方千米，而研究范围则是首都钢铁公司现有的8.56平方千米用地。在中标方案中，除了已经被认定的3处文物保护建筑外，通过对现存工业建筑、构筑物的调研评价，确定保留建筑物81项。其中，一类是高炉、冷却塔、煤气罐、焦炉、料仓及部分生产车间等具有明显的钢铁工业风貌特征的建筑物，景观价值很高。另一类是建设年代较新，再利用的经济价值较为突出的超大型厂房。

2011年，首钢老厂区停产后，北京市在2007年版《首钢工业区改造规划》基础上结合外部条件的变化和首钢的发展需求，制定了《新首钢高端产业综合服务区规划方案》。新方案最大可能地保留了首钢原有生产流程线，力求形成一条线状的工业遗存带。首钢厂区内有一条由蒸汽管道等组成的架高管道线，像银灰色的钢带一般贯穿整个厂区，连接着不同生产环节。新方案中，"钢带"和一条带状绿化系统基本重合，形成了完整的公共活动

① 金胤：《首钢探路：整体保护工业遗产》，载《中华建设》，2011(11)。

② 余荣华、杨雪梅：《工业遗产保护，首钢如何探路》，载《人民日报》，2011-05-27。

休闲带，贯穿起新首钢内的不同功能区。① 首钢石景山原址将进行工业遗产保护，36 项工业资源纳入了强制保留的范围，40 余项被列入建议保留范围②。

2011 年两会时，北京市石景山区宣布，石景山区已和首钢签署协议，确定在首钢腾退后的 8.56 平方千米的土地上，发展四大主题旅游区：首钢主厂区北部是工业遗址特色游区域，将保留铁轨、高炉、厂房等工业建筑，建成首钢博物馆，向公众开放。首钢厂区内的“石景山古建筑群”也将保留。另外还有 3 个被划定的区域将分别建造北京第一个区域旅游集散地试点、首钢滨河公园以及北京第一个高端商务休闲旅游区。地处丰台区与石景山区交界处的首钢二通厂将建占地 83 公顷的中国动漫游戏城，面积相当于 116 个足球场的大小。目前长 160 米、宽 24 米、高 16 米的主厂房改造工程已经完工，工程将主厂房的高度和开阔的空间都保留了下来，外立面整洁密实的红砖还是当年的旧貌，厂房内部则被改造成了 4 层，每层都用玻璃幕墙隔成大开间。厂房的顶部全部安装了拱形的采光板，将自然光引入室内，用于文化创意产业。

可以看出，首钢工业遗产利用，不是“全盘推倒”，而是保护性综合利用，折射出了人们文化意识的进步。但是，规划、改造的美好计划并不代表工业遗产实际利用的美好。我们的调查表明，首钢工业遗产物质遗存的改造固然成功，但是文化宣传或者说文化建设并不到位，在厂区内除了位置偏僻的首钢工业旅游接待中心(陶楼)和几处旅游景点示意图外，很难发现工业旅游的踪迹。原本应该对外开放的陶楼首钢厂史展厅、三号炼铁高炉、白楼别墅、碧霞元君庙、元君殿和功碑阁等景点，或是处于门户大开无人管理的状态，或是处于维修关闭的状态，保护与开发状态令人遗憾。同时，整个景区内除了稀稀疏疏的维护工人外，很难看到相关接待人员，更难看到前来参观的游客。此情此景，与 2007 年公布的《首钢工业区改造

---

① 余荣华、杨雪梅：《工业遗产保护，首钢如何探路》，载《人民日报》，2011-05-27。

② 章轲：《首钢遗址变身博物馆 工业遗产保护渐成风尚》，载《第一财经日报》，2013-04-24。

计划》相去甚远。这证明，与工业遗产物质遗存的保护利用相比，工业遗产自身的文化内涵研究、开发和展示是更加艰巨的工作，是需要付出更多、更长久努力的工作。

图 3-26　形单影只的首钢厂区维护人员

(六)丰台近代铁路交通与机车车辆工业分布区

丰台镇附近地区为北京铁路最先得到发展的地域，其工业遗产主要集中在现代交通领域。区内著名的二七机车厂和二七车辆厂，其前身同为兴建于1905年的清邮传部“卢保铁路卢沟桥厂”，它们在民国时期即为北京最大规模的工业企业，至今仍是北京工业的重要组成部分。两厂内不仅具有丰富的工业物质遗存，更具有深厚的文化积淀和革命传统。除二七厂外，该区域内还拥有国内规模第二大的丰台西铁路编组站、亚洲第一大火车站——北京南站等现代工业的代表性成果。

1. 北京二七机车厂

北京二七机车厂始建于1897年，坐落在西卢沟桥畔，隶属中国北方机车车辆工业集团公司，是生产铁路牵引动力内燃机车的专业生产厂。其历史可以远溯至19世纪80年代。

1880年，清统治集团内部爆发了一场是否修建铁路的大讨论。起因源于19世纪七八十年代中国的边疆危机和洋务派的对策。1871年，沙俄出兵占领新疆伊犁；1874年，日本派兵侵略我国台湾。西北和东南防务危机同时并起，边疆形势严峻。究竟怎么办？鉴于清政府自身国力衰弱，不少官员建议先顾一面。但究竟先顾哪边，统治阶级内部意见分歧甚大，海防塞防之争顿起。最终，主张海防塞防并重的左宗棠获胜，并受命收复新疆。但是，在争论中以李鸿章为首的洋务派提出了为了国家海防的安全开采煤铁、修铁路的主张。1880 年，中国向沙俄索还伊犁的谈判陷入僵局，两国关系极为紧张，沙俄还派海军舰队到中国海面游弋示威。为此，淮军将领刘铭传借奉召进京提供防务建议之机再次提出修筑铁路的建议。但此议一出，在统治阶级内部引起轩然大波，顽固派的反对之势排山倒海。以慈禧为首的清廷亦无可奈何，洋务派的建议被搁置。之后李鸿章、刘铭传等洋务派官员并不甘心，一遇合适之机就旧议重提。1888 年，唐胥铁路展修至塘沽和天津，李鸿章在醇亲王奕譞的支持下提出修建津通铁路(天津到通州)的主张，他们的本意是修至北京，但不敢贸然提出直接修到京城，只作为权益之计提出修到北京东南的通州。但即使这样的建议亦遭到顽固派的强力反对。最终，善于和稀泥的张之洞的建议被采纳，清廷批准修建卢沟桥到汉口的卢汉铁路。这就是今天丰台近代铁路交通与机车车辆工业区的由来。

批准修建卢汉路后，因资金技术等原因，铁路的修建一再拖延。甲午战争后，清统治阶级内部普遍认为战争失败的原因与缺乏铁路、运兵速度太慢有关，于是，修路之议再起。光绪二十一年十月丁亥(光绪二十一年十二月二十日，1895 年 12 月 6 日)清廷发布上谕宣称“铁路为通商惠工要务”，批准奕䜣等人修建自天津经南苑到达卢沟桥铁路的奏请，同时督促修建卢汉铁路，“至于卢沟桥南抵汉口铁路一条，道路较长，经费亦巨。各省富商如有能集资千万两以上者，著准其设立公司，实力兴筑。”①于是卢汉铁路的修建提上日程，卢沟桥也成为津卢路和京汉路的交会点，其地理位置和经济位置日显重要。1897 年，清政府批准英国资本参与修建铁路，先修卢沟桥至保定段，是为卢保铁路。为了保证两条铁路的修建，清政府邮传部主持在卢沟桥畔建起了“邮传部卢保铁路卢沟桥机车厂”，即今

① 朱寿朋：《光绪朝东华录》，3687～3688 页，北京，中华书局，1958。

机车厂的前身。由于技术水平低下，企业的主要业务是修理机车。此后几十年，机车厂步履蹒跚，仍然徘徊在修理机车的水平。

1948年12月，解放军接管了工厂，企业迎来了大好的发展机遇，开始了历史性的转变。1958年，随着中国第一台内燃机车的出厂，企业结束了60年来只能修车不能造车的历史。1966年9月机车厂更名为"北京二七机车车辆工厂。"此后的几十年，先后制造出我国当时功率最大的6000马力北京型液力传动货运内燃机车，以及各种车型的干线大功率内燃机车，成为新中国铁路运输的"龙头"①。从1975年正式转产内燃机车至今，北京二七机车厂生产的内燃机车主要品种是东风系列的机车。

二七机车厂不但有着悠久的工业发展史，而且在近代中国人民争取解放的斗争中发挥了重要作用。早在1920年12月，中共北京支部就派邓中夏、张太雷、张国焘等人到长辛店筹办劳动补习学校。1921年1月开学后，李大钊和支部其他成员都曾到校授课，教授文化知识，传播革命道理。同年5月1日，长辛店工人俱乐部成立，是为中共领导建立的最早的工会组织之一②。1922年年初，中共长辛店党支部成立③，为北京地区乃至全国最早建立的党支部之一，也是北京地区最早的以工人为主体的党支部。党支部的建立为团结工人开展斗争奠定了坚实的组织基础。1923年2月7日，在中国共产党的领导下，震惊全国的京汉铁路工人大罢工爆发，不但起到了唤醒人民的作用，而且给予腐朽的北洋政府以沉重打击。因此，北京二七机车厂是一个有着悠久的革命传统的工厂，这个革命传统为北京工业遗产的文化内涵增加了分量，增添了多元色彩，使得北京工业遗

① 刘伯英、李匡：《北京工业建筑遗产现状与特点研究》，载《北京规划建设》，2011(1)。

② 《中国共产党北京市组织史资料(1921—1987)》，18～19页，北京，人民出版社，1992。

③ 中共北京市委组织部、中共北京市委党史资料征集委员会、北京市档案局编：《中国共产党北京市组织史资料(1921—1987)》，26页，北京，人民出版社，1992；又见中共中央组织部、中共中央党史研究室、中央档案馆编：《中国共产党组织史资料》第一卷党的创建和大革命时期(1921.7—1927.7)，101页，北京，中共党史出版社，2000。

产的非物质文化遗产性质更加突出，文化内涵也更加厚重。北京二七机车厂对自身的革命传统也非常重视，早在1987年就建成了长辛店“二七”革命遗址纪念馆，布展和管理都比较完善，属于北京百家博物馆之一。所以，这个工厂有着比较好的文物保护传统，文物保护工作一直得到全厂从上到下的重视。

(七)垡头化学工业遗产分布区

垡头化学工业区位于北京东南郊，是中华人民共和国成立初期规划建设的化学工业区。规划之时曾经考虑了北京西北高、东南低的地势，以及北京冬季盛行西北风的特点，故而将其规划在了下风下水的东南方，避免影响人民的生活和健康。区内曾云集了北京焦化厂、北京化工厂、北京试验试剂厂、北京氧气厂等基本化学工业企业。但是，随着城市经济的发展和城市规模的扩大，如今这一地区已经是位于五环内的接近核心区的商贸繁华区，化学工业的存在已经严重不适应北京城市发展的需要。为此，在北京市政府的统一规划下，北京焦化厂已经完全停产，并着手建设工业遗产园区，其余化工企业也已全部搬迁完毕。北京焦化厂计划将变身工业旧址公园，并免费向公众开放。厂区周围50年前的烟囱、传送带、蒸馏塔、苯气罐等各类巨型化工设备将被保留，特色鲜明的炼焦区、煤气精制区也将完整保护。届时，这座拥有50年历史的老厂区将“变身”成为以工业文明为主题的城市公园。

垡头功能区全区正在进行开发保护的整体规划和建设。据了解，未来垡头功能区将打造科技CBD，建设辐射京津冀城市群的北京东南部经济中心。功能区将建设中关村互联网产业基地和国家级环保产业园，重点发展物联网、云计算、智慧城市应用等下一代互联网产业，并引进国家级环境保护服务机构总部、国家级重点实验室、国内外著名环保企业总部等功能性项目。垡头功能区内还将建设都市休闲景观带和滨水生态景观带两条绿化带，并充分利用区域内的萧太后河、大柳树沟、东南郊灌渠和通惠灌渠四条河流，在河道两岸设计开放空间，让人们可以享受亲水景观。

(八)房山建材、石化工业遗产分布区

房山位于北京西南，群山耸立，盛产石材，古代即以盛产石料著称，京城诸多建筑，很多都取材于房山。进入近代，房山的建材业继续发展，并进入机器生产时期。现存的工业遗址，以建于日据时期的北京琉璃河水泥厂和建于20世纪60年代的燕山石化公司两处工业遗存最有典型性。后者是我国在“文化大革命”时期依靠自身力量，艰苦创业建设的最大规模石化基地，富含深厚工业历史文化资源。

1. 北京琉璃河水泥厂

北京琉璃河水泥厂是全国一类大型建材企业，位于北京西南40千米处，西邻周口店遗址，与京广铁路、京石高速公路、107国道紧邻。始建于1939年，为日本帝国主义掠夺中国资源的产物。但抗战胜利后回到人民手中。现隶属于北京金隅集团。

一提起“水泥厂”这三个字，人们的脑海中总是禁不住浮现出烟尘弥漫的厂区，灰头土脸的工人这样一幅“灰色”景象。近年来，在北京市防治大气污染过程中，对水泥产业一直采取压缩淘汰的政策。据2013年发布的《北京市清洁空气行动计划》的要求，到2017年，全市水泥产能要减少一半，北京市水泥行业将逐步被压缩淘汰。保留下来的水泥企业则要通过实施清洁生产技术改造，变身为城市环境的“净化器”。根据北京市政府应对工业废弃物、生活废弃物、城市污泥、焚烧垃圾后的飞灰等要求，北京水泥厂在国内首创了水泥窑生活污泥处置线，一年能处置17万吨污泥，约占全市污泥总量的六分之一。这是国内首条利用水泥回转窑处置工业废弃物的示范线，除了能处理工业废弃物外，还能处理生活污泥和垃圾燃烧所产生的飞灰，水泥回转窑能将这些飞灰作为水泥原料，在高温焚烧中将飞灰所含的污染物二噁英分解成二氧化碳和水，同时将绝大部分重金属元素固化在水泥熟料之中，避免二次污染。据悉，国内首条飞灰工业化处置示范线已于2012年在琉璃河水泥厂投产，年处理能力达9600吨①。北京琉璃河水泥厂已经逐步实现城市环境“净化器”的华丽转身。

---

① 姜晶晶：《京郊水泥厂成环境净化器》，千龙网，2013-09-24。

2. 燕山石化化工工业区

燕山石化公司坐落于北京市房山区，地临京广线，成立于 1970 年。现隶属于中国石化集团。目前原油加工能力每年超过 1000 万吨，乙烯生产能力每年超过 80 万吨，是我国建厂最早、规模最大的现代石油化工联合企业之一，也是我国最大的合成橡胶、合成树脂、苯酚丙酮和高品质成品油生产基地之一①。

在经历了 20 年的高速发展后，燕山石化开始了艰难的企业转型。为了能够做到节水、净化水，20 世纪 90 年代，燕山石化就开始了工厂原有的设备和技术的改造，投入了大量的人力、物力，自主研发了新型节水装置和污水处理装置。为了能成为一个真正的环保企业，燕山石化接下来努力的方向是让“长明灯”火炬熄火。北京申奥成功之后，为了能适合奥运会的需要，燕山石化在原有的基础上，再次加大了创新力度，分别进行了苯酚丙酮装置氧化尾气治理、苯酚丙酮密闭灌装污染治理和装油站台油气回收改造。工程投用后，每年可减少排放挥发性有机烃 1300 多吨，还可创造经济效益 680 万元。“十二五”开始，国务院对北京市治理 PM2.5 提出新的要求，北京再次领先全国，对汽车排放实行更严苛的标准。2012 年 5 月 31 日，由燕山石化生产的京标Ⅴ汽柴油投放市场，为北京乃至全国的空气质量改善做出了巨大贡献。上述措施，使得燕山石化这个石化企业彻底变身。但是燕山石化并没有就此止步，还将对回用水装置进行升级改造，进一步提高企业的回用水量，减少新鲜水消耗，同时进一步治理浓盐水，减少污染物排放。如今，这家曾经的污染企业，不仅甩掉了污染的帽子，而且很快成为整个行业的环保典范。

（九）顺义化纤、食品工业遗产分布区

顺义区位于北京东部，区内拥有一五时期的重点工程——北京维尼纶厂以及北京牛栏山酒厂等多种工业遗存。另外，该区还拥有诸多现代制造业，包括北京现代汽车、燕京啤酒、汇源果汁、福田汽车等众多知名企

① 安建军：《绿色的都市炼油厂——燕山石化环保纪实》，载《中国经贸导刊》，2014(30)。

业。因而工业旅游市场巨大，可在工业遗产保护开发的同时优化组合，力争工业遗产保护利用与现在制造业考察相结合，创造更多更好的社会效益与经济效益。

图 3-27 原北京维尼纶厂大门

图 3-28 由旧厂房改建而成的耿丹学院

北京维尼纶厂位于顺义区牛栏山地区，1965 年建成，占地面积共 47 公顷，总建筑面积 15 万平方米；主厂房建筑面积 51220 平方米，框架结构；此外还有牵切纺车间、甲醛车间、中试车间，以及锅炉房、变压站、空压站、修机间、储备仓库等生产厂房和设施。

20 世纪 50 年代末，北京化纤工业开始起步，锦纶的产量很少，社会需求缺口很大。为了解决棉布供应不足和人民群众的穿衣问题，北京开始建设维尼纶厂。工厂建成初期，年产维尼纶 1.36 万吨，涤弹丝 1600 吨。1985—1987 年，为引进德国涤纶长丝生产线，又增建 8881 平方米的涤纶长丝车间，由前纺和后纺两部分组成，前纺为 5 层现浇框架结构，杯形基础，主体总高 19.5 米；后纺为排架结构，1 跨 24 米，预制柱，薄腹梁，钢屋架，大型屋面板；此外，还有冷冻站、高压开关站、空压站等附属建筑 1474 平方米①。该厂的产品质量上乘，广受市场欢迎，其维纶短纤维产品的质量在全国同行业中一直居于首位，并在 1980 年获得国家银质奖②。20 世纪 90 年代以后，该厂衰落，之后经历了转型改造，现在改造为北京工业大学耿丹学院校区。

(十)航天、国防军事工业遗产分布区

这类企业大多位于北京城市的东北郊和西北郊，有的出于战备的需要

① 曹子西主编：《北京史志文化备要》，574 页，北京，中国文史出版社，2008。
② 柴寿榅：《对北京化纤工业的回顾和展望》，载《北京纺织》，1987(3)。

还建在了山区。由于涉及保密问题，目前大部分地区并未对外开放。这些区域聚集有众多以航天工业为主的军工企业。这些企业的建成年代多在20世纪60年代以前，且与国家科技发展密切相关。他们的存在是一系列重大历史事件的见证，这部分工业遗产也应当得到世人重视。

（十一）平绥铁路沿线建筑景观（京张铁路）

京张铁路是由中国人自行勘测、设计、施工的第一条铁路干线，总工程师是著名爱国工程师詹天佑，为清政府利用庚子赔款选派的第一批留美学生。该铁路于1905年开工建设，1909年建成。这条铁路在今天也仍为世界著名的铁路工程之一。它的起点在北京丰台柳村，与京汉铁路接轨，终点在河北重镇张家口，全长201.2千米，其中北京段80.2千米[①]。从1907年至2015年，已经108年，京张铁路的铁轨作为百年工程见证了中国百年铁路的发展史。这是历史留给北京最宝贵和最有价值的一份工业遗产，其中南口段至八达岭段已成为全国重点文物保护单位。

随着铁路现代化的发展，老京张铁路也渐渐退出了历史舞台。京张城际铁路已经在2014年上半年开工建设。这条城际铁路建成后，乘火车从张家口到北京的时间将由目前的四五个小时缩短至40多分钟，届时张家口将进入北京一小时交通圈。然开通高铁后，京张城际铁路将以客运为主，老京张线仍然保留承担地方货运的任务，百年老铁路仍然在为当代中国的建设添砖加瓦。

一百年过去了。这条曾为中国人所引以为傲的铁路现状如何呢？京张铁路关沟段等最初开凿的各隧道洞口装饰美观，均用手工打制的花岗岩垒砌而成，古朴沧桑，韵味犹存，数座水泥拱形桥梁，造型美观，气势雄伟。但由于京张铁路线路的改造，加之人们的文物意识淡漠，一些具有重大意义和代表性的铁路文物遗迹已经被毁掉，这些珍贵文物被破坏，令人十分遗憾。原京张铁路竣工时实设车站14座，而如今只剩下7座，其中2座仅保留下部分建筑。[②] 独具特色的五桂头、石佛寺隧道废弃后被施工部

---

① 蒋春芳、张蕴：《北京的工业遗产京张铁路》，载《中国档案报》，2008-07-25。

② 姜冬青：《京张铁路文物遗迹的保护和利用》，载《中国文物报》，2005-02-18。

门改为仓库。作为京张铁路全线唯一完整保存的百年老车库——康庄车库被废弃，火车房内外长满了杂草，损毁严重，残破不堪。青龙桥火车站设计的人字形铁路，除了现在部分列车仍在使用的“之”字形线路外，其他线路与站台也已经荒废多年。在青龙桥火车站不远的“之”字形线路中间一块高地上，有保存尚好的原京张铁路监工处旧址，如今已是人去房空，杂草丛生了。由詹天佑手书的匾额“清华园车站”，经历了改线、拆房，至今还露着砖头和白灰，周围堆有垃圾，非常凄凉。经常有国内外的铁道爱好者千方百计地找到这里参观，看到车站的惨状后，都感叹不已。当年由詹天佑先生亲自题写站名的两块站匾，一块尚存于已拆毁的清华园车站原址上，一块被涂上厚厚的沥青悬挂在废弃的居庸关车站。

图 3-29　康庄车站机车库原貌

图 3-30　康庄车站的废旧机车库

（十二）大北窑机械工业遗产分布区（今中央商务地区）

这一区域曾被誉为北京工业的铁十字，聚集有北京第一机床厂、北京构件厂、北京重型机械厂等重要工业企业，近年来区域内工业遗产已遭到完全破坏，建设成为北京的中央商务区。

（十三）双井广渠门外汽车与机械遗产分布区

此区域位于北京东南的广渠门外，曾为众多机械工业企业的所在地。最初源于日本占领北京时期为了侵略战争的需要而将广渠门外规划为工厂区，先后建立了部分工业企业，是此区域内工业化的开始。中华人民共和国成立后，这里又先后新建了北京内燃机总厂、北京起重机器厂、北京齿轮厂、垂杨柳制造厂、人民机器厂、北京汽车制造厂、北京摩托车制造厂等大批汽车、机械工业企业，其生产的内燃机产量曾占全国产量的40%以上，产品颇受国内外消费者欢迎①。从20世纪90年代末开始，区域内工业企业大部分搬迁，工业用地被改造为现代化住宅小区。

(十四)建外食品工业遗产分布区

此区域的发展亦始于抗战时期，曾因拥有红星酒厂、北京酒精厂、东郊面粉厂、北京啤酒厂等众多食品酿造企业而香飘四溢，形成了独特的产业文化景观。20世纪90年代中期以后，随着北京城市的扩张，这一地区开始拆迁，今天已经大部分改建为居民社区。

总之，北京工业遗产丰厚，且分布于北京全市的各个地区，是近代以来北京工业发展和北京城市转型——由消费城市向生产城市转型——的历史见证。同时，工业遗产还凝聚了深厚的文化积淀，是北京精神形成的物质表现和物质基础。因此，工业遗产的存在对于北京的城市发展和城市文明的进步至关重要。但是，自20世纪90年代以来，随着北京的产业升级换代，很多工业遗产遭遇了厄运，不少具有重要价值、丰厚历史积淀和深刻精神内涵的工业遗产被拆除。它们从北京视野中消失，使得北京文明进程丢失了宝贵的历史链条，也使今天的工业考古倍加艰难，使得我们只能做文本、文献的考察了。

① 《当代北京汽车工业》，4页，北京，北京日报出版社，1989。

第四章　北京工业遗产精神内涵探究

工业遗产属于文化遗产的范畴。普遍意义上的文化遗产一般都具有双重属性，物质的文化遗产属性和非物质的文化遗产属性，也就是说都既具有外在表现形式，又具有内在的文化内涵。工业遗产既然属于文化遗产的范畴，那么它就应当既具有物质文化遗产性质也具有非物质文化遗产性质。

但是，正如本书绪论和第一章所论及的，目前学界关注工业遗产物质层面的研究比较多，研究成果也比较丰富，关注工业遗产的非物质文化层面就比较少了，研究成果也相对较少。学界这种研究偏向的出现，与我国工业遗产保护起步较晚，物质文化遗产保护的任务比较急迫有关，当物质遗产还没有来得及保护的时候，抢救物质遗存显然是更急迫的。另外，这也与我国工业发展水平长期与西方发达国家有较大差距有关，中国的工业遗产不像中国古代四大发明那样引人瞩目，能唤起国人的民族自豪感。

近年来，学界已经开始关注工业遗产非物质文化层面的研究，已经开展了对工业遗产的历史价值、文化价值、技术价值、社会价值和建筑美学价值等方面的探究，并且取得了不小的进展。相关学者均认为"工业遗产的核心价值是技术价值。正是由于技术价值的存在才使得工业遗产不同于一般的文化遗产，记录了一个时期科学技术的发展与进步"①。"如果说历史价值是一切文化遗产的核心价值，那么技术价值更多的是工业遗产的核心价值。"②从这种核心价值标准出发，相关学者都认为，有技术进步价值的工业遗存才能称得上是工业遗产，才有保护的价值。笔者认为，如果这种观点放在一般性的考察工业遗产时当然是对的，考虑了工业遗产的核心

---

① 张京成、刘利永、刘光宇：《工业遗产的保护与利用——"创意经济时代"的视角》，73页，北京，北京大学出版社，2013。

② 岳宏：《工业遗产保护初探：从世界到天津》，7页，天津，天津人民出版社，2010。

特征。但是，这种观点显然没有考虑中国的特殊国情。中国属于后发型工业化国家，加之西方帝国主义、资本主义的掠夺和压迫，近代以来中国工业水平长期落后，机器工业并不是很发达。尽管中国人民奋力追赶，特别是中华人民共和国成立后，工业快速发展，并且取得了很大进步。但是，与世界先进国家相比，中国工业水平仍然相对比较落后。所以，如果仅仅着眼于技术进步这个核心价值，则中国具有技术进步价值的工业遗存并不太多，具有保护价值的就更少了。

因此，要探讨中国工业遗产内在的非物质文化价值，必须要着眼于中国近代特殊的国情。在特殊的国情条件下，近代中国的工业水平虽然落后，但中国人民怀着复兴中华民族的伟大理想，一直在奋起直追，其间产生了许多感天动地的故事，其背后的精神追求，是中国人民战胜千难万险逐步前进的最重要的精神支柱。所以，如果对工业遗产非物质文化价值的肯定仅仅停留在技术进步这个层面，而不探讨工业技术进步背后的精神追求，就很难理解中国工业何以能在极端困难的条件下取得一步步的进步，并能在极其不利的条件下有所发展。如果不考虑这种精神追求，也就很难形成具有中国特色的工业遗产研究学。国际公认的《下塔吉尔宪章》规定的“历史、技术、社会、建筑或科学价值的工业文化遗存”的工业文化遗产判断标准固然正确，然那是针对全球的情况确定的，具体到中国，则必须结合中国的特殊情况进行研究，从中国的特殊国情、中国特殊的历史发展道路出发进行研究，才能深入挖掘中国工业遗产的文化内涵和精神价值，从而彰显中国工业遗产的非物质文化遗产价值。如果我们的研究能够从中国的具体国情出发，则某些看起来似乎并不具备特别突出的技术进步价值的工业遗产，也就具有了巨大的文化遗产价值和保存价值。

一、爱国主义是中国工业遗产最重要精神蕴含

近代中国的历史就是一部饱受外敌欺凌的历史。自 1840 年英国侵略者用大炮轰开中国的国门，并逼迫清政府签订了第一个不平等条约《南京条约》开始，中国多次遭到外敌侵略，国家民族都处在凄悲的苦难中。但是，

中国人民并没有放弃，而是开始了英勇的抗争，开始了艰难的探索。

林则徐等第一批开眼看世界的中国人在经过了艰苦的探索之后，开始懂得了现代军事工业在国民经济发展中的重要作用，着手购买西方的船炮，并组织工匠进行了适合中国情况的改建，试图建立中国自己的军事工业。中国近代最早的思想家之一魏源在经过深刻的思考后高呼“师夷长技以制夷”，明确指出了学习西方坚船利炮的重要性。他的这种思想极其精辟的概括了当时中国的处境和出路，因而深深地影响了其后数代中国人的思想和追求。

经过第二次鸦片战争的冲击和大规模农民战争的打击，以曾国藩、李鸿章、奕䜣为首的洋务派登上历史舞台，成为统治阶级中颇有影响的一个政治派别。他们逐渐醒悟到，中国正面临着几千年未有的大变局，“忠信”“礼义”等一套传统的统治措施已经不能应付新的形势了，必须找寻新的捍卫自身统治的方法。可以说，统治阶级中的洋务派从上到下几乎都认识到了问题的严重性和学习西方的紧迫性，意识到了学习西洋坚船利炮对于清政府统治和民族安危的紧要性，并且力图付诸实践。1861 年，曾国藩在安庆设内军械所，开始尝试仿制近代西方枪炮，从此揭开了中国工业化的序幕。

概言之，中国的工业化一开始就是在拯救民族危亡的旗帜下发生的，一开始就蕴含了强烈的社会目的和政治色彩，这是中国工业化起步的鲜明的特征，也是中国工业发展与西方工业发展最显著的区别之一。

与中国工业化是在外部刺激下发生不同，西方国家的工业革命是原生的、内生型的发轫和发展。在整个工业革命和工业社会形成的过程中，驱动西方国家的人们狂热追求产业技术近代化和改变生产力落后状况的内在精神动因与中国人发展工业的动因迥然不同。对此，法国著名史学家保尔·芒图有深刻剖析和精辟概括，他认为支撑西方国家追求技术进步的动力是“发财的坚强意志”[①]。西方国家的资产阶级企业家为了获取高额的利润，争先恐后地利用各种发明，利用各种新型机器设备代替手工生产。在

① [法]保尔·芒图：《十八世纪产业革命》，181 页，北京，商务印书馆，1983。

这个技术发明和利用技术发明的过程中，充满了狡诈、欺骗、偷窃甚至谋杀。在这个过程中，“资本家的主动精神是自私自利的”。被誉为“英国大工业的起源”的阿克赖特在1785年被宣布犯有剽窃发明罪，飞梭的发明人约翰·凯则被那些想利用他的发明却又拒付使用费的人搞得穷困潦倒。纵观西方的工业革命，犹如一个大战场，“胜利者就是那些无视其对手而能扩大自己事业范围并能找到越来越多的市场的人”①。美国史学家本·巴鲁克·塞利格曼研究了美国的工业革命，他把美国工业革命时期的精神驱动力概括为“以冒险创办、阴谋、盗窃发明、投机和公然舞弊为特征”②。可以看出，在西方工业革命的进程中，“恶是历史发展的动力的表现形式”，“正是人们的恶劣的情欲——贪欲和权势成了历史发展的杠杆”③。无论是西欧还是美国，西方发达国家工业化的内在精神驱动力都是纯粹的发财目的，而且是不择手段的发财方法。

反观中国，从洋务派开始，中国人办工业的目的就不纯粹是经济利益。相反，在国人的头脑中充满了深深的对国家民族前途的忧虑，他们办工业的动机是民族危机的忧患意识。同时，其中还充满了不甘落后，发愤追赶的不屈精神。可以说，中国人引进先进的机器生产、创办企业的动机不是来自“发财的坚强意志”，或者说主要不是为了发财，而是有着更高远、更崇高的目标和追求。这样的例证在近代中国工业发展的过程中比比皆是。

近代中国棉纺织业的奠基人之一清末甲午科状元张謇，在中国甲午战争战败、割地赔款的奇耻大辱刺激下，毅然放弃了状元的桂冠，走上了一条充满变数和艰辛的实业救国道路。著名化学家、实业家吴蕴初看到充斥中国市场的日本味精，感到了极大耻辱，从而激发了研制味精的巨大动力，并在极其简陋的条件下取得了成功。当他的产品驱逐了日本产品、畅

---

① [法]保尔·芒图：《十八世纪产业革命》，11、144页，北京，商务印书馆，1983。

② [美]本·巴鲁克：《美国企业史》，103页，上海，上海人民出版社，1975。

③ 恩格斯：《路德维希·费尔巴哈和德国古典哲学的终结》，9页，北京，人民出版社，1997。

销全国而获利丰厚时，为了民族工业的发展，又主动放弃了国内的专利权，放弃了本属于自己的金钱与荣誉，期望通过放弃专利权来推动民族味精业的发展。与吴蕴初并称“北范南吴”的范旭东，也是近代中国著名的化学家、实业家。他于1917年创办的永利制碱厂，以抵制洋碱、建立中国人自己的制碱工业为目的。经过多年的艰苦奋斗，其企业规模之大、技术之先进，在亚洲乃至全世界都名列前茅。正是在他创办的企业中，涌现了第一项以中国人名字命名的技术发明——侯氏制碱法，企业利润丰厚。然而，就是创办这样伟大企业的实业家，在他逝世后，夫人和子女的生活却发生了困难。他把全部精力和财力都献给了中国的民族基础工业——化学工业，而毫无顾我之考虑。近代中国第一家采用机器生产葡萄酒的企业——张裕酿酒公司——的创始人张振勋，是受了清政府驻英公使龚照瑗一席话的启发，而激起蕴藏心头已久的实业救国的念头的。龚照瑗说：“君非商界中人，乃天下奇才，现中国贫弱，何不归来救国。”①在创业的过程中，张振勋经历了无数艰难险阻，但他从不灰心，也从不放弃，而是锲而不舍，为着实业救国的理想而不断奋斗，终于在极其困难的条件下取得了成功，生产出了闻名遐迩的金奖白兰地。

上述实业家所取得的技术成就，都不是一个“钱”字能够解释得了的。他们在创办和经营企业的过程中，都把民族、国家的利益放在了第一位。为了国家和民族的复兴，他们甚至可以放弃荣华富贵，可以放弃家庭和妻小，有的甚至献出了生命。上海五洲药房经理项松茂，生产的固本肥皂打破英国中皂公司在中国市场的垄断地位，他也因此闻名于世。在日寇入侵、民族危亡的关头，为了挽救同胞的生命，他毅然赴难，献出了宝贵生命。他在日寇面前大义凛然地说：“死则死耳，中国人爱中国，份也！”②他的精神荡气回肠，光耀山河！

在北京工业发展的历史过程中，同样充满了这样伟大的家国情怀和不惧艰险的不懈追求，充满了发自肺腑的炽烈的爱国主义情怀，以及在爱国

---

① 华侨协会总会：《华侨名人传》，转引自果鸿孝：《中国著名爱国实业家》，5页，北京，人民出版社，1988。

② 果鸿孝：《中国著名爱国实业家》，160页，北京，人民出版社，1988。

主义精神照耀下的倾力奋进。北京最早的近代工业——神机营机器局诞生时，其创办人醇亲王奕譞揭橥的旗帜就是拱卫京师，以开风气。即其目的有二：一是发展京师的机器军工业，以利保卫京师和抵御外侮；二是为民间树一榜样，立一导向，开一风气，鼓励社会各方力量探索发展近代机器工业。其后，先后诞生的北京近代机器工业企业，很多都表现了对民族危亡的深切忧虑和对民族解放、国家富强的追求与精神关怀。

例如，清政府陆军部上奏创立溥利呢革有限公司时宣称："毛料皮革两项，本中国自有之物产，徒以不谙制作，岁将原料输出外洋，待其制成，复以重值购之。不惟自失利权，且以军需要品时时仰给于外人，亦非慎重军需之道。臣等公同酌议，窃以为筹办军需必当讲求自造，拟设立呢革厂一处，织造呢革皮件，拟供全国军队之用……俾得早日成立，非惟足以抵塞漏卮，实于军事大有裨益。"①可以看出，呢革厂建立的目的十分明确，就是为了堵塞漏卮，权自我操，有利于本国军队的军需和国防。呢革厂建成后，对于改变军需购自外洋的局面自然有利，不但不必再输出原料，然后再花巨资进口洋货，而且还有利于本国的农业和工业，以及工人就业，从而避免了国家财富外流。这个呢革厂的创立，还开了中国毛呢纺织品机器生产之先河，为民族机器纺织业的建立和发展奠定了基础。

北京地区最早的火柴制造工厂——丹凤火柴公司的创立，其抵御外洋、堵塞漏卮的目的也十分鲜明。对创办此厂的目的，商部上清廷的奏折说得非常清楚："窃为火柴一项来自外洋，销数最旺，上海、汉口、四川皆有华商设立公司抵制洋货，京师都会之地尤宜招商兴办，以塞漏卮。"②这段话虽然简短，但已经非常清楚地说明了中国民族火柴业面临的险恶形势和时人急起直追的迫切心情。

火柴发明于19世纪上半叶，1833年，世界上第一家火柴厂在瑞典卡尔马省的贝里亚城建立。其后不久，火柴传入中国，由于其简单便捷的优

---

① 《陆军部奏办呢革公司折》，载《东方杂志》，光绪三十三年第二十期，173～174页。

② 《商部奏招商设立京师火柴公司并拨助管本片》，见陈真、姚洛编：《中国近代工业史资料》，第一辑，552页，北京，生活·读书·新知三联书店，1957。

势，很快便被民众接受并推向了全国，火柴进口量因此不断上升。到1874年，洋火进口值已近150万海关两①。火柴的大量进口无疑使本来就不断外流的白银雪上加霜，加剧外贸逆差。外资在不断向中国推销火柴的同时，还变本加厉，开始在中国办厂，企图利用中国的丰富资源和廉价人力生产火柴，以获取更大利润。1880年，英国人美查在上海开办燧昌自来火局。甲午战争后，"日本获得在华设厂之权，更复大肆活跃，先后在我国各地设厂制造"②，到第一次世界大战前，共计设厂4家。第一次世界大战后，日资火柴厂迅速扩张，从1915年到1926年又开设16家，年产火柴22万多箱③。到30年代上半期，又增加到23家④。与此同时，瑞典火柴托拉斯大举进入中国，除了倾销本国产品外，还大肆在中国设厂。先是控制了日本的火柴工业，然后又通过日本在华火柴厂达到在中国设厂的目的。"在1926年，瑞典火柴公司与东北的吉林、日清两家日本火柴厂合作，控制了60%的股权，接着又收买了大连燐寸株式会社。……1928年它又收买了上海、镇江的日商燧生火柴厂。"⑤通过收买各大火柴工厂，瑞典火柴商巩固了地盘，"又乘中国内乱广东火柴工业大半破产，乃侵入华南一带，至斯瑞典火柴势力已布满中国全境。"⑥外资火柴业已经接近垄断中国火柴业。

面对外资火柴业的垄断，清统治阶级非常忧虑。光绪十七年七月二十五日(1891年8月29日)，李鸿章上"议制造火柴折"，谓"火柴即自来火，近来英、德、美各国载运来华，行销内地日广，日本仿造运入通商各口尤多。……几于日增月盛，亦华银出洋一漏卮也。日本既能仿造，必应劝谕

---

① 严中平主编：《中国近代经济史(1840—1894)》，1151页，北京，人民出版社，2001。

② 国民政府经济委员会：《火柴工业报告》，见陈真编：《中国近代工业史资料》，第四辑，628页，北京，生活·读书·新知三联书店，1961。

③ 《中国民族火柴工业》，24页，北京，中华书局，1963。

④ 邹鲁：《日本对华经济侵略》，285～286页，国立中山大学出版部，1935。

⑤ 《中国民族火柴工业》，26页，北京，中华书局，1963。

⑥ 陈真、姚洛、逄先知编：《中国近代工业史资料》，第二辑，831页，北京，生活·读书·新知三联书店，1958。

华商，集资购器，设局自行制造，以敌洋产而保利源。”[1]在李鸿章的建议下，清政府开始鼓励民间办厂生产火柴。民间有识之士为了挽回利权，亦开始自办火柴业。显然，丹凤火柴公司的产生就是这种形势的产物，也是其能够得到官款支持的原因。其后，丹凤火柴公司与天津华昌公司合并，合组丹华火柴公司，其目的也是为了扩大规模，壮大实力，以便与外资火柴业竞争。可以看出，在丹华火柴公司发展的轨迹中，每一步都充满了与外来势力的竞争和抗争。

在近代北京工业发展的过程中，实业救国之举饱含了浓烈的爱国之情，其中最为典型的便是中国人自己设计并建造的第一条客货铁路干线——京张铁路[2]。

北京至张家口自古就是中国北方南北互市的通衢，“每年运输货物如蒙古一带所产之皮毛驼绒贩运出洋，与南省运销蒙古各处之茶叶、纸张、糖饯、煤油等杂货均为大宗，计其价值颇称巨数。第以运道艰阻，致商务未能畅旺。”[3]可见，张家口为华北平原通向蒙古和西北的军事要冲和交通要道，早在明中期就已有明守将开始经营张家口，筑张家口堡。清入关后，由于清廷和蒙古王公的特殊关系，更加重视京师至蒙古的交通，而张家口恰好位于交通要冲，有着极为重要的军事、政治和经济作用，故而更加受到重视。近代以降，商品贸易获得发展，京张之间的交通愈发重要。但是，受阻于横亘于中间的军都山，这条交通要道的往来仍然十分不便。为此，到清末就不断有人声称要集资修筑京张铁路，但清政府均以禀请修路者“饰词蒙混”“语多闪烁”为由予以批斥，到光绪三十年正月二十二日(1904年3月8日)就宣布：“此路关系重要，应由国家自行筹款兴筑，不

---

① 李鸿章：《议制造火柴》，见中国近代史资料丛刊《洋务运动》七，573页，上海，上海人民出版社，1961。

② 1902年11月—1903年3月，詹天佑主持修建了新县至易县的新易铁路，是为中国人主持修建的第一条客运铁路支线。此路只为慈禧拜谒西陵服务，并不运货。

③ 袁世凯：《酌议提拨关内外铁路余利修造京张铁路折》，见《国家图书馆藏京张路工集》，18页，天津，天津古籍出版社，2013。

得由商人率意请办。”①正式表明了由政府主持修建这条铁路的态度和决心，足见其重视这一交通要道的程度。

但是，清政府的这一愿望遭到了英俄帝国主义的干挠。英国提出清政府应聘请英国总工程师主持此路的勘测设计和修筑，企图借此机会控制这条重要的铁路线。然沙俄闻讯极为不满，认为铁路修到长城以北是侵犯了自己的势力范围，反对英国插手铁路的修建。英俄双方为此纠缠不休，相持不下，弄得清政府无所适从。不得已，清政府只好宣布京张铁路作为“中国筹款自造之路，亦不用洋工程司经理，自与他国不相干涉”②。以此摒斥了英俄的干扰。但是，英俄并不就此甘心，英国工程师金达乃率员沿京张沿线勘测，并在勘测后大肆渲染造路的困难，还有“英人在伦敦演说，谓中国能开凿关沟之工程师尚未诞生于世云云”③，意图消磨国人的斗志，阻挠京张铁路的修建，最终达到揽修京张铁路的目的。

詹天佑主持修建的铁路开工后，这些外人仍然不甘心失败，不断造谣干扰工程的进展。“在居庸关与八达岭隧道开工建设的一年多时间中，中英银公司以及西方、日本等国的工程技术人员常常三五人一行，借行猎为名，来偷窥工程，回去后则用各种名目写文章送到中外报刊上发表，对詹天佑领导建筑京张铁路进行中伤诋毁。1907 年年初，美国一家报纸刊登一篇由福斯特(J. W. Fouster)所写的文章，公然对詹天佑进行贬抑与人身攻击，说‘现在还没有任何一个中国工程师是从船上毕业的。’”④借此嘲讽詹天佑从美国留学回来后曾进入福州船政学堂学习，并在军舰上实习，认为詹天佑根本不具备领导修筑铁路的资格，并且不可能领导中国人成功建造京张铁路——这条当时堪称世界上难度最大的铁路。1907 年年初，就在詹天佑领导修建居庸关和八达岭隧道的关键时刻，主持中国关内外铁路修建

① 《商部批张锡玉文》，见宓汝成编：《中国近代铁路史资料》，第一册，912～913 页，北京，中华书局，1963。

② 袁世凯：《酌议提拨关内外铁路余利修造京张铁路折》，见《国家图书馆藏京张路工集》，19 页，天津，天津古籍出版社，2013。

③ 詹天佑：《路勘及调查报告》，见《国家图书馆藏京张路工集》，19 页，天津，天津古籍出版社，2013。

④ 经盛鸿：《詹天佑评传》，179 页，南京，南京大学出版社，2001。

的英籍工程师居然用高薪挖走了京张铁路两名重要的建筑监工①，使得本来就技术人员奇缺的京张铁路更加捉襟见肘。心怀叵测的外国人为了达到目的不择手段，居然使用挖墙脚的无耻手段干扰詹天佑的工作。

显然，修建京张铁路不但工程难度极大，而且面临的国内外政治形势也极为复杂，能否成功修建，不但关系到经济民生、军事战略、政治联系，而且关系到中国人的士气，关系到国家未来的发展。詹天佑显然非常清楚形势的严峻，他给袁世凯的禀报中说："伏查京张一路，由丰台发轫，至张家口。延虽仅三百六十余里，而中隔居庸关八达岭，层峦叠嶂，石峭弯多。遍考各行省已修之路，以此为最难，即泰西铁路诸书，亦视此等工程至为艰巨。"詹天佑对于修建这条铁路的难度非常清楚，但是他并不因此退缩放弃，而是抱定决心，要为国家争气，为民族争光："职道等猥以庸愚，荷蒙委任。而此路又中国筹款自办，为各省倡，惟责重益觉才轻。而图终必先虑始，从事固不敢铺张，致巨款虚糜，亦不敢苟且速成，贻外人口实。"②在此，他表达了绝不给外人留口实的决心，又表达了要为全国开风气、为民族争光的坚定决心。

为了给中华民族争光，建造最优质的铁路，自铁路勘测开始，詹天佑就长期住在工地上。京张铁路所在的华北地区北部，四季风沙极大，自然条件恶劣，詹天佑等工程技术人员工作时经常是"极为强烈的西风不住地迎面吹来"，"狂风扬起满天黄沙，咫尺莫辨，视线被阻。……风停之后有小雨。"③工作条件之恶劣可以想见，特别是对于詹天佑这个自幼生长在南国的人来说，更是极大的不适应。但是詹天佑并不畏缩，坚持工作，最终顺利完成了勘测工作。正式开工以后，詹天佑更是把家搬到了位于平则门(今阜成门)外的工程局内，为的是更加方便工作，随时沟通，同时也是为

① 詹同济编译：《詹天佑日记书信文章选》，104页，北京，北京燕山出版社，1989。

② 詹天佑：《遵将筹议修造京张全路办法并附图说禀复督会办大臣袁胡》，见《国家图书馆藏京张路工集》，22页，天津，天津古籍出版社，2013。袁指袁世凯，时任关内外铁路督办大臣；胡指胡燏棻，时任关内外铁路会办大臣。

③ 詹同济编译：《詹天佑日记书信文章选》，16、20页，北京，北京燕山出版社，1989。

了显示他誓与工程相始终的决心。为了回击某些外国人的攻击和蔑视，在铁路首段——丰台柳村至南口段——工程完工后，詹天佑特别主持举办了隆重的通车典礼，借以展现中国人的能力，并鼓舞众多筑路人员的士气。典礼后詹天佑在给友人的一封信中说："在我任此职务以前，甚至于就任以后，许多外国人公然宣称中国工程师不可能担任如此艰巨的铁路工程。……我不顾一切，坚持进行工作，首段工程终于完成。"①这段话既表达了詹天佑完成首段铁路修建后的喜悦心情，也表达了他继续工作至全路完工的决心，表达了他为中华民族争光的坚强意志。

工程进展到全路最困难的路段——关沟段时，詹天佑又将总工程师办事处搬到了南口，发誓不完成工程绝不回京。他日夜吃住在工地，亲自参加各项繁重的建筑劳动，以鼓舞全路员工的士气。在他的榜样力量的带动下，"上自工程师，下至工人，莫不发愤自雄，专心致志，以求达其竣工之目的。"②为了克服八达岭一带重峦叠嶂、地形复杂带来的施工困难，詹天佑大胆决定开凿四条隧道，其中八达岭隧道和居庸关隧道最长、也最为艰巨，其难度之大即使在世界铁路建筑史上也是罕见的。此时，外国人又开始质疑中国人的建筑能力，并企图承揽工程。但詹天佑坚决不给外国人以可乘之机，要以成功建设来回击外国人的蔑视。经过将近一年半的艰苦努力，工程终于顺利完工，彻底粉碎了外国人的各种质疑，向全世界展示了中国人的筑路能力。之后，詹天佑又结合具体情况，大胆首创并精心设计了人字形铁路，由此克服了山体急速落差给火车行驶带来的困难，使铁路顺利穿越军都山的崇山峻岭。

宣统元年八月十九日(1909 年 9 月 2 日)，在开工四周年的纪念日，全路竣工通车，这比原定通车期限提前了一年，还节省经费 356774 两③。这条完全由中国人自己设计、自己施工的铁路成功修建和提前通车，大大鼓

---

① 詹同济编译：《詹天佑日记书信文章选》，99 页，北京，北京燕山出版社，1989。

② 詹天佑：《在旅汉美国各大学校联合同学会新年大会的演说词》，转引自经盛鸿：《詹天佑评传》，171 页，南京，南京大学出版社，2001。

③ 经盛鸿：《詹天佑评传》，192 页，南京，南京大学出版社，2001。

舞了国人的士气。为此，清政府特意举办了隆重的通车典礼。邮传部尚书徐世昌出席典礼并讲话，他在讲话中高度评价了京张铁路的修建："吾国自筹筑铁路以来，工程告竣者数矣……方其告成时，莫不择期开车，循例行礼，留为纪念，何独异于京张？然而今日之会，嘉宾贶临，窃谓非寻常铁路工程开车之比者，盖斯路奏明由中国筹款自造，而工程亦全用华员经理，绝不借才他邦，此为本路特异之点。……方路工经始以来，外人议者咸以为吾国工程师不若欧美，因预料全工不克竟成，几若众口一词，据为定论。乃曾几何时，全路险且巨之大工，人所闻而惊惧者，卒能履险如夷，克期先蒇，以有今日之盛会。然则此路一成，非徒增长吾华工程师莫大之名誉，而后此之从事工程者，亦得以益坚其自信力，而勇于图成。则吾国将来自办之铁路，枝干纵横，所能兴而未有艾者，必皆以京张为之嚆矢，此甚非细事。"①可以看出，徐世昌的字里行间洋溢着的都是扬眉吐气的喜悦和痛快，以及由此激发的民族自信心。作为京张铁路的总工程师，詹天佑在讲话中则直抒胸臆云："我们正是以修筑全由中国人自力完成的铁路而感到自豪!"②各界代表在发言中也表达了热烈的兴奋之情，热烈颂扬工程的胜利完工带给全国人民的巨大鼓舞，并表达了要独立自主发展中国自己的工矿业和交通运输业、振兴中华的决心。来自詹天佑家乡的广东省代表在发言中说："京张铁路筑造之初，外国人著论于报纸曰，中国造此路之工程师尚未诞生也，一时五洲传为笑谈。今者，詹君独运匠心，筑成此路，不假外国人分毫之力……嗟夫，如詹君者，可谓能与中国人吐气矣。""夫铁路工程既可以中国人独立筑之，将来一切矿务机器制造等事，皆可以中国人自为之矣。吾今日为铁路祝，并为全国之矿务、山林、机器、工厂祝也，有开必先，其今日京张铁路之谓乎!"③京张铁路的修筑成

---

① 关赓麟编：《交通史 路政篇》，第九册第二章第三节"交通"，铁道部交通史编纂委员会，1931；转引自经盛鸿：《詹天佑评传》，195～196页。

② 詹天佑：《京张铁路通车典礼英文致辞》，见詹同济编：《詹天佑文集》，14页，北京，北京燕山出版社，1993。

③ 詹同济、黄志扬、邓海成：《詹天佑生平志》，104页，广州，广东人民出版社，1995。

功，不仅打击了外国人的狂妄气焰，促进了中国近代交通的发展，而且大长了国人的志气，全国上下都被詹天佑的爱国情怀和京张铁路的伟大成功所感动，多年积郁于心中的恶气至此一吐为快！京张铁路的成功还极大的提振了社会各界的士气，鼓舞了人民的斗志，对推动以后的中国民族工业的发展起到了积极的推动作用。可以说，爱国情怀是推动詹天佑敢于迎难而上、克服千难万险的最大动力，同时也是全社会上下形成共识的原点。爱国主义在京张铁路的建设中发挥了极大的作用，同时也对弘扬爱国主义精神发挥了重大的助推作用。

近代中国发展工业的各种条件都十分恶劣，但是就是在这样恶劣的环境中，为民族经济工业化而奋斗的中国人并没有气馁，反而“愈挫愈奋”，他们以顽强的毅力推动中国经济一步步朝着近代化的方向前进。在这令人感天动地的事迹背后，必定有强大的精神力量支撑着在艰难道路上奋斗的人们。诺贝尔经济学奖获得者、新制度经济学的奠基人之一道格拉斯·C·诺思曾经说过：“如果一个社会经济不能增长，那一定是因为它不能激发起经济上的进取精神。”[1]近代中国工业能够在恶劣的条件下“愈挫愈奋”，在背后激发中国人进取的精神就是中华民族伟大的爱国主义精神。

综上所述可以看出，杰出的中国人从事工业生产的目的与西方资产阶级纯粹的经济目的是完全不一样的。中国民族企业家、工程师和科技人员发展工业的目的主要不仅是为了一己之私利，甚至可以说完全不是为了个人的私利，而是为了民族的解放和国家的富强。从道德伦理的角度看，中国人的这种精神境界远远超出了西方资产阶级追求财富。这正是近代中国之所以备受欺凌而不能灭亡，中国工业化之所以备经磨难仍奋力向前的重要动因之一。推动近代中国工业发展的精神世界与以英国为代表的西方工业发展的精神世界是完全不同的，西方的工业革命使人联想起的是“从头到脚，每个毛孔都滴着血和肮脏的东西”[2]的丑物。而近代中国人民为国家的富强和经济的进步而进行的艰苦奋斗和探索，充满了为了国家、民族的

① [美]道格拉斯·C·诺思、罗伯特·保尔·托玛斯：《西方世界的兴起》，2页，北京，学苑出版社，1988。

② 马克思：《资本论》第1卷，871页，北京，人民出版社，2004。

利益而不畏艰辛、前赴后继、英勇奋斗的精神。它让人们看到的是璀璨的中华民族爱国主义的精神之花。质言之，爱国主义是近代中国工业发展的最本质的精神内核，是中国经济工业化最重要的精神驱动力之一。

近代工业发展中的爱国主义精神不仅表现在发展民族的工业体系，努力实现富国强兵上，也表现在工业生产的发展改变了中国的社会结构，为中国社会的发展，特别是为反抗外来侵略提供了强大的社会力量上。最典型的例证就是五四运动中工人阶级和商界的力量对于运动的最终胜利产生的推动作用。从北京的情况看，早在五四运动前，具有初步共产主义思想的先进知识分子毛泽东、吴玉章、何长工等人就开始到长辛店做启发工人觉悟的宣传教育工作，为五四运动中工人阶级发挥作用奠定了基础。发生在1919年的五四爱国运动，北京的学生首先行动起来，又以自己的行动很快影响了全国，运动迅速向全国各地的学生中蔓延。为了支持学生的斗争，上海的工人首先行动起来，其后长辛店的工人也行动起来了。据一些老工人回忆："六月三日以后，卖国政府逮捕学生，上海工人大罢工。消息传到了长辛店，我们厂里的工人再也不能沉默了。本来这些天大伙早就没心干活，这时几个工人骨干和学生商量了一下，就决定举行游行示威。""于是在长辛店大街上开始了第一次工人的游行，队伍里边也有几个工头，史文彬和陶善琮两个人在前头领头，有一百来个工人，艺员养成所和车务见习所的学生排着整齐的队伍，走在后面。""这次游行开了头，以后就游上了劲，三天两头尽游行。晚上还搞过一次'提灯会'，也是个游行。"①长辛店工人的斗争震动了北京社会各界。6月27日，代表了北京工商各界的北京总商会代表和北京各界代表一道举行了联合请愿，强烈要求北洋政府拒绝在和约上签字。在工人阶级伟大力量的推动下，五四运动迫使北洋政府拒绝在和约上签字。这场斗争的胜利是中国社会各界联合行动的产物，其中工人阶级发挥了重要作用，而其中北京的工人特别是京奉、京汉铁路工人的罢工影响巨大，动摇了腐朽的统治秩序，使北洋政府最终顺应民意停止卖国行为。

① 彭明：《五四运动在北京》，196～197页，北京，北京出版社，1979。

五四运动以后，北京工商界和工人阶级以各种方式积极参与反抗外来侵略的斗争。抗日战争期间，在日寇严密控制下的石景山制铁所，愤怒的工人曾烧毁了日寇为庆祝胜利挂在高炉上的太阳旗。1942 年 6 月，还举行了反抗非人生活的罢工斗争。在门头沟煤矿，中共地下党做了大量工作。党支部共有党员 15 人，在 1943 年领导了要求增加工资的罢工斗争，并最终取得胜利。日军控制下的兴亚被服厂在地下党支部的领导下，开展了抵制管理方体罚工人、要求工人合法权利、改善伙食、改善待遇的斗争，也取得了斗争的胜利。许多民族工商界人士也毁家赴国难，暗中积极给抗日武装提供物资，有利地支援了中国军队的抗日斗争①。在有着爱国主义传统的铁路界，北宁铁路工人在中国共产党的领导下成立了“北宁铁路职工抗日救国会”，创办了秘密刊物《铁球》，在工人群众中宣传抗日救国思想和中国共产党的抗日主张，唤起工人的爱国主义思想，还输送铁路职工到平西抗日根据地直接参加抗击日寇的军事斗争，有力地支援了北京乃至全国的抗日斗争②。

总之，近代中国工业产生、发展的条件十分恶劣，制约中国工业发展的主要障碍是外来经济势力的压迫，中国工业要发展和克服这些障碍，就必须要有绝大的勇气和坚定的信念去抗争。这信念来自哪里？就来自对伟大祖国的爱。尽管祖国备受欺凌，疮痍满目，贫穷落后，但是如果祖国的儿女不鼓足勇气奋起一搏，祖国母亲将永远不能崛起。所以，爱国主义是近代中国发展工业的重要精神推动力之一，这种精神浸满在中国近代工业发展的各个阶段和各个方面，也充满在北京工业发展的各个阶段各个方面。这种精神是跨时代的、不可磨灭的，工业生产可以因社会转型而退去，工业生产可以成为历史，但是其精神依然蕴含在工业遗产中，是工业遗产蕴含的最重要的精神内涵之一，也是近代先辈最宝贵的精神财富。

---

① 习五一、邓亦兵：《北京通史》，第 9 卷，109～110 页，北京，中国书店，1994。

② 伊敏：《我所知道的有关北平铁委的一些情况》，见中共北京市委党史研究室编：《北京革命史回忆录》第 4 辑，95～96 页，北京，北京出版社，1992。

二、倡修铁路过程中彰显的冒险精神和创新意识

工业生产在人类历史上曾经是一种全新的生产模式，当它传入中国的时候，中国还是一个有着数千年古老农耕文明的农业社会。农耕文明的最重要特点是生产技术改进缓慢，社会政治经济形态相应变化迟缓。在这样的社会形态中，经验的积累十分重要，前人对经验的总结和阐释对后人的行为方式和行动方向有着十分重要的指导意义。因此，在这种社会经济条件下，人们不必关注创新的问题，只要认真向先人学习，向祖宗学习，认真而全面运用先人的经验，就可以安安稳稳地生活。

长期受这样的社会经济形态和文化生态熏染，人们的思维方式必定会被深深影响。于是，自中国古代社会的早期就形成了以诠释为主要特征的文化形态和哲学理念。学术研究推崇的是“述而不作”，而不是打破常规的思维和探究。在这个“述而不作”的过程中，人们可能会有新的发现和创造，可能会有所发明，但是从其主观意图看，并不是以新的思想创造和技术革新为鹄的。因为这种“述”奠基在“信而好古”的基础上，更多注重的是对古圣先贤文本含义的阐述和微言大义的理解。这种诠释的对象是书本的既有原意，是对文本原意的探究，因此其取向更推崇对文本的正确理解和考辨，而非西方诠释学所指向的纯粹的与客观事实、外在世界的契合。

中国古代这种诠释文化的传统经过几千年的传递，降至近代已经僵化为一种唯书唯上的思维模式。“千古学术，孔孟程朱已成定案，吾辈只随他脚下盘旋，方不错走了路。”①这是咸丰年间一个士人的话，面对急速变化的社会，他却认为只要照孔孟的话做就不会出错，可见其思想已经僵化到极点，是保守士人思想的典型反映。显然，在这些人的视野中，完全没有看到形势的巨大变化，更没有看到形势变化对于统治政策变化的要求。当中国步入近代时，当工业文明驾临中国时，统治阶级内部保守势力依然

---

① 贺瑞麟：《答蒋少园书》，见《清麓文集》卷七，光绪二十五年传经堂刻本，14页。

非常强大，任何超越常规的行动，都会招来强大的反对声浪。洋务派兴办任何洋务事业的时候，包括近代军工和机器工业的时候，都会面临巨大的阻力，洋务派必须要敢于冒极人的风险，必须要有超越常人的勇气和决心，才能成就哪怕是一点点微小的进步。

正是这个地主阶级官僚集团——洋务派，揭开了中国工业化的序幕，这是中国的特殊国情决定的，也是中国社会历史特殊的发展道路的产物。从世界历史的发展历程看，复杂而庞大的军事工业是资本主义机器大工业发展到成熟阶段的产物。当军事工业出现时，社会不但已经为军事工业的正常运转准备了配套的轻、重工业和交通运输业，还为军事工业的发展准备了一个成熟的企业家阶层，这个阶层可以凭借经营工业企业的丰富经验，保证工业企业的运营，避免经营中的风险。当企业家成为企业运转的灵魂时，庞大而复杂的军工企业的运转就不是一件需要紧张面对而又难以熟练操作的事情了。

然而，近代中国的工业化是在外力的刺激下发生的，近代中国的资本主义工业化必须首先从最复杂的工业生产领域即军事工业开始。此时，中国社会的自然经济刚刚出现了几道预示着新经济形态即将诞生的缝隙，社会并未为洋务派举办军工企业准备一个现成的资产阶级企业家阶层①，虽然社会上已经出现了零星的资产阶级分子，但是他们的经营能力和运营水平尚不能满足近代军事工业的需要。由此，作为一种社会发展的非常态，洋务派——这些转变中的地主阶级的高官，就担负起了为中国经济的近代化经营第一批企业的重任。当然，从后来的经营效果看，洋务企业的经营

① 对于中国资产阶级何时产生并形成阶级，学术界存在不同看法。通常认为中国资产阶级的产生起点是19世纪六七十年代，随着近代机器工业的产生而产生。如严中平主编：《中国近代经济史(1840—1894)》，1502～1512页；陈旭麓：《近代中国社会的新陈代谢》，123～133页，上海，上海人民出版社，1992。也有学者主张资产阶级的起点应当提前到鸦片战争后，因为从这时起，社会中就逐步出现了手工业资本家以及属于资产阶级范畴的买办。如郭庠林、陈绍文：《中国资产阶级的形成及其结构》；孔经纬：《中国资产者的出现及其形成为独立的阶级》，均载《近代中国资产阶级研究》续辑，上海，复旦大学出版社，1986。从近代经济发展的意义上谈企业家阶层，这个阶层一般应当是隶属于资产阶级范畴的。资产阶级是否产生的问题直接关系到企业家阶层是否存在的问题。

效果普遍很差，特别是官办的洋务企业，较之官督商办和官商合办企业，更加集中地体现了洋务企业固有的弊病，例如，效率低下、效益不良。但是，如果没有洋务派的努力，特别是他们冒着极大的政治风险而不断的坚持和开拓，则中国的工业化将无法启动。

从北京工业发展的历史看，洋务派的这种坚持，集中体现在铁路的修建上。当工业化的大幕拉开的时候，铁路的修筑对于中国社会经济是个全新的事物，它的传入给中国社会带来了极大冲击，也因此在思想领域掀起了轩然大波。统治阶级内部为是否修筑铁路发生了激烈的争吵，是为近代中国统治阶级内部三大争论之一①。

铁路在鸦片战争后不久进入中国，修铁路屡屡被西方列强作为一项特权要求提起，要求清政府允许其在中国境内修筑铁路。1872 年，英国人擅自修筑了 10 英里长的吴淞至上海的铁路。最终，这条铁路因侵犯中国的主权而在清政府的交涉下拆除。但是这条铁路短短一年多的运营却充分展示了铁路运输的优越性，引起了洋务派的注意。其后不久，李鸿章就上奏清廷，大谈修筑铁路的好处：认为当今的时代是“有事之际，军情瞬息变更”，如果“有内地火车铁路，屯兵于旁，闻警驰援，可以一日数百里；则中国不至于误事”②。由此，他提出修造清江浦至北京的铁路。但是，这个提议赢来的并不是赞赏，而是强大的反对声浪。李鸿章不得不极力向主持朝政的恭亲王奕䜣陈述铁路的好处，企图博得最高统治阶层的赞同。作为清廷中比较开明的主政的亲王，奕䜣也同意李鸿章的说法，但是认为朝中“无人敢主持”，即使“两宫亦不能定此大计”③，这说明即使是慈禧这样彪悍的最高统治者也对强大的保守势力畏惧三分。可见统治阶级上下反对声浪之凶猛，反对势力之强大，东太后、西太后的联合力量亦无胆量敢与之较量。

然而面对如此强大的反对势力，洋务派并没有灰心，也没有因此退

① 另外两场争论是关于设同文馆的争论和制造轮船的争论。

② 李鸿章：《筹议海防折》，见《李文忠公全书》光绪乙巳版，奏稿卷二十四。

③ 李鸿章：《致丁宝桢函》，见《朋僚函稿》，卷十七。两宫指西太后慈禧和东太后慈安。

缩，而是蛰伏观察，等待时机。八年后的光绪六年十一月(1880年12月)，淮系将领刘铭传乘应召进京陈述防务之机，再次向清廷提出了修建铁路的问题，他认为“自强之道，练兵、造器固宜次第举行，然其机括，则在急造铁路。铁路之利于漕务、赈务、商务、矿务、厘捐、行旅者，不可殚述。而于用兵一道，尤为急不可缓之图。中国幅员辽阔，北边绵亘万里，毗连俄界，通商各海口，又与各国共之。画疆而守，则防不胜防，驰逐往来，则鞭长莫及。惟铁路一开，则东西南北呼吸相通，视敌所驱，相机策应，虽万里之遥，数日可至，虽百万之众，一呼而集，无征调苍黄之过，无转输艰阻之虞”①。在刘铭传陈述了铁路的益处，而且认为刻不容缓，必须立刻操办。为此刘铭传提出，当今中国最要紧的铁路有南北四条：南路两条，清江经山东到达京师、汉口经河南到达京师；北路两条，京师至盛京、京师至甘肃。四条路应当先修清江至京的这条铁路，以便与已建成的电报线相表里，尽早发挥快速通信和快速运输相结合的作用。于今看来，刘铭传的建议确实还是很有眼光的，他建议的两条南路就是今天的京沪线和京广线北段，而北路就是今天的京沈线和陇海线一部分，确为于国家政治、经济和军事都有重要关系的铁路干线。在这个奏折中，刘铭传的用词非常恳切而且沉重，沉痛地指出了事态的严重性和修筑铁路的急迫性：“事关军国安危大计，如蒙俞允，请旨饬下总理衙门迅速议覆。若辗转迁延，视为缓图，将来俄局②定后，筑室道谋，诚恐卧薪尝胆，徒托空言，则永无自强之日矣!”③这些话的分量显然非常重，道出了清政府所处境地的危急，而其奉上的办法已经是解中国于万劫不复的唯一妙招了。大概是这一席话使清廷感到危险的迫近，于是便在光绪六年十一月初二日(1880年12月3日)下旨令北洋大臣李鸿章与南洋大臣刘坤一共同“悉心筹商，妥

① 刘铭传：《请筑造铁路折》，见朱寿朋编：《光绪朝东华录》，1000页，北京，中华书局，1958。

② 指清政府向沙俄索还伊犁的谈判。

③ 刘铭传：《请筑造铁路折》，见朱寿朋编：《光绪朝东华录》，1000页，北京，中华书局，1958。

议具奏”①。接到上谕后，李鸿章经过深思熟虑，于光绪六年十二月初一日(1880年12月31日)呈递了一个长达四千言的奏折。在这个折子中，李鸿章指出，铁路已经成为关系到国家强大和富强的重要器物，实为世界发展之不可抗拒的潮流，“盖处今日各国皆有铁路之时，而中国独无，譬犹居中古以后而摒弃舟车，其动辄后于人，必矣。”②他痛言如果不修铁路，中国终将落后，挨打不可避免。李鸿章还在奏折中阐述了铁路之兴的大利九端：利于国计、军政、民生、转运、矿务、邮政等，并再次重复了刘铭传先修南北四条路的建议，认为京师为天下根本，铁路修造也必须以此四路为根本，以拱卫京师并利于天下。

刘铭传、李鸿章二人的奏折一出，立刻又招来了强大的反对狂潮。翰林院侍读学士张家骧、通政使司参议刘锡鸿、顺天府府丞王家璧、翰林院侍读周德润等纷纷上奏要求罢议铁路，异口同声斥铁路是不祥之物，认为修铁路会惊动山川之神，会惊扰地下安息的祖宗，必定“贻害民间”而“徒滋骚扰”③。他们还大肆攻击李鸿章、刘铭传二人，诽谤他们是包藏祸心，实为与洋人勾结的内奸，改变祖宗成法的逆臣。在他们的视野中，不仅洋务派主张的铁路是危害中国的怪物，而且连洋务派的人身名誉也大肆攻击，并且不择手段和用词，极其鬼魅和卑劣。在依然注重道德文章的当时，他们的言论在社会上产生了恶劣影响。尽管李鸿章等人奋起反击，李鸿章还专门上奏反驳张家骧的谬论。但洋务派显然是寡不敌众，在强大的反对力量的高压下，清廷于光绪七年正月十六日(1881年2月14日)发布上谕云：“刘铭传所奏，著无庸议。”④洋务派这次修铁路的努力再次以失败告终。

尽管无功而返，而且遭受了人身攻击，但是洋务派并没有因此灰心气馁，而是继续努力，不断为铁路扩大影响，等待再次出手的时机。在他们

---

① 朱寿朋编：《光绪朝东华录》，1001页，北京，中华书局，1958。

② 李鸿章：《妥筹铁路事宜折》，见宓汝成编：《中国近代铁路史资料》第一册，89页，北京，中华书局，1963。

③ 张家骧：《未可轻议开造铁路折》，见宓汝成编：《中国近代铁路史资料》第一册，88页，北京，中华书局，1963。

④ 宓汝成编：《中国近代铁路史资料》第一册，103页，北京，中华书局，1963。

的努力下，先后在今天津地区修通了唐胥铁路①、津沽铁路②。这些铁路的运营，使人们确确实实地看到了铁路的益处，逐渐知晓了铁路的巨大功用。其间，他们又努力说服了主持朝政的醇亲王奕譞，使之相信修筑铁路的重要性和必要性。终于在1888年由奕譞出面奏请修筑天津至北京通州的铁路，是为津通路。但是，即使是贵为当朝皇帝生父的醇亲王出面，依然招来了强大的反对声。保守派官僚由大学士恩承、曾任帝师的吏部尚书徐桐挂帅，还有礼部尚书奎润、户部尚书翁同龢等高官，以及侍郎、御史、内阁学士等数十名京官，纷起反对。他们交相上奏，大放厥词，一时间在京城内掀起了一股反对修铁路的浊浪。面对此一强大反对浪潮，洋务派毫不畏惧，而是先后上奏予以反击，驳斥顽固派的谬论。一时间，京城内外函电交驰、章奏纷呈，双方剑拔弩张、互不相让，争论愈演愈烈。对此，清廷也难以抉择。无奈之下，慈禧不得不于光绪十五年正月十五日（1889年2月14日）下懿旨令沿江沿海督抚讨论，饬令他们就修筑津通路问题"各抒所见，迅速复奏，用备采择"③。

在随后的讨论中，多数督抚均反对修铁路的主张，有的则含糊其辞，有的迟迟不肯表态，不愿意开罪强大的反对势力，或者本身就不赞成修铁路。两广总督张之洞由于外放的经历，已经大开眼界并转变了政治立场，由顽固派的"青牛角"转变为洋务派的一员干将。他在奏折中首先肯定了修筑铁路的重要性，认为铁路"实为驯致富强之一大端"。但张之洞又是一位特别善于揣摩上意，使用策略的官员，他考虑到反对势力的强大，也为了能够顺利达到开筑铁路以达京城的目的，乃以有利于内地土货流通和出口、利国利民为由，提出放弃修筑津通路而改筑卢沟桥到汉口的卢汉路的主政，认为此路是"干路之枢纽，支路之始基，而中国之大利所萃也"④。

---

① 唐山至胥各庄铁路。

② 唐胥路先展修至阎庄和大沽，之后在1887年至1888年修了大沽至天津的铁路。

③ 中国史学会主编：《中国近代史资料丛刊·洋务运动》六，234页，上海，上海人民出版社，1961。

④ 张之洞：《两广总督兼署广东巡抚张之洞修筑卢汉路折》，见《中国近代史资料丛刊·洋务运动》六，250～254页，上海，上海人民出版社、上海书店出版社，2000。

这个建议显然肯定了铁路的重要，并且能够让洋务派修筑京城铁路的愿望得以实现，同时又因否定了修筑津通路的方案而给反对津通路的顽固派官员留足了面子。因而，张之洞的建议为各方力量所接受。以慈禧为首的清廷则从平衡各派意见的角度出发，最终采纳了张之洞的方案，于光绪十五年八月初二日(1889 年 8 月 27 日)发布上谕云："拟照张之洞条陈，由卢沟桥直达汉口……著派李鸿章、张之洞会同海军衙门将一切应行事宜，妥筹开办。"①至此，这场旷日持久的修造铁路的争论终于尘埃落定，以洋务派实现修筑京师铁路的愿望而告结束。可以说，洋务派经过十几年的坚持和努力，最终取得了胜利。

纵观十几年的争论可以看出，反对修铁路的顽固派势力非常强大，他们占据着所谓的道德高地，动辄以代表民众、关爱民生的面目出现，使得洋务派从一开始就处于极为被动的境地。顽固派极力诋毁洋务派的主张，扭曲其本意，使得洋务派举步维艰，困难重重，而且随时有被推上道德审判台的危险。在儒学道德观念尚占据国家主流价值观地位的情况下，这种罪名非常之重，随时都能可能使人身败名裂，断送仕途。面对这样的风险，洋务派并不退缩，而是不断坚持，不断出击，显示了敢冒风险、敢于突破常规的冒险精神。

从经济学理论的角度考虑，作为近代意义上的企业家，至少应当具有强烈的进取心和冒险精神，或曰创新精神。这是由工业生产和工业社会经济发展的特点决定的。工业生产的推动力之一是技术革新带来的生产力的突飞猛进，因此生产力的发展是工业发展中最活跃的因素。工业生产的每一个进步都与科学技术的进步有关，都与生产力的进步有关。而技术的革新、生产模式的进步都是破除旧模式、旧观念的结果，都是大胆探索未知世界的结果。未知世界充满变数，有着不可知的风险，这样的探索显然没有沿着熟知的轨道前行来的舒适和保险，因此必须具备冒险精神才能在风险面前无所畏惧而大胆向前。

---

① 《军机大臣字寄上谕》，见《中国近代史资料丛刊·洋务运动》六，269 页，上海，上海人民出版社、上海书店出版社，2000。

在迅猛变化、飞速前进的工业社会中，“生产的不断变革，一切社会状况不停的动荡，永远的不安定，这就是资产阶级时代不同于过去一切时代的地方。一切固定的僵化的关系以及与之相适应素被尊崇的观念和见解都被消除了，一切新形成的关系等不到固定下来就陈旧了。一切神圣的东西都被亵渎了。”①生产的不断变革，生产模式的不断进步，都使得冒险或者创新意识，成为企业家必备的素质，安于现状的企业家所领导的企业是不可能有所进步、有所作为的，甚至有可能在急速前进的征途上逆水行舟不进则退，最终被历史淘汰。

因此，成功的企业家一般都不安于现状，不满足于已有的成绩或者企业经营的业绩，而是常怀强烈的冒险意识和创造欲。在思考企业经营对策时常常能够做到异想天开，别出心裁，出人意料。一般来讲，他们决策的出发点首先不是在常规范围内的选择，而是对现状的挑战，力求创新开拓，在新的条件下获得企业发展的生机。

工业生产发展的这种特点和企业家的冒险行为，必定会对原有观念造成猛烈冲击，并因此带来剧烈的观念碰撞和行为冲突。在这种碰撞和冲突中，由于社会惯性特别是思想观念滞后性的影响，往往是固守原有规范的一方更符合人们惯有的认识，更符合人们的惯有观念和行为习惯。为此，持新观念的人就必须有大无畏的冒险精神，敢于面对习惯势力的挑战，并且敢于批驳习惯势力的旧说，为新的生产方式和技术的发展破除障碍，开辟道路，否则一旦退缩就将一事无成。总之，敢于冒险是近代以来企业家的重要品格特征之一。可以说，洋务派的冒险精神与西方企业家的冒险精神是非常形似的，他们敢于探寻前人未走过的路，并且敢于在巨大的反对势力面前坚持己见，特别是在修筑铁路这个问题上，不懈坚持长达十余年之久，勉励克服了无数困难和障碍，最终实现目标，推动了中国近代化交通运输业和工业化的发展。

洋务派为什么能够有这样大的勇气敢于冒巨大风险，并敢于坚持自己的主张？这与洋务派本身的特性有关。从洋务派的特性看，他们虽然是中

① 马克思、恩格斯：《共产党宣言》，31页，北京，人民出版社，1997。

国地主阶级的一部分，在整体上仍未脱离地主阶级的窠臼，但却是地主阶级中锐气尚存的一部分，属于行将向新的方向转化的一个阶层。他们不同于只知捞钱肥己、不顾社稷江山的贪官污吏，也不同于抱残守缺、不事更张的昏官庸吏，他们头脑清楚、进取精神较强，是地主阶级中较开明的部分。他们对于鸦片战争后的中外形势、对于清王朝的统治危机，有着比较清醒的认识和强烈的危机意识。可以说，洋务派内部从上到下几乎都清醒地认识到了他们所处的局面是历史上从未有过的变局，面对的敌人是历史上从未有过的强敌，清王朝的统治已经处于深刻的危机中。

这样清醒的认识，使得洋务派不像地主阶级顽固派那样愚昧自大、顽固守旧，而是成为地主阶级中较善学习、较能接受新事物的部分。虽然，有时他们的学习是被迫的，是不那么心甘情愿的，但是为了挽救统治危机，他们还是努力学习西学，学习西方的先进事物和经验。例如，左宗棠在 1866 年回顾其以往的经历时说："臣自道光十九年海上事起，凡唐宋以来史传别录说部，及国朝志乘载记官私各书，有关海国故事者，每涉猎及之，粗悉梗概。"①这段表白，概括了左宗棠学习西学的经历，到 1866 年已经长达二十余年，学习范围也非常广泛，几乎涉及所有西学的范围，可见其学习之恒心。这大概可以代表洋务派注重及时学习、通过不断的学习了解西方情况、掌握中外大势，以及了解西方近代科技发展动向的状况。为此他们常自诩"学识深醇，留心西人秘巧""机器详情，洞如观火"。洋务派的这些话，不免有些拔高的成分，但他们的确是地主阶级中对西方资本主义文明有较多了解的部分。所以，洋务派虽然还不能算作真正意义上的近代企业家，但是却在一定程度上具备了企业家的某些素质，特别是冒险精神。

纵观 19 世纪下半叶的洋务运动可以发现，洋务派常常表现出相当强烈的冒险冲动。面对"数千年未有之变局"，洋务派认为墨守成规已经无法挽救日益严重的统治危机，洋务派的代表人物李鸿章说："外患之乘，变幻

① 左宗棠：《拟购机器雇洋匠试造轮船先陈大概情形折》，见《左宗棠全集》奏稿二，64 页，长沙，岳麓书社，1989。

如此，而我犹欲以成法制之，譬如医者疗疾不问何症，概投之以古方，诚未见其效也。……中国在五大洲中，自古称最强大，今乃为小邦所轻视。练兵、制器、购船诸事，师彼之长，去我之短，及今为之，而已迟矣。若再因循不办，或旋作旋辍，后患殆不忍言。”①洋务派的干将刘铭传和丁宝桢也不无忧虑地说：“今中国战不如人，器不如人矣，不思改图，后将奚立?”②“今强敌各擅长计，中国独不屑蹈袭，以为墨守故常，不难角胜，且以为可以购求于外洋，此实自欺欺人之语，固必不可得之势也。”③可见他们都认为，中国古已有之的统治术已不足以应付已经发生了天翻地覆变化的形势，固守已有的一套统治方略无异于置己于绝地。为此，他们常用中国传统的变异思想来鼓励自己，用《易经》中的“穷则变，变则通，通则久”来为自己的主张寻找理论根据。他们认为面对数千年未有之变局，必须勇于打破千百年来的成规旧习，敢于创造新事物、新局面，通过发展洋务特别是发展机器工业来找寻解救地主阶级统治危机的新办法。

但人类历史的发展表明，打破常规的行为从来都不是轻而易举的事，必定会遭到历史惰性的强力阻拦。在顽固派看来，改变祖宗成法是大逆不道的行为，是中华文明的斯文扫地，是可忍，孰不可忍！激愤之际，他们每每群起而攻之，喋喋于庙堂之上，煽风点火于民间乡里。因为顽固派的言论秉持了惯有的思想方法，使得他们还拥有十分深厚的社会基础，往往能够造成朝野上下遥相呼应宏大场面，形成十分强大的反对声势，从而给洋务派带来极大的心理和行为压力。对于这种来自顽固派的巨大阻力，对于其中的风险，洋务派的内心十分清楚，“至非常之举，谤议易生，始则忧其无成，续则议其多费，或更讥其失体，皆意中必有之事。”④为此，洋务派表现了敢于应对的无畏气概。在请求举办福建船政局的奏折中，左宗

① 李鸿章：《筹议海防折》，见《李文忠公全书》，奏稿，卷二十四。

② 刘铭传：《遵筹整顿海防讲求武备折》，见《刘壮肃公奏议》，卷二，光绪三十二年版。

③ 丁宝桢：《覆陈机器局暂缓开办折》，见《丁文诚公遗集》，奏稿三，光绪十九年版。

④ 左宗棠：《拟购机器雇洋匠试造轮船先陈大概情形折》，见孙毓棠编：《中国近代工业史资料》，第一辑(上)，377页，北京，科学出版社，1957。

棠表达了他的坚定信心，“纵局外议论纷纷”，“事在必行，志在必成”①，表示了绝不因外界议论纷纷而退缩的决心。1889年，张之洞在驳斥顽固派反对修铁路的怪论时慷慨陈词：“岂有地球之上独中华之铁皆是弃物？筹款如能至三百万，即期以十年，如款少，即十二三年；如再少，即十五六至二十年，断无不敷矣。愚公移山，有志竟成，此无可游移者也。”②两年后，在筹建枪炮厂时，张之洞再次在上朝廷的奏折中表达了不达目的誓不罢休的决心，“天下艰巨之事，成效则俟之于天，立志则操之在己，志定力坚，自有功效可见。”③可见，在与顽固派的争斗中，洋务派是需要恒志与不断的自我激励精神的，而这种精神的产生，显然与他们所受的传统教育、对形势的清醒认识和爱国精神有关。于今而论，当时如果没有洋务派这种甘冒在顽固派看来是天下之大不韪的无畏精神，中国的第一次近代化浪潮、中国的工业化不知要推迟多少年。

但是，正如上面所言，洋务派的这种冒险精神主要来自中国传统文化的熏染，不能与西方企业家的冒险精神同日而语，二者在本质上有很大的区别。西方企业家冒险精神是由经济运行的价值规律决定的，他们决策的出发点是追求更多的利润，正如马克思曾经引用过的那句著名的话所说：“资本害怕没有利润或利润太少，就像自然界害怕真空一样。一旦有适当的利润，资本就胆大起来。如果有10%的利润，它就保证到处被使用；有20%的利润，它就活跃起来；有50%的利润，它就铤而走险；为了100%的利润，它就敢践踏一切人间法律；有300%的利润，它就敢犯任何罪行，甚至冒绞首的危险。”④这种冒险精神是基于经济学意义上，其追求的基点是效益的最大化，也就是说，其行动动机的根源在于对资本的追求，在于对金钱的追求，其行动的出发点是获利的刺激。

---

① 见孙毓棠编：《中国近代工业史资料》，第一辑上，385、381页，北京，科学出版社，1957。

② 张之洞：《光绪十五年十月初八日致海军衙门论修卢汉铁路》，见《张文襄公电稿》，卷十一，庚申版(1920年)。

③ 张之洞：《妥筹枪炮厂常年经费折》，见《张文襄公奏稿》，卷十九，庚申年版。

④ 马克思：《资本论》，第1卷，871页注250，北京，人民出版社，2004。

作为中国统治阶级中一个政治派别的洋务派则与之不同，他们敢冒极大风险的动因，主要的不是经济的利益的驱使，不是对自身财富的关怀①。他们行为背后的真正动因来源于克服统治危机的政治目的。丁日昌的一段话典型地代表洋务派的内心忧虑和行动的驱动力，他说："目前交涉等事，外人动以恫喝为得计，言之心伤，思之发指。苟非于船政制造认真讲求，尝胆卧薪，不务其名，而务其实，岂尚有报仇雪耻之一日？"②这段话清晰地表明，洋务派举办机器工业、修造铁路轮船的目的是为了反击外来侵略、报仇雪耻，是为了维护清王朝的统治，他们思想深处焕发的依然是中国传统的忠君爱国思想。他们的真实想法是期望逐渐做到"军实渐强、人才渐进、制造渐精，由能守而能战，转贫弱而富强"③，"有事可以御侮，无事足以示威"④。

所以，洋务派的冒险精神虽然着眼于举办洋务企业的经济活动，却带有明显的政治色彩和政治目的。他们期望通过改革帮助清王朝渡过统治危机，迎来清王朝统治的中兴。这正是洋务派区别于西方资产阶级企业家冒险精神的根本之处。而这个根本区别的出现，当然与近代中国的国情有关，与近代中国社会的主要矛盾有关。反抗外来侵略、实现中华民族的独立富强是近代以来所有中国人面临的历史使命，每个阶层都需要对此给出回答。而这正是中国工业遗产的精神蕴含与西方工业遗产不同的最主要根源之一，也是中国工业遗产精神内涵的突出特点之一，它彰显的中国早期工商业创新精神的最高目的是实现民族独立和国强民富。这正是中国工业发展留给中国人民的最主要的宝贵精神财富之一。

① 这主要是从整体上的观照，是对多种动因的比较分析的结果，不排除某些洋务派人物的贪欲和获利行为。

② 《光绪元年八月二十九日前江苏巡抚丁日昌奏》，见《中国近代史资料丛刊·洋务运动》五，174页，上海，上海人民出版社，1961。

③ 李鸿章：《筹议海防折》，见《李文忠公全书》，奏稿卷二十四。

④ 《江南制造局记》记载同治四年李鸿章会同曾国藩奏请开办情形，转引自《中国近代史资料丛刊·洋务运动》，第4册，74页。

三、为人民解放而奋斗的革命精神

近代以来，中国人民在遭受外敌侵略的同时，还遭受了封建地主阶级和封建官僚资产阶级以及军阀势力的压迫，为了民族和人民的解放，中国人民进行了不屈不挠的斗争。在这些斗争中有北京人民的身影，特别是有北京工人阶级的身影。

1921 年中国共产党成立后，中共北京地委在知识分子中大力发展党员，同时更加重视依靠工人阶级的力量，注重在工人群众中发展党员。1921 年秋，中共长辛店机厂党小组成立，翌年改为中共长辛店机厂党支部，是为北京地区最早的党的基层组织之一。1925 年，中共西直门火车站党支部成立。以后，前门火车站党支部、永定门车站党支部、南口特别支部、门头沟特别支部先后成立①，中国共产党的北京党组织在工人中建立了自己的组织，并不断壮大力量，为以后领导工人群众开展反帝反封建斗争奠定了组织基础。

为了更好地动员和领导工人群众开展斗争，中国共产党还组建了中国北方劳动组合书记部，自 1921 年下半年起，先后领导了以争取工人的经济权益为主要目标的八条铁路的罢工②。这八条铁路的罢工有三条与北京有关，即京奉、京汉③、京绥铁路罢工。这些罢工强烈体现了改变工人阶级苦难现状的革命精神。例如，京绥铁路的罢工口号是“工人罢工是为了要活下去，不要饿肚子干活，要他们把我们工人也当人看”④。京汉铁路大罢

---

① 中共中央组织部、中共中央党史研究室、中央档案馆编：《中国共产党组织史资料》，第一卷，26～42 页，北京，中共党史出版社，2000。

② 指 1922 年陇海、津浦、粤汉、京绥、京奉、道清、京汉、正太铁路的罢工。罗章龙：《回忆“二七”大罢工》，见中共北京市委党史研究室编：《北京革命史回忆录》，第一辑，161 页，北京，北京出版社，1991；另一说为六条铁路，见《中国现代史》，86 页，北京，北京师范大学出版社，1983。

③ 即 1889 年张之洞奏请修建的卢汉铁路。

④ 杨平：《忆京绥铁路车务罢工片断》，见《北京革命史回忆录》，第一辑，175 页，北京，北京出版社，1991。

工的条件有“加薪”，“凡工人因公受伤者，在患病期间，应该发给工薪”①等。京绥铁路罢工是要求发放拖欠的薪金②。这些罢工最后都取得了胜利，其中尤以京汉铁路罢工的效果明显，工人组织迅速建立起来，到1922年4月，全路已经建立了16个工会，组织起来的工人达3万多人。

1922年春，北京政局发生了变化。刚刚控制了京畿地区的直系军阀力图向交通系把持的铁路系统伸展势力，为此吴佩孚通电全国高唱“劳工神圣”，企图争取包括工人在内的更多社会力量的支持。然而吴佩孚的这种表面文章，却为发展工人运动创造了可以利用的条件。李大钊看准时机，立刻与吴佩孚会面商谈工人权益问题，最终双方议定可以将工运干部派往各线铁路，以利争取劳工权益。北京地区的工人运动乃借此有利时机迅猛发展起来。根据形势的这种有利变化，中共北京地区的党组织立即决定趁势将工人运动推进一步。1923年1月，中共北方区委召开会议，总结了上一年铁路、矿山罢工的经验教训，决定今后不但要组织工人开展经济斗争，还要组织工人开展政治斗争，在斗争中要提出反对帝国主义、反对军阀、争取组织工会的自由权力的口号，要充分利用吴佩孚的姿态推进工人运动和反帝反军阀斗争向纵深发展。

1923年年初，京汉铁路沿线工会基本建立齐全，迫切需要联合起来，一致行动。于是工人群众就要求成立全路总工会。同年2月1日，各路工会代表齐聚郑州，准备召开总工会成立大会，但却遭到了军阀吴佩孚的粗暴干涉而未果。当晚，总工会秘密集会，决定举行政治罢工，“谨决于本月4日午刻宣布京汉路全体总同盟罢工”③。又决定成立罢工委员会领导全路罢工。罢工委员会一成立，立即决定号召全路工人“我们为争自由而战，为争人权而战，决无后退”。“又议决提出五项要求，并即日正式发表宣

---

① 《京汉铁路工人昨日罢工》，载《晨报》，1922-08-25；又见《北方地区工人运动资料选编(1921—1923)，78～79页，北京，北京出版社，1981。

② 《京绥路闹薪之风潮》，载《晨报》，1921-12-11；又见《北方地区工人运动资料选编(1921—1923)，236页，北京，北京出版社，1981。

③ 罗章龙：《回忆“二七”大罢工》，见《北京革命史回忆录》第一辑，165页，北京，北京出版社，1991。

言”。这五项条件包括赔偿开成立大会的损失，归还扣留的物品，每星期休息，但照发工资等要求，还提出“不达到下列条件，决不上工”[①]。2月4日，在罢工委员会的领导下，全路罢工爆发，“那天上午九时，中段罢工；十时南段罢工；十一时北段罢工。不到三小时，全路罢工了。至十二时，所有全路客车货车一律停止。”[②]罢工当日，长辛苦的铁路工人举行了全体大会，“到会者三千余人，主席报告总工会命令毕，群众热烈赞成，呼声动天地，均愿为自由而战”[③]。之后的两天，长辛店京汉路罢工工人不顾军阀的武力威胁，继续坚持罢工。

京汉铁路大罢工爆发后，列强驻北京公使团非常恐慌，赶忙召开紧急会议商讨对策，最终商议决定向北京政府提出严重警告，以高压态势胁迫其采取行动镇压工人的罢工。汉口方面的英国领事也紧急召集当地的西商开会，讨论应付罢工之策。在帝国主义的强力压力下，又考虑到自身的利益，吴佩孚最终下令于7日南北一起下手，武力镇压工人罢工。实际上，6日晚，驻长辛店的军警就抢先抓捕了共产党员史文彬、吴汝铭等工会干部共11人。次日，“工人群众三千余人，齐集军营门口，要求释放被捕工人，一致高呼‘还我们工友！还我们自由！’军队向群众开枪，弹如雨下，继以马队践踏，数千工人纷纷倒地，结果死四人，重伤者三十余人，轻伤者无数。军队更乘机大抢，任意杀人，居民纷纷闭门，全市秩序大乱。”[④]当时北京地区的中共负责人之一罗章龙的回忆与邓中夏有细微差别，他的回忆是牺牲了工人纠察队长葛树贵等五人，负伤29人，还有20余人被捕[⑤]。但不管细节出入如何，总体上都是有罢工工人伤亡，且数目不小。与此同

① 邓中夏：《中国职工运动简史(1919—1926)》，95页，北京，人民出版社，1953。

② 邓中夏：《中国职工运动简史(1919—1926)》，97页，北京，人民出版社，1953。

③ 邓中夏：《中国职工运动简史(1919—1926)》，98页，北京，人民出版社，1953。

④ 邓中夏：《中国职工运动简史(1919—1926)》，102页，北京，人民出版社，1953；另一说为死五人，重伤28人，被捕32人，见习五一、邓亦兵：《北京通史》第9卷，22页。

⑤ 罗章龙：《回忆“二七”大罢工》，见《北京革命史回忆录》，第一辑，167页，北京，北京出版社，1991。

时，军阀还在京汉铁路其他路段大开杀戒。总计全路死难包括施洋、林祥谦等在内的烈士40余人，“入狱百人，负伤者500余人，失业兼流亡估计将达1000户，家属牵连被祸者不计其数。”①这就是震惊中外的“二七惨案”。

“二七”大罢工在北洋军阀的残酷镇压下失败了，但它是第一次全国工人运动的高潮，它充分显示了中国工人阶级的伟大力量，显示了北京工人阶级的伟大力量，为以后中国工人阶级的反抗斗争树立了榜样，奠定了北京工人不屈的革命精神基础。在此后的岁月里，北京工人阶级以京汉铁路工人大罢工彰显的革命精神为榜样，在中国人民争取解放的艰难岁月里进行了前仆后继的英勇斗争。

1925年11月，财政部印刷局②职工奋起反对北洋军阀的反动统治，举行了要求发放拖欠工资的斗争③。这月底，北京总工会领导了旨在争取工人群众“集会、结社、言论、出版、罢工自由”的游行，并提出要打倒“媚外政府和媚外军队”。对于工人的斗争，北洋政府十分恐惧，立即派军队包围了游行的工人群众，并大肆抓捕工会会员，抢夺工会旗帜，打伤工会保卫队多人，还查封了工会办事处。为了和北洋军阀做坚决斗争，北京总工会特别于12月10日发表了致警卫总司令的一封公开信，号召人们“推翻媚外政府，组织人民政府，颁布劳动法，还我人民自由，许我工会公开，释放被捕会员及职员”，并以大无畏的革命精神宣布“劳动群众愈受压迫，愈受逮捕，愈是提高努力奋斗的速度”④，表达了北京工人斗争到底的决心。翌年1月1日，北京总工会公开发表成立宣言，与北洋政府封禁总工会的行为做针锋相对的斗争，“北京总工会实际上已有八九个月的历史，不过因受反动势力的压迫，经过这么长久的奋斗，扩大了坚强了我们的组织，到今天才公开”。公开亮明身份的北京总工会号召北京工人，都赶快

① 罗章龙：《回忆“二七”大罢工》，见《北京革命史回忆录》，第一辑，169页，北京，北京出版社，1991。

② 即今北京印钞厂。

③ 《北京总工会致警卫总司令一封公开信》，1925-12-10，见《中国工运史料》，190页，北京，工人出版社，1981。

④ 《北京总工会致警卫总司令一封公开信》，1925-12-10，见《中国工运史料》，191～192页，北京，工人出版社，1981。

团结到北京总工会的旗帜下，联合起来共同为工人自身的解放奋斗，并且提出要“增加工资！减少工作时间！反对带活制(一人兼二人工作)！减少学徒年限！学徒须给工资！星期休息一日！放假不得扣薪！不得任意开除工友！规定劳动保护法！颁布工会条例！废除治安警察法！承认工人集会、结社、言论、罢工之自由！”[①]，北京总工会这个号召，一方面表现了北京工人的坚强斗志，另一方面则涉及工人的经济利益，还涉及了政治上的斗争，表明北京工人的政治觉悟迅速提高，以及誓为工人自身以及劳苦大众的解放而坚决奋斗、不怕流血牺牲的决心。

1948年10月[②]，在中共晋察冀中央局城工部部长刘仁的领导下，中共北京市政工人工作委员会领导北平全市3000名电信工人开展了反对国民党“八一九限价”、争取救济、保障基本生活的“饿工”斗争，在国民政府当局拒绝了工人的合理要求后，10月27日，全局3000多工人团结一致，共同行动，举行了电信罢工，北京的通信因此立刻陷入瘫痪，电信维修也全部停止了，沉重打击了当局的统治秩序。经过19小时的罢工斗争，北平当局最终基本答应了电信工人的要求，罢工斗争取得了胜利[③]。

北平和平解放前夕，北京工人还通过各种方式开展了保卫家园、迎接解放的英勇斗争，同样表现了工人阶级的革命斗争精神。

在门头沟，敌208师在溃逃前向矿区运来了大量炸药，企图破坏矿井。广大工人在地下党的领导下，开展了护矿斗争。工人们说：“矿井是我们用血汗开建的，矿区就是我们的家。我们要用生命保护矿区的一切设施，以实际行动迎接北平的解放。”[④]工人们组织了护矿队，日日夜夜站岗放哨，守卫在矿井旁，注视着敌人的行动。在党的领导下，他们团结战斗，粉碎

① 《北京总工会成立宣言》，见《中国工运史料》，193页，北京，工人出版社，1981。

② 抗日战争期间工人阶级的斗争已在本章第一节爱国主义部分阐述，本处不再赘述。

③ 郎冠英、胡浚、张润滋：《震动全国的“饿工”斗争》，见《北京革命史回忆录》第4辑，278～283页，北京，北京出版社，1992。

④ 侯正果：《解放初的门头沟》，见《北京的黎明》，243页，北京，北京出版社，1988。

了敌人破坏矿井的阴谋。①

在石景山钢铁厂，南京国民政府曾密令该厂经理把机器拆迁南运，工人们在地下党的领导下意上，阻止了其南迁的计划。石景山发电厂则成立了护厂委员会，提出了“大烟筒不能倒”的口号。解放军打到发电厂时，护厂委员会及时联系了首先突进厂的 8 名解放军，并派出一名熟悉地形的工人做向导，配合部队消灭了在厂内地堡中负隅顽抗的敌人，解放了发电厂。在工人的英勇保卫下，厂内机器设备完好无损，发电没有受到影响，保证了解放后的北京城内供电②。

在北京印钞厂，工人组织了护厂小组，成立了护厂队、纠察队，全体工人轮流值班放哨，保护工厂。并且立下规定，厂方不得私自处理厂内大事，遇事要与护厂小组商议，任何人包括厂长进出厂门必须经护厂队检查，不准携物出厂。这样，当国民党令厂长将厂里的一架全国唯一的“万能雕刻机”空运上海时，受到了护厂队的坚决抵制，工人说：“人在，机在，我们护厂队负责保护”，并将“万能雕刻机”和其他贵重设备搬运到大楼最底层的保险库房，由护厂队员日夜站岗看守。最终，工人群众粉碎了国民党将机器南迁的阴谋，保证了解放后工厂及时恢复生产，成为北平地区恢复生产最快的工厂之一。③

解放前夕，北京各工矿企业普遍组织了工人纠察队、护厂队等工人组织，负责保护工厂的工作，防止国民党溃逃前的破坏，迎接北平的解放。工人阶级是北平顺利和平解放的重要力量之一，也是北平在和平解放后能迅速恢复生产，恢复正常社会秩序的重要社会力量，是保证北京经济平稳发展，并尽全力支援全国解放战争的重要社会力量。没有工人的英勇斗争，就没有北平的顺利解放，也不可能有北平解放后的平稳过渡。

---

① 侯正果：《解放初的门头沟》，见《北京的黎明》，243 页，北京，北京出版社，1988。

② 杜禹：《北平工矿企业的新生》，见《北京的黎明》，271 页，北京，北京出版社，1988。

③ 北京印钞厂厂史编辑办公室：《军队打到哪里　人民钞票供应到哪里》，见《北京的黎明》，299～301 页，北京，北京出版社，1988。

以上是关于工人阶级的阶级品格和战斗精神在北京工业发展史上的表现的概述。对于此种品格的产生，以往学界从阶级分析角度、从马克思主义思想武装的角度已经做了很多研究，产生了很丰富的学术成果。工人阶级这种阶级品格与革命性的形成确与其阶级地位有关，但同时也与工业社会的形成特别是工业生产的特性有关。

工人阶级是中国革命的领导阶级，他们"人数虽不多，却是中国新的生产力的代表者，是近代中国最进步的阶级，做了革命的领导力量。"①工人阶级革命性的产生，是工人阶级所处的社会地位及所遭受的压迫的反映。关于这个问题，马列经典作家已经讲得非常清楚透彻了，马克思、恩格斯说："无产者是没有财产的"。现代工人"并不是随着工业的进步而上升，而是越来越降到本阶级的生存条件以下。工人变成赤贫者，贫困比人口和财富增长的还要快"②。马克思还进一步阐述说："劳动者在经济上受劳动资料即生活源泉的垄断者的支配，是一切形式的奴役，社会贫困、精神屈辱和政治依附的基础。"③毛泽东从中国国情出发指出，工人阶级"经济地位低下。他们失去了生产手段，剩下两手"④。由上可以看出，从马克思到毛泽东都认为工人阶级是全社会中受压迫、受剥削最深的阶级，他们没有财产，没有生产资料，只能靠双手的劳动度日。他们也没有任何政治地位和政治权力，处于社会的最底层，生活极其困苦，政治上备受压抑。

具体到北京工人，同全世界、全中国的工人一样，是社会中最贫困的人群。对此，1926年北京总工会成立宣言中表达的很清楚："我们北京工友，受帝国主义、军阀、资本家，及一切反动势力的压迫，真是苦不可言。我们一天的工作，平均十三小时以上，而我们的工资，却平均不过十七八元，还有少到一元的。不但星期没有休息，并且告一点钟的假，要扣

① 毛泽东：《中国社会各阶级分析》，见《毛泽东选集》，第1卷，8页，北京，人民出版社，1991。

② 马克思、恩格斯：《共产党宣言》，38、39页，北京，人民出版社，1997。

③ 马克思：《国际工人协会共同章程》，见《马克思恩格斯选集》第2卷，609页，北京，人民出版社，1995。

④ 毛泽东：《中国社会各阶级分析》，见《毛泽东选集》，第1卷，8页，北京，人民出版社，1991。

一点钟的钱。还有那惨无人道的‘带活’，使我们一人做两人的工作，却不能得到两人的报酬。”①也就是说，北京的工人同全中国乃至全世界的工人一样，同样过着超常时间劳动、只有极少报酬的暗无天日的悲惨生活，并且没有任何社会地位和政治权力。但压迫越深，反抗越烈。“无产阶级经历了各个不同的发展阶段。它反对资产阶级的斗争是和它的存在同时开始的”②。由于工人阶级“绝了发财的望，又受着帝国主义、军阀、资产阶级的极残酷的待遇，所以他们特别能战斗”③。“无产者没有什么自己的东西必须加以保护，他们必须摧毁至今保护和保障私有财产的一切。”④总之，工人阶级鲜明的革命性品格，源自他们所遭受的深重压迫，源自他们对改变自身处境的渴望，以及对自由、幸福的渴望。由一贫如洗的经济地位和阶级地位所决定，工人阶级特别能战斗，又由于他们一无所有，没有任何财产的顾忌，他们的革命性又特别彻底，因为“无产者在这个革命中失去的只是锁链。他们获得的将是整个世界”⑤。

但是，仅仅有对自身命运的关怀和由此产生的反抗斗争，工人阶级是不能成为真正的革命阶级的，也是不能真正实现自身解放的。工人阶级必须形成规模，工人群体必须要达到一定的数量，才能成为一定的社会力量，才能产生一定的社会影响，也才能使自己的行动影响社会的走向，这是马克思主义经典作家为什么都重视研究工人数量的关键所在。马克思在多篇文章中都阐述过工人的诞生和工人数量不断增加，最终形成阶级的问题，而且认为具备一定的数量是工人阶级的斗争取得成功的基础之一。⑥毛泽东在《中国社会各阶级分析》中也谈到了工人阶级的数量问题，“现代

① 《北京总工会成立宣言》，见《中国工运史料》，193页，北京，工人出版社，1981。

② 马克思、恩格斯：《共产党宣言》，35页，北京，人民出版社，1997。

③ 毛泽东：《中国社会各阶级分析》，见《毛泽东选集》，第1卷，8页，北京，人民出版社，1991。

④ 马克思、恩格斯：《共产党宣言》，38页，北京，人民出版社，1997。

⑤ 马克思、恩格斯：《共产党宣言》，62～63页，北京，人民出版社，1997。

⑥ 马克思：《国际工人协会成立宣言》，见《马克思恩格斯选集》，第2卷，606～607页，北京，人民出版社，1995。

工业无产阶级二百万人。中国因经济落后，故现代工业无产阶级人数不多。二百万左右的产业工人中主要为铁路、矿山、海运、纺织、造船五种产业的工人，而其中很大一个数量是在外资产业的奴役下。工业无产阶级人数虽不多，却是中国新的生产力的代表者，是近代中国最进步的阶级。”①工人阶级必须达到一定的数量，才能产生阶级的力量，这个数量可以不是很多，但是太少了显然是不行的。

马克思主义认为，工人具备了一定的数量、有强烈的反抗要求也还是不能成为真正意义上的革命阶级的，他们的行动也不能因此引导自身走上最终解放的道路。只有工人阶级组织起来“并为知识所指导时，人数才能起决定胜负的作用”②。也就是说，工人阶级必须有先进思想的武装，才能依靠阶级的力量制定正确的斗争策略，并一步一步走向胜利。在中国，先进的思想——马克思主义是随着十月革命的炮声传进来的。五四运动以后，新文化运动转变为传播马克思主义的思想运动，并且开始传播到工人中去。五四运动也是中国工人运动的新起点，“广大知识分子在‘劳工神圣’‘与劳工为伍’的声浪中逐渐改变着对劳动人民的看法。不少先进分子主动接近工人，到工矿去了解工人生活和劳动的状况，向工人宣传社会主义。”③中国共产主义知识分子对于用先进理论武装工人的问题，从一开始就有十分清楚的认识，他们通过办刊物、办工人夜校、宣传演讲等方法，在工人群众中做了大量启蒙工作。具体到北京地区，以京汉铁路大罢工为例，这次罢工之所以能够成为第一次工人运动的顶峰，与大量先进知识分子在工人中做的大量启蒙工作有重要关系。中国共产党的早期工人运动领导人何长工在回忆录中说：“在五四运动的群众高潮过去后，我们立刻展开了在工农群众中的活动，主要是搞宣传。……打着长辛店救国宣传队的旗子，三五个人一组，到车间或下乡去做宣传工作。”毛泽东也于1918—

① 毛泽东：《中国社会各阶级分析》，见《毛泽东选集》，第1卷，7～8页，北京，人民出版社，1991。

② 马克思：《国际工人协会成立宣言》，见《马克思恩格斯选集》，第2卷，606～607页，北京，人民出版社，1995。

③ 王桧林主编：《中国现代史》上，40页，北京，北京师范大学出版社，1983。

1919年两次到长辛店，“他先到工厂里去，在职工群众中寻东问西地，从生产细节到工厂范围、方针，从整个工厂的收益到职工们的个人生活水平，做了详尽的调查”，“那天晚上他坐在我的炕上纵谈天下大势和应该怎样唤起工人，说这是救中国的路。”①除此之外，为了更好地启发工人的觉悟，先进的知识分子还在长辛店开办工人夜校，成立工人俱乐部，出版《工人周刊》，力图运用这些手段和方法，宣传教育更多的工人，取得更大的效果。长辛店工人夜校的创办者邓中夏回忆说：“这个学校当然只是我们党在此地工作的入手方法，借此以接近群众，目的在于组织工会。果然不到半年，5月1日劳动节，长辛店公然发生了一个中国空前未有的真正的工人群众的示威游行。”②正是由于先进理论与工人运动的结合，启发了工人的觉悟，才最终爆发了京汉铁路工人大罢工，给北洋军阀的反动统治以及帝国主义的侵略利益以沉重打击。

上述研究重点均从工人阶级阶级性的角度展开，阐述工人阶级的先进性和革命精神与形成的根源。的确，上述条件确为是工人阶级开展革命斗争的重要要件，如果没有先进理论的武装，工人阶级仍然是自在阶级而非自为阶级。然工人阶级诞生时社会上存在很多阶级，为什么这些要件发生在了工人阶级身上？为什么先进知识分子要在工人阶级中开展工作？显然，这与工人阶级自身的特质有关，而工人阶级的特质的形成，则是工业生产型塑的产物。

从前述北京工人的革命斗争历程和经典作家的阐述看，工人阶级有下列突出特质：达到一定的数量，形成革命战斗力；有突出的团结协助精神和团队意识；有严明的纪律性和时间观念。如果深入考察就会发现，这些特质都与工业社会和工业生产有关，都是随着工业生产的发展和工业社会的形成而形成并强化的。

从工人阶级数量增长的轨迹看，工人阶级是大机器工业的产物，他们

---

① 何长工：《五四运动在长辛店》，见《五四运动回忆录》，290～292页，北京，中国社会科学出版社，1979。

② 邓中夏：《中国职工运动简史（1919—1926）》，15页，北京，人民出版社，1953。

是随着大机器工业的发生而诞生的。之后，大机器工业以其先进生产力的旺盛生命力，不断掠地扩土，席卷一切落后的生产方式，“以前中等阶级的下层，即小工业家、小商人和小食利者，手工业者和农民——所有这些阶级都降落到无产阶级的队伍中来了，有的是因为他们的小资本不足以经营大工业，经不起较大资本家的竞争；有的是因为他们的手艺已经被新的生产方法弄得不值钱了。无产阶级就是这样从居民的所有阶级中得到补充。”①机器工业的发展不断消灭着城市的各个落后阶层，机器工业还不断蚕食农业，蚕食农村，农民进城务工逐渐成为人们热衷的现象，人口越来越向城市集中。“资产阶级使农村屈服于城市的统治。它创立了巨大的城市，使城市人口比农村人口大大增加起来，因而使很大一部分居民脱离了农村生活的愚昧状态。”②在短短二百年的时间里，工业社会逐渐代替了农业社会、工业生产逐渐主导了社会生产。这是近代以来世界历史发展的趋势，是不以人们的意志为转移的历史必然，所有落后的生产力都在大工业的进攻面前落荒而逃，工人阶级的队伍因此不断壮大。

中国的情况同样如此，近代以来，随着中国资本主义机器工业的发生发展，城市人口不断增加，其中19—20世纪之交是一个重要转折点，“从1843—1893年，全国城镇人口由2072万增加到2351万，平均每年仅递增2.5%，城镇人口由占全国人口的5.1%上升到6%；1894—1949年，城镇人口逐渐增加到5763万，为1893年的2.5倍，年平均递增率也提高到16.1%，城镇人口占全国人口总数的比重上升到10.6%”③。而仔细审视中国历史的发展就会发现，19—20世纪之交正是中国工业化加速的时候，特别是经过辛亥革命、第一次世界大战期间和之后的民族工业黄金发展时期，中国的机器工业迅猛发展，中国的工业化水平大大提高。到1920年左右，中国的近代工业总产值从洋务运动开始时的微不足道，发展到占工农业总产值的4.78%。到1936年日本全面侵华前，近代工业总产值又增长

---

① 马克思、恩格斯：《共产党宣言》，35页，北京，人民出版社，1997。

② 马克思、恩格斯：《共产党宣言》，32页，北京，人民出版社，1997。

③ 张仲礼主编：《东南沿海城市与中国近代化》，660～661页，上海，上海人民出版社，1996。

一倍以上，已经占到工农业总产值的10.8%了，到1949年中华人民共和国成立前夕又增长到占工农业总产值的17%①。显然，城市人口的增长与工业生产的发展是同步的，城市人口的增长主要是工业人口增长的结果。具体到北京，绪论已叙及，北京城市人口的迅猛增加是在20世纪20年代以后，这显然与北京工商各业特别是工业的大发展的有关。既然机器工业的发展是不可抗拒的潮流，那么工人数量的增加就是必然的了，工人发展到一定数量，并形成阶级去战斗也就会成为历史的必然了 。

工人阶级行动中呈现的鲜明的团结协助精神，更是体现了工业生产的特性带来的影响。这种精神是机器工业生产发展的产物，“我们只要考察一下作为现代资产阶级社会基础的那些经济关系，即工业关系和农业关系，就会发现，他们有一种使各个分散的活动越来越为人们的联合活动所代替的趋势。代替各个分散的生产者的小作坊的，是拥有庞大工厂的现代工业，在这种工厂有数百个工人操纵着由蒸汽机推动的复杂机器；大路上的客运马车和货运马车已被铁路上的火车所代替，小型划桨船和帆船已被轮船所代替。甚至在农业中，机器和蒸汽机也越来越占统治地位，他们正缓慢地但却一贯地使那些靠雇佣工人耕作大片土地的大资本家来代替小自耕农。联合活动、互相依赖的工作过程的错综复杂化，正在到处取代个人的独立活动。”②工人的大规模聚集是机器生产的产物，在机器大生产中，复杂的机器和环环相扣的工序，需要大量工人聚集在一起，联合起来协同生产，否则生产将无法继续，遑论完成生产。这种联合生产又是必须团结协调的，步调一致的，无论什么工序的工人都要抛开过去惯有的思维模式，譬如地域区别、族群区别等，服从机器的纪律，服从机器的秩序，任何人都不得有化外之图。因此，在大机器工业中，尽管工人来自四面八方，有着不同生活习俗和观念的区域，但是，在机器生产中都必须摒弃从观念到习惯的各种不同，协同行动，共同生产。

---

① 吴承明：《中国资本主义与国内市场》，127～134页，北京，中国社会科学出版社，1985。

② 恩格斯：《论权威》，见《马克思恩格斯选集》第3卷，224页，北京，人民出版社，1995。

譬如，根据国民政府1937年的调查，平汉铁路[①]工会的理事会、监事会的负责人共17人，其中5人来自湖北，其余十二人来自河北。这种人员来源构成固然与铁路的位置有关，但同时也反映了铁路职工来源中的地域开放性，12名河北的人员分别来自宛平、涿县、滦县、顺德、河间、郑县、肥乡、天津和大兴，遍布河北和今北京境内[②]。这还仅仅是工会负责人的情况，推及全路则情况更为复杂。平汉路共有工会会员16299人，其中来自湖北的3437人，湖南84人，河北8446人，河南3042人，广东59人，广西1人，山东208人，山西25人，江苏250人，江西32人，福建399人，浙江78人，四川18人，安徽139人，云南2人，贵州1人，甘肃5人，辽宁1人，陕西172人。[③] 可见，平汉铁路工人来自五湖四海，涉及了全国19个省，不但有来自东部省份的工人，有来自中部地区的工人，甚至有来自广西、云南、甘肃这些僻远省份的工人。再看京绥铁路的工人构成，其理事会、监事会共有成员20人，分别来自河北、广东和甘肃[④]，亦表现了成员构成的多地性。这条铁路的统计资料没有其全部工人的籍贯统计，但是参考平汉铁路工人的构成情况，其工人的地缘构成也必定很复杂。再从事理事会监事会的代表性来推论，则其应当是不同地域工人推举的结果，代表了不同地区的工人，因此其全体工人来源的就应当不会是单一的。

以上是铁路行业工人的来源构成，窥一斑而见全豹，由此可知其他工业行业工人来源的复杂性。实际上，随着城市化的加剧，移民城市不断出现，来自各地农村的贫苦农民大多进入了工厂，成为产业工人，从而导致

---

① 即京汉铁路。

② 中央民众运动指导委员会编：《二十一——二十二年特种工会调查报告》，见李文海主编：《民国时期社会调查丛编》二编，社会组织卷，406～407页，福州，福建教育出版社，2009。

③ 中央民众运动指导委员会编：《二十一——二十二年特种工会调查报告》，见李文海主编：《民国时期社会调查丛编》二编，社会组织卷，410～411页，福州，福建教育出版社，2009。注，此处数据有错误，主要是陕西的人数有误，根据文中的数字重新测算。

④ 中央民众运动指导委员会编：《二十一——二十二年特种工会调查报告》，见李文海主编：《民国时期社会调查丛编》二编，社会组织卷，418页，福州，福建教育出版社，2009。

了工人地缘成分的复杂化。然大机器生产能够把来自不同地区、有着不同的地域行为习惯、风俗习惯和不同思想观念的人连接在一起，让他们按照机器的统一命令行事，从而在长期的浸染中培养了集体意识和团结习惯。这正是为什么工人阶级举行罢工时能够纪律严明、一呼百应、统一行动的物质基础，正是生产方式的改变奠定的工人阶级的独特品格。

从工人阶级行动中呈现的严明纪律性和时间观念看，则更与工业生产的特性有关。当劳动者从不同的地方进入同一个工厂劳作时，必须按照统一的时间规范从事生产劳动。“就拿纺纱厂做例子吧。棉花至少要经过六道连续工序才会成为棉纱，并且这些工序大部分是在不同的车间进行的。其次，为了使机器不断运转，就需要工程师照管蒸汽机，需要技师进行日常检修，需要许多粗工把产品由一个车间搬到另一个车间等。所有这些劳动者——男人、女人和儿童——都被迫按照那根本不管什么个人自治的蒸汽机权威所决定的钟点开始和停止工作。……大工厂里的自动机器，比雇佣工人的任何小资本家要专制的多。至少就工作时间而言，可以在这些工厂的大门上写上这样一句话：进门者请放弃一切自治!”[①]机器的性质、机器工作的连续性和连接性，都决定了工人必须服从一个意志，必须遵从统一的工作时间，在统一的时间点开始劳动，在统一的时间点结束劳动。在有些机器不能停止的地方则必须严格按规定时间交接班，保证生产的连续性。譬如钢铁厂的炼钢炉和炼铁炉就不能熄火停产，必须每时每刻都着火生产，一旦熄火就会导致炉壁因温度下降变凉而开裂，无法继续使用，如果欲继续生产就必须重新建构炉壁。再如铁路运营，不但需要铁路职工密切合作，准确调度、精确运行，而且需要所有乘坐火车的人的密切配合，他们也必须准时乘车，如果因不遵守时间而误点无法上车，则必须自己承担因此产生的一切损失和后果。这就是现代社会的时间观念强的物质基础所在，生产技术进步的基础所在。正是大工业的熏染，使得工人阶级天然具有严格的组织纪律性和精确的时间观念，这些品格和观念必然会在他们

① 恩格斯：《论权威》，见《马克思恩格斯选集》第3卷，225页，北京，人民出版社，1995。

维护自身利益和争取权益的斗争中表现出来，并发挥重要作用。

例如，在二七京汉铁路工人大罢工中，全路工人在三小时内就实现了全路的全面罢工，而这全路是长达1000多千米的铁路线。在这么漫长的战线上，在如此短的时间内实现统一行动，这在古代是不可想象的。一方面，这样的行动与现代技术进步有关，“中世纪的市民靠乡间小道需要几百年才能到达的联合，现代的无产者利用铁路只要几年就可以达到了”①，这是马克思在19世纪中叶说的话，发展到20世纪，这样的联合不但依靠铁路同时也能依靠电报、电话等新技术，运用这些新技术的工人，在几小时内就可以做到统一行动了。另一方面，也与工人阶级在机器生产中养成的组织纪律性有密切而重要的关系，他们已经习惯于统一的行动，他们在工业生产中已经培养了严格的纪律观念和时间观念，而这正是他们与农民阶级行动的最重要的区别之一。农民的生产主要是种植业，这种种植业具有个体生产的性质，特别是在中国，早在上古就形成了小农生产的模式。这种生产并不需要太严格的时间观念，一方面个体行动完全取决于个人意志，另一方面农业生产的性质又给这种个人意志提供了条件，即农作物的生产虽然有比较强的季节性，但是并不必须分秒不差，而是在一定的时间内完成即可。譬如庄稼的收割时间一般要求在10天内完成。田间的追肥也是在一定季节内完成即可，今天施肥和明天施肥虽然有细微区别，但是效果差别并不是特别大，在一定时间内完成即可，并不因为晚了几天而影响农作物的收成。这样的生产方式，就不可能培养出强烈的团体意识、严格的时间观念和组织纪律性。所以，工人能够统一行动显然是大工业生产方式培养的结果。

在这样的品格基础上，工人阶级再得到先进理论的武装，明确自身的阶级性和奋斗目标，加之团体观念的培养，使之产生深厚的对本阶级兄弟的深切关怀，以及低下的社会地位和悲惨生活带来的反抗压迫的强烈斗志，工人阶级的鲜明的革命性的出现就是顺理成章的了。工业化后的工业遗产显然沉淀了这种大工业生产的品格，留下了工人进行革命斗争的足

① 马克思、恩格斯：《共产党宣言》，36～37页，北京，人民出版社，1997。

迹，是物化的工人阶级革命斗争精神的历史见证。

四、20世纪下半叶北京工业发展中彰显的增产节约意识和创新精神

中国自古就崇尚节约，把节约视为美德。但是，把节约融入工业生产并与创新增产联系起来，则是20世纪下半叶以后的事。

增产节约运动是中华人民共和国成立后在中国共产党领导下开展的在全国工业领域进行的一项旨在提高生产效益、降低成本、减少物耗和污染的全国性群众运动。这项运动主要在工业领域展开，17年建设时期一共有五次：1949—1952年、1955—1958年、1959年、1960—1961年、1963—1965年；改革开放以后还有两次：1979—1981年和1986—1987年。[①]

北京的增产节约运动在党中央的领导下除第一次稍晚外，均同步开展。但根据北京工业发展的特殊性，比较突出的有四次高潮，第一次为1950—1953年，主要目标是克服财政紧张，恢复国民经济，支持抗美援朝战争；第二次是1956—1958年，目标是应对"一五"计划后的物资紧张局面，配合"大跃进"运动，促进生产发展。第三次为1979—1980年，主要目标是响应党中央"调整、巩固、充实、提高"的经济发展方针，进行国民经济调整，抑制国民经济恢复时期基本建设的快速增长，缓解国民经济中长期存在的重大比例失调问题，以及能源和各种原材料供应的紧张状况。第四次是1986—1987年，主要任务是贯彻"增产节约，增收节支"的方针，配合其他宏观调控措施，抑制社会固定资产投资规模过快增长，减轻财政赤字，化解经济过热风险；减少能源、交通、原材料、特别是电力供应紧张的矛盾；提高经济效益和投资效益，促进社会经济平稳、快速、健康发展。[②] 在几次增产节约运动当中，北京均走在全国前列，不但开展时间早，而且成绩斐然。

---

① 参见李志英：《增产节约运动的来龙去脉及其双面相》，载《晋阳学刊》，2017(2)。

② 宋平：《关于1987年国民经济和社会发展计划草案的报告》，载《中华人民共和国国务院公报》，1987年2月。

四次高潮又可以分为两个阶段，一是17年建设时期的两次高潮，均以增加产量和节约资源为重中之重，技术创新与生产竞赛是运动发展的主要推动力。在运动中，增产与节约是相辅相成、密不可分的。在既定的原料、资金、劳动力供给量和技术水平、管理方式下，减少消耗、降低成本就能增加产量和收益；但是，若想从根本上突破既有资源瓶颈和技术障碍，提高生产效率，又必须在生产过程中积累经验，在技术上求新探索，进行技术改造和创新。

在节约方面，工人们从小处着眼，细处着手，充分发掘现有资源潜力，涌现了众多成功范例。北京西四草棕厂的职工自己动手，利用从厂外收购的旧铁片，炼制成弹棕机上的关键部件——铁条，既节省了资金还使资源得到充分利用。过去，该厂弹棕机上用的铁条完全外购，质量也比较低劣，每副铁条还要价高达144元。最让职工头疼的是，每月每台机器因换条要停工10天左右，全月停工达30台日，严重影响了生产进度。面对困难，职工们决定自制铁条。经过一番努力，草棕厂职工自制的铁条研制成功，这种自制的铁条质量远高于外购产品，可减少换条次数，确保了生产任务的按期完成；而且每副铁条的成本大幅降低至44元，因减少换条和自制减少成本，每年能节约资金一万余元①。

1952年，石景山发电厂职工为降低发电成本，修订了爱国公约，主动要求烧劣质煤，降低煤耗。他们和技术人员一道克服了诸多技术难题，实行了“吹尘”等办法，终于试烧成功，使低热值煤占该厂电煤消耗量的百分比逐步增加到80%以上，为国家节省了大量优质煤炭资源。仅1952年下半年，就为国家节约优质燃煤93268吨，燃料成本降低40%，节省了1865个车皮的运输量。② 为此，6月19日，《人民日报》特别刊发了《石景山发电厂燃烧劣质煤成功》的报道，大力宣传石景山发电厂职工的先进事迹和节约创新经验。

---

① 一青：《北京市草棕制品厂开展增产节约运动，车间出现了新气象》，载《建筑材料工业》，1957年Z1期。

② 中国人民大学工业经济系编著：《北京工业史料》，152页，北京，北京出版社，1960。

在技术改造领域，北京工人怀着饱满的建设热情，认真总结生产经验，发挥自身创造力，在提高劳动生产率的同时降低生产成本。1951年，国营面粉一厂、二厂、东郊面粉厂和福兴面粉厂的职工通过集体潜心钻研，改进了几十年来被面粉工业奉为经典的中路出粉法，研发出全国闻名的“前路出粉法”，使生产能力提高了50%～100%，出粉率提高30%，成本大幅降低80%。仅按国营面粉一厂、二厂等七个工厂的实际产量计算，一年内即可多创造近82万元的财富，相当于建设12家中型面粉厂所需的全部资金。①

在增产节约运动中，北京工业中涌现出了许多不平凡的普通工人。说他们普通，是因为这些工人的出身、学历、天资并不十分出众；说他们不平凡，是因为他们怀着坚定信念，在简陋和艰苦的条件下，努力进行技术创新，勇攀科技高峰，不仅创造了大量技术发明，而且产生了巨大经济效益。北京永定机械厂的青年钳工倪志福在工作中努力改进冲钻技术，经过长期摸索，于1953年发明了一种具有工作效率高、寿命长、切削省力、加工质量好等多种优点的新型钻头，被称为“倪志福钻头”。这种新型钻头比传统钻头寿命长4～8倍，大大节约了生产成本，工作效率还提高1～2倍。由于钻头质量上乘，还成功切削了朝鲜战场上缴获的美军优质坦克钢板，为国防科技和工业技术的发展做出了特殊贡献②。此后几年，他的钻头经过进一步改良，为全国各地多家工厂，甚至被苏联工厂所使用。1986年，联合国世界知识产权组织向倪志福颁发了金质奖章和证书。这是迄今为止一名普通中国工人在科技领域所取得的最高荣誉③。北京第三建筑公司木工李瑞环，早年只有小学文化程度。但他在实践中勤于思考，工余时间刻苦自学，完成了大专课程，提升了自身水平。他运用丰富的实践经验，结合所学的科学技术，大胆革新工艺，于1958年创造出“木工简易计算法”，

① 中国人民大学工业经济系编著：《北京工业史料》，448页，北京，北京出版社，1960。

② 北京市总工会、北京科学技术协会：《倪志福钻头及其刃磨方法》，1页，北京，北京出版社，1960。

③ 王军：《北京——创新之都》，13页，北京，科学出版社，2008。

不但提高了工效，还节约了原材料。从前，木工在建筑施工前必须进行“放大样”的工作，即按照一定比例做出该建筑的模型，然后按照模型施工。这项传统技术工艺复杂，需经过多年实践才能完全掌握，还浪费时间和材料，而且精密度较差。但解放前建筑工程量少、构件小、对工期硬性要求低，“放大样”工艺尚可满足建设的需要。中华人民共和国成立后大规模进行社会主义建设，工程量大大增加，这种方法效率低的弊病就暴露无遗了，远远不能适应大规模工程建设的需要。李瑞环创造的“木工简易计算法”改变了这个状况，并成功应用于人民大会堂楼梯、地板和屋檐的施工。这个工艺用计算代替了“放大样”，可大大提高施工效率，缩短工期，同时还节省了材料，提升了建筑质量。因此，这项技术得到了建筑界的普遍赞誉和充分肯定①，李瑞环也由此被誉为“青年鲁班”。

从行业看发展，汽车制造堪称这一时期北京工业创新的典范。作为一个新兴的行业，汽车行业在北京可以说是1949年以后从零开始的，20世纪60年代苏联的撤离，更是加大了汽车行业发展的难度。但是，在自主创新精神的支撑下，北京的汽车工业尤其是轻型汽车的发展走在了其他城市的前面。1958年2月，北京市第一汽车附件厂仿照德国大众汽车公司的轿车产品，试制了第一辆国产轿车。1958年6月，井冈山牌轿车诞生。第一汽车附件厂因此正式改名为北京汽车制造厂②。同年9月18日，北汽试制成功第一辆北京牌轿车，该车全部是北汽自己设计，全部零件均为国产③。20世纪60年代，由于中苏关系的破裂，军用吉普车的主要供应中断，自主开发军用吉普车成为当务之急。北京汽车行业的职工紧急投入了吉普车的研制中。吉普车的研制工作并不比轿车简单，其战术性能的要求比轿车严格得多，不仅要满足军用指挥车的要求，而且要兼顾牵引轻型火炮、防化和无线电通信等多种设备的功能。因此，吉普车的战术性能要求对发动

---

① 李瑞环：《木工简易计算法(修订第二版)》，前言6～9页，北京，中国建筑工业出版社，1966。

② 以下简称北汽。

③ 《当代中国城市发展丛书·北京(下)》，562页，北京，当代中国出版社，2010。

机、离合器、变速箱、车桥、转向机、刹车等主要总成部件的要求很高，需要进行反复试验和设计匹配核算工作。这种比普通轿车要求更高的车辆要全靠自己设计，自主开发，因而难度非常大。北汽的技术人员不怕困难，自力更生，从头做起，从1961年1月开始走访部队用户，研究国外同类型车型的技术资料，然后投入设计研发。经过艰苦探索，于1961年8月最终确定了BJ210C两门吉普车方案。1961年12月25日，北汽试制出了模型车。1963年通过了一机部组织的技术鉴定，已经可以投入批量生产。但是由于部队的需要发生了变化，有关方面又要求北汽设计出四门吉普车，还要求体积稍大、上下方便、乘坐舒适。对此，北汽迎难而上，采取了修改设计、试制试验和生产准备交叉进行的方法，从1964年4月开始，仅用半年多的时间就重新设计试制出北京211和北京212两种新型4门吉普车。最后有关方面确定选用北京212车型吉普车为部队野战指挥车①。北京吉普的研制成功是北京工业创新精神的体现，更是创新的成果，不但为巩固国防做出了重要贡献，也以创新带动了北京汽车制造业的发展。

增产节约运动第二个阶段是改革开放初期出现的两次高潮。这个时期的增产节约运动具有鲜明的转轨时期特点，即计划经济体制留下来的传统做法与市场经济带来的新方法、新思路交织在一起。一方面17年建设时期行之有效的劳动竞赛等传统方法继续发挥作用，另一方面则开始运用经济的管理手段促进增产节约。

例如，北京沙河钢铁厂充分利用劳动竞赛这种方式，促进增产节约。他们把提高产品质量和生产效率、降低生产成本和原材料消耗作为竞赛的中心内容，在全厂掀起了“百分红旗赛”。班组、车间、科室各项累积指标累计为100分，完成指标为满分，未完成指标酌情扣分，积分最高者为先进。该厂高炉曾经常产生大量废铁，最多的年份(1975年)曾达到2100多吨。开展竞赛后，废铁产量超过规定的要扣除一定积分。为此，炼铁车间针对以前存在的问题，优化操作流程，1980年1—4月仅产生废铁25吨，

① 《金色的历程——北京工业创业回忆》，468～478页，出版社不详，1999。

仅此一项就环比节约10万余元①。

有些企业则更多地运用了经济手段，改变因长期“吃大锅饭”带来的效益低下、浪费严重等弊端，推进增产节约运动。其中，企业内部细化的定额管理、独立经济核算、奖金激励的推广和企业之间的专业化协作颇为引人注目。首都钢铁公司在1978年开始推行班组定额管理，将过去单一的全厂计划指标细化，分解为许多分项定额，层层下达到各工段至班组。之后根据制定好的定额指标逐个考核，完成者得基本分，超额者加分，低于定额者减分。这项制度的实施效果明显。一方面，它实现了生产挖潜，有效提升产量。首钢初轧厂轧机钢锭生产能力原为85万吨/年，可是1978年上级要求轧锭100万吨以上，要满足国家的需要，足额完成任务就必须快马加鞭。在班组定额管理制度的鞭策下，职工积极革新挖潜，结果全年轧制钢锭107.5万吨，超额完成任务，创本厂历史新高。另一方面，在这项制度下，责任得以落实到人，废品率和原料消耗大大降低。1977年首钢炼钢部门全年工艺废品和跑漏钢损失平均每月1000吨，次年大幅下降到平均每月385吨，1979年一季度平均每月降至98.6吨，大大低于定额。班组定额制度还推动了技术操作的改进，避免次品，保证了产品质量。四号高炉连续炼铁5900余炉，炉炉合格②。

北京内燃机总厂从1979年1月起在各车间实行以增产节约为目标的独立经济核算制度。总厂将国家考核企业的八项经济技术指标分别下达到每个车间，同时还将车间全年需要的各种物资、经费交由车间管理，单独实行经济核算。从此，每个车间的利润、成本、全员劳动生产率和资金占用率被纳入考核。制度实施后，以往生产过程中不计工时和成本，人力、物力浪费严重的现象大大减少了。以修建车间的生产为例，1978年以前修缮和建设房屋的资金年年超支，仅1976年年底竣工的7000多平方米职工宿舍楼，实际投入超过计划投资20多万元。然而1978年实行独立经济核算后，当年该车间承建的同样面积、同样结构的三栋宿舍楼，却比计划投资

① 北京市财税局工业企业管理处：《开展劳动竞赛促进增产节约》，载《财务与会计》，1979(8)。

② 潘家瑱：《加强班组定额管理，促进增产节约》，载《经济管理》，1979(4)。

节省了9000多元①。

国家建工总局三局二公司通过设立"全优综合超额奖奖金"，让优秀工程的施工、管理和服务人员直接享受到节约的成果。该公司规定，在单位工程竣工后，经验收符合全优工程标准的，即可从人工直接费节约净值中提取70%，并从材料直接费的节约净值中提取10%，作为奖金分配给参加施工的工人、管理和服务人员。奖励办法中还有其他规定，如达不到人工和材料费节约指标的不可提奖，发生重大伤亡事故的班组扣奖金50%，相关责任人扣除全部奖金②等。民航总局所属101厂和首都机场积极进行专业化协作，由101厂电镀车间承担首都机场的电镀任务，首都机场则提供本单位已建成的修理车间为101厂设备维修服务。这样一来，101厂计划兴建的修理车间和首都机场申请修建的电镀车间项目便可以削减，避免了重复建设，节约国家投资100余万元，也为两个企业节省了大量时间和人力、物力。③

上述例证表明，运用经济的奖惩和管理手段确实给增产节约运动带来了新的动力，并推动了其向更高水平的发展。

这一时期，还有不少企业更加依靠科技进步提高经济效益，降低资源消耗，减少环境污染。北京印染厂是北京地区的用水大户之一。多年间，该厂每日购买新水和排放污水各达万余吨。对于生产污水，长期采用大量投资的生物化学净化法。这种方法不但废水处理能力低，仅使污水达到排放标准，而且耗资多，每年缴纳的排水费、加药费，连同新水购买费用，平均每吨水成本近0.8元，水费总价达200余万元。1986年后，北京印染厂通过科技攻关，仅在原设备基础上增加1万元投资，就可对近5000吨漂炼废水进行净化处理，每天可获得4000余吨达到循环使用标准的净化水，使用效果与洁净自来水相当。按当时净化规模计算，全厂每年可节水120

① 潘善棠：《车间独立经济核算可以加强经营管理》，载《人民日报》，1979-02-25。

② 国家建工总局三局二公司：《全优综合超额奖推动了增产节约》，载《劳动工作》，1980(4)。

③ 殷鹏夫：《从一些典型事例中看增产节约的潜力》，载《财政》，1980(7)。

多万吨，节约开支40余万元，且大大缓解了对下游水体的污染。由于这项先进技术的增产节约效果显著，其他省市的多家企业纷纷前来学习并要求引进技术，从而取得了更加广泛的社会效益和环境效益①。

首都钢铁公司在这次增产节约运动中，又在转炉钢渣的再利用问题上取得了重大技术突破。20世纪60年代初至80年代后期，首钢排放在渣场的转炉钢渣达200多万吨，堆积如山，浪费了很多空间。钢渣在长期堆放过程中会产生粉化现象，进而污染空气和周边环境。实际上，钢渣并非完全废物，其中含有大量铁、钙、锰、锌等元素，可代替石灰石作烧结熔剂。钢渣中的废钢数量亦十分可观，若能回收利用，则可创造可观的经济效益。所以，渣山不仅仅是放错地方的资源，更是沉睡的财富。首钢公司钢铁研究所从20世纪80年代初开始，一直致力于解决转炉钢渣的再利用问题。经过数年的研究和实验，研究人员针对不同类型的钢渣和烧结的不同需要，提出了一整套转炉钢渣利用方案，使得烧结生产率提高，改善了烧结矿强度，还降低了烧结燃料消耗量。经过计算，如果每吨钢渣平均增利按13元计算，当钢渣配比为4%时，相当于每吨烧结矿成本降低0.676元。从1982年到1986年首钢共使用钢渣粉40余万吨，增加利润520余万元；还从渣山回收废钢约10万吨，每吨废钢售价按120元计算，可实现利润1200万元②。

总体观之，两个时期增产节约的主旨和理念基本一致，那就是二者都崇奉节约，肯定增产，都认为增产节约是发展生产、增加社会财富的重要途径和手段。这种思想的形成既与中华民族的传统文化有关，也与近代以来工业生产的发展带来的意识变化有关。

在中华民族的传统文化中，有着深厚的节约的传统，可以肯定地说，当代中国的增产节约意识来自中华民族节俭的传统美德。早在上古时期，《周易》中就有“君子以俭德辟难”的话。《荀子·天论》则提出“强本而节用，则天不能贫”的观念。上述中华文明形成时期的思想影响深远，以后历朝

① 武培真：《污水资源化，缓解水危机——北京印染厂净化废水技术领先》，载《人民日报》，1987-10-21。

② 江忠源：《转炉钢渣在烧结生产中的应用》，载《钢铁》，1987(10)。

历代都有大量关于节俭的议论，有大量关于节俭的道德评价，涌现了大量践行节俭理念的人，以至于是否节俭成为人们评价一个人道德水平高低的基本标准之一。晚唐诗人李商隐甚至发出了“成由勤俭败由奢”的慨叹，将是否节俭上升到了政治评价和人生成败的层面。

步入近代后，古代的节俭美德在中国人民和中国共产党人中得到了大力传承和弘扬。早在1934年，毛泽东就斩钉截铁地说“贪污和浪费是极大的犯罪”，号召人们“节省每一个铜板为着战争和革命事业，为着我们的经济建设”①。毛泽东等中国共产党第一代领导人还身体力行，在生活和工作中努力践行了勤俭节约的原则，与人民和军队同甘共苦。正是节俭、节省的理念和原则，保证了中国共产党在物资极端匮乏的条件下不断克服困难，积小胜为大胜，引导中国革命不断走向胜利。

然而，中国古代的节俭思想是农业社会的产物，它的理念更强调节俭，强调通过节俭带来的效益。这是由于古代农业社会生产力发展缓慢，增产很难在短期内展现明显效果决定的。在古代和农业生产的条件下，与增产相比，节俭的效果立竿见影、彰明昭著，因而更能使人信服并践行。在农业生产增产困难甚至无望的情况下，人们节俭的视域更多的投放在生活领域中，投放在生活习惯领域，主要通过生活节俭来谋求财富的积累或者生活的维持。这正是古代社会推崇节俭，把节俭视为人人都应具备的美德的根本原因所在。

随着历史的车轮进入工业社会，人类社会的生产力获得了飞速发展，“资产阶级在它的不到一百年的阶级统治中所创造的生产力，比过去一切世代创造的全部生产力还要多，还要大。”②在生产力急速进步的历史条件下，人们的节约观开始变化，在节俭、节约的同时更多的将节约与增产联系了起来，希望通过增产来实现更大程度的节约，并实现财富增长。在中国革命的早期，毛泽东就指出，“我们的经济政策的原则，是进行一切可能的和必须的经济方面的建设”，同时又提出，“财政的支出，应该根据节

① 毛泽东：《我们的经济政策》，见《毛泽东选集》，第1卷，134页，北京，人民出版社，1991。

② 马克思、恩格斯：《共产党宣言》，32页，北京，人民出版社，1997。

省的方针”[1]。这样的要求实际上就是赋予了节约以新的时代内涵，把节约、节俭同发展生产联系起来，希望通过以节约为原则的增产来实现财富的增加。

中华人民共和国成立后，中国共产党第一代领导人曾多次阐述过通过增产节约来增加国家和民间财富的思想。周恩来说：“我们必须了解，增加生产对于我们全体人民，对于我们的国家，是具有决定意义的。只有生产不断地增加，不断地扩大，才能逐步地克服我们人民的贫困，才能巩固我们革命的胜利，才能有我们将来的幸福。一切破坏经济纪律、劳动纪律、财政纪律和损害公共财产、浪费国家资金的现象，在我们这里都是不能容许的。”[2]邓小平说：“勤俭建国、勤俭持家一定要联系起来，只提一个不够。有了强盛的国，家才会富起来，首先是勤俭建国，其次是家要管好。”[3]自此，增加生产、提高生产效率在增产节约中具有了决定的意义，节约不是简单的节省，而是必须要通过增产来实现。但是，增加生产又不是单纯的追求增产，而是与节约联系在一起的，反对浪费式的生产，反对大手大脚的生产。这就把节约、节俭从消费领域扩大到生产领域，赋予了节约以新的内涵，实现了节约的时代飞跃。

至此，节约已经演变为一个复合概念——“增产节约”。这一概念中包含了两个范畴：增产和节约。其中节约具有更加基础的意义，即增产不是通过粗放式的消耗更多资源来实现，也不是建立在成本高企的基础上，而是在减少原有消耗基础上实现增产，归根结底是建立在节约基础之上的增产。节约不但是增产的基础，同时还是增产的评价标准，没有节约的增产并不是真正意义上的增产。于是，节约型增产就有了不同于仅仅强调增产，或者粗放型增产的不同内涵。这种对节约型增产的推崇，虽依然是对

① 毛泽东：《我们的经济政策》，见《毛泽东选集》，第1卷，130、134页，北京，人民出版社，1991。

② 周恩来：《把我国建设成为强大的社会主义的现代化工业国家》，见《周恩来选集》下卷，144～145页，北京，人民出版社，1984。

③ 邓小平：《重要的是做好经常工作》，见《邓小平文选》，第1卷，294页，北京，人民出版社，1994。

生产效率提高的推崇，但是其中包含了对物资有限消耗的推崇，其背后是对节约的肯定和对自然资源的珍视。

世界进入工业社会后，科技已经成为生产力的首要因素，仅仅依靠节约来增产，显然不能迅速大幅度增产，要增产就必须要有技术创新的支撑。中华人民共和国成立后，人民当家做主，发展生产的积极性不断高涨，聪明才智得到发挥，技术革新成果、技术革新能手不断涌现，从而促进了生产力迅速不断提高。这种技术革新带有典型的中国特色，那就是在一穷二白的经济基础上涌现的革新精神，一方面是技术的变革，是生产效率的提高，另一方面这种技术革新特别考虑了原材料的节约问题，是建立在节约基础上的革新。北京技术革新的杰出代表倪志福和李瑞环的技术成果就都有这样的显著特点，“倪志福钻头”瞄准的是工作效率高、钻头寿命长，其目的显然是双重的——提高生产效率和节约成本；被誉为“青年鲁班”的李瑞环的“木工简易计算法”则更明显，其提高效率和节约原材料的效果的指向更明显。而体现了北京面粉行业集体智慧的“前路出粉法”，在提高生产能力的同时，也大幅降低了成本，节约的资金可建设更多面粉厂。另外，北京历次增产节约运动中都伴随着大量的技术革新，并且都成果卓著。这表明北京产业工人已经通过自己的实际行动赋予了增产节约新的属性——增产来自革新，革新不离节约。革新既是增产的不竭源泉，又是节约的不竭源泉。没有创新的增产不谓之增产，没有节约的创新也不是真正的创新。这种节约与创新相结合的精神，在北京工业发展中发扬光大，体现了对传统文化的传承，也高扬着时代的旗帜，是北京工业的伟大精神创造。至今，这种精神已经沉淀在北京工业遗产中，“倪志福钻头”和“木工简易计算法”也成了北京工业发展的杰出典范，为工业遗产的精神内涵添加了更多的绚丽光彩。

工业遗产是人类社会发展史上工业社会发展的见证，而工业社会是自有人类以来最辉煌的一段历史，它实现了生产力的大发展、大飞跃，实现了生产方式的大变化，从而带来了人类生产方式的大变革。社会经济基础的深刻变化又必然引起精神世界的变化，带来观念的变化和思想的冲撞，进而形成许多新的精神产品，或者是革新了旧的精神观念。这些精神因素又必然要渗透到经济活动中去，对经济活动产生或大或小的影响。相对农业社会，工业社会和工业生产有着更多的复杂性，则必然会产生许多不同于农业时代的新的精神产品和观念意识，这些精神产品和观念意识在数量上大大超过了农业时代。因此，本书的上述探讨仅仅是一个开始，还有诸多领域没有涉及，或者虽有涉及却还有很大的开拓空间。在研究中，越是探究就越感觉好像是进入了一个广阔天地，还有很多的领域等待我们去拓荒，去挖掘，去深化。

第五章　北京公众对工业遗产认知情况调查

北京的工业遗产散落北京地区的各处，涉及的地区很广。矗立其上的工业建筑和设备规模庞大，除了个别遗产已经实现了博物馆式的保护外，大部分是裸露在室外的。而且由于历史的原因，这些工业遗产中的很大部分还混杂在居民住宅区中。北京工业遗产的这种生存状况，给工业遗产的保护带来了很多困难，使得工业遗产的保护不仅需要专业人员参与，更是需要公众参与其中。在很多公众都能接触到工业遗产保护中，只有公众都具备较高的对工业遗产的认知，并具备良好的保护意识，工业遗产最终才能实现妥善的保护和利用。但是，居住在北京的市民了解和知晓工业遗产吗？他们对工业遗产的认识都存在什么样的误区？他们对工业遗产保护是什么样的态度？迄今为止的保护利用措施怎样？存在什么问题？这些都是今后有针对性地开展保护工作需要明晰的问题，是未来更好保护利用工业遗产的前提。

一、北京公众对工业遗产认知情况的调查

北京是一座历史悠久的文化古都，保留了大量古代历史文化遗产，同时又是近现代中国工业发展的重要城市，还存留着很多具有重要历史文化价值的工业遗产。然而，北京长达千年的灿烂古代历史，似乎遮盖了北京近现代工业的辉煌，人们更看重的是古代文化遗产，津津乐道的是故宫、颐和园、长城、明十三陵等古代文化遗产，而对于首钢、京张铁路这样的优秀工业遗迹似乎并不热衷，更缺乏重视，甚至不知道其历史价值。公众的这种认知状况显然对于工业遗产的保护利用是十分不利的。

为了明晰北京公众对于工业遗产的认知情况，准确了解北京公众对于工业遗产的态度和情感，我们开展了北京公众工业遗产认知情况的调查，期望通过调查掌握人们的认知状况、了解人们的认知水平，为北京工业遗

产的保护利用提供依据和借鉴。

(一)调查的路径与方法

我们的调查采用问卷调查与结构性访谈调查相结合的方式。问卷调查面向在北京地区居住和生活的市民①，采用手工发放问卷和网上征集问答卷相结合的方式进行。在现代信息技术非常发达今天仍然采用手工发放问卷的方式，主要是考虑了被调查者的涵盖面问题，力争定向涵盖各类人员，包括工人、农民、市民、学生等。手工发放还考虑了年龄问题，力争涵盖不同年龄段的人群，特别是不熟悉网上操作的中老年人，同时还考虑了各类人群在北京居住的年限问题。为了保证受访者的广泛性和一定的调查问卷数量，在手工发放问卷的同时采用网上征集问卷的方式，以更现代的方式征询被访问者。

问卷调查最终共发出问卷1024份，其中手工发放问卷617份，收回582份。网上发放问卷共征集到406份问卷。两者相加共收回问卷988份，收回率为96.5%。回收的问卷中无效问卷15份，有效问卷973份，有效问卷占收回问卷的98.5%。两个比例均符合社会学和社会调查理论公认的调查回收率要求。调查问卷的数据处理采用社会学统计软件SPSS 18.0，主要对数据进行频数、频率分析和交互分类分析。

在问卷数据的处理中，我们将答卷者未答和数据录入错误归为缺失选项。根据统计学的一般规律，此次调查问卷的样本量相对较大且缺失比例较小，样本构成基本能够反映调查面向的总体特征，通过对样本的特征分析可以推论总体的一般状况。

下面是收回的有效问卷呈现的基本情况：

表5-1　回收样本的性别构成

男	女	缺　失	总　数
433	535	5	973
44.50%	54.98%	0.52%	100%

① 不考虑户口问题。

表 5-2　回收样本的年龄构成

选项	比例
18 岁以下	10.59%
19～28 岁	56.94%
29～39 岁	13.05%
40～50 岁	9.66%
51～60 岁	6.78%
61 岁以上	2.98%

表 5-3　回收样本的受教育程度

选项	比例
小学	2.98%
初中(中专，职高，技校)	12.23%
高中(大专)	25.28%
本科	42.14%
本科以上	17.37%

表 5-4　回收样本在北京居住年限

未定居	21.6%
一年至五年	26.34%
五年至十年	12.96%
十年至三十年	22.53%
三十年以上	16.56%

表 5-5　回收样本的职业构成

选项	比例
工人	4.83%
进城务工人员	6.58%
公务员	5.86%
教师和科技人员	4.52%
离退休人员	4.93%
学生	50.26%
公司职员与管理人员	11.72%

续表

选项	比例
私营业主	1.34%
自由职业	4.62%
下岗失业人员	0.82%
其他	4.52%

观察上述调查样本状况可知，样本的分布基本合理。从性别的角度看，男女基本各占一半，虽然女性稍多，但是仍然在合理范围之内。从年龄构成看，涵盖了从15～60岁以上的人群。需要明晰的是，问卷调查之所以选取15岁以上人群，即高中以上文化程度的人群开展调查，是因为初中毕业开始高中学习的人群已经具备一定的认知能力和判断能力，因而定向在北京的三所高中学生中发放了问卷。这些高中生都居住在北京，有意无意之间有接触工业遗产的机会。同时他们又是社会发展的未来，了解他们的认知状况，对于今后开展相关教育有参考价值。在不同年龄段的人群中，20～40岁的人群占了相当大的比例，这符合当前社会中人群分布的情况，而且由于体力和精力的关系，这些人又是各种社会活动的主要参与者，因而对今后的保护工作有重要意义。50岁以上人群较少，不到10%，这个构成有些缺憾。因为这些人社会阅历丰富，很多人在家庭和社会中都居于领导地位，他们的态度对于提升公众对工业遗产的认知水平、在保护行动中发挥作用有重要意义。

从样本的受教育程度看，本科以上学历的占大多数，为59.51%，这种学历构成与当前北京市民的文化水平构成基本相符。同时由于在网上征集问卷的原因，也导致了本科以上学历的样本比例增加。因为文化水平比较低的人群一般不太习惯上网，或者不会利用网络参与调查。尽管如此，高中以下学历的人群仍然占了40%以上，还是能反映文化水平较低人群对工业遗产的认知情况。

从样本在北京居住年限的情况看，5年以下的占了将近47.9%，将近一半，这其中多为在校大学生，特别是其中选择未定居的均为尚未毕业的学生，他们认为自己将来未必就在北京定居。30年以上的多为老北京人，其中有老年人，也有刚刚30岁的年轻人，这部分人对北京工业遗产的态度代表了原住民的态度。5～30年的被调查者中的情况则比较复杂，其中有大学毕业后留京工作的人员，有出生在北京的中学生，也有进城务工时间比较长的人员。总之，从居住年限看，本次调查的样本涵盖了各类在京工作、生活的人群，而且各类样本的比例比较适中，可以代表目前北京公众的情况。

从回收样本的职业构成看，工人以及进城务工的新工人占了10%以上，公务员和教师科技人员等机关、事业单位人员占10%，公司职员和管理人员、私营业主和自由职业等企业和经营人员占17.68%，离退休人员不到5%，下岗失业人员不到1%。另外，还有4.52%的其他人员，这类人群主要是京郊的农民和全职太太等人员。职业中比例最大的是学生，占了一半，这种情况的出现一方面与样本的网上来源有关，另一方面也与青年学生精力充沛，乐于外出旅游，因而对文化遗产保护比较关注有关。对照文化程度来看，这些学生中的绝大多数是大学生。鉴于大中学生，特别是大学生未来是国家建设的主力，他们的态度对于工业遗产的保护至关重要，因此在样本中占比较大的比例尚可接受。

总之，本次问卷调查的样本来源广泛，基本涵盖了在北京居住的各类人员，他们的认知水平和认知态度，基本可以代表北京居民的一般情况。

与问卷调查相配合，我们还进行了访谈调查。访谈调查采用结构性访谈调查的方式，共设计问题11个，并以个别访谈的模式进行。做访谈调查目的是为了深入交谈，以期获得更多的受访者在公开场合不常表达或不便表达的深层思想和具体案例。最终共计访谈13人，访谈对象注意涵盖不同类型的人，既有学生，也有工作人员；既有北京籍学生，也有非京籍学生。既有北京的原住民，也有大学毕业后在京工作定居的人员。通过访谈，了解了调查对象更多深层的、灵动多变的思想和独特的具有个人特点的认知，对于深化研究有重要意义。

(二)北京公众对工业遗产了解和认知情况

我们的调查是从对文化遗产的认知开始的。工业遗产属于文化遗产的范畴，它具备了文化遗产的一般特征：它是一定历史阶段人类历史文化发展的遗存，一般以物质的形态存在，包含了丰富的过往历史的文化信息，是人类历史文化发展的见证。所以，了解公众对工业遗产的认知一般应先从公众对于文化遗产的认知开始。

文化遗产是20世纪末期以来国家、社会和媒体宣传比较多的概念，加之文化遗产多具有旅游价值，公众一般都能够通过旅游接触到文化遗产。因此，大部分公众对文化遗产一般都有或多或少的了解。但是，从调查的结果看，公众对于文化遗产的了解水平并不乐观。调查显示，只有3.19%的被调查者认为自己对文化遗产非常了解，加上比较了解的被调查者，比例也只有31.8%，只占被调查者的不足三分之一。相反，认为自己不太了解或不了解文化遗产的人达65%以上，占到了将近三分之二，另有2.8%的人认为自己“不关心”文化遗产，这两种人相加就达到三分之二了。

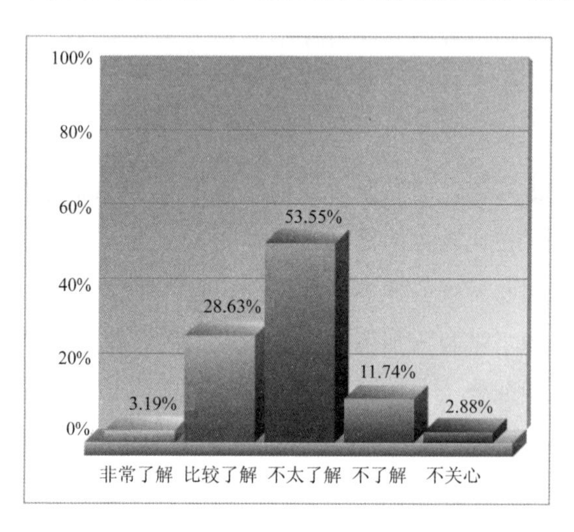

图 5-1　是否了解工业遗产的概念内涵

虽然高达68.17%的公众宣称对于文化遗产不够了解，但是，其态度与认知有时候存在比较大的差距。人们心目中的态度，由于想象的原因有时候会出现偏差，或对抽象的事物在认知时往往会引起误解。另外，理解的不同也会带来认知差异，文化水平低的人可能会认为自己了解文化遗产的概念，但他们心目中的了解显然是浅层次的。而文化水平高的人则会宣称自己不了解文化遗产的概念，其实他们心目中的所谓认知的概念应当是完整的、科学的、准确的，他们认为自己没有尚未达到这样的水平，于是就宣称不了解文化遗产。

如果进一步检验公众对具体形象事物的了解，则可以发现其心目中的态度有时候并不是十分准确的。在工业遗产的认知上正是如此，人们对于具体工业遗产的认知比人们心目中的认知水平其实要高出许多。因为人们在并不太清楚概念内涵的时候，往往可以通过亲身体验对具体事物有比较准确的定位，或者说他们已有的知识在一般程度上定位文化遗产概念时已经足够了。为此我们设计了这样的问题："您认为下列属于工业遗产的选项是?"给出的选项是：故宫、国家大剧院、电报大楼、首钢石景山厂区、前门火车站、二锅头生产工艺。对于上述多选题，选择故宫和国家大剧院两个错误选项的分别有10.28%和12.33%。相反，选择电报大楼、首钢石景山厂区、前门火车站、二锅头生产工艺等正确选项的均占到了50%以上，选择首钢石景山厂区高达81.5%。这表明，在绝大多数北京居民的心目中，工业遗产的概念还是清晰的，只不过抽象概括能力对于大多数从事与文化遗产无关工作的人来说比较困难，故而很难上升到抽象的理论程度，或者文化水平高的人对于自己的要求比较高而已。调查的交叉频数也恰好证实了这一点，两个错误选项中，选择故宫的，小学、初中、高中文化程度被调查者的比例分别为13.79%、15.13%和13.82%，而本科以上的比例均不超过10%。选择国家大剧院的，小学、初中、高中文化程度被调查者的比例分别为37.93%、14.29%和12.20%，本科和本科以上学历的比例分别为10.98%和10.06%。这个百分比典型地呈现了依学历升高而下降的曲线。总体而言，绝大部分北京居民对于具体事物的认知还是比较清晰的，这对于北京居民今后一步加深对工业遗产的理解，对于今后工业遗产的保护具有重要的积极意义。

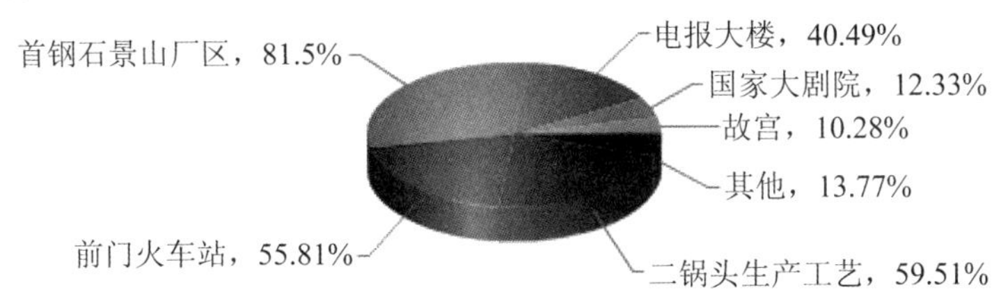

图 5-2　北京居民关于北京工业遗产的定位

既然在具体而形象的事物的性质上能有比较清晰的认知和判断，那么，在具体事物的价值判断上也应该具有比较正确的抉择。对于“您觉得工业遗产在当今社会还有价值吗?”，选择“很有价值”的占 26.06%，再加上认为“比较有价值”的，则已经达到 76%以上，占了大多数。而认为“没有价值”的不到 1%，再加上对此问题不关心的也不到 7%。也就是说，对于工业遗产，绝大多数北京居民都肯定了其价值。从居住时间长短来看，在北京居住 10 年以上的被调查中有 72.10%的人认为工业遗产“很有价值”或“比较有价值”，在北京居住 5～10 年的是 81.75%，在北京居住 5 年以下的占 79.18%。这表明，居住时间长短并不影响对工业遗产价值的判断，对北京的感情因素并没有左右认知。而从受教育程度看，本科及以上学历的被调查者中有 79.79%的人肯定工业遗产“很有价值”或“比较有价值”，其中认为“很有价值”的占 29.53%，高于总体比例。而初中及以下学历的被调查者的这个比例仅为 24.32%，“很有价值”或“比较有价值”相加也仅为 64.19%。这表明认识并进一步肯定工业遗产的价值，与公众的感情因素无直接关系，而与文化水平有密切关系，其结论的产生主要是理性认识的结果。

工业遗产在现实生活中具有什么样的价值?大多数北京居民都肯定了其文化价值，占被调查公众的 71.63%；其次是经济发展与城市规划的借鉴作用，占 59.1%；学术研究与社会教育价值、旅游开发土地开发的经济价值均在 50%上下，也就是说得到了一半左右参与调查的北京居民的肯定。而肯定工业遗产休闲娱乐价值的北京居民仅有 21.99%，比例最低(见表 5-6)。这表明北京居民更看重的还是工业遗产的文化价值，认为北京工业遗产的存在对于保存北京的历史记忆、增强北京认同和民族文化认同有积极意义。值得注意的是，大多数被调查者对于工业遗产的休闲娱乐价值并不特别看重。这表明北京居民不仅珍惜北京的古都地位和灿烂的古代文化，同时也看重近代以来北京的工业化发展历程以及对于国家、民族现代化发展的贡献，对民族文化发展的贡献。一位接受访谈调查的北京邮电大学通信工程专业的大学生说：“工业遗产记录了工业的起步和发展，让我们可以更好地了解历史，了解前人的智慧和经验教训，对我们也是一种启发。此外，同其他文化遗产比，它更能反映出科技进步的历史风貌。”确实，工业遗产反映工业发展和科技进步历史风貌的价值，是其他文化遗产无法比拟、也无法替代的，这也正是大多数公众认可工业遗产价值的重要出发点。从受教育程度看，本科及以上学历的被调查者中77.37%认同工业遗产的“保存历史记忆与增强文化认同”价值，高于总比例，而高中及以下学历的被调查者的此一比例仅为45.43%。这表明，受教育程度对于认同工业遗产的历史文化价值有重要意义。从年龄段看，18岁以下和60岁以上的被调查者认可度比较低，中间年龄段的认可度比较高。18岁以下和60岁以上的被调查者更看重的是工业遗产的旅游开发和土地开发价值。这表明，游戏休闲在这些人的生活中占有比较重要的位置。

表 5-6 工业遗产有哪些价值

选项	比例
经济发展与城市规划的借鉴价值	59.1%
保存历史记忆与增强文化认同	71.63%
学术研究与社会教育价值	50.67%
旅游开发、土地开发的经济价值	47.58%
休闲娱乐价值	21.99%

(三)北京公众对工业遗产保护问题的了解和认识

调查显示，3.29%的被调查者认为自己“非常关注”工业遗产保护，22.94%的人“比较关注”，相反，“不太关注”和“不关注”的人高达69.34%，还有将近5%的人对此持“无所谓”的态度。这表明，由于工作生活等各方面的原因，人们一般并不十分关注工业遗产的保护问题。

但是，不关注工业遗产保护并不等于认为工业遗产没有保护的必要，相反，绝大多数北京居民认为工业遗产有必要保护(见图5-3)，选择“很有必要”和“必要”的占80.66%。这种表明，主要是由于各种原因，使人们无暇关注工业遗产保护问题，或者没有时间考虑保护问题。但是大多数北京公众从所受教育出发，从知识理性的判断出发，甚至只是从文化遗产乃至工业遗产保护的感性认识出发(见表5-7)，还是能对工业遗产的保护得出正确的判断。从选择“很有必要”和“必要”的高比例看，与前述被调查者在

“工业遗产在当今社会还有价值吗?”问题的认知上基本一致，甚至高了将近5个百分点。这表明即使是对于工业遗产的价值持不太肯定态度的少部分人，内心深处还是对其保存意义有所肯定，因而觉得有必要保护。

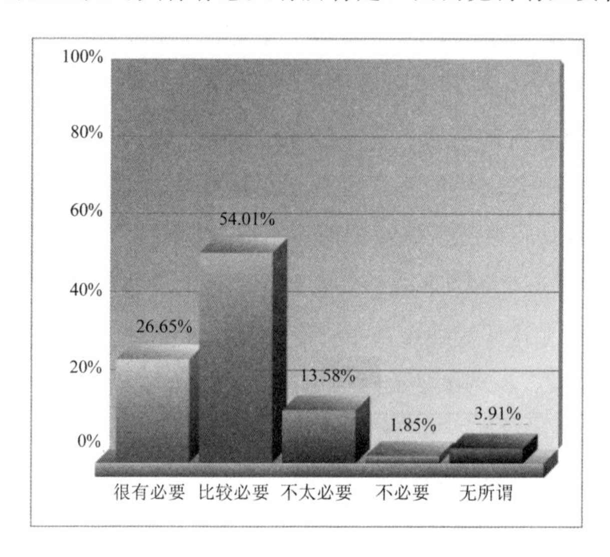

图 5-3　工业遗产是否有保护的必要性

表 5-7　是否了解北京工业遗产的保护或利用工程

选项	小计	比例
798 厂改造为创意产业园	659	67.73%
北京葡萄酒厂部分改造为博物馆	227	23.33%
北京焦化厂改为交通枢纽	210	21.58%
603 厂改造为北京新京报社	120	12.33%
首钢厂区改造为主题公园和国际动漫城	425	43.68%
本题有效填写人次	973	

北京有着悠久的历史，是中国的世界文化遗产最多的城市，现存的古代文化遗迹众多，但工业发展只有100多年的历史。与博大璀璨的古代文化相比，北京的工业遗产相形见绌。在这种文化态势下，工业遗产的价值和保护意义很容易被淹没。尽管如此，很多北京居民对工业遗产的保护还是持肯定态度，并能摆正工业遗产和古代文化遗产的关系，超过一半的被调查者认为“工业遗产与保护故宫、颐和园等古代文化遗产同等重要”，认

为工业遗产的重要性高于古代文化遗产的只有10.7％，认为保护古代文化遗产更重要的也只有32.61％，不到三分之一(见图5-4)。从职业构成看，主张工业遗产保护与古代文化遗产保护同等重要的，学生的比例最高，达60.32％，其次是进城务工人员、公务员和工人，分别为54.31％、49.12％和48.93％，这种情况的出现反映了当代教育的成果，学生在学校接受了最新的教育和最新的文化理念，也就最能接受新出现的事物。工人阶层重视工业遗产，显然与他们的工作体会有关。在这一问题上比例最低的是离退休人员和下岗失业人员，分别为31.25％和12.50％。这两个阶层都远离社会，对社会的变化和进步了解较少，特别是下岗失业人员，对于此类新事物较少持积极态度。另外，教师和科技人员、离退休人员更看重古代文化遗产的保护，他们中间分别有43.15％和45.83％的人赞成“北京是文化古都，保护古代遗产更重要”，都超过了赞成“工业遗产与保护故宫、颐和园等古代文化遗产同等重要”的总比例。在所有职业人群中，态度最消极的是自由职业者、下岗失业人员和私营业主，他们之中分别有24.44％、25％和15.38％的被调查者对工业遗产保护问题取“可有可无”的态度，远远超过其他职业人群，与工人、教师和科技人群相比高出了20～24个百分点。

既然工业遗产的保护很重要，那么它的价值究竟在哪里？是什么样的理念驱使人们看重工业遗产？调查显示，超过60％的被调查者认为“工业遗产是近代工业社会的表征，缺了工业遗产就丢失了一段历史物证”“工业遗产保护利用能够为当代中国工业和社会经济的发展提供历史借鉴”，还有接近50％的被调查者认为“工业遗产保护利用能够带动旅游开发，促进地区经济发展”“工业遗产保护利用能够增强民众的历史认同感，为专业研究、城市规划提供生动资料”。也就是说，大多数人不论从哪一角度出发，均能从积极层面认识保护工业遗产的意义。

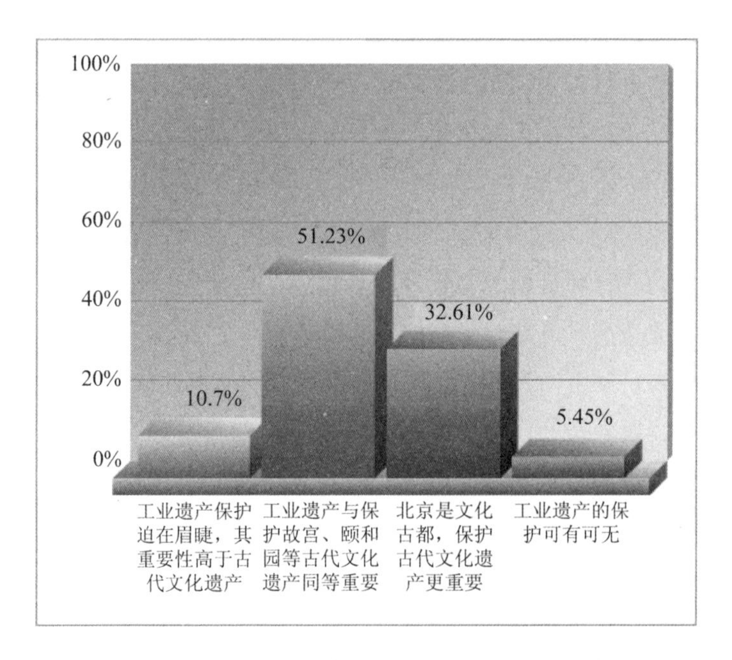

图 5-4　工业遗产与古代文化遗产相比的重要性

表 5-8　工业遗产存在的意义

选项	小计	比例
工业遗产是近代工业社会的表征，缺了工业遗产就丢失了一段历史物证	590	60.64%
工业遗产保护利用能够为当代中国工业和社会经济的发展提供历史借鉴	597	61.36%
工业遗产保护利用能够带动旅游开发，促进地区经济发展	468	48.1%
工业遗产保护利用能够增强民众的历史认同感，为专业研究、城市规划提供生动资料	461	47.38%
本题有效填写人次	973	

从调查比例看，虽然看重工业遗产的历史物证、历史借鉴作用的人占绝大多数，高于看重工业遗产经济价值的被调查者，但是，对于工业遗产保护模式，大多数人更重视的却是工业遗产的保护性开发。调查显示，59.63%的被调查者赞成工业遗产的保护原则是“保护与开发相协调，因地制宜可持续地进行改造”，高于赞成“以保护为主，力求保持遗址原貌，保护重于开发”的被调查者30个百分点，高于赞成“以利用为主，为经济效益

为中心，利用高于保护”被调查者48个百分点。可见，对于工业遗产的单纯性保护或者大拆大建式的完全改造，大多数被调查者都不取赞成态度。关于这一点，还可以从被调查者对现有工业遗产利用模式的态度中清楚的看出来(见表5-9)，人们显然对于原东郊机械工业区改为CBD的利用模式不感兴趣，对于北京手表厂改造为双安商场的利用模式感兴趣的人数也明显低于其他几个保护与开发相协调、力求保持工业遗产的外形与文化内涵的工业遗产。

表5-9　您认可哪种工业遗产利用模式

选项	小计	比例
建成博物馆，供大家参观，如正阳门火车站	562	57.76%
建成主题公园，提升旅游业，如首钢密云铁矿	555	57.04%
继续发挥作用，让大家近距离感知历史，如西直门火车站	521	53.55%
利用其建筑，改变内部搞商业开发，如北京手表厂改造为双安商场	249	25.59%
利用其建筑，搞创意产业，如原798厂改为创意产业园	558	57.35%
完全拆除旧有建筑，进行房地产开发，如原东郊机械工业区改为CBD	72	7.4%
本题有效填写人次	973	

另外，从被调查者曾经参观的北京工业遗产中也可以看出来这种倾向。调查显示，在参观过一处以上遗址的全部被调查者中，有140人去过798创意产业园，43人去过首钢石景山厂区，42人去过前门火车站，12人去过电报大楼，两人次以上去过的工业遗产区有北京维尼纶厂遗址、西直门火车站旧址、龙徽葡萄酒厂博物馆等。上述遗址除电报大楼仍然保持原样原功能外，其余均在保护的基础上有所开发，或者是为遗址注入了现代因素，或者是建成了博物馆供市民游览学习。

为什么人们更喜欢工业遗产的保护性利用功能，而不是像对待古代文化遗产一样，注意其原貌的保持，奉行保护至上的原则呢？这显然与工业遗产的性质有关。工业遗产是近代资本主义机器工业发展的产物，而资本主义经济奉行的是效率至上、利润第一的原则，因此其建筑工艺等均从工业生产的需要出发，也就是从实用出发。在资本主义近代工业发展早期，工厂主甚至不惜以损害工人健康为代价，尽量减少固定资本的投入。在这种原则指导下，工业生产活动的建筑厂房、生产劳动使用的机器等物一般不太注重其外表的艺术性，少了古代建筑的雕琢和修饰，其外形与古代文化遗产有着鲜明的区别。与古代文化遗产相比，其外表显得比较呆板，千篇一律，缺乏生气。从内涵讲，工业遗产的科技信息、文化信息虽然更丰富、更深刻一些，但是其理解难度也更大一些，不太容易被文化水平、科技水平有限的普通民众搞懂乃至接受。这些因素的存在，导致了工业遗产与民众之间的距离，如果仅仅局限于原汁原味的工业遗产的保护，则必然导致公众的兴味索然，反而会加大公众和工业遗产之间的距离，从而不利于工业遗产的保护。如果在工业遗产的保护过程中，为工业遗产加入一些现代因素、特别是一些易于为公众接受、并喜闻乐见的文化因素，使其更具灵动性、可视性和教育性的话，则更容易被公众接受甚至喜爱，访谈中的深度调查也证明了这一点。一位接受我们的访谈，也去过 798 工厂等工业遗产景点的大学生表示，“其他文化遗产能够在直观上给人心理以感触，工业遗产相对来讲更为沉闷，色彩并不那么明丽。”一位接受访谈的退休女工则说：“我更喜欢文物古迹之类的，一般说文化遗产不就是古迹什么的嘛。工业遗产，没太多感觉。”上述两位受访者均从外表的亮丽与否评论文化遗产给感官的刺激，工业遗产沉闷的外表显然不能激发他们的兴趣。一位接受访谈的处级干部说：“更喜欢自然遗产。更喜欢自然遗产的独特珍奇秀美。”显然，他话中隐含的就是与自然遗产相比，工业遗产没有那么秀美。一位接受访谈的中年民警说：“我还是更喜欢文物古迹之类的文化遗产吧，毕竟历史更悠久，更有美感。”显然，人们在外出旅游或者参观时还是更喜欢光顾带给人鲜明美感的事物，与古代文化遗产、自然遗产等相比，工业遗产的这种美感相对较少，因而缺乏足够的吸引力。如果能赋予工业遗产更多的色彩、灵动性、鉴赏性和生活性，则能弥补工业遗产的不足。这就是为什么人们那么喜欢 798 创意产业园区的重要原因。一位接受访谈的研究生说：“更喜欢工业遗产。感觉文化遗产比较古板，一成不变，可以作为放松的地方，但是不够有趣。工业遗产更贴近现代生活，而且结合了近代和现代的东西，感觉有意思有新意。”这段话则从另一方面表明了工业遗产的利用模式对于调动公众感官的重要性，以及对于工业遗产利用模式的倾向性的原因。

二、从调查结果看问题与今后应当实施的对策

既然工业遗产对于社会经济文化发展有这么重要的意义，也得到了大多数北京公众的认可。那么，在北京居民的眼里，北京工业遗产的保护工作做得怎样呢？调查显示(见图 5-5)，只有 3.61%的北京公众认为保护状况“非常好”，加上“比较好”的也不到三分之一。相反，认为工作“一般”的占了将近一半，认为“不好”的也有将近 7%。这表明，仅仅在北京居民的认知上，北京工业遗产的保护也并不尽如人意。而认知的获得必定与见闻与实践有关，个别访谈也证实了这一点。一位京籍的大学生在接受访谈时说：“因为父母以前是首钢的职工，所以对于首钢有种特殊的感情，但是感觉首钢保护得特别不好，我和爸爸当时去的时候，在门口就被拦下了，保安说只能凭工作证进去，后来我们是坐公交车直接到达厂区。厂区特别大，但是都没有人，接待游客的问讯处全是关闭的。厂区有设置指示路牌，感觉是要开发成为对外开放的景区，但是不知道为什么我去的时候里面的展板也是黑的，也没有接待人员……当时感觉很不好。希望他们能开发得好一些。”正是首钢保护的差强人意，导致了这名大学生对文化遗产态度的倾向性，当问到“工业遗产与其他文化遗产相比，你更喜欢哪种遗产？为什么？”时，她表示“我更喜欢文化古迹。主要是首钢参观令我太失望了。”显然，工业遗产的保护不利导致部分公众失去了对工业遗产的兴趣。

工业遗产保护乏力的原因究竟何在？

第一，在被调查者的眼里，这与资金投入的不足有关。调查显示，绝大多数公众赞成工业遗产保护投入不足，“非常赞同”“赞同”相加超过了一半，再加上比较赞同的则已占了将近 80%。“不赞同”仅为 4.74%，不足 5%。另有将近 16%的公众不清楚(见图 5-6)。这又是工业遗产的保护不力的另一曲折反映，如果宣传到位，保护到位，则不会有这么多的公众对此不清楚。

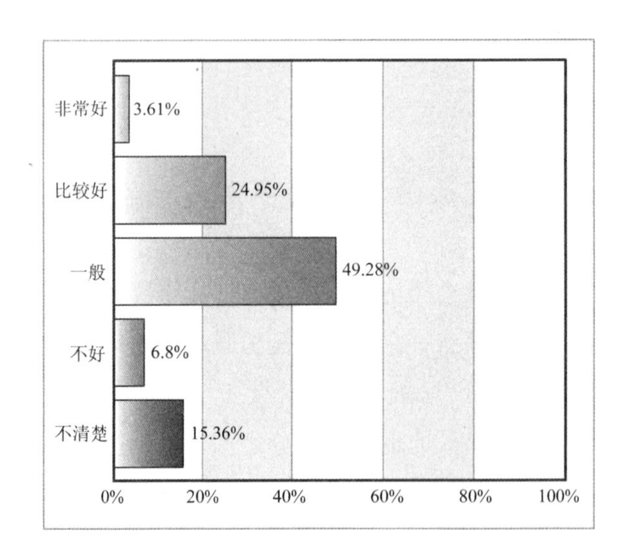

图 5-5　你觉得北京工业遗产的保护状况怎样

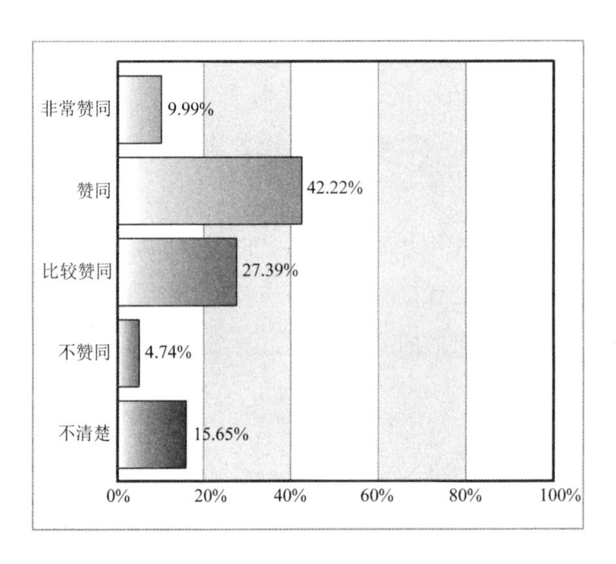

图 5-6　北京工业遗产重视程度和资金投入不足

第二，工业遗产保护与管理方的工作有关系。被调查者认为工业遗产保护利用不力的责任首先在于政府和企业，认为二者没有很好履行职责的北京居民都超过了 60%(见图 5-7)，占了大多数，认为是工业遗产所有者不清楚其价值的也将近一半，这实际上也是一个管理责任问题。另外，认为宣传教育不够的被调查者也超过了一半。

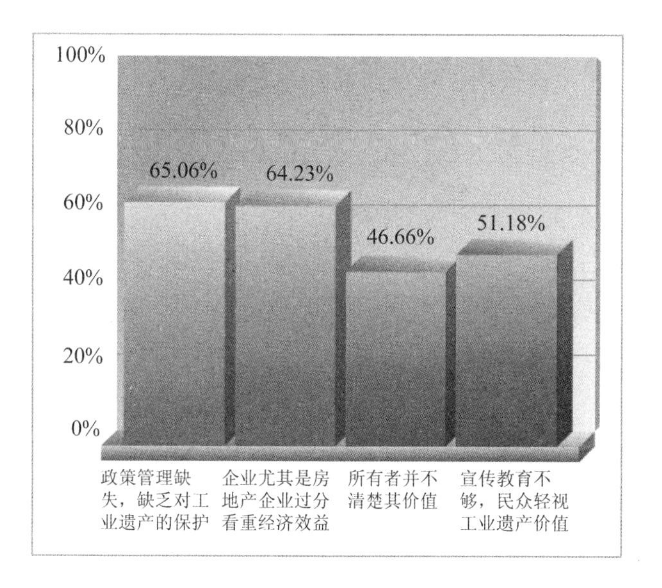

图 5-7 工业遗产遭到破坏的原因

那么，究竟怎么才能更好地保护工业遗产？被调查者认为加大资金投入是重要的，在这方面，大多数北京公众认为政府首先应当担负起主要责任(见图 5-8)，另外工业遗产的所有者、社会投资者、利用开发方均应担起相应的保护责任。随着社会慈善事业和非营利性社会事业的发展和实力的壮大，还有少部分公众认为这类组织也应参与到工业遗产的保护中来。

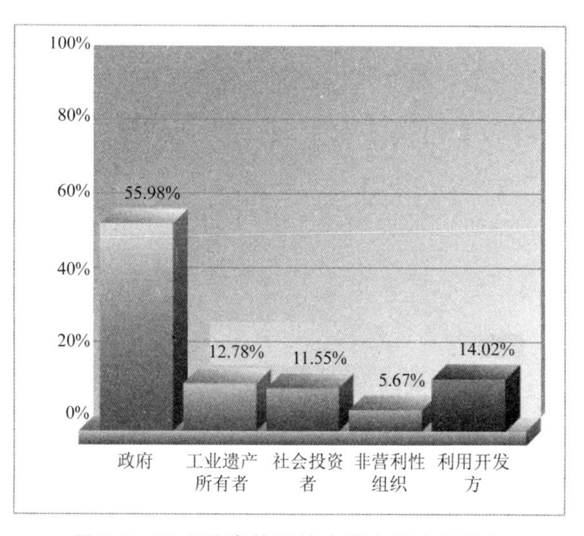

图 5-8 工业遗产的保护应当由哪方面投入

在加强管理方面，参与调查的北京居民认为，政府，特别是地方政府，应当在保护本地区的工业遗产方面发挥主要作用(见表5-10)。

表5-10 下列工业遗产保护要素中最重要的

选项	小计	比例
中央政府统筹管理	541	55.6%
地方政府的高度重视	705	72.46%
民间组织的积极推动	344	35.35%
民众的广泛参与	459	47.17%
国际组织的支持	114	11.72%
各领域专家的建言献策	252	25.9%
本题有效填写人次	973	

值得重视的是，参与调查的北京居民中有将近一半的人认为，民众的广泛参与是保护工业遗产的重要途径，再加上赞成民间组织参与的被调查者，则已经有高达80%的公众认为自身有保护工业遗产的责任和义务。也就是说，在政府加大投入和加强管理的同时，还要调动公众的积极性，要发挥政府和公众的两个积极性，才能更好地推进工业遗产保护工作。另一调查发问也证实了这一点，在回答“你愿意参与工业遗产保护的有关活动吗?”时，有14.73%的被调查者表示“非常愿意”，57.78%被调查者表示“比较愿意”，两者相加已经达到70%以上，只有1.96%的被调查者明确表示“不愿意”，为极少数，另有13.9%的人表示“不太愿意”，两者相加刚好超过15%，还有11.64%的被调查者表示“无所谓”，也就是说，这部分人对工业遗产保护并不热心，但是也不反对，如果动员得当还是可以加入工业遗产保护的行列中来。

公众一般愿意以什么样的方式参与工业遗产保护呢？调查显示(见图5-9)，有54.88%的被调查者愿意作为志愿者参与保护与宣传，43.78%的公众乐意以参观工业遗产的方式参与工业遗产保护，还有31.04%的公众乐意以参加工业旅游的方式参与工业遗产保护，而参与建言献策的比例均不超过30%。这表明北京居民更愿意以寓教于乐的方式，在轻松的活动中完成对工业遗产的保护，从而实现自己参与工业遗产保护的愿望。在乐意以参观的方式参与工业遗产保护的北京公众中，学生的比例最高，达50.51％，超过了总比例，其次是公司职员和管理人员，为43.86％，公务员为42.11％，与总比例基本持平，其余人群的比例均不超过40％。愿意以参加工业旅游的方式参与工业遗产保护的主要是私营业主群体，为38.46％，高于总比例，其次是公务员和离退休人员，分别为35.09％和33.33％，其余群体均不及总比例。而乐意向政府建言献策的人群中，教师和科技人员、公务员等知识群体的热情更高。上述倾向性表明，不同的人群对于不同的保护方式有自身的偏好，学生群体更乐意参观以增加知识、开阔眼界，但他们财力有限，旅游对于他们更多受到经济条件的限制。而私营业主和公务员则财力雄厚，离退休人员则有大量富裕的时间，这两类人员属于有钱或者有闲人员，旅游对于他们来讲则更具吸引力。教师和科技人员以及公务员则知识水平相对较高，参与意见的热情和能力相对更高，因此更乐意以建言献策的方式参与到工业遗产的保护中来。

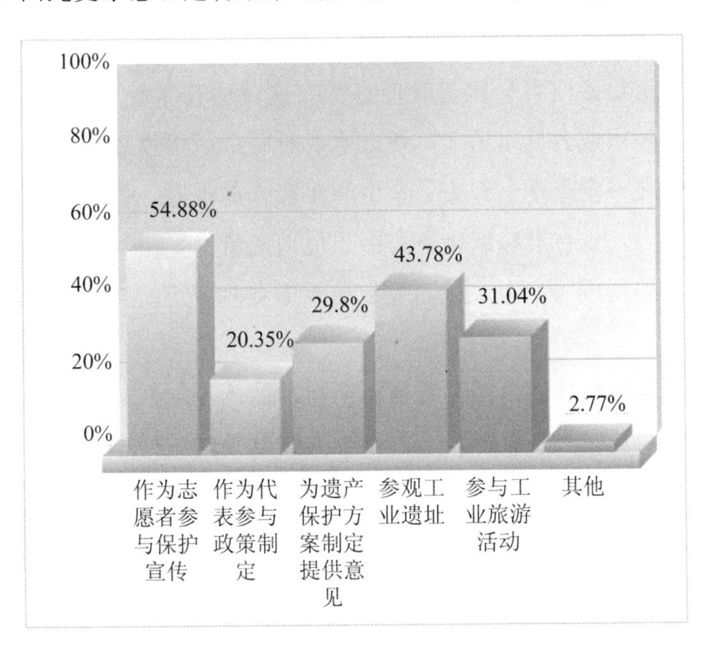

图 5-9　公众参与工业遗产保护的方式

特别值得注意的是，有一半以上的公众愿意奉献自己的时间和精力以无偿志愿的方式参与工业遗产保护。如果进一步分析，这部分人中多数是年轻人和学生，其比例高达65.03％，其次是公务员和下岗失业人员，为57.89％和52.27％，其余人群均不足50％。最低的是私营业主，仅为30.77％。从年龄分析也证实了这一点，28岁以下的被调查者愿意做志愿者的高达63％，其次是51～60岁的人群，也勉强达到一半，其余年龄段的人群均不足50％。而28岁以下的人群显然以学生居多，除了大学生、中学生外，博士研究生按期毕业的年龄正好是28岁，也就是说，学生和近年从校园走向社会的年轻人群体的倾向性支撑了总人群对于志愿者行为偏好的高比例。

这种情况的出现并不奇怪，这与近年来志愿者活动的广泛开展，特别是在学生中广泛开展有重要关系。即使是没有注册志愿者的学生或者年轻人，他们在学校就学期间，一般也都参与过志愿者的活动，有相关的经历和经验，对志愿者活动并不陌生。调查证实了这一点，初中以下文化程度的被调查者乐意参与志愿者活动的比例为40.01％，高中文化的为54.47％，本科文化程度的为58.05％，本科以上的最高，为61.54％，明显地呈随学历提高而百分比提升的态势。这说明在学校学习的时间越长，则志愿者的经历或者见闻越多，对志愿者行动的认可度就越高。而志愿者活动，不但在一定程度上开拓了学生和年轻人的视野，历练了他们应对社会工作的能力，也在潜移默化中陶冶了他们的情操，培养了他们的奉献精神。这种精神的养成，正是他们热衷于工业保护的志愿者活动的思想基础。

志愿者奉献精神的内核无疑是雷锋精神的体现，但是在表现形式上又不同于雷锋精神。志愿者行动不再是个人默默无闻做好事而不留名，不再是思想明确的随时行动，而是大张旗鼓的群体行为，是有明确目的性的计划行为。志愿者活动的这种特性一方面可以使得参与者克服在公众面前行事的羞怯感，以群体行为的力量阻挡恶意的流言，还有利于需要大量人员帮扶的大规模奉献行动。正是志愿者行动的这种特性适应了尚未得到世事锻炼又从小在学雷锋教育下形成的对做好事的渴望，从而赢得了青年学生的欢迎，并且一旦出现就很快得到响应和普及。从工业遗产的保护利用看，志愿者行动正好适应了工业遗产的保护利用需要大量人员参与的需求。北京师范大学历史学院自2008年起与北京恭王府博物馆合作，开展志愿讲解活动，在历史学院的组织下，由学生利用专业特长志愿讲解，为广大游客服务。这项活动克服了恭王府开园以来讲解员匮乏的困难，满足了游客的需要，还提升了讲解质量。北师大历史学院讲解队的高质量服务，多次受到上级单位的嘉奖，被评为优秀志愿服务队。北京工业遗产的保护完全可以借鉴类似志愿者活动的成功经验，唤起广大北京居民特别是青年学生的热情与意愿，以志愿者服务的形式组织公众参与到工业遗产的各项保护工作中去。

需要特别注意的是，在被调查者中存在一个待唤起的群体。这个群体的比例不算太大，约占全部被调查者的15%～20%，但也不算小，不可小觑。调查显示，在各种反映被调查者态度的问题中，都有一个态度十分消极的群体，他们对文化遗产保护持“不了解”“不关心”的态度，合计占14.62%；对于工业遗产在当今社会的价值，他们认为“没价值”或者“不关心”，合计占6.8%，如果再加上认为“价值较低”的被调查者，则已高达23.07%；关于工业遗产和自己的生活关系，他们认为“不太紧密”或“没有任何关系”，合计为26.51%；对于工业遗产保护的必要性问题，他们认为“不必要”“无所谓”，合计为5.8%，再加上认为“不太必要”的则为19.38%；对于是否关注工业遗产保护的问题，他们持“不关注”或“无所谓”的态度，为16.25%。

这个群体究竟来自何方？交叉分析调查显示，对上述几个问题持消极态度排在前三位的分别是：自由职业者、工人和学生；自由职业者、工人和下岗失业人员；私营业主、进城务工人员和学生；进城务工人员、自由职业者和工人；下岗失业人员、私营业主和自由职业者。上述消极群体的前三位均不包括公务员、教师和科技人员、公司职员和管理人员以及离退休人员。从受教育的程度看，对于工业遗产保护的必要性问题、是否关注工业遗产保护等问题，消极人群的比例明显地随文化程度上升而下降。显然，消极人群中除了学生是因为尚在学习，仍需要加强教育外，其余人群均属于远离社会集体公众生活，较少接受现代文化教育以及文化水平较低的人群。正是上述要素的缺失，使得他们认识上有所局限，较少关心社会发展，对于集体、社会、民族和国家的利益较少关切。加强对他们的教育，提升他们的文化水平和思想水平，使他们也加入保护工业遗产的行列中来，或者使他们认识工业遗产的价值，是今后相关教育工作的重点。实际上，北京居民也已认识到了这个问题，上面显示的调查结果已经表明，有超过一半的被调查者认为工业遗产的破坏与宣传教育不够有关，这其中包括“所有者并不清楚其价值”，这实际上也属于宣传教育不到位产生的问题，如果再加上这部分被调查者，则被调查者中的绝大多数均看重宣传教育对于工业遗产保护利用工作的重要作用。

怎样开展宣传教育更能取得好的效果？调查显示(见图 5-10)，超过一半的被调查者是通过电视等新闻媒体获得有关工业遗产信息的，其次是网络空间占 40%以上，随后是书报杂志和听人所说，为三成以上。至于政府机构和志愿者的作用则不甚明显。也就是说，在宣传教育问题上，新闻媒体等大众喜闻乐见的媒介的作用更明显，效果也更好。

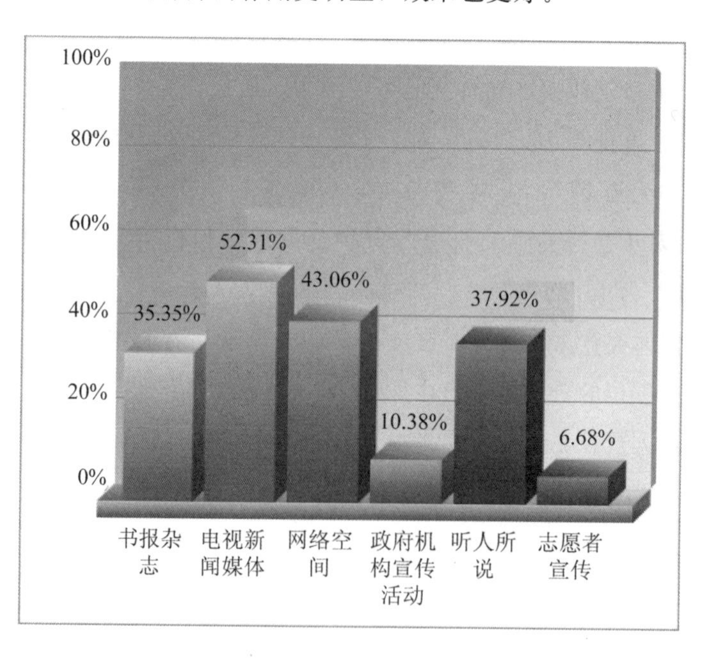

图 5-10　您通过何种渠道了解工业遗产

电视等新闻媒体宣传教育手段，是绝大部分民众日常频繁接触的途径，其表现形式生动、形象，视觉冲击力大，无论文化水平高还是文化水平低的人都能通过接触得到一定的收获。网络空间则是年轻人最喜爱信息渠道，网络宣传在年轻人中间有着重要的影响力，在强化年轻人了解工业遗产的宣传教育方面，开发网络的作用十分重要。至于书报杂志等传统平面媒体则是老年人、知识分子等群体喜爱的获取新知的途径，出版一些通俗易懂、大众喜闻乐见的图书杂志亦能取得良好的效果。最关键的是如何使那些相对消极的群体受到教育，在目前的管理体制下，除了新闻媒体加强宣传外，政府应当在其中发挥主要作用。因为媒体的作用是愿者上钩，如果自由职业者、私营业主、进城务工人员、离退休人员不看或者不乐意看，媒体宣传得再多，也是无效的。政府、社区可以采取多种形式组织这些人学习相关知识，比如组织工业遗产的参观，请志愿者做讲座等，均能收到相比媒体宣传并不逊色的效果。对于数量庞大的学生，则可以采用参观工业遗产这种形象生动、适应学生思维水平的方式展开，还可以结合中学教学的内容将工业遗产的教育纳入相关课程中，可以在乡土教材、校本教材等计划中纳入相关内容，也可以在课程标准中纳入相关内容，使工业遗产的教学改变各自为战的状况，形成规制的教学，提升教育效果。另外，对于工业遗产的所有者、相关企业等，政府也应加强宣传教育，并将保护工作纳入法制轨道，约束其行为，使工业遗产的保护深入人心，并且避免新的破坏发生，不再产生新的遗憾。

三、北京公众对老北京银行街认知情况的调查

在第一章的理论阐述中，笔者已经论证了工业遗产的整体性问题。我们认为，工业生产的运行不是孤芳自赏式的孤独存在，也不是世外桃源式的与世隔绝，任何一个企业乃至一个行业的生存与发展，都需要其他企业和行业的同步发展，需要交通运输、电力通信、原材料供应、矿山开采、燃料供应、资金供应等行业的同步进步，需要整个社会经济的进步与发展。这正是工业社会的突出特点，也是工业社会区别于农业生产的鲜明特征。因此，对于工业遗产的研究与保护就必须考虑其整体性，如果只单独研究保护工业遗产中的一部分，将不能对工业遗产有全面的正确认识，都

会使工业遗产失去其丰富的内涵，失去其具有强烈张力的外延。其次，这种工业遗产的整体性不但应当包括工业生产方方面面的关联，如行业之间的相互联系和联动，不但应当包括工厂内部的相互联系，如仓库、运输工具和运输道路以及工人食堂、休息场地、女工哺乳室、卫生洗浴设备等，还应当包括为大工业机器生产提供各种保障的外部环节，如市场铺垫和为工业生产提供巨额资金保障的现代金融机构——银行。

前文已提及，近代机器工业生产规模庞大，无论是企业的创建还是企业平时的运转，都需要数额巨大的资金支持。这样巨大的资金规模绝非小生产条件下一家一户或者几个商户合伙经营的资金就能解决的，也非传统的旧式金融机构——譬如中国的钱庄和票号、西方的中世纪银行[①]所能解决的，必须要有能够提供巨额资金支持的现代金融机构。适应大生产的这种需要，为现代机器大生产和市场经济服务的现代金融机构——现代银行就诞生了。从工业遗产保护的角度看，现代银行不仅是工业生产得以运转的重要保障，也是现代机器工业发生发展成果的重要组成。如银行建筑本身就是现代机器工业的产物，如图 5-11 的民国时期的大陆银行大楼，即是典型的民国建筑，其高度、坚固度和复杂构造，绝非手工业生产所能做到。因此，调查和保护近现代银行遗址，对于研究近现代工业的发展，特别是近现代建筑工业的发展，进而对工业遗产的研究和保护都意义重大。但是，与工业遗产相比，近现代银行遗产的调查和保护的知名度更低，研究工作更加落后，甚至到了至今尚无人关注程度。因此，加强对近代金融业遗产的研究同样是工业遗产研究和保护的重要组成部分。

本章所研究的老北京银行街，位于北京的市中心，在西交民巷及其南部地区。从地理位置看，这条街南临前门大栅栏商业中心，北靠权力中心皇家紫禁城，东面是晚清和民国时期的外交中心——东交民巷，处于近现代北京乃至全国的政治中心。由于地理位置的优越，明代以来，这里就是北京的商业和金融业中心，曾经云集了大量商铺以及旧式金融机构——银

① ［德］汉斯·豪斯威尔：《近代经济史》，180 页，北京，商务印书馆，1987。

图 5-11 位于今西交民巷东口的原大陆银行大楼，现为中国银行使用

号①、炉房②等。清末，新式银行业产生后，受到前门地区发达商业的吸引，便有大批近代银行在这里落脚，主要聚集在西交民巷及其南部的西河沿地区。在鼎盛时期，这里曾经聚集了二三十家银行，形成了北京地区的银行街。西交民巷乃至前门地区很快成为北京的金融中心，对近现代全国的金融业、工商业都产生过重要影响。至今，这里仍保存着大量银行业的历史遗存。可以说，这条街巷见证了近代北京的历史变迁、工业发展和经济进步，是北京悠久历史文化的见证，是北京文化传统中少见的金融业遗产。

但是，由于北京历史悠久，特别是有着辉煌的古代历史，人们更加重视的是古代历史遗存和文化遗产，加上现代化建设的加速和城市急剧扩容带来的空间需要，如今北京对现存历史文化建筑的保护几乎只着眼于古代传统建筑，对民国时期的建筑，尤其是融合了中西风格的近代建筑的保护甚少。而作为北京现存为数不多的近代建筑群并拥有丰富金融业遗产价值

① 钱庄的北方称呼。

② 民间锻铸银两的机构，也兼办存贷款业务，清后期还具备了北京地区公估局的职能。

的老北京银行街，竟没有被纳入《北京旧城历史文化保护区和控制范围规划》①，反而任其受到新时代风格的建筑和城市拆迁的冲击，不断遭到蚕食和破坏。

2005年，笔者在西交民巷考察，发现虽然银行街鼎盛时期的清中央银行——大清户部银行只剩下了几间房屋和西式大门，取义"永久坚固"的民国时期著名的金城银行②也早已泯没在城市的不断变迁和重构之中，但街区中的其余部分还保存相对完好，比较完整地保持着民国时期的面貌。街上民国时期的银行、店铺建筑依然矗立，虽然有些店铺已经成了民居，有些也改建成办公用房或者博物馆，但是建筑面貌、建筑格局没有改变，有些店铺的门楣上还依稀可见原来的商铺字号。但是，当2012年笔者再次来到西交民巷时，其状况令人大吃一惊，其面貌已经与2005年的情况大相径庭，一座新的仿民国建筑拔地而起，原先的银行街除自大陆银行至中央银行段保存相对完好外，其余建筑均已破坏殆尽，只有盐业银行、农工银行、交通银行、中华汇业银行等几个银行建筑孤零零地呆立在街边，周边的街市及各种店铺建筑早已不见踪影。随着周边环境的改变，现存的银行建筑已经失去了当年的风采，孤独地伫立在一片现代建筑的喧嚣中。虽然从这些银行旧址中仍然依稀可窥银行业在近代中国发展的迹象，但已无法重现完整的历史场景。目睹此景，心中如有刺痛阵阵袭来，环顾四周，形单影只，只能仰天长叹，痛感自己能力之渺小，惋惜之余慨叹历史遗存的悲惨命运。

再次走在西交民巷的街上，目睹大清银行③只有残存在门口的两座清

① 北京市人民政府：《北京旧城历史文化保护区保护和控制范围规划》(京政发〔1999〕24号)，http://www.mohurd.gov.cn/zcfg/dfwj/200611/t20061101_154304.html。

② 金城银行，1917年5月成立。取"金城汤池，永久坚固之意"。其总行设于天津。额定资本200万元，实收资本50万元开业，1919年1月收足200万元。主要办理押汇业务，还在国内数十个商埠和国外的纽约、大阪等地建立了代理通汇业务。该行发展迅速，1917—1927年的10余年间，存款从404万元增至3498万元，放款(包括有价证券)由378万元增至3438万元，分支机构增至15处之多，10年纯益累积达1065万元。1935年总行迁往上海，业务重心南移。

③ 大清银行，1908年由户部银行改名而来。

代雕花石墩时，深切感受到了抢救老北京银行街的急迫性，希望对于银行街的破坏到此为止，不要再毁坏仅存的金融业遗存。为此，我们加快了研究的步伐，并展开了关于老北京银行街的民众认知调查。

(一)老北京“银行街”[①]的由来与影响

甲午战争后，中国的民族危机空前加深。日本帝国主义勒索巨额战争赔款，并要求在短期内全部偿清，本来就财政窘迫的清政府雪上加霜，财政收支面临崩溃。为了渡过难关，清统治者开始探索各种挽救财政的办法，其中之一便是期望通过设立银行来缓解危机。为此，时任中国电报总局总办、天津海关道兼天津海关监督的盛宣怀上奏云：“西人通商惠工之本，综其枢纽，皆在银行，中国亟宜仿办，毋任洋人银行专我大利”[②]，他建议清政府开设银行，并为自己设想的银行起名为中国通商银行。最终，清政府采纳了盛宣怀的建议，发布上谕令盛宣怀负责筹建中国第一家官办银行。光绪二十三年四月二十六日(1897 年 5 月 27 日)中国人自办的第一家银行——中国通商银行[③]在上海宣告成立。尽管该行总行并不在北京，却如一花报春，引来了百花绽放。通商银行成立后，各地陆续出现了一些银行，其中很多落户老北京银行街内，其中以户部银行、交通银行[④]为代表。户部银行由清政府筹资，于 1905 年 8 月创办，是清政府的中央银行，有铸币、经理国库和整理市场的权力，并由负责中央财政的户部管理。

---

① 后文“银行街”皆指老北京银行街。

② 盛宣怀：《自强大计折·附片二件》，见《皇朝经世文新编·卷一(中)》，85 页，台北，文海出版社，1972。

③ 中国通商银行初名中华帝国银行，招商股 500 万元。总行设在上海，另在海口、北京、香港、广州、天津、镇江、汕头等地设立分支机构。内部制度仿照汇丰银行，华人经理之外延聘“洋大班”，加入外商银行同业公会。1935 年因滥发钞票发生挤兑，改组为官商合办银行。

④ 交通银行，1907 年邮传部奏准设立。1908 年 1 月开业。总行设于前门外西河沿，系官商合办，采用股份制办法。初定资本 500 万两，由邮传部出资 200 万两，其余招商入股，并将船舶、铁路、电报、邮政 4 局存款交其经营。辛亥革命后由北京政府接收，交通部长梁士诒任总裁。业务扩大到“掌管特别会计之金库”。1928 年 11 月，南京国民政府将其改组为“发展全国之实业银行”，并把总行迁到上海，改为董事会。1938 年总行迁重庆，抗战胜利后迁回上海。

1908年，清政府实行官制改革，户部与财政处合并，建立度支部，户部银行乃更名为大清银行，户部银行的“所有营业仍照旧办理”①，还在各地增设13个分行和35个分号②，是为清末最大的华资银行，其对社会的金融流通和金融格局变迁都有重要影响。户部银行的出现，揭开了老北京银行街的序幕。紧随户部银行之后又有交通银行的开设。交通银行也是清政府筹设的国家银行，是邮传部为筹资赎回京汉铁路路权、充分利用交通系统的资金奏请设立的。开设之后营业范围也扩大到分理国家金库、办理国外款项等业务，是中国银行业发展早期的著名大银行之一。

1912年，民国肇建，北洋政府建都北京。由于首都的地缘优势，北京的华资银行发展迅速，银行数量不断增加。老北京银行街上先后出现了金城银行、大陆银行③、北洋保商银行④、盐业银行⑤等在民国时期颇有影响的著名银行，西交民巷也由此逐渐发展成为国内主要银行的聚集地。

这个金融中心的出现对近代中国的金融格局、政治局面和民族工业发展都有重要影响。华资银行的大量涌现打破了外国银行、钱庄、票号三分天下的局面，开拓了中国金融业的新局面。进入民国后，钱庄等旧式金融组织已不能适应新的经济形势，暴露出诸多弱点。票号则江河日下，逐渐

---

① 大清银行总清理处编：《大清银行始末记》，55页，1915。

② 陆仰渊、万庆秋：《民国社会经济史》，35页，北京，中国经济出版社，1991。

③ 大陆银行，1919年3月成立。取名大陆，寓含东亚大陆之意。总行设天津，总经理处设北京。同年4月设立北京分行。创办时军阀、官僚的私人投资居多。其业务以抵押放款及汇兑为主，曾委托中国、上海、浙江实业等银行代理汇兑，后又与多家外国银行订约委托代理国外汇兑业务。从创立到抗战全面爆发之前，是大陆银行快速发展时期，不仅完成了股份的扩充和分支机构的创建，而且成功地拓展了业务。

④ 北洋保商银行成立于1910年，由德国和法国东方汇理银行与中国合办的，起初的目的是要中国政府偿还应付的欠债。1919年完成目标之后改组为普通的商业银行，在西交民巷东段重建新楼。除经营普通放款外，添办农村放款。1928年7月停业。

⑤ 盐业银行，1914年10月由北京政府筹办。1915年3月开业，初集股本500万元，1923年增资为1000万元。经营商业银行业务及储蓄业务。总行设北京，在天津、上海、汉口、香港等地设分行。1922年与金城、大陆、中南银行合并组成“四行准备库”和“四行储蓄会”。1935年总行迁上海。1952年12月，与其他行庄合并成统一的公私合营银行。在香港的分支机构于1981年调整，成为我国从事国际金融业务的商业银行，总管理处设在北京。

退出历史舞台。这些形势的变化都给新式银行带来了不可多得的发展机遇。其次，由于中国民族工业较晚清有所进步，发展步幅较大，中国近代化经济的份额不断增大。国内生产总值也已经扭转了鸦片战争后的下降颓势，开始了回升，到了民国初年，国内生产总值已经从1890年的212.83亿元上升到1913年的250.19亿元①。工业的发展和经济总量的增长，必然要求资金的支持，要求银行业的发展。具体到北京地区，进入民国后社会经济有所发展，工业生产不断提升，特别是在第一次世界大战以及其后的抵制外货运动中，民族工业产品的市场扩大，获得了更好的发展机遇。这种发展，通过本书第三章的“工业考古”可以清晰地展现，不少著名企业都是这一时期建立的，比如北京双合盛啤酒厂、石景山发电厂、龙关铁矿股份有限公司等。北京工业的这种发展，必然要求银行业的相应发展，也会对银行业的发展产生刺激作用。

于是，继户部银行、交通银行之后，西交民巷内又出现了曾经“作为国家银行和中央银行，负有整理财政的重大使命”，被誉为“华资银行的核心”②的中国银行③；以“服务社会”为宗旨，以辅助国内经济发展，投资各种工矿建设事业为方向，主要经理押汇业务的金城银行；具有“督军银行”④特色、开辟“出租保险箱业务”⑤的大陆银行；一度被称为“小四行”⑥

① ［英］安格斯·麦迪森：《中国经济的长期表现》，伍晓鹰、马德斌译，167页，上海，上海人民出版社，2008。

② 汪敬虞：《中国近代经济史：1895—1927》，2242页，北京，人民出版社，2000。

③ 中国银行，1912年在清理、整顿并改组大清银行的基础上建立，总行设于西交民巷。负有政府赋予的整理财政的重大使命，享有代理国库、发行钞票等多种特权。其组织形式为股份有限公司，银行的正副总裁由政府任命，银行一切业务由政府监督管理。1927年，出于国内政局变动的考虑，总管理处迁往上海。

④ 因该行以直系军阀为后台，创办时军阀官僚资本占很大比重，故被称为“督军银行”。

⑤ 《北京金融史料·银行篇（四）·金城银行大陆银行盐业银行中南银行联合银行聚兴诚银行》，265页，北京，中国人民银行北京市分行自刊，1993。

⑥ “小四行”指中国通商银行、四明商业储蓄银行、中国国货银行、中国实业银行。

之一的中国实业银行①；以及北洋保商银行、中华汇业银行②、中孚银行③、北京商业银行④、盐业银行等著名华资银行。

这么多银行聚集在一起，西交民巷成了名副其实的银行街，并与天津一起构成了中国北方的银行业中心。1922年，总行设于北京的华资银行达到14家，加上在京设有分行的银行，总计22家⑤。1923年北京的银行数量更是“达到高峰57家”⑥，其中设于该街的就有50余家。可见，彼时北京的银行主要是设在西交民巷的。

但是，此一时期也是外国银行活动活跃的时期，他们的存在给华资银行的发展带来了不小的压力。例如，近代最重要的英资银行麦加利银行北京分行就设在与西交民巷遥遥相望的东交民巷，与西交民巷的往来十分便利，方便了外人利用外商银行刺探行情并保持对华商银行的高压态势。为了减轻压力，街内华资银行通过积极参与政府财政的相关业务、独立发展金融业务，尤其是在国外汇兑方面积极发展业务予以应对。例如，在海外汇兑被外商银行垄断的情况下，经过多方面努力，社会上的华侨汇款就多由中国银行经手。民办银行上海商业储蓄银行⑦、大陆银

① 中国实业银行，1919年4月正式开业。总行设天津，后迁往上海，其北京分行开设于1919年5月，地点在西交民巷老门牌36号。主要负责收受存款兼办储蓄，各种放款及贴现，国内外汇及押汇，买卖有价证券，代理保险，信托及代收付。

② 中华汇业银行，成立于1918年1月，系中日合办，是西交民巷中数量不多的非华资银行之一。其总行设于北京，其在今西交民巷56号的旧址仍存在。1928年12月，京津发生挤兑与提存风潮，其资金周转不灵，被迫清理停业。

③ 中孚银行，成立于1916年，总管理处设在天津，次年3月于前门大街开设北京分行。后分别设立了东城、西城、南城支行。1946年年末，该分行移至西交民巷老门牌4号。

④ 北京商业银行，1918年成立。总行设于北京西交民巷，曾在天津设立分行。

⑤ 子明：《吾国银行创立年与银行所在地之观察》，载《银行周报》，1922(40)。

⑥ 北京市地方志编纂委员会：《北京志·综合经济管理卷·金融志》，96页，北京，北京出版社，2001。

⑦ 上海商业储蓄银行，简称上海银行。1915年由金融、工商界人士发起创办。同年4月4日在上海成立，6月2日正式营业。1924年4月15日开设北京分行。其开办资本仅大洋10万元，经营普通商业银行业务。由于经营出色，后逐年增资，分支行数量也不断增加，1930年存款总数已达到全国民营银行之首位。1949年国民党退至台湾后，于1950年将香港分行以上海商业银行之名在香港注册，脱离本行。并于1956年在台北市正式复业，为唯一自大陆迁台复业的民营银行。

行等也都注重扩展本行在外汇业务的实力。1919 年，上海商业储蓄银行为了推广海外业务，与英、美、法、荷等国重要商埠的外国银行订立代理契约，承办海外汇兑。这些举措在一定程度上降低了外国银行对中国金融市场的控制，也在一定程度上抵制了西方资本主义列强对中国的经济渗透。

北洋政府时期，银行的信用活动日趋活跃。这主要是由于北洋政府财政极度困难，不得不靠发行公债度日，并由各银行承售发行，给银行的信用活动带来的机会。这种模式使得银行可以利用手中掌握的大量公债，“逢高抛出，逢低吸进，进行公债套利”①。而处于北京这个政治中心的银行与政府之间的关系更加紧密，有更多的靠近政府的机会，于是华资银行就利用这一机会乘势发展，“往来交易类以官家为大宗”②，从而对于这一时期政府的财政措施、经济行为乃至政治决策都产生了重要的影响。银行业的大发展还极大地促进了民族工业的发展。如金城银行在辅助民族资本主义工商业的发展方面有着卓越贡献，它倾力对久大精盐公司③和永利制碱公司④的信贷支持更是被传为业界佳话。

1927 年，国民政府形式上统一中国，随后迁都南京，中央政府各部门随之陆续南迁。国家的政治经济文化重心南移了，北京也改名北平，并失去了政治中心的地位，整个城市开始衰落。北京的银行业也随之进入了一个消退期。老北京银行街内的银行总量减少了。但即便如此，北京仍然同天津一道保有着中国北方金融中心的地位。虽然总行数量减少，银行街内银行的分支机构却大大发展了。最为突出的是大陆银行，这一时期内大陆银行北平分行共设立了 9 个办事处，是大陆银行在全国各地

① 唐传泗，黄汉民：《试论 1927 年以前的中国银行业》，见《经济史研究资料(4)》，76 页，上海，上海社会科学院出版社，1985。

② 子明：《吾国银行创立年与银行所在地之观察》，载《银行周报》，1922(40)。

③ 久大精盐公司，后名“久大盐业公司”。1914 年由范旭东创建，先后在天津塘沽设 6 个厂，生产精盐。1923 年久大投资青岛永裕盐业公司，取得承包胶澳盐田和“青盐输日”的专利。1931 年九一八事变后，在江苏大浦设分厂。抗日战争爆发后大浦厂迁至四川自贡，塘沽各厂均为日军侵占。抗战胜利后回复。

④ 永利制碱公司，后名“永利制碱厂公司”。1917 年范旭东建于天津塘沽。1922 年聘侯德榜为总工程师，生产纯碱。1934 年改名永利化学公司。

设立分支机构最多的地方①。从业务量看，根据对1935年15家北平主要华资银行的统计，在当年存款中，“北四行”②中的盐业、金城、大陆三行的北平分行存款占其全部存款的48.8%，放款占全部放款的71%③。由此可见，老北京银行街上华资银行的吸收、凝聚、融通社会资金的作用仍然很强大。

这一时期，银行街上还出现诸如中央银行④、中国农工银行⑤、河北省银行⑥、国华银行⑦、北平市银行⑧等新设的银行，给北京的银行业注入了新的活力。银行街内的中央银行北平分行在其全行的业务中占有重要

① 北京市地方志编纂委员会：《北京志·综合经济管理卷·金融志》，118页，北京，北京出版社，2001。

② 北四行，民国时盐业银行、金城银行、大陆银行、中南银行四家银行的联合体的合称。1922年该四行曾合组“四行联合营业事务所”，附设“四行准备库”。1923年又设“四行储蓄会”，联合经营储蓄业务，并逐年发展，成为全国最大的储蓄银行。

③ 北京市地方志编纂委员会：《北京志·综合经济管理卷·金融志》，98页，北京，北京出版社，2001。

④ 中央银行，1924年8月由孙中山领导的广东革命政府在广州创设。1928年10月5日，国民政府正式颁布《中央银行条例》20条，明确规定其为“国家银行”。1931年在西交民巷东段建立中央银行北平办事处，即老门牌30号。1935年升为二等分行。抗战期间银行内迁。抗战胜利后，北平分行在原址东邻北洋保商银行旧址重新开业，并升为一等分行。

⑤ 中国农工银行，前身是成立于1918年初的大宛农工银行，于1927年改组。总管理处设于西交民巷老门牌89号。后来该行先后设置了东城、南城、西城3个办事处，主要经营存款和汇兑。在西郊温泉设立的寄庄，主要办理田亩、房屋及其他农作物抵押放款，各种活期放款、汇兑及兑换钞票等。还在西直门车站附近设立仓库，办理粮食押款，并代兑该行钞票。

⑥ 河北省银行的前身是直隶省银行，1929年3月筹设，总行设北平。1930年，总行移至天津，北平行改为分行。抗战期间，北平分行和天津总行被日伪劫夺。抗战胜利后，北平分行于西交民巷1号(老门牌)恢复营业。复业后的北平分行除主营存、放、汇业务及买卖证券外，同时办理承兑、代付、代收、托收等附属业务，兼营黄金、棉纱、粮食等其他业务。

⑦ 国华银行，私营商业银行。1928年1月设立，总行设在上海，1935年8月于西交民巷内设立北京分行，专营个人大户、机关往来和证券买卖，后来逐渐将营业范围推进到工商业方面。

⑧ 北平市银行，1928年开办。1936年设立前门大街行址，资本总额为法币50万元，由市财政一次拨足。经营工商业放款、不动产抵押放款、代理市金库。抗战胜利后在西交民巷44号伪冀东银行旧址上复业。1946年改组为官商合办股份有限公司。

的地位，承担着军饷和政费的来往、金属货币和外币市场的管理、行业督导、检查黑钱庄、经收各行庄存款准备金①、为地方筹措临时急需资金和协调各金融机构、处理有关事项等重要职责②。素以“接济农工”为宗旨的中国农工银行，在促进社会经济特别是促进农工业的发展方面作用显著，其北平分行的经理曾说道：“二十年来兢业自持，一面须辅助农工事业，惟放农工各款系属长期低利，一面须巩固本行基础。”③该行秉持其“谋庶民金融之根本巩固”④的建行宗旨，积极扶助农工。银行业对农工业的大力扶持，反过来有力地促进了银行业务的发达，对社会经济贡献出较大的力量。

这一时期的新设银行不仅给老北京银行街带来了新生，还稳固了北京作为北方金融中心、经济要地的地位。直到20世纪40年代末，老北京银行街上还存有一定数量的银行。据《北平市银行商业同业工会会员册》记载，北平市银行商业同业公会中共有28家银行⑤。可见，当时老北京银行街仍然是北京银行业的中心，对于社会经济的良好运转有重要作用，承担着重要的社会责任。

中华人民共和国成立后，中国人民银行⑥由解放区进驻前大清银行旧址，从此老北京银行街进入了一个新的发展时期。根据最初的规定，中国人民银行纳入国务院直属单位行列，赋予其中央银行的职能，“控制货币

---

① 北京市地方志编纂委员会：《北京志·综合经济管理卷·金融志》，122页，北京，北京出版社，2001。

② 俞丹榴：《北平分行成立以来之概况》，载《中央银行月报》，1948(10)。

③ 《中国农工银行20年之历史——平行经理吕志琴在该行成立20周年纪念会上的讲话》，见《北京金融史料·银行篇(三)·中国农工银行史料》，45页，北京，中国人民银行北京市分行自刊，1993。

④ 熊国清：《农工银行与中国国民经济》，载《中大季刊》，1927(4)。

⑤ 徐俊德：《1947年北平市工商业概况调查》，载《北京档案史料》，2000(1)。

⑥ 1948年11月22日，华北人民政府发布命令，北海银行、华北银行、西北银行合并，成立中国人民银行。12月1日开始发行人民币，作为华北、华东、西北三大解放区统一的流通货币。总行设在石家庄，第一任总理南汉宸。随后，除东北银行和内蒙古人民银行外，原各解放区的地方银行及分支机构一律并入中国人民银行。1949年3月成立中国人民银行北平分行。中华人民共和国成立后，成为统一的国家银行。

发行，统一金融，制止国民政府遗留的恶性通货膨胀”①，负有稳定金融市场，支持恢复经济和支持国家重建的重任。

通过梳理老北京银行街的历史轨迹可以看出，老北京银行街亲历了清末以来北京的兴衰变迁，是近代中国历史的参与者，是北京发展的见证者，同时也是北京工业发展的支撑者。它的存在就是一段历史的见证，是全面理解北京工业遗产历程和内涵的重要物质见证。保护了它就是保护了历史见证，就是对历史的尊敬，就是对艰苦奋斗的先人的尊敬。

(二)北京公众对老北京银行街认知情况的调查

1. 调查路径与方法

本调查于2012年春至2013年春进行，采用随机抽取样本发放调查问卷的方式进行，借助网络媒介随机向生活在北京地区的200名民众发放了调查问卷，最终共发放问卷200份，回收196份，回收率98%，符合社会调查统计的一般要求。回收问卷后运用SPSS和Excel等软件对其进行数据分析，并将数据分析结果转化为研究结果。

下面是收回的有效问卷的基本情况：

样本居住地分布：西城区20人，占调查总人数的10.20%；海淀区160人，占调查总人数的81.60%；朝阳区、石景山区、通州区和顺义区均为4人，各占调查总人数的2.05%。

表5-11 调查样本居住地分布

居住地	样本数(人)	百分比(%)
西城区	20	10.20
海淀区	160	81.60
朝阳区	4	2.05
石景山区	4	2.05
通州区	4	2.05
顺义区	4	2.05
合计	196	100.00

① 北京市地方志编纂委员会：《北京志·综合经济管理卷·金融志》，126页，北京，北京出版社，2001。

观察表5-11可以看出，调查样本中海淀区样本较多，其他区域样本较少，但是全体样本仍然涵盖了城区和郊区，基本涵盖了北京个地区的民众，照顾了面的典型性，有一定的代表性。

表5-12　调查样本在北京居住时间分布

居住时间	样本数(人)	百分比(%)	累积百分比(%)
1年以下	12	6.1	6.1
1年至5年	156	79.6	85.7
5年至10年	4	2.0	87.8
10年至30年	16	8.1	95.9
30年以上	8	4.1	100.0
合计	196		

观察表5-12可以看出，调查样本中在北京居住1年以下的12人，占总调查人数的6.1%；居住1年至5年的为156人，占总调查人数的79.6%；居住5年至10年的4人，占总调查人数的2.0%；居住10年至30年的16人，占总调查人数的8.1%；居住30年以上的8人，占总调查人数的4.1%。调查样本基本覆盖了在北京居住的不同年限的人员，由于北京已经是一个移民城市，这样的样本构成可以反映现在北京市民的基本认知情况。

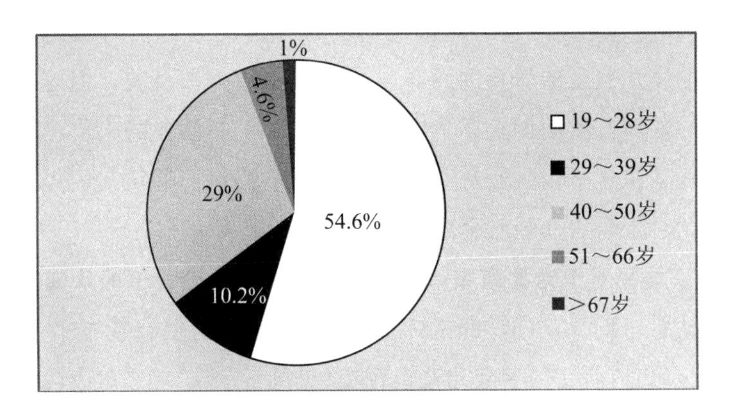

图5-12　调查对象年龄分布

观察图5-12可以看出，调查样本中19～28岁107人，占调查总人数的54.6%；29～39岁20人，占调查总数的10.2%；40～50岁58人，占调查总人数的29%；51～66岁9人，占调查总人数的4.6%；67岁及以上2人，占调查总人数的1%。总体来看，社会中最活跃的19～50岁的人群占了将近90%，老年人占了10%多一点，基本符合当前我国社会的年龄构成，能够代表和反映当今社会不同年龄段人群的看法。而且，社会中19～50岁的活跃人群是今后文化遗产保护的重要教育和宣传对象，了解他们的认知情况对于今后的文化遗产保护工作至关重要。

表5-13 调查样本的职业分布

职业	样本数(人)	百分比(%)
教育文化工作者	52	26.5
科技从业者	9	4.6
金融业从业者	25	12.8
企业家	14	7.1
学生	96	49.0
合计	196	100.0

观察上表可以看出，调查样本中教育文化工作者52人，占调查总人数的26.5%；科技从业者9人，占调查总人数的4.6%；金融业从业者25人，占调查总人数的12.8%；企业家占14人，占总调查人数的7.1%；学生96人，占调查总人数的49.0%。从学历角度看，大学本科及本科以上学历占总调查人数的96%，比例过高。这种情况的出现与我们所处的环境，以及学生在校受的教育因而对此类事情比较关注有关，但这也造成了调查样本的缺憾。然而调查样本中还是包含了不同职业的人群，占了一半以上，特别是包含了金融业从业者，这对于了解他们的认知、提高他们的认识水平，对于今后加强对金融业遗产的保护非常有意义。

2. 北京居民对于老北京银行街基本情况及其社会价值的认知

调查显示，约73.47%的人不知道西交民巷老银行街的存在，只有26.53%的人知道西交民巷老北京银行街(见图5-13)。在“知道西交民巷老北京银行街”的人中，学生和教育文化工作者占了63.5%，由此可知人们受教育程度和学识的提高对于文化遗产的保护确实有重要意义。

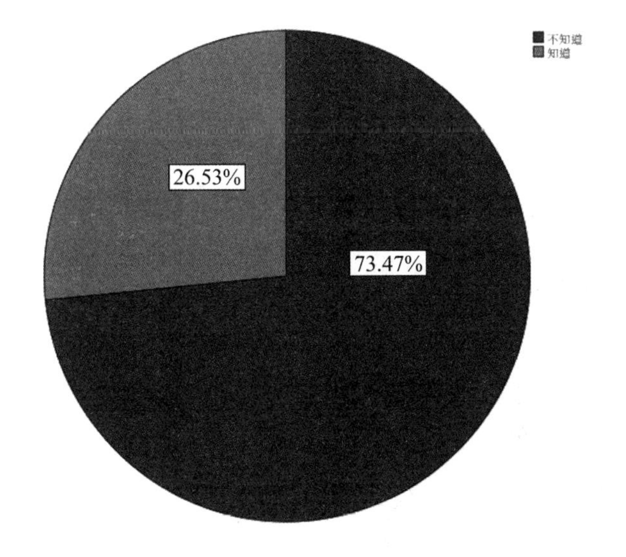

图 5-13　北京居民是否知道老北京银行街

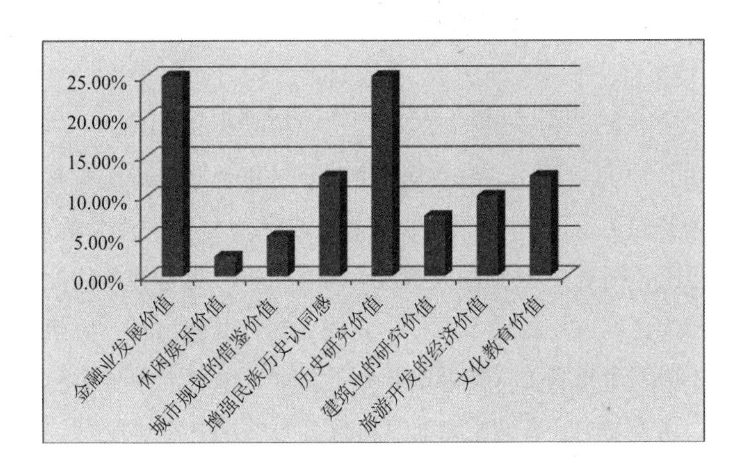

图 5-14　民众对老北京银行街价值的认知

对于老北京银行街的价值，调查显示，25％的公众赞同有金融业发展价值、25％的公众赞同有历史研究价值、12.5％的公众赞同有增强民族历史认同感的作用、12.5％的公众赞同有文化教育价值、10％的公众赞同有旅游开发的经济价值、7.5％的公众赞同有建筑业的研究价值。由此看来，北京居民主要是从实业发展和历史研究的价值肯定银行街的价值的，对于商业旅游和民国建筑的价值则肯定较少。这样的认知，与北京的旅游胜地较多，而且都很辉煌，从而遮蔽了近代遗产的光芒有关，也与公众发展实业的愿望强烈有关。

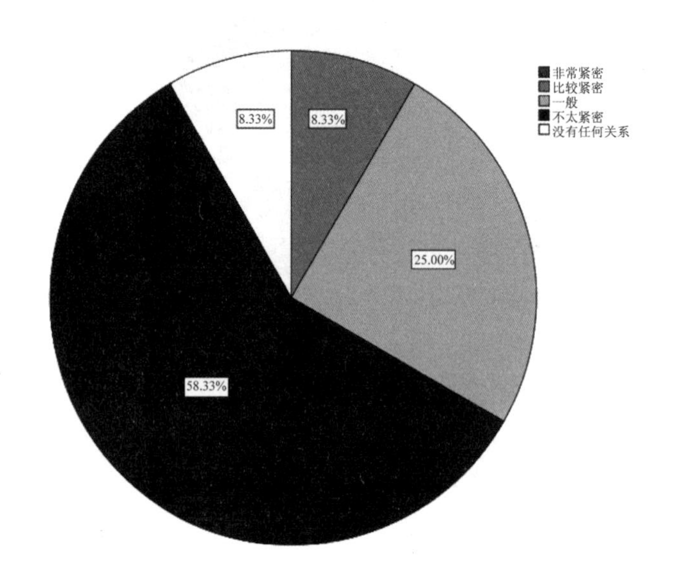

图 5-15　老北京银行街与公众生活的关系

观察图 5-15 可以看出，北京居民普遍认为老北京银行街与其生活并不存在十分紧密的关系，58.33％的被调查人群认为与其生活关系不太紧密，占了一半以上，还有 8.33％的人则认为老北京银行街与其生活没有任何关系，两者相加已经占了将近 70％了。这种认知情况的出现，应当与老北京银行街尚不为人所知有关，并因此导致了北京居民对老北京银行街的保护不甚关心。调查显示，在知道老北京银行街的民众中，只有 16.7％的人非常关注其保护现状，8.3％的人只是听说但不了解，75％的人表示不知道。也就是说，目前北京公众对老北京银行街价值的认识，对老北京银行街的存在与保存北京文化古都风貌的关系的认识，都尚处于比较低的水平。这表明，金融业遗产认知的启蒙任重道远。

3. 公众对老北京银行街保护必要性与保护模式的认知

调查显示，62％的人认为保护这些银行旧址很重要，认为是街区文化的重要组成部分；22％的人认为比较重要，还能够创造一定的经济效益；10％的人认为一般，是日常生活的点缀；只有 6％的人认为不太重要，可有可无。这表明大多数北京居民对于保护工作还是认可的，有一定的文化遗产保护意识，这是今后金融业遗产保护启蒙的重要基础。(见表 5-14)

表 5-14 民众对于西交民巷银行旧址保护的态度

态度	百分比(%)
很重要，是街区文化的重要内容	62
比较重要，能够创造一定的经济效益	22
一般，是日常生活的点缀	10
不太重要，可有可无	6
合计	100

调查显示，知道老北京银行街之存在的人全部认为它有保护的必要。对于保护老北京银行街的必要性，33.3%的人赞同它能够增强民族历史认同感，33.3%的人赞同能够为中国近代经济史提供更好的研究资料，16.7%的人赞同社会缺少对于北京近代西洋建筑的关注，12.5%的人赞同它能够带来更多的旅游开发效益，4%的人赞同它能够带动周围经济发展。(见图 5-16)

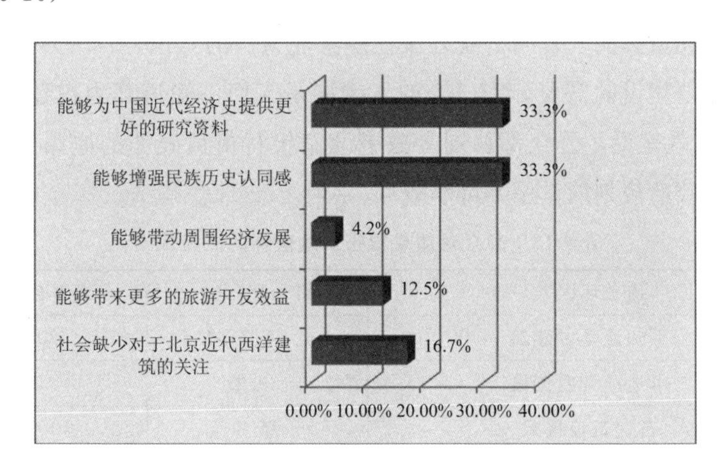

图 5-16 公众对老北京银行街保护必要性的认识

对于老北京银行街的保护现状，北京居民并不满意，有 40%的人认为西交民巷整体保护状况一般，44%的人并不清楚西交民巷银行旧址的保护状况，24%的人认为银行旧址保护状况并不令人满意。为此，大部分人认为有必要维持老北京银行街的旧貌，44.6%的人赞同其旧貌更能发掘西交民巷巨大的历史文化价值和深厚积淀，30.4%的人赞同其更能创造优美整洁的人文景观，25%的人赞同其更能吸引游客促进旅游效益。(见图 5-17)也就是说，在知道了老北京银行街的存在和价值后，大部分人都认可对其保护的必要性和重要性，都有保护的强烈愿望。这表明，今后的保护工作是具备一定的公众思想基础的。

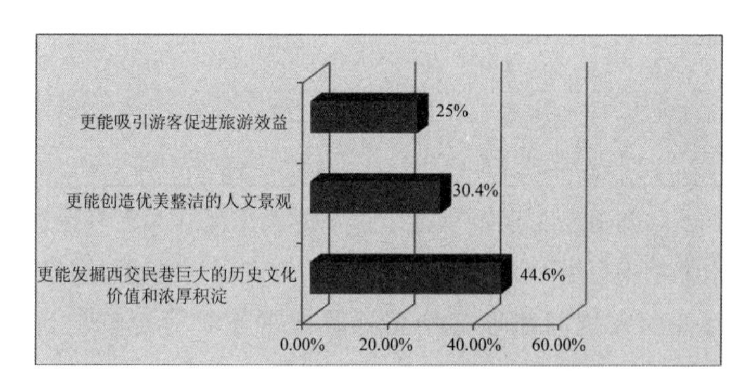

图 5-17 公众对维护老北京银行街旧貌的认识

至于导致老北京银行街遭到破坏的原因，29.2%的人赞同是房地产开发侵占，23.1%的人赞同是缺乏保护金融业遗产的意识，17.7%的人赞同是城市规划建设的需要，23.1%的人赞同是人们不知道其为古建筑(见表 5-15)。也就是说，公众都认同导致老北京银行街被破坏的原因是多方面的，其中政府规划的作用不可小觑。

表 5-15 公众对造成银行旧址破坏的原因认识

遭破坏因素	百分比(%)	个案百分比(%)
不知道是古建筑	7.7	20.4
房地产开发侵占	29.2	77.6
古建筑被拆毁	15.4	40.8
居民乱丢垃圾	6.9	18.4
城市规划建设的需要	17.7	46.9
缺乏保护金融业遗产的意识	23.1	61.2
总计	100.0	265.3

对于老北京银行街的建设模式，93.8%的人表示赞同建设成现代城市文物保护区；81.6%的人表示赞同开发成旅游景点；87.7%的人支持将老北京银行街纳入北京城区保护规划。这是一个多项选择题，从上述北京居民的选择可以看出，绝大多数人对于将老北京银行街建成文物保护和旅游开发并重的地区持赞同态度，并期望在政府的保护规划下更好的施行。确实，这种模式也是被多数文化遗产证明了的一个有效途径。

在赞同的被调查者之中，69.3%的人认为只可在部分区域建设现代城市文物保护区；67.3%的人支持只可将部分区域开发成旅游景点。（见表5-16）北京居民的这种态度表明，绝大多数人都看重老北京银行街的文物、文化价值，但是不要影响其中还在发挥银行功能的区域的作用。实践证明，文化遗产区如果是动态的、活性的，有生命力的，对于保护和开发或许效果更好，对于发挥历史文化发展的教育作用也更加生动直观，从而可以保证更好的开发和利用效果。

表5-16　对于老北京银行街建设模式的态度

态度		百分比(%)
城市文物区态度	赞同，应大力建设	24.5
	赞同，但只可在部分区域建设	69.3
	不赞同	2.0
	无所谓	4.1
旅游景点态度	赞同，应大力建设	14.3
	赞同，但只可在部分区域建设	67.3
	不赞同	14.3
	无所谓	4.1
城区规划态度	赞同，应大力建设	18.4
	赞同，但只可在部分区域建设	69.3
	不赞同	4.1
	无所谓	8.2

4. 北京居民对参与老北京银行街保护与利用的态度

调查显示，82%的人表示愿意参与保护老北京银行街金融业遗产的相关活动，占到了被调查者的绝大多数。至于保护的措施，22.7%的人赞同中央政府统筹，21.3%的人赞同地方政府重视，两者相加，赞同政府在保护老北京银行街这个文化遗产中发挥主要作用的占到了将近一半。看来公众很重视政府的作用，认为政府的作用在北京银行街的保护中地位重要，很多保护事项必须借助政府的财力、管理力量才能做到。另外，17.7%的人赞同民众应当参与，赞同专家参与、民间组织推动的被调查者也占了一定的比例。显然，大多数被调查在考虑保护问题时，首先考虑的是他者的力量和作用，并没有将自己放进问题中考虑，只有少数民众意识到自己在文化遗产保护中的重要责任，大部分人还是一种旁观者的心态，是一种与己无关的态度。显然，责任意识的培养在文化遗产保护中不但重要而且非常有必要。

进一步考察，如果认同公众参与保护，则被调查者均认为民众还是可以发挥重要作用。调查显示，在认同公众参与保护的被调查者中，约12%的人认为民众在保护老北京金融业遗产中有着非常重要、起决定性的作用；74%的人认为民众的角色很重要，不可缺少；12%的人认为比较重要；三者相加，已经占了98%，只有2%的人认为民众在其中的作用不重要，可有可无。这表明，对于此问题，不少被调查者还是非常有自信的，充分肯定了人民群众的作用。

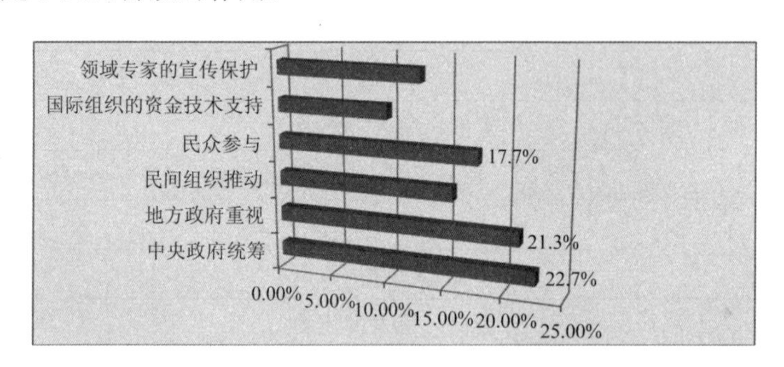

图 5-18　民众对加强老北京银行街保护之措施的认知

对于如何参与老北京银行街的保护，调查显示，25.8%的人赞同积极参与政府和民间组织的保护活动，20%的人赞同积极向他人宣传，20%的人赞同互动学习老北京银行街的历史，19.4%赞同自己不破坏，14.8%的人赞同制止他人、集体的一切破坏老北京银行街的活动。(见表5-17)这表明，公众认可各种发挥自身作用的办法和途径，唯有与破坏行为做斗争一条赞成比例比较低，这也符合当前大部分居民的思想认识水平，同时也与部分人员，譬如女性自身的力量较弱，会考虑斗争的条件有关。总的来看，保护文化遗产确实是仅仅依靠民众力量很难做到完美的事，非常需要权力机构的介入，需要多方力量的合力。

表 5-17　公众对于个体参与老北京银行街保护的认识

措施	百分比(%)	个案百分比(%)
自己不破坏	19.4	61.2
积极参与政府和民间组织的保护活动	25.8	81.6
向他人宣传	20.0	63.3
制止破坏	14.8	46.9
互动学习	20.0	63.3
总计	100.0	316.3

综上所述可以看出，北京公众对于老北京银行街的认知水平和保护必要性的认识，相比工业遗产更加不乐观，因而困难也更多。对于工业遗产的认知和保护，由于近年来社会各界的大力呼吁和宣传力度的加大，已经在公众和相关政府部门中产生了一定影响，公众已经对工业遗产有所了解，对工业遗产的意义和其自身的文化遗产价值的认识也有了很大提高，工业遗产的保护因而也逐步加强。例如北京焦化厂停产后，本来有关方面准备全部拆除搞房地产建设，正是在社会各界的大力呼吁下拆迁停止了，并作为工业遗产保护下来。而老北京银行街的处境则不同，不但至今公众对其不甚了了，就是学界也对其价值和意义不甚清楚，甚至没有概念，至于其存在的价值、历史意义、加以保护的重要性就更谈不上了。没有了对老北京银行街价值的认识，在行动中自然会视其为敝帚，老北京银行街被破坏乃至完全毁灭就在所难免了。

因此，对于老北京银行街的保护而言，首要任务是启蒙，即提高公众特别是相关部门的认识水平。应当大力宣传金融遗产的历史意义、重要文化价值，以及对其保护在北京整体文化遗产保护中的重要地位和作用，让政府和民间了解中国近代以来工业发展的历史，了解近代以来中国金融业发展的历史，了解现代金融业在近代社会经济发展中重要地位和作用，中国银行业近代以来发展背后深厚的文化积淀，他们的文化遗产意义，与在中国文化遗产中的地位。通过各种宣传途径，使用各种宣传方法，尽快提高民众和政府有关部门的认识，只有公众特别是政府相关部门充分认识、了解了上述问题，才能最终在行动上体现出来，也才能在专家的论证面前持科学理性的态度。

其次是行动，目前老北京银行街已经遭到不小破坏，其街区的完整性，建筑的原真性都已经遭到相当程度的破坏，现在已经无可挽回。但是对于剩余的部分必须尽快加以抢救性保护，如果不尽快行动，则很有可能再度遭到破坏，届时将悔之晚矣。从目前情况看，北京市政府对西交民巷采取了一些保护措施，也取得了一定的成果。但其保护力度显然是不够的，保护模式也是不够科学的。单栋建筑的保护完全破坏了历史场景的完整性，使之缺乏历史的存在感和美感。今后应当要加强对老北京银行街的研究，科学论证保护的重要性以及保护的科学模式，力争为未来、为后代留一个相对完整、能够反映老北京银行街风貌的西交民巷。同样，对待其他近现代文化遗产，特别是工业遗产也要遵循完整性、历史性的原则，全面展现北京古代和近代各个时期历史，反映北京方方面面发展的具有深厚积淀的文化遗产。

努力保护银行建筑的完整性，包括其外部和内部的完整性，为考察近代机器工业作用于近代建筑业的方式和轨迹、考察近代工业在建筑业上体现的技术进步，以及这种进步对于整体工业发展的影响，为考察近代银行业的发展、考察近代银行业的经营模式留一些可以考究的实物。

附：

老北京银行街内银行一览表

行名	设立时间	京行等级	所在地老门牌	备注
户部银行	1905 年	总行	西交民巷 27 号	
大清银行	1908 年	总行	西交民巷 27 号	由户部银行改名
交通银行	1907 年	总行	西河沿 17 号	现为西河沿 9 号

续表

行名	设立时间	京行等级	所在地老门牌	备注
中国银行	1912 年	总行	西交民巷 37 号	
盐业银行	1914 年	总行	西河沿 11 号	
聚兴诚银行	1915 年	分行	正阳门大街 1 号	
金城银行	1917 年	分行	西交民巷 108 号	
北京商业银行	1918 年	总行	西交民巷甲 40 号	后称北平商业银行
中华汇业银行	1918 年	总行	西交民巷 88 号	中日合资
新华信托储蓄银行	1919 年	总行	前外廊房头条 8 号	原名新华储蓄银行，1931 年改组后更名为新华信托储蓄银行
大陆银行	1919 年	分行	西交民巷 20 号	总经理处也设于此地
中国实业银行	1919 年	分行	西交民巷 36 号	
北洋保商银行	1920 年	总行	西交民巷 20 号	1910 年开办时为中外合资，1920 年由华商独办
中华懋业银行	1920 年	总行	西河沿 198 号	中美合资
劝业银行	1920 年	总行	西河沿 4 号	
上海商业储蓄银行	1924 年	分行	西交民巷 3 号	
中国农工银行	1927 年	总行	西交民巷 89 号	
河北省银行	1929 年	总行	西交民巷 1 号	1930 年总行移至天津，北平改设分行
中央银行	1931 年	分行	西交民巷 30 号	
国华银行	1935 年	分行	西交民巷 14 号	
北平市银行	1946 年	总行	西交民巷 44 号	
中孚银行	1946 年	分行	西交民巷 4 号	
中南银行		分行	西河沿 37 号	应在 1922 年后设立北京分行
大中银行		分行	前门公安街 3 号	1919 年设立总行，分行之后设立
大同银行		分行	前外大街 29 号	
正太银行			大栅栏 58 号	
积生银行				

续表

行名	设立时间	京行等级	所在地老门牌	备注
浙江兴业银行		分行	前门公安街 4 号	
中国人民银行	1949 年	总行	西交民巷 30 号	

注：表中“设立时间”为银行在老北京银行街内建立的时间。

资料来源：北京市档案馆。

附：

百年一瞬——老北京银行街(曾经的西交民巷)图片集

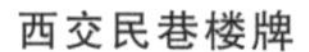

西交民巷楼牌

曾经繁华的街道

大陆银行(现为中国银行办事处)

户部银行(现为普通民居)

金城银行(现遗址上为全国人大机关办公楼)

保商银行(现为钱币博物馆)

交通银行(现为中国银行办事处)

农工银行(曾为中华全国新闻工作者协会办公楼，现闲置)

盐业银行(现为中国工商银行 VIP 服务部)

中央银行(现为方泉斋集币服务部)

中国银行(现已不存在)

第六章　北京工业遗产保护利用对策研究

近年来，工业遗产作为城市文化遗产的重要组成部分，其保护意义与利用价值为越来越多的社会公众所了解、重视。北京在工业遗产保护利用方面进行了有益的尝试，采取了一系列行之有效的保护利用措施，取得了积极成效，形成了以文化创意产业为核心的多元保护利用模式，涌现出包括798创意文化园区在内的诸多成功案例，积累了宝贵的保护利用经验。与此同时，北京工业遗产保护利用也存在着管理体制亟待完善，重开发利用轻保护传承，保护主体缺失与公众参与较弱，理论研究滞后与专业技术人才短缺等不足。如何有效整合政府、社会、企业等多方力量，进一步理顺管理体制机制，创新保护利用工作思路，动员社会公众广泛参与，加强理论研究促进文化传承，是今后工业遗产保护利用工作应着力加强的领域。

一、北京工业遗产保护利用的成绩

北京是全国工业建筑遗产保护、再利用工作起步较早、做得较好的城市。北京的工业建筑遗存具有良好的再利用条件，如大型企业多，工厂规模大，工业建筑质量高，便于保护和利用。北京在20世纪90年代已将财政部印刷厂旧址(现北京印钞厂，位于白纸坊)、京奉铁路正阳门东车站旧址(位于前门东)等部分工业遗迹列入文物保护单位；798艺术区更是蓬勃发展，成为全国创意园区的典范。

1. 北京工业遗产保护利用的肇始

2006年5月，国家文物局向全国各省市文物部门下发了《关于加强工业遗产保护的通知》，同时中国工业遗产保护论坛也在江苏成功举行。在媒体的大力宣传倡导下，工业遗产这一概念逐步为人所知，成为屡见报端的新闻关键词，社会上的有识之士也奔走呼吁，倡导北京仿效上海、无锡等地加强对工业遗产的保护利用，由此形成一股关注工业遗产问题的社会风潮。据统计，自2006年始，新闻媒体对于北京地区工业文化遗产问题的专题报道每年均在15篇以上①，探讨北京工业遗产现状与保护问题的专业学术论文也逐年增多(见图6-1)。

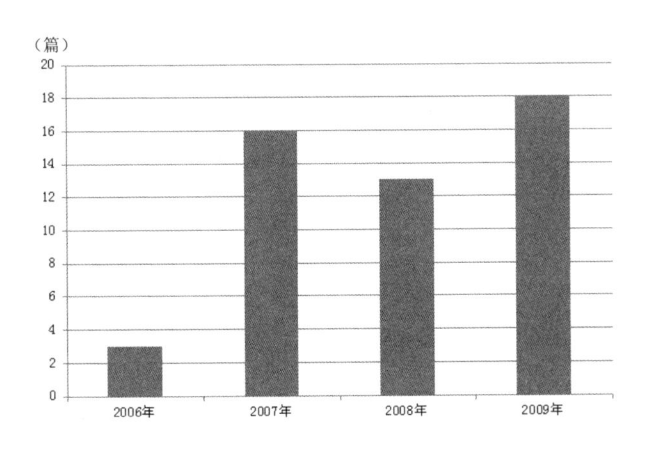

图6-1　2006—2009年新闻媒体报道北京工业文化遗产问题频次统计

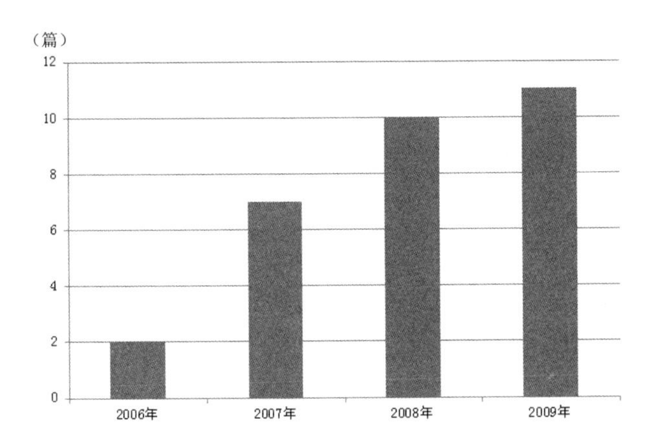

图6-2　2006—2009年北京工业遗产问题研究核心期刊论文数统计

在社会媒体争相宣传工业遗产理念、介绍国内外工业遗产保护动态的

① 含报纸、杂志、网络等新闻媒介，未统计转引或重复报道内容。

同时，越来越多的社会人士也投入工业遗产保护的队伍当中。工业遗产保护还屡次成为北京地方两会代表委员集中讨论的中心议题。

2007年两会之际，北京市人大代表、首都博物馆常务副馆长韩永联合数十名代表提出尽快建立北京工业遗产保护制度的议案，得到与会代表高度认同。韩永在议案中强调："现在我们为失去老城墙而叹息，以后可能会因为失去工业遗产而遗憾。""北京工业项目的发展、工厂的修建，就业人口的增加对北京的发展和稳定有过不可磨灭的业绩……经过近20年的产业结构调整和城市功能的重新定位，北京的城市空间布局发生了显著变化。伴随着曾居城市经济绝对主体地位的制造业逐步从城市中心区域向外围区域转移，北京焦化厂、首钢公司等一批老工厂逐渐淡出北京人的视野，有的老北京工业符号甚至已经消失。但这些工业遗迹其实具有很高文化价值。"①同期召开的北京市政协会议上，北京市科协党组书记、副主席田小平也递交了《建议加强北京市工业遗产保护》的提案，建议将工业遗产问题上升到北京城市发展战略的高度，提出工业遗产具有历史学、社会学、建筑学和科技、审美及传统教育价值，对于其所在城市，具有增强凝聚力的功能。对工业遗产的开发和保护，代表了一个国家、一个城市的社会管理水平和发展能力。随着北京向现代化和国际化大都市迈进步伐不断加快，城市规划事业的不断完善，北京市委市政府对文化遗产保护工作高度重视，在文物古迹和胡同保护等方面做了大量卓有成效的工作。尽管如此，厚古薄今的倾向依然存在，在对作为文化遗产重要组成部分的工业遗产的重视和保护力度方面存在不足。在北京建设环境友好型、资源节约型城市的进程中，北京市工业遗产保护迫在眉睫。此外，田小平还提出了把保护北京工业遗产作为市政府重点工作进行全面规划、暂缓老厂房拆除、研究工业遗产保护条例、开发北京焦化厂旧址四项具体建议。作为对与会代表委员提议的回应，时任北京市工业化促进局局长陈世杰在2007年3月接受《中国文化报》记者专访时，介绍了外埠地区进行老工业区拆迁改造的

① 李莉：《北京人大代表联名呼吁抢救老北京工业遗产》，载《北京晚报》，2007-01-28。

经验教训，对大量工业遗产已遭不可挽回的破坏表示惋惜，并表示政府在今后“对要拆迁卖地的工厂说不，注重对工业遗产的保护开发”①。

2008年市人大会议上，李建军等16位代表又提出了“抢救北京工业历史资源保护利用北京工业遗产”的议案，针对市工业促进局已经制定了工业遗产的评估标准的实际情况，呼吁将一些重要遗迹纳入文物保护范畴，建议对这种指导性的评估标准政策化，对北京城的整个工业遗址合理处置②。更具影响力的是随后民革北京市委的工作，他们通过了近一年实地走访、赴主管部门座谈等工作，深入了解了北京工业遗址保护的情况和存在的问题，并通过各种渠道收集工业遗址保护的材料和成功个例，最终以党派提案的形式在政协北京市十一届一次会议上提交了题为《关于加强我市重要工业遗址保护和利用的建议》的提案。提案针对北京保护和利用工业遗址的状况，对现阶段开展此项工作所面临的困难和问题进行了深入的分析，并结合实际提出了“政府应将工业遗产保护和利用纳入经济和社会发展规划，制定与文物保护法相配套的法规，将保护工业遗址的计划与区域的整体规划相结合，并寻找旅游、艺术或商品贸易等方面的开发利用”等有关政策建议。这一提案受到北京市委市政府的高度重视和社会各界的广泛关注，多位领导亲笔批示，有关部门责成由北京市工业促进局牵头，北京市规划委员会、北京市文物局协同办理此项提案。

2008年12月，北京市第三届文物博览会专门添加举办了“北京工业资源利用成果展”，展现了北京市工业文物征集活动的阶段性成果，大量珍贵工业文物首次展示在世人面前，如国内首台电子计算机、四吨重特种汽车轮胎等，进一步加深了公众对北京工业发展历史、成就的认知了解，有助于提升公众工业遗产保护意识。③

2010年11月5日，中国建筑学会工业建筑遗产学术委员会在清华大

---

① 李静：《北京工业遗产，不会重蹈四合院的覆辙》，载《中国文化报》，2007-03-28。

② 李静：《应将工业遗产应纳入文保范畴》，载《北京青年报》，2008-01-25。

③ 孙弢：《珍贵工业文物首度亮相文博会 本市将成立工业博物馆》，载《北京日报》，2008-12-16。

学成立。同日，中国首届工业建筑遗产学术研讨会也顺利召开。与会代表一致通过《北京倡议》，即《抢救工业遗产：关于中国工业建筑遗产保护的倡议书》。《北京倡议》的提出与中国建筑学会工业建筑遗产学术委员会的成立，标志着中国历史文化保护发展的一个新的里程碑。2014 年 5 月，中国文物学会工业遗产委员会在北京莱锦文化创业产业园正式成立，这对加强工业遗产保护与开发的理论研究意义重大。

正是在政府、学界和社会等各方的共同倡导和努力下，北京市工业遗产保护利用开始步入了快车道。

2. 政府部门对工业遗产保护认识的不断提升与管理的加强

2007 年北京“两会”召开之后，为落实代表委员关于工业遗产保护的系列提案，政府各有关部门积极开展和推进工业遗产资源的保护和利用工作，研究制定了《北京市保护利用工业资源，发展文化创意产业指导意见》(以下简称《指导意见》)，从政策层面肯定和支持了北京工业遗产资源的保护、开发和利用，暂停审批北京市城区工业遗址商业性拆建工作，并联合有关部门和专家学者开展专题研究，积极筹备制定《北京工业遗产资源保护性利用办法》。北京市工业促进局产业布局指导处处长陈世杰认为，《指导意见》对保护和利用工业资源意义重大，“有效保护和利用遗留下来的工业资源，有利于传承北京工业发展的历史，并丰富北京城市的历史积淀。”①

2009 年 2 月，历时一年多修改而完成的《北京市工业遗产保护与再利用工作导则》(以下简称《工作导则》)正式发布，根据《工作导则》规定，北京市工业遗产将分为物质遗产与非物质遗产，北京工业遗产的重点是：中华人民共和国成立前的民族工业企业、官商合营、中外合办企业等遗存，中华人民共和国成立后五六十年代“一五”及“二五”期间建设的重要工业企业，“文化大革命”期间建设的具有较大影响力的企业，改革开放以后建设的非常具有代表性的企业。

《工作导则》规定，在相应时期内具有稀缺性、唯一性，在全国或北京

① 《北京部分厂房将变文保单位》，载《北京娱乐信报》，2007-11-02。

具有较高影响力的工业遗产、企业布局或建筑格局完整，并具有时代和地域特色或强烈工业风貌特征的工业遗产、与北京著名工商实业家群体有关的工业企业及名人故居等遗存、企业建筑格局完整或建筑技术先进，并具有时代特征和工业风貌特色的工业遗产等几类工业遗产将被列入保护与再利用名录。

列入名录的工业遗产将被划分为四个等级，包括文物类工业遗产、优秀近现代建筑类工业遗产、遗产价值突出的工业遗存以及再利用价值突出的工业遗存。文物类工业遗产将申报各级文物保护单位，享受“文保”待遇。优秀近现代建筑类工业遗产可申报列入优秀近现代建筑保护名录。遗产价值突出的工业遗存将不得拆除，并整体保留建筑原状，包括结构和式样。再利用价值突出的工业遗存则应尽可能保留建筑结构和式样的主要特征。

2010年，北京市发布了《“十二五”历史文化名城保护建设规划》，规划指出，北京工业文化遗产形式多样，历史文化内涵丰富，与北京的城市发展血脉相连。北京将探索多种方式的保护办法，采用更为灵活的保护手段，以最大限度传达有价值的近现代和工业文化信息为原则，充分发挥工业文化遗产可再利用的价值。具体措施包括：建立工业文化遗产保护数据库，研究制定工业文化遗产价值评估标准，开展工业文化遗产的认定、登录工作；重点鼓励对工业文化遗产进行创新再利用；开展工业文化遗产保护的宣传普及工作。结合新兴文化业态的培育与发展，利用首钢、焦化厂、原二热厂等老工业厂房的改造契机，引导和创造一批城市新的活力地区等。《建设规划》的出台，标志着北京工业遗产保护开发开始纳入了规范化管理轨道，工业遗产保护开发力度逐渐加强。

2012年，北京市启动中华人民共和国成立以来最大规模的“名城标志性历史建筑恢复工程”和“百项文物保护修缮工程”①。针对工业遗产保护利用提出了“四厂一线”战略规划，强调北京将充分发挥工业遗产规模大、特

① 张子轩：《北京启动最大规模名城标志性历史建筑恢复工程》，载《中国日报》，2012-02-24。

色强、分布集中等特点，推动“四厂一线”即798工厂、北京焦化厂、首钢、京棉二厂创意产业区和京张铁路等近现代工业遗址文物价值调查研究，为发挥工业遗产资源优势及再利用创造条件。

3. 工业遗产现状调查与保护利用研究规划的兴起

从2006年开始，北京市各级社会文化机构普遍开展了范围规模不等的工业遗产调查工作，取得了大量珍贵的历史材料，并对区域内工业遗产的保护开发进行了整体性的规划，为后期保护开发奠定了坚实的基础。

(1)北京市文物局、首都博物馆

北京市文物局及其所属首都博物馆作为北京地区文物保护工作的主管部门及文化遗产保护主力军，自2006年6月起即开始对北京工业产业的变化和相关工业遗址的重点企业展开调研，在开展工业遗产调查的北京众多社会文化机构中开始最早、投入力量最大、成果最为丰硕。

2006年7月，首都博物馆跟踪采访并见证了北京焦化厂停产的全过程，拍摄了大量珍贵照片；10月，首博携手北京电视台《这里是北京》栏目，制作了《京西门头沟煤矿》专题片，专题解读北京煤炭工业的历史文化遗产，并在北京电视台播出，引起北京各大媒体的关注。为了扩大宣传效果，增进公众参与，2007年1月22日，首博又联合北京电视台、北京日报、北京晚报、竞报、娱乐信报、北京晨报等近十家媒体向社会发布了共同开展北京工业遗址调研活动的消息。这项专题调研的内容包括：探寻北京工业的发展过程，追踪北京工业遗迹的变化，收藏北京工业的实物资料，力图为北京留下一些工业时代的历史“记忆”。调查特别关注京城百年以上的老字号工业企业以及1950年到1979年建立的支柱型工业产业，如能源、纺织、无线电、机械、化工、钢铁等工业项目。为此，首博组成不同的工作小组进行实地考察和走访，与有关企业的负责人商定可征集的实物，如生产资料、产品、图纸①、相关照片、音像资料等②。活动期间，首博还隆重举办了《和首博共同寻找记忆中的企业》主题捐赠活动，并编辑

① 包括地区方位图、厂区图、厂房建筑图、生产工艺流程图、机构设置图。

② 丁肇文：《首博征集老北京工业符号》，载《北京晚报》，2007-01-22。

出版《北京工业遗址调查图集》《北京工业遗迹调研专集》等工业遗产资料，为学术界展开专业研究提供了极大便利。2009年5月，在京张铁路建成通车100周年之际，首都博物馆与北京铁路局联合在北京延庆县八达岭镇青龙桥车站举办“工业遗产——京张铁路青龙桥车站”展览开幕仪式，为公众了解京张铁路的辉煌历史提供平台。这次展览以青龙桥车站及其周边现有的历史建筑遗存为展示重点，旨在再现京张铁路青龙桥车站百年前面貌，见证京张铁路的历史变迁，追忆詹天佑的卓越才能和崇高精神。截至2014年，北京市文物局已先后完成首钢、北京焦化厂等重点单位的工业遗产文物价值调查工作，使更多的遗产类别纳入文化遗产保护范畴。同时市文物局结合工业遗产等新型文化遗产的特点，针对性制定相关标准和规定，为提升文化遗产的保护水平奠定了基础。

北京市文物局还先后组织完成首钢、北京焦化厂等重点单位的工业遗产文物价值调查工作，使更多的遗产类别纳入文化遗产保护范畴。同时，文物局还结合工业遗产等新型文化遗产的特点，有针对性制定相关标准和规定，为提升文化遗产的保护水平奠定了基础，并酝酿发起建立北京工业博物馆，为工业文物的集中保护及北京工业历史文化传承提供载体。

(2)区县社会文化机构

在区县一级文化机构中，朝阳、丰台、石景山、门头沟等多个区县的文化馆、图书馆先后对所在区县辖区内的工业遗产进行了走访调查，其中尤以石景山和丰台两区的调查最为翔实。

石景山区从2009年年初开始由区文委牵头负责，历时半年对包括“京西八大厂”在内的10所大型工业企业进行了普查，基本摸清了数十项珍贵的工业遗产的情况①。首钢、北京重型机械厂、北京发电厂、北京锅炉厂等10个大型工业企业是此次石景山工业遗产普查的重点对象，它们均在1905—1959年建厂，为北京乃至全国的经济建设做出过巨大的贡献。在调查走访过程中，企业员工和离退休人员对于工业遗产保护表现出极大热

① 祁月：《石景山完成工业遗产普查　数十项珍贵遗产将得到保护》，载《北京日报》，2009-08-10。

情，积极主动捐献各类独具历史意义的遗产资料。在普查中，日本昭和时期的小火车头、石景山发电厂第一台发电转子、20世纪50年代从德国进口的车床等数十项工业遗产，都被人们从废品堆中捡拾出来，避免了遗产流失。在广泛调查的基础上，石景山区最终完成了该区的工业遗产调研报告、工业遗产名录和工业遗产资源保护与再利用指导意见，京西工业遗产保护与利用规划也将逐步出台①。

丰台区专门成立了工业遗产调查特别领导小组，统筹全区的普查工作②。经过一年多的努力，最终于2009年年底完成了对北京二七轨道交通装备有限责任公司③和南车二七车辆有限公司以及首钢建材化工厂等14家工业企业的调研工作，基本摸清了全区工业遗产的保存现状。由于丰台区地处北京近郊，随着城市居民区的不断扩大，工业企业数量逐步减少，但由于曾经有众多工业企业生存过，辖区内工业遗产资源较为丰富。在调研的14家工业企业中，1919年以前创建的有三家，1919年至1946年创建的有三家，其余七家为1946年至1960年创建，均具有50年以上历史。这些企业覆盖了能源、材料、装备制造等多个部门，历史上均为大型国有企业。目前，这14家企业中，除丰台桥梁厂因位于人口稠密地区，于2003年实施奥运污染扰民搬迁外，其余12家均在原址生产，其中一些老企业保留了一些工业遗存，包括建筑物、工厂车间、设备、图书资料等，具有浓厚的历史痕迹和典型的区域工业特点。这些老工业企业既反映了工业时代的特征，是民族历史完整的体现，又见证了丰台区工业发展，是不可再生的历史文化资源，也是物质文化遗产的重要组成部分。

此外，门头沟④和朝阳⑤两区的文化机构也分别针对本区内具有代表性的工业遗产——京西矿务局、京棉二厂进行了抢救性的工业遗产调查，

---

① 祁月，陶颖：《京西工业遗产保护规划即将出台》，载《法制晚报》，2009-08-10。

② 《丰台区对14家工业遗产进行调研》，丰台区人民政府网站，2009-12-31。

③ 原北京二七机车厂。

④ 庄庆鸿：《京西门头沟废煤矿将变成旅游金矿》，载《北京市场报》，2007-08-15。

⑤ 《朝阳区图书馆到京棉二厂废旧厂房淘宝》，朝阳文化网，2008-07-04。

取得积极社会反响。

4. 积极培育工业旅游产业，实现工业遗产的开发保护

发展工业旅游，提高知名度与公众参与度，实现资源化利用是中外众多工业遗产普遍采用的宣传手段与营销方式。通过旅游产业运作，可以将更多的工业遗产开发项目进行资源组合、优化组合、相互连接，形成系统的产业链条，达到规模效应，同时也适应了旅游消费市场向多元化、多层次、专业化方向发展的客观需要。这样的保护利用模式可以让更多人了解工业的过去和现在，更可以为旅游业增添一张“新牌”。为此，北京市由市工业促进局与市旅游局联合着力打造工业旅游产业。

2007年11月，北京市利用文博会在京召开的契机进行了工业旅游试点，邀请80位市民免费“尝鲜”工业旅游，这一活动的目的是让市民了解工业发展的历程，目睹得到开发利用的工业历史遗存，感受老厂房、新产业为城市文化生活、经济建设带来的变化，同时展示品牌企业的魅力和现代制造业的风采。活动消息一经公布就引发市民热烈反响，报名场景空前火爆。主办方不得不临时增加名额，仍难满足大批市民需求①。正是由于具有如此巨大的市场需求，北京工业旅游得以蓬勃发展。

图 6-3　北京市召开工业旅游动员大会

2008年6月13日，由北京市工业促进局、北京市旅游局共同举办的北京工业旅游启动大会在北京时尚设计广场召开，标志着北京工业旅游全

① 赵明宇：《80名市民“尝鲜”工业旅游　酒吧开进巨型酒罐里》，载《北京娱乐信报》，2007-11-10。

面启动①。与此同时，为进一步推动北京工业旅游规范、健康地发展，市工业促进局、市旅游局共同发布了《北京市关于推进工业旅游发展的指导意见》《北京工业旅游推进实施方案》，市质量技术监督局发布了《工业旅游区(点)服务质量要求》地方标准征求意见稿。

《指导意见》提出，为推进工业旅游，成立北京工业旅游协调小组，编制北京市工业旅游发展规划，成立北京工业旅游促进中心，推动成立北京市旅游行业协会工业旅游分会，拟定工业旅游地方标准，组织工业旅游示范点的认定，加强专业人才培训，加大宣传推广力度，与专业市场对接，予以资金支持。

2008 年 12 月 18 日，“北京工业资源利用成果展”在 751 时尚设计广场举办。为期 4 天的成果展利用老旧的蒸汽机火车头、旧锅炉部件、织布机等工业实物和大量的历史图片向人们展示了北京各种工业资源再利用的成果，还向市民着重介绍了北京开展工业旅游推广后取得的积极进展②。截至 2008 年，北京工业旅游已形成了都市工业类、现代制造业类、工艺美术类、高技术类、工业遗存开发利用类、循环经济类、老字号 7 大类工业旅游产品，其中除部分高新科技、现代制造业企业外，多数工业旅游景点均蕴含工业遗产元素，14 家企业获得了“全国工业旅游示范点”称号，出现了“798”“751”等一批拥有国际影响力的知名景点，累计参观游客已经超过百万人次。工业遗产的社会知名度的不断上升，推动了更多工业遗产的开发改造。

2010 年 5 月，北京珐琅厂开始了旅游接待转型，着力推出中国传统工艺体验项目，让游客在工业旅游中感受景泰蓝的魅力。2011 年 11 月，北京二锅头酒博物馆开门迎客，向世人展示独特的二锅头酒文化。2012 年 5 月，停产近 1 年的首钢石景山主厂区中独具特色的大型工业遗迹首次对游人开放。2012 年 10 月，原首云铁矿经过改造后以“首云国家矿山公园”正式对外营业。显然，北京的工业旅游开始迅速发展，工业旅游景点与线路

① 《工业游成北京旅游新宠　北京工业旅游 13 日全面启动》，载《北京日报》，2008-06-16。

② 杜峥：《免费旅游展现工业变迁》，载《竞报》，2008-12-16。

处于不断增加的态势中。

5. 大力发展文化创意产业，推进工业遗产开发利用

利用工业厂房和其他工业建筑发展文化创意产业是国内外工业遗产保护利用的重要模式之一，具有资源消耗少、环境污染小、产业附加值高、对文化传统破坏较小等特点，可以涵盖文化艺术、新闻出版、广播影视、软件服务、广告会展、艺术品交易、设计服务、休闲娱乐等多个门类。进入21世纪以来，北京市、区县两级政府部门分别建立文化创意产业发展中心，科学调研，审慎决策，制定并实施了一系列行之有效的政策措施，鼓励工业企业转型文化创意产业，构建城市经济发展新常态，并将之上升到城市发展战略高度。2012年，北京市文化创意产业收入首次突破1万亿元，实现增加值2189.2亿元，占全市GDP比重达12.3%。2013年，北京市文化创意产业实现增加值2406.7亿元，增速超过9%①。文化创意产业已经成为北京市仅次于金融业的第二大支柱产业，也成为北京工业遗产保护利用的主渠道。

朝阳区曾是北京市机械、纺织、电子、化工、汽车五大工业基地所在地，在产业更替和城市更新中产生了为数众多的工业遗产，其中绝大多数工业厂房建筑保存完好，交通便利，区位优势显著，特别适合吸引文化、传媒、创意类企业入驻。为了实现土地的高端化、集约化利用，朝阳区从产业政策、立项审批、规划建设等方面因势利导，盘活一批国有企业老厂房，瞄准高端艺术创作、数字新媒体、物联网等新兴市场陆续建立了京城电通时代②、恒通国际③、国投信息④等一批新兴文化创意产业园区。截至2013年，全区形成了25个老厂房转型的文化创意类园区，涌现出798、莱锦等著名创意产业园区，吸纳了4.5万多家创意产业企业入驻，总占地

① 周茂非：《2013年北京市文创产业增加值为2406亿元》，中国经济网，2014-02-26。

② 原北京电机总厂。

③ 原北京松下彩色电视显像管厂。

④ 原北京广播电子器材厂。

面积超过 188 公顷，年产值超过 2300 亿元，形成区级财政收入 90 亿元①。

东城区、西城区作为北京城市功能核心区，在工业遗产保护利用过程中，把握文化遗产特点，加大资金投入，因势利导，打造了一批独具特色的文化创意产业基地。西城区政府投资设立 3 亿元文化创意产业专项资金，又投资 50 亿元设立文化创意产业基础设施建设基金，对进驻区内的文化创意领军人物给予特殊优惠待遇，本人可落户北京，子女教育享受京籍待遇。由新华印刷厂改造而成的"新华 1949 国际创意设计产业园"，园区规模达 4.5 公顷，紧邻中国出版集团、新华书店总部，区位优势明显，吸引了国内外百家设计、出版、数字传媒企业先后进驻。东城区同样设立了文化创意产业专项扶持资金，2012 年向 113 家文化创意企业的 153 个项目，颁发 6000 万元专项扶持基金。相关企业除传统的购房、租房、贷款贴息等补贴外，还可获得知识产权补贴、人才引进补贴、科技成果转化补贴等特殊优惠。该区在艺术品交易、戏剧演艺、全媒体出版和旅游等产业领域居于全市领先地位。东城区深挖文化遗产资源，将散布在胡同中的 20 余处富含深厚文化底蕴的轻工、印刷、电子和工艺美术工业遗存通盘规划，统筹设计，腾笼换鸟，将已经出租给团体或住宿、商业、网吧等附加价值低的传统服务业升级成文化创意产业企业，着力打造小微文化创意产业群。位于方家胡同 46 号的北京市机床厂华丽蜕变"创意街坊"、位于后永康胡同的北京金漆镶嵌厂转型为"东雍创业谷"，位于钟鼓楼畔的北京标准件二厂改造为影视文化创意园，毗邻护城河边的国营 239 厂转身为光线传媒"梦工厂"。②

此外，丰台、石景山等区也先后出台多种措施，为工业企业引进文化创业和创新创业型项目搭建平台，牵线搭桥。如丰台区于 2015 年 4 月举行"挖掘旧厂房 创业到丰台"旧厂房文创项目投资对接会，重点推介北京仪表机床厂③、首钢二通厂④等工业文化遗产开发利用项目。在吸引相关企业

① 闫雪静：《朝阳盘活闲置多年老厂房 25 个文创园未征一分地》，载《北京日报》，2013-11-26。

② 李洋：《胡同旧厂房变身"文化创意工厂"》，载《北京日报》，2008-06-19。

③ 即京壹文化创意产业园项目。

④ 即中国动漫游戏城项目。

和项目入驻的同时，丰台区在政策、规划、招商、项目、人才等各方面提供全方位服务①。

除以上措施外，北京还通过行政手段，暂停部分工业拆迁项目，使部分濒临消失的工业遗产得以保存，具有代表性的包括：北京焦化厂、北京第二热电厂等。与此同时，相关部门还对部分重要工业遗产进行了抢救性保护，如为配合长安街西延长线建设工程，对原首都钢铁公司标志性建筑、北京工业文化元素的重要代表——首钢东门进行了移建保护，这在北京地区工业遗产保护历程上尚属首次。

图 6-4 停产后的北京焦化厂厂区

图 6-5 停产后的北京第二热电厂

二、北京工业遗产保护的既有模式与基本途径

工业遗产具有多重价值，但这种价值只有得到充分的保护开发，才能实现厂房设备、技艺文化的充分资源化和社会化，使工业遗产为世人所知，并发挥最佳效能。与西方发达国家和国内部分省市相比，北京在工业遗产保护开发方面起步较晚，但通过数年来广泛借鉴世界各国工业遗产保护的先进经验，采取保护和利用相结合的方法，拓宽工业遗产保护的途径，使工业遗产保护开发逐步融入新时期的城市规划建设之中，开创了一系列形式多样的工业遗产保护开发模式。目前，学界将北京已有的开发途径总结划分为 10 个类型(见图 6-1)。

---

① 原梓峰：《8 个老厂房寻找文创项目》，载《北京日报》，2015-04-25。

表 6-1 北京已有的 10 个工业遗产开发类型

序号	类型	开发途径
1	综合型	首钢工业旅游
2	设计型	北京时尚设计广场：旧厂房上演时装秀
3	教育型	龙徽葡萄酒博物馆：酒文化教育基地
4	引导型	京城百工坊：用大师打造品牌
5	社区型	左右艺术区：文化让土地增值
6	高新型	中关村数字电视产业园：一站式产业链
7	艺术型	798 艺术区：无心插柳柳成荫
8	生产型	美术与设计产业园：边生产边发展
9	公园型	综合设施产业园：边休憩边工作
10	文化型	特色街区场所：宗教与活动相融合

如此众多的开发模式从一个侧面反映了一段时间以来北京工业遗产开发的热度与成果，但究其实质，可大致归纳为四大类开发模式，即以艺术区、文化创意产业园为主要表现形式的文化产业模式；以工业旅游、互动交流为主要内容的科普体验模式；以工业遗产主题公园、工业博物馆为主要表现形式的历史情境模式；以商务、物流、交通、现代服务业开发①为主要内容的综合利用模式。

这四大类保护开发模式各具特色，相互补充，适应了不同类型工业遗产由于价值、特性差异造成的保护过程中的不同需要，能够较好地发挥工业遗产的社会效益、经济效益。以下就不同保护开发模式的基本特征、适用范围结合实际案例展开论述。

1. 文化产业类——依托文化资源，培植创意产业

文化创意产业是未来信息社会经济发展的重要方向，也是北京目前着力打造的新的经济增长点。由于艺术创意与工业遗产资源之间存在某种关联，利用工业遗产作为发展文化创意产业的基地，已经成为国内外大城市工业资源利用的一种趋势，也是北京较早开始采用的工业遗产开发模式。从客观上来说，工业建筑巨大的空间给了现代艺术家很宽松的创作环境，

① 如怀旧主题餐厅、酒吧、快捷宾馆等。

面积巨大且租金低廉的场地对投资者的吸引力显而易见，使用厂房遗址从事艺术创作工作，避免了大范围兴建新的现代化建筑，符合低碳环保理念，走可持续发展路线。从主观上来说，对载有“历史痕迹”建筑的钟情，是艺术家精神上的需要，工业厂房恰好以其优越的地理位置，高大的内部空间和独具特色的建筑个性，为文化创意产业提供了个性化的载体。

按照新时期发展文化创意产业的要求，对工业建筑、设施采用综合改造和优化利用的原则，充分利用北京工业遗产所特有的工业文明信息，为文化创意产业和城市休闲产业的发展营造出广阔的创意空间，在实现其新的社会价值的同时，实现文化创意产业的集聚发展，可以使老工业建筑重新焕发活力，逐步成为国际或区域性的文化艺术交流平台，同时也使其周边地区的居民和居住环境质量和文化品位得到提升，工业遗产在给企业、社会带来可观经济收益和精神享受的同时，也为北京的城市文化不断增添浓厚的文化内涵与历史意义。

如左右艺术区①是北京地区继798后新兴的一座艺术类文化创意园区，与备受世人瞩目，时常聚焦在媒体闪光灯下的798相比，左右艺术区的前身今生都略显平庸。没有曾经辉煌一时的光鲜历史，没有太多气势恢宏历史悠久的工业建筑，没有政府、公众的大力扶持与关注，这一系列迥异的背景因素都决定了左右艺术区与798模式的形似而质不同，从建立伊始就充满着草根与平民色彩，“非主流”是它的显著特征。

左右文化区所在地最早为集体所有制的砖瓦厂，1968年转营农业轴承，并成为国务院批准的38个轴承厂之一。1992年该厂与迁建的北京拖拉机厂②合并，转营手扶拖拉机。由于企业改制和产业升级，北京拖拉机厂这一国家二级企业在世纪之交最终退出了历史舞台。2004年年底，北京万业源投资有限公司(以下简称万业源)出资5000多万元购得了12.5万平方米的北京拖拉机厂土地使用权。2006年万业源将北京拖拉机厂规划为一个创意园区，并开始进行开发改造。40多年的老厂房经过粉刷修缮，在原

① 原北京拖拉机厂。

② 原位于北京师范大学东侧的新风街。

来的草坪上又加入喷泉、雕塑等新景观，再引入新的市政管网。一番改头换面后，崭新的“北京左右艺术区”诞生了。一期2万平方米改造完成后，短短半年入驻率就达到了80%。目前“左右艺术区”已经初步形成了一个涵盖绘画、雕塑等艺术品创作、收藏、投资、拍卖、销售的产业集群，并由此带动了咖啡屋、餐馆、酒吧等一批为艺术家们服务的衍生产业。左右艺术区负责人孙承铨在接受媒体采访时，对艺术区的前景充满了信心：“等三期改造全部完工以后，这里除了为艺术家提供各种创作、交流的平台外，还将以艺术为依托，形成一个集生活、娱乐为一体的综合性社区。”①

如果把798比喻为艺术界的白雪公主，那么左右艺术区显然只能担当灰姑娘的角色。远离市区、缺乏充分的潜在市场既是左右艺术区的劣势，却又可以转化为租金低廉、潜力巨大的优势，吸引更多的处于创业阶段的艺术家参与到园区建设之中。笔者以为，当左右综合性社区形成以后，通过适当的整体品牌运营和管理，左右艺术区将有可能成为区域内的地标性建筑，通过园区的品牌影响力辐射、带动周边地区土地的升值和餐饮、娱乐、服务等产业的发展。或许左右艺术区将给予创意产业一个不同于798的全新定义。

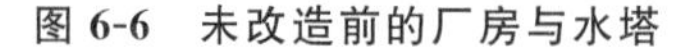

图6-6　未改造前的厂房与水塔

图6-7　作为时尚杂志封面的厂区照片

目前，仍有工业遗产拟采用创意产业模式进行遗产的保护开发，其中最为著名的除前文提到的京棉二厂外，曾有着50年历史、见证了中华人民

① 王刘芳：《北京工业闲置厂房竞相变身创意产业园区》，载《北京日报》，2007-09-12。

共和国钢铁工业沧桑巨变的首钢第二通用机械厂将规划建设为国内一流的动漫创意产业基地。2009年11月，文化部和北京市联合宣布，荒芜数年的首钢二通厂即将成为中国动漫游戏城①，并于2011年6月正式开工建设。动漫城规划面积83公顷、总建筑规模120万平方米左右，由6个功能区组成，是集动漫游戏创作、生产、交易于一体、产业链完整的一流文化产业园区。项目的"核心区"，将有面积约40公顷的区域作为工业特色建筑集中保留区，其中的老厂房、老机车等将作为工业遗产予以保留。2011年9月，尚未完工的中国动漫城举办了首届中国动漫游戏嘉年华。

2. 科普体验类——发展工业旅游，增进公众了解

科普体验类的工业遗产保护开发模式，是指仍处于生产状态，且具有悠久企业历史的"活"企业。通过挖掘企业文化与产业文化，利用工业遗产建筑建立档案馆、博物馆等方式来展示企业文化和发展历程，同时与现代工业生产场景相结合，形成以现代工业生产场景为主、工业遗产文化为辅的保护利用模式。这样的利用模式将企业的生产经营与旅游参观相结合，可以吸引公众走入企业内部，通过工业遗产旅游的开发来促进工业遗产品牌推广，达到教育公众、保护遗产、为社区提供休闲设施的目的，同时可以兼顾创收，实现最大利润，还能通过展示、体验等模式树立公司及产品的形象、提高公司产品市场占有率。

这种开发模式尤其适用于那些具有鲜明的非物质文化遗产特征的工业遗产资源的保护开发，对于挽救濒临破产的传统工业技艺、挖掘工业遗产文化内涵意义作用明显。例如，京城百工坊②。

工艺美术行业在北京有着900多年的历史，不但有深厚的传统手工业文化底蕴，而且在步入近代后增添了机器生产的内涵，是一种特点鲜明的工业遗产。北京的工艺美术行业，汇聚了全国各地的能工巧匠，具备了相当大的规模，是北京地区最具特色的工业产业之一。20世纪90年代以后，由于外来文化的不断冲击，大批的工艺美术企业倒闭，大量工艺美术大师

① 陈振凯、郜利敏：《老厂房巧妙变身为创意产业集聚区》，载《人民日报(海外版)》，2009-11-07。

② 原北京料器制造厂。

流散，许多技艺濒临失传，像北京珐琅厂那样能够维持正常经营的传统北京工艺美术企业已是极少数。在这一背景下，北京市政府于2002年发布了《北京工艺美术行业发展规划纲要》，提出了要建立传统工艺美术保护基地的规划。针对北京传统工艺美术行业门类过多、企业分散，难以形成规模效应的现实，规划建议采用规模化、产业化运作的方式，对北京工艺美术行业的文化资源进行整合开发。

2003年，由北京工美集团落实规划，投资2000万元，开始兴建北京京城百工坊艺术品有限公司，地址选在了具有深厚的工艺美术底蕴和基础的北京市崇文区，利用北京料器制造厂原有厂房作为建设用地。此举充分利用了原有工业厂房，降低了操作成本，也很大程度上尊重了产业的连续性与文化传承。

北京百工坊以大师工作室、民间艺人、企业机构为主要经营结构，利用大师工作室的品牌运营模式，通过工艺美术大师的品牌效应，带动客流量的增加，从而带动整个坊内工艺美术产业的发展。京城百工坊一期项目，于2003年11月26日正式开坊，共汇集了50多个艺术门类，设置30多间大师工作室和特色工坊，引来多名大师入驻，陆续接待中外各界游客数万人，举办了学术研讨、藏品拍卖、大师讲座、宝石鉴定、设计大赛、传统工艺体验等多种活动。百工坊老北京胡同风格的布局，浓厚的文化和艺术氛围，使众多游客徜徉其间，观摩手工艺人的技艺表演，了解各种手工艺品的文化背景和制作过程，欣赏精美绝伦的手工艺品，感受中国传统文化的博大精深。国际旅游联合会主席埃里克·杜吕克在这里参观后，欣然命笔："这里是中华人民共和国的卢浮宫。"①

3. 历史情境类——维护历史情境，追踪往日生活

随着信息社会的到来，人们的生活方式因此发生了彻底的转变，紧张而快节奏的都市生活、激烈的生活变革令人们不时陷入迷茫，甚至失去了对文化的认同与归属，人们渴望平静而安逸，渴望了解历史与过去，怀旧

---

① 《京城百工坊——中国传统文化体验之旅》，http://www.visitbeijing.com.cn/a1/a-XDGZYJ0D35013B2910D950，2012-09-27。

情感在某种程度上增长着。而历史追踪型的工业遗产保护开发模式正满足了公众的这一精神文化需求，这其中主要有工业博物馆、工业主题公园两种具体形式。它们均以维护历史情境、展示历史本原为发展目标，但在具体的开发方式、特征表现方面存在一定差异。

博物馆是社会教育、文化传播的重要场所，将工业遗产改造为工业博物馆既是对遗产资源的保护，也是遗产保护性开发的重要方式。在文物及建筑群集中的区域可建现场博物馆，把原来部分工业遗产形态保存下来，改造为相关用途的场所，即厂房和设施基本保持原样，保留一部分原有的功能，展示一些工艺生产过程，使游客直接现场感知。这种展示是非常有历史意义和价值的，在原址上修建工业博物馆，因为保留原有的工作条件和地域背景，从而活化了工业区的历史感和真实感，同时也激发参与感和认同感，比在传统博物馆中展出旧有物品更方便，也更生动。事实上，工业博物馆已成为国际现代化都市中不可缺少的一种历史景观。通过建博物馆，还可以更好地展示那些不适合原址保护的可移动工业遗产，如细小的机械设备、企业证章文书、工人生产生活用品等，以更加全面生动的方式将工业化历史展现给参观者。

将工业遗产改造成主题公园，还能改善地区生态环境，可以将被工业隔离的城市区域联系起来，实现休闲绿地的功能，满足市民休闲娱乐的需要。可以说，这类公园一方面承袭了历史上辉煌的工业文明，另一方面又将工业遗产的改造融入现代生活之中。因此，这些工业遗产的再利用并不仅仅是改变它荒凉的外貌，还与人们丰富多彩的现代生活紧密联系在一起，成为城市全新的公共景观。

从目前北京这一类开发保护的实践来看，主要典型遗产包括：

首云国家矿山公园①则是迄今为止国内少有的工业遗产主题公园，是北京乃至全国范围内的铁矿作业与主题旅游同步实施的首例，也是北京第一座依托工业遗产资源进行开发建设的大型户外主题公园，共耗资4.04亿元，占地5200亩(约3.47平方千米)，隶属于北京首云铁矿，距密云县城

① 原首钢密云铁矿。

16千米，距北京80千米。它以矿业旅游为主题，以运动旅游为内容，以体验式主题活动为载体，集矿业观光、娱乐休闲、拓展培训于一体，主要展区由矿业遗迹区、地质遗迹区、工业生产区和旅游接待区四大景区组成，为工业遗产开发、工业旅游做出了全新的诠释。

图6-8　北京铁矿博物馆

图6-9　仍在开采中的密云铁矿

首云铁矿始建于1959年，是一座集采矿、选矿、竖炉焙烧连续生产工艺为一体的国有中型冶金矿山企业，曾隶属于北京市冶金局和首钢总公司。其主要产品为铁精粉和氧化球团矿，一直以来都是“傻大黑粗、粉尘污染和枯燥危险”的传统矿冶企业。2005年，为建设绿色北京，企业编制矿山发展的第十一个五年规划后，决定全面开展“深部开采、国家级矿山公园和人才工程的建设”①工作，挖掘企业的工业遗产资源，使企业成为百年大型冶金生态矿山。铁矿的产业结构也随之改变，以矿业为主，旅游、休闲、服务业为辅；产权结构从国有企业转变为允许私营资本进入的产权

① 《北京首云铁矿　工业旅游成就百年矿山》，载《地质勘查导报》，2007-05-22。

多元化企业。企业先后投资1亿元，历时三年对矿区进行工业遗产的开发保护、矿区生态治理，2004年做出总体规划，2006年建设了生活区，经过环境改制以及综合治理、修复，首云铁矿生产区道路、厂房和堤坝的绿化面积达到70多万平方米。并利用旧有办公楼、招待所改建成的铁矿博物馆、参观服务区，在保持历史风貌的同时能够为观众提供一流的参观服务。2007年"五一黄金周"，北京首云矿山公园正式对外开放。

此后三年经过不断建设，首云矿山公园逐步成为一处以铁矿文化为主题，以运动旅游为主要内容，以体验式主题活动为载体，集矿业观光、娱乐体验、休闲拓展、专业定向培训、矿山文化宣传于一体的主题文化旅游区。园内一步一景，每一处都是铁矿文化的天然教科书，让游客从探索锅碗瓢勺的来源开始，亲身体验"钢铁之源"的独特魅力，感受采矿业的历史变迁。

投资700万元建成的铁矿博物馆坐落在首云铁矿办公区内，馆内以实物、图片、影视等多种方式展示了该矿开发建设历史和矿山勘探开采技术的发展历程。该企业的发展历程坎坷而曲折，在"大跃进"中筹建，因三年经济困难而被迫停建，国民经济恢复调整中的复建，"文化大革命"期间排除干扰扩建以及投产，21世纪以来适应环保的需求改建，其发展步伐与整个中国经济的总体走势完全吻合，是50余年来北京乃至全国工业发展的集中缩影与晴雨表。

为增加工业遗产保护资金来源，首云铁矿还在园区内还开发了一系列独具特色的参观项目：矿区观景台可以使游客更好地了解铁矿开采的全貌；保存了部分采用传统开采工艺的矿区，使游客能够近距离走进生产，体验钢铁是怎样炼成的；垂直深度达到300多米的露天矿坑，独特的环保措施，循环使用的节水工程，变废为宝的尾矿综合利用等，都是首云国家矿山公园为游客呈现的精彩内容。此外，攀岩、天梯、空中抓杠、高空速降、空中断桥、合力过桥等国内外体验类活动一应俱全，满足了不同类型旅客的个性化需要，吸引着越来越多的历史爱好者、旅游爱好者的到来。

如今在这座仍保持年产矿石50多万吨生产能力、年利润超过8000万元的矿山之中，已经看不到傻大黑粗、粉尘污染和枯燥危险的工业生产，看到的是百年生态矿山的生机盎然和其乐融融，看到的是几代矿山工人忘我劳动、艰苦奋斗的创业历程。

2012年，首云铁矿公园成功申报为国家矿山公园，并于当年10月正式揭牌开园。工业遗产资源的产业化运作开发，令首云铁矿进入可持续发展的新阶段，工业遗产蕴藏的经济潜力得到充分展示，这一案例也为国内其他资源日益枯竭的厂矿进行产业转移、工业遗产保护提供了有益借鉴。

图6-10 博物馆内展现矿区早期勘探、开采模型

图6-11 停放在矿山公园中锈迹斑斑的运矿机车

除此之外，北京采用历史情境类开发模式的典型性工业遗产还有首钢厂史展览馆、北京铁路博物馆、门头沟煤矿矿史陈列馆、京张铁路青龙桥车站等，拟采取此类模式进行保护开发的工业遗产则有北京焦化厂、门头沟矿区等。

4. 空间利用类——转变职能，服务社会

工业遗产资源往往占地和建筑面积较大，具有一定的区位优势，因之可以植入新型产业，承担全新的建筑职能，遗产已得到较好的保护，又充分发挥其社会经济效益。这种开发模式尤其适用于那些位于城市核心区、繁华闹市黄金地段或交通便利、面积较大且历史文化价值相对较低的工业遗产资源，将之改造为高新科技园区、城市商务区、现代物流基地、市政与交通基础设施、现代服务业。这种利用模式，一方面可以保障土地拥有者获得较高经济收益，维持企业正常运营，避免因片面保护加重企业负担；另一方面也可以最大限度地保持工业遗产历史风貌，避免因商业开发、土地出让、房地产建设带来的巨大破坏。这是在当前政策环境与经济发展水平下，较能调动社会各界积极性，和谐共赢的开发模式，有利于促进工业遗产保护的可持续发展，又由于其较好地兼顾了社会效益与经济效益，因而得到越来越广泛的赞赏和应用。工业遗产空置的厂房还可以用于建立高科技园区，发展与北京城市发展相协调的高科技产业，或为发展高科技产业服务。一些工业遗产也可以直接作为冶金、机械、化工、纺织、电子和其他专业大专院校实习学生的实习基地，使后人更加清晰地看到北京工业的发展轨迹。

如奥运沙滩排球场①选址在北京朝阳公园内的煤气用具厂的旧址上，体现了节俭办奥运的精神，是北京工业遗址保护的一个典范。

煤气用具厂建于 1960 年，2004 年整体迁出，留下一片厂区和多栋工厂建筑。设计单位对旧厂房及设施现状进行深入研究后，将三座老旧厂房进行了重新改造设计，分别作为奥运会中贵宾、运动员及赛事管理、安保、技术和媒体用房，与由厂区改建成的沙滩排球场共同为比赛服务。区域内的大树及压缩空气储存罐、龙门吊等工业遗迹景观也得到了保护性的处理。奥运比赛结束后，沙滩排球场改建成了以沙滩浴场为核心的沙滩主题乐园，使这座奥运场馆成为朝阳公园内新的景观。此外，作为奥运会沙滩排球主赛场的附属用房使用的三座老旧厂房，在奥运会结束后被改造为朝阳规划艺术馆。改造设计融入了科技和绿色理念，在延续原有老厂房空间格局的同时，注入创意元素，通过加盖形似祥云的低辐射玻璃屋顶，巧妙地将三座老厂房连接为一个整体，改造中特别注意保护原工业建筑的历史风貌，勾起人们对逝去时代的追忆。这种厂房改造，成为北京市老厂房改造转型再利用的典范，奥运场馆赛后经营再利用的杰出代表。

图 6-12　北京朝阳规划艺术馆

图 6-13　奥运期间由旧工厂改造而成的北京沙滩排球场

① 原北京煤气用具厂。

采用综合利用空间利用模式进行工业遗产保护开发较为成功的案例还有北京 DRC 产业基地①、北京白孔雀艺术世界②、西城区西长安街社区服务中心③。

三、北京工业遗产保护利用的问题及困境

虽然北京在工业遗产保护和再利用方面取得了一些成绩，但是在急速的城市化进程中，短期经济效益与遗产保护之间的博弈从未停止过。开发建设中经济效益至上，还是保护利用，以文化效益为主，二者之间的斗争从未停止过，许多有价值的工业遗产在这场战争中一批批轰然倒下，原本工业遗产就不甚丰富的北京城内，许多有价值的工业建筑在漠然的目光中被摧毁，特别是 21 世纪以来房地产业迅猛发展，北京的老工业区因其较好的城市区位和低廉的拆迁成本被大量更新用作房地产开发，众多有价值的工业遗产被拆除，令人心痛，令人瞠目。工业遗产保护迫在眉睫。北京工业遗产保护工作还有很长的路要走，需要我们正视现实，仔细认清工业遗产保护开发工作所处的困境及其面临的严峻挑战，有针对性地开展进一步的保护开发工作。纵观目前北京工业遗产保护工作中存在的问题，大致包含以下诸方面。

1. 工业遗产管理存在严重问题

首先，由于工业遗产种类多、分布广、认定过程复杂，绝大多数工业遗产尚未被认定为文物保护单位，它们又大多位于城市黄金地带，曾经是大中型国有企业，受规划、建设、房管、城管、国资委、发改委等诸多政府部门管理，甚至有些遗产的产权也属于这些部门，这就导致那些未被界定为文物、未受到重视的工业建筑物和相关遗存不能享受文物级待遇。同时，由于部门间存在利益纷争，工业遗产管理的责任和权力分配时常出现重叠或交错，造成管理主体多元化，上级主管部门众多，管理权分散混

① 原邮电部北京电话器材厂。

② 原北京工艺美术厂。

③ 原 701 厂。

乱。复杂的管理体制造成工业遗产问题谁都管，谁都可以不管，其结果是谁都可以对遗产指手画脚，但又都对遗产破坏不负责任。对工业遗产的保护开发缺乏统一的科学规划和统筹管理，各部门依照自身工作需要对工业遗产问题提出的有关政策意见未必科学合理，有时甚至相互牴牾，阻碍了正常的保护开发工作。

其次，由于北京工业遗产保护工作起步较晚，现行的北京城市规划管理体系还没有将工业遗址保护列入规划的范围之内，工业遗产管理涉及的相关法律法规还很不完善，于是造成具体管理每每陷入无章可循的尴尬境地。如2007年北京双合盛啤酒厂麦芽塔被毁，即由于缺乏相关法律依据，而使开发商逃脱了法律的制裁。法律的漏洞与缺失令众多缺乏社会责任意识的开发商、企业经营者可以任意采取破坏工业遗产的行动。

最后，由于缺乏科学的工业遗产价值评价体系与翔实可靠的工业遗产信息，北京工业遗产资源的家底不清，工业遗产管理存在严重滞后性与盲目性。随着岁月的流逝和城市建设的扩展，到底还保存着多少基本完好的工业遗产？它们各自的建造年代、历史沿革、建筑风格、保存状况、精神内涵和美学价值究竟如何？凡此种种，恐怕是一笔谁也说不清楚的“糊涂账”。显然，资源家底不清，就难以做到科学、合理、有效的开发利用，也就阻碍了北京工业遗产研究的深入，使得保护开发带有很强的盲目性。

2. 保护思路的争议，重开发轻保护倾向明显

对于工业遗产的保护思路，国际学术界曾存在激烈争议，并往往会陷入两个极端：一是历史性精品大多以文物展品的形式“冷冻”保护起来，采用消极静态的“博物馆”保护方式，讲究其历史原真性、注重可逆性保护原则，被戏称为“福尔马林式”的保护模式。但仅用博物馆这个载体来保护工业遗产是有很大局限性的，因为博物馆很难实现遗产地的保护，而且博物馆往往意味着这些遗产是过去时，跟当代再没有联系，只是供人凭吊的历史，过分注重了传承历史文化传统，乃至使之逐渐成为社会经济的沉重负担。因此，对工业遗产不能单纯地保护，更好的方法应当是积极地重新利用这些资本，为之注入新的功能，使之焕发活力，同时要尽可能地保留建筑的空间特征和它所携带的历史信息，从而让其在新的面貌下实现历史环境的复苏。另一个极端则是为“提升”既有工业遗产的观感与价值，对其进行全面改造，不少有价值的工业遗产在此种模式下，由于人们的浅薄和相关法条的缺失等原因而遭到破坏。近代工业遗产是城市文化的构成要素，是城市近现代化发展的历史见证，同时与整个城市的和谐发展有着密不可分的联系，将工业区、旧城区等历史地段推倒重来，这种将历史环境和历史景观全部打造一新的改造方式显然使城市失去了深厚的历史积淀。如果原有工业遗产由于经济和功能等现实原因都被拆毁了，那么保护历史文化、传承历史文化也就变成了一纸空谈。

越来越多的学者认为，应当以“保留—再利用—再创造”的思想对待具有重大历史价值的工业遗产，使它在城市现代化的建设中成为具有地域特色与历史积淀的文化遗存。从国外现有工业遗产保护的成功案例看，绝大多数都试图以一种“活化”的方式重新寻找到灵感，在保护与开发之间谋求一种平衡。

然而，这种理想层面的平衡在北京工业遗产的保护中并未能完美实现，人们考虑更多的是如何最大限度挖掘工业遗产的潜在经济价值，重开发轻保护的倾向一直十分明显，这和近年来国内各地风行的“申遗热”有几分相似之处。显然，这种保护利用思路与工业遗产保护的最初目的是背道而驰的，丧失了其基本的公益性质。前些年曾有学者大声疾呼，我国既有的“重申报、轻管理、轻保护”的文化遗产保护思路应当改变，因为“在中国式申遗的框架中，各地申报的世界遗产项目一旦成功，便往往开始一味地无序开发，把世界遗产当作摇钱树，日渐背离原本遗产保护的承诺。一些世界文化遗产明明已经不堪重负，管理者偏偏熟视无睹，在强烈的利益驱动下，罔顾世界文化遗产的安危。”①这同样适用于当前的北京工业遗产的保护工作。风起云涌的工业遗产开发浪潮并未给北京工业遗产带来太多的福音，相反，其消极影响并不亚于传统拆迁改造对工业遗产的破坏。

让工业遗产维持并延续原有的使用功能是最好的保护方式之一。对工业遗产的保护，不应该只是保护那些历史建筑、陈旧设施的躯壳，还应该

① 李世顶：《“申遗热”究竟有多热?》，载《人民日报(海外版)》，2007-08-14。

保存它们承载的历史氛围、文化和古朴技术，这也是对文化多样性的一种肯定。总之，功利化、旅游化、趋利化的遗产开发思路应当予以适当的修正。

3. 保护开发观念相对落后，低级转换、照搬既有模式现象较为普遍

从北京工业遗产保护开发取得的阶段性成果看，虽然已经摸索出一些保护开发的经验，但从整体看，北京工业遗产保护开发模式仍显单一，缺乏合理的规划研究，对工业遗产的再利用多停留在较低层次的功能转换上，更有大批企业单位照搬工业遗产保护开发的既有模式。在798成名之后，创意产业变得炙手可热，于是众多企业争先恐后将废弃的工业建筑进行简单修缮，挂上时髦的创意产业园招牌，全社会形成一股“创意产业热”与“工业遗产开发热”。然而，这种所谓的工业遗产开发，究其实质不过是简单的土地和房屋出租，多数投资者看重的也仅仅是老工业区内相对廉价的地皮，真正深入挖掘、利用工业遗产资源的则寥寥无几。事实上，由于每一处工业遗产都有各自不同的历史轨迹与文化价值，任何一处工业遗产开发的成功，均是多重因素共同作用的结果，带有一定的偶然性与特殊性，无法完全复制。假如缺失了企业生产的背景、部分艺术家的青睐、政府的高度重视、媒体的报道与宣传、公众工业遗产保护意识加强等契机中任何一个环节，很难确定798能否取得今日的辉煌。僵化地照搬既有模式，不仅反映了决策者创造力的缺失，更将对整个工业遗产保护开发带来严重后果。任何产业终会有其发展极限，即使是新兴的文化创意产业，其市场容量也是有限的，艺术家、设计师群体毕竟是社会群体中的小部分，当文化创意产业市场日趋饱和时，越来越多的工业遗产被改造为文化创意产业园的后果可想而知。相似的主题，缺乏独创性，文化产品档次的鱼龙混杂，市场的同质化恶性竞争，公众的审美疲劳与远离，边界模糊、业态畸形的“功能混合”，在竭力追求商业规模和广告效应的同时，工业遗产作为文化传承载体的基本功能被边缘化，最终将对文化产业和相关工业遗产的生存造成不可估量的破坏。

此外，由于工业遗产保护开发观念落后和措施失当造成的开发活动中不注重工业遗产的整体性保护，忽视工业遗产内在文化精神的传承与非物质遗产保护，片面追求工业遗产的始状而不惜作伪造假，以致破坏原有历史情境等现象仍时有发生。人们为保护工业遗产做出了种种努力，却又不可避免地事倍功半，与国际先进水平的差距仍十分明显。在国人仍在为特定工业建筑的存废进行争执时，英国的伯明翰工业区、德国的鲁尔工业区等大批整体性工业遗产保护工程已经完成，其中很多成功入选世界人类文化遗产名录，其历史文化价值得到世人的公认。

更有甚者，一些保护项目急功近利，一味迎合政策环境，追随开发商的商业意图和市场预期，定位偏激、主题缺失，偏离了城市功能和社区生活的需求，违背了工业遗产保护和开发利用的基本原则，甚至违反相关规划确定的用地性质和指标，违反产业、社会、环保等相关政策法规，造成了不可估量的损失。由于缺乏完整合理、切合实际的定位，许多地方以投资效益或商业利益为基准，不断对既定保护范围和开发目标进行任意调整，这必然在实施中引发各种社会、经济矛盾，直至陷入难以摆脱的恶性循环。例如，建立于2007年的北京尚8文化创意产业园系租赁北京市电线电缆总厂闲置厂房而创建，位于CBD核心商圈，区位条件十分优越，园区设立伊始就备受关注，一时间门庭若市，市场反应火爆。然而由于投资方对园区运行方向定位不准，企业准入相对宽松，致使园区业态混乱，运行管理有失规范，加之产权责任界定不明，最终遭遇园区提前关闭，被强令拆除的厄运。

4. 保护主体的缺失与乏力，利益分配不均严重阻碍了工业遗产的保护开发

北京工业遗产保护开发面临的另一难题是工业遗产保护主体的不明确、利益的分配不均以及政府在工业遗产保护工作中的缺失，它们是威胁北京工业遗产保护开发持续健康发展的深层原因。其实无论工业遗产的保护、开发以致破坏，始终贯穿其中的纠纷主线就是利益的分配，工业遗产的存废兴衰很大程度上取决于各方经济利益上的博弈。

工业遗产，尤其那些“活”遗产，是企业的基本生产资料，其产权属于企业，企业拥有处置它们的权力。通常情况下，这类工业遗产的产权所有单位多系老企业，希冀通过工业遗产的出让(主要是土地使用权的转让)获取可观的资金来改善职工待遇，促进企业发展，这种要求十分现实，并无可非难之处；开发商则希冀通过工业用地的改造获取更大的商业利益，也似合理；部分地方政府则希望通过工业区改造达到改善城市环境、繁荣区域经济的政绩目标，并通过国有土地出让获取丰厚的财政收入，也无可厚非。但很明显，这种利益分配思路的指向是利润和收益，最终导致的结果看似各方皆大欢喜，利益均沾，实际上偏离了“两手抓，两手都要硬”的轨道，忘记了文化传统在社会和经济发展中的虽隐形但却至关重要的作用，从而使得宝贵的工业遗产灰飞烟灭，公众利益受到无情的践踏与摒弃，民族文化和传统遭到破坏。

事实上，工业遗产保护开发具有很强的公益性，这就决定了政府必须在工业遗产保护中发挥主导作用，必须充当工业遗产保护开发中的倡导者、管理者、仲裁者，以协调各方利益，并导引各方的行动。在工业遗产管理过程中，政府应充分把握现实利益与长远利益、公众利益与少部分人经济利益的相互平衡，在尊重和维护社会公众利益的前提下，充分考虑工业遗产保护开发涉及的各方的合理利益关切，运用政府行为对工业遗产的破坏行为予以制裁，对积极从事工业遗产保护的企业个人给予精神上的嘉勉与物质上的支持，对因遗产保护而付出经济牺牲者应给予适当的补偿，从而实现工业遗产保护中基本的合理的利益共享，实现保护开发的可持续进行。

事实证明，政府的缺位，主体地位不明，任由市场自我调节，并不能实现工业遗产的有效保护。在已经实施的工业遗产保护项目中，以2000年成立的北京自来水博物馆为例，其建立时曾备受中外学界好评，但由于没有明确的保护管理主体、缺乏良好的管理运营机制，保护经费主要依靠北京自来水公司“以生产养遗产”，企业在承担起相应社会责任时，背负的是沉重的经济负担，保护积极性大受影响。

至于工业遗产保护的重要环节——文物的征集与收藏，也由于保护主体不明，利益分配不均而面临重重困难。以文物征集的重镇首都博物馆为例，该馆从2001年开始着手征集工业遗产相关文物，历时五年，获取的相关档案资料、机器等也只有不到100件，进展非常缓慢。首博文物征集部主任王春城曾感慨："开展调研项目以来，受到颇多阻力，吃闭门羹是经常的事。"北京生产的第一辆小轿车是"北汽摩"生产的，井冈山牌轿车。1958年第一辆井冈山牌小轿车下线后，结束了北京不产汽车的历史。这辆小车是一件见证北京工业发展的重要文物，王春城经过实地考察，发现这辆汽车静静地躺在库房中，并没有得到很好的利用，于是和企业商洽是否能将其送入博物馆，结果企业开出1亿元的天价收购费，使得博物馆望而却步。"这辆车确实是新中国工业发展的重要见证，企业开出这样的天价我们也能理解，但是我们确实没有那么多资金去把它征集来。"[①]于是这件文物的征集只能搁置，其未来命运如何将很难预料。

当金钱成为人们唯一追求的对象时，世界是可怕的。然而在市场经济的今天，横流的物欲冲击着社会的每一个角落，利益交织在我们的生活中，我们又不得不立足于略带悲剧性的现实社会，去思考关于工业遗产保护的现实的可行的策略。

5. 市民工业遗产保护意识的淡薄与公众参与的缺失

通过以问卷为主要形式的实地调查和对大量媒体报道的阅览分析，我们深切地感受到了，普通市民工业遗产认知非常匮乏，绝大部分人并不清楚工业遗产的内涵，只能通过具体事物来辨识，也就是说他们对工业遗产尚无明确的清晰认识。认识指导行动，在无明确认识的基础上，就不可能积极关注工业遗产保护。通过第五章的阐述可知，对工业遗产保护"不太关注"和"不关注"的人竟然将近70%，还有将近5%的人对此持"无所谓"的态度，两者相加占到了绝大多数。虽然调查又显示有80%的人认为工业遗产保护"很有必要"和"必要"，但是没有明确指导思想的人的行为不可能是理性的，自觉的，也就是说，当他们遭遇工业遗产破坏行为时，可能会因为认识的模糊而不采取行动，或者根本意识不到问题的存在。北京居民这种工业遗产保护意识的淡薄，以及政府导引的缺位，导致保护利用工作中民众参与的缺失，这是北京工业遗产保护面临的又一个挑战。

---

① 张然：《北京工业遗产亟待保护 首博征集工业文物困难重重》，载《北京娱乐信报》，2006-12-31。

造成民众参与缺失的原因是多方面的，除了受社会经济发展水平、传统习惯认识等因素影响外，首先工业遗产出现的特点、时代背景、社会条件和自身特性等也决定了工业遗产的保护价值很难在短时间内被民众认识，并得到社会各界的肯定与认同。

一些古代文化遗产之所以令人们“怜香惜玉”，甚至是狂热追捧，是因为它们有着明显的外在“美”，譬如北京的皇家宫殿和园林，以苏州园林为代表的私人园林，五台山、九华山等古代庙宇，以及长城等古代军事建筑和晋中、江南民居等，之所以被热捧甚至拥趸，就在于其外在的美可以令人一目了然。它们或雄健浑厚，或灵动秀美，即使人们没有太高的文化水平，没有太多的审美知识，也能很快心生快意，并产生热爱之情。而工业遗产偏偏缺乏这种人们习惯了的、传统意义上的美态，工业遗产建筑的外观多以粗犷、朴实为主，远不如古建筑艺术考究，有工厂存在的地区景观被厂房、车间、烟囱和冷却塔等一连串的工业建筑主导支配着。它们创造的景观看起来像是自然灾害或历史失败的象征，很难征服人们爱美的心，也就很难令人能够静下心来领悟其内在的美和对历史发展的巨大贡献。

其次，工业设施通常是为了特定的生产目的而设计和建造的。钢铁厂、纺织厂、发电厂、矿山、铁路等，其建筑布局、空间大小必须符合生产的需要，因而这些建筑的面貌也反映出特定的需求，同时也就造就了工业建筑的局限性，当这些工厂“下岗”后，人们一时找不到适合的“岗位”让它们“再就业”时，或者说还没有意识到它们丰富的内涵而珍视时，工业遗产就被认为是“废弃物”，甚至是有害物，譬如化工厂等停产后会有一些有毒物质的积存，这会给人们带来心理上的恐惧，必欲除之而后快。于是，在经济利益的驱动下，解决这些傻大黑粗的大块头的最快捷省钱的方法就是推倒拆毁，在原有地皮上建立起符合需要或者能够带来客观经济效益的新建筑。

最后，近现代工业遗产的价值具有明显的隐性特征，识读这些工业遗产的价值需要专业的知识和较为特殊的人生经历，一般人很难把工业遗产与历史文化的积淀联系在一起，也想不到它们可以作为文化遗产而列入保护之列。近年来，由于人口流动性的加强，北京的人口构成更加多元复杂，而对于那些没有经历过北京工业化时代、缺乏对北京历史认同的人来说，更是很难产生亲切感，而这部分人又占到了北京人口的较大比例，他们很难理解那些自幼生长在北京的同龄人对老厂房、旧设备发自内心的依恋，对曾经火红年代的怀念。

公众对于工业遗产保护意识的淡薄，对北京工业遗产保护的整体影响是隐性但却重大且深远的，没有市民的普遍认同和参与，北京工业遗产保护就会成为无源之水、无本之木，失去根本的依靠力量与推动力量，也就无法最终实现保护的根本目的——传承文化，见证历史。

6. 理论研究的滞后与专业人才的缺乏

英国是世界工业化的鼻祖，早在19世纪末期其学术界就形成了针对工业遗产问题的专门学科——工业考古学，该学科强调对近250年来的工业革命和工业大发展时期物质性工业遗迹和遗物的记录和保护，众多学者运用跨学科的理论方法考察工业遗产的历史变迁，运用实物与文献档案结合的方法综合考察、探究工业遗产保护开发的最新理论和方法。随着工业考古学的发展，英国的工业文物保护范围也不断向更广泛的领域扩展，涉及能源动力产业、农产品加工工厂以及纺织、化工、陶瓷等生产领域，甚至工人的住房、工厂主的管理和办公大楼都可以成为工业文化遗产而得到重视和保护。正是工业考古学的发展推动了英国民众的“工业遗产”意识，使得英国的工业遗产保护开发事业始终走在世界的前列。

反观我国，虽然学术界已经就工业遗产保护问题展开了一系列富于建设性的积极探讨，也取得了不菲的成果，但目前学界的研究视域多局限于单一学科范畴，类似英国工业考古学一类的针对工业遗产问题的专门性、综合研究的学科体系尚未建成。从工业遗产保护学术历程看，文化遗产研究领域对工业遗产的研究开始较晚，当前中国工业遗产保护研究和实践前沿的，主要还是建筑学领域的学者，以及一些艺术界、社科界人士和部分民主党派、社会文化团体。也就是说，工业遗产研究较多的附属于城市更新领域或近代建筑研究方向，保护性改造及利用的实践超前于理论研究，介入到工业遗产保护研究领域的学科面还没有完全打开。工业建筑实体的信息，包括建筑的式样风格，建筑内在的空间意涵等往往成为工业遗产最重要的价值取舍要素，而对工业运行过程中采料、生产、仓储、运输、行政机能、后勤服务一系列环节构成的完整的工业生产脉络，却往往因重视程度不够而缺少完整的解读，陷入“工业历史的文本危机”。同时，对于工业遗产本身蕴含深厚的民族文化积淀，在近代中国人民争取民族独立和富强的过程中彰显的民族精神，还缺乏足够的重视和有深度的研判与解读。所以，工业遗产的研究急需其他学科学者的参与，学科建设急需加强，学科发展的广度和深度都有非常大的开拓空间。

另外，对于工业遗产开发利用，不管是用作创意空间还是艺术展演，往往不以工业遗产自身历史和文化价值的展现为出发点，这样的利用不能有效传递工业信息和工业遗产的文化内涵，而是直接切入了“闲置空间再利用”的保存策略中，工厂的历史被忽略了，其在民族工业发展的重要作用和奋斗精神也被忽略了，时日稍久便可能变的无法辨认，乃至销声匿迹。可以说，如果错失了这一波工业遗产保护的机会，对于工业遗产保护理论研究的损失是难以估量的——缺少这些宝贵资料，以后的研究将失去通过实地、实物考察解答疑问、增进认识的机会，失去工业考古以还原历史本来面貌的机会。文物是不可再生的文化资源，远古文物如此，近代的工业文物同样如此。不要因为今天的轻率和鲁莽而给子孙留下太多的遗憾。

四、北京工业遗产保护利用的对策建议

在工业遗存保护方面，北京市已经做了大量积极尝试，对很多工业遗存采取了积极的保护、改造和利用措施，并取得了良好的社会反响。但正如上面所分析的，由于种种原因，北京的工业遗产保护与开发工作仍面临着诸如管理权限混乱、保护观念落后、保护主体缺失、民众保护意识淡薄、学术研究亟待提高等挑战。

(一)北京工业遗产保护的基本原则

针对当前工业遗产保护工作中面临的突出困难，以及近年来北京工业遗产保护取得的经验成果，结合北京工业遗产资源自身的特点与北京城市发展需要，我们认为，对北京工业遗产的保护与开发应贯彻以下基本

原则：

1. 真实性原则

工业遗产同其他文化遗产一样，具有不可复制的唯一性，每一处工业遗存都具有独特的价值，都彰显着不同寻常的独具的社会文化价值。当工业设施最终完成历史使命，失去原有生产功用时，就定格在了特定的时空中，虽无声却承载着丰富、独特的历史信息。1964 年公布的《威尼斯宪章》①指出："人们越来越认识到人类价值的统一性，古代遗迹是我们共同的遗产，为了子孙后代而保护它们，将遗产的真实性完全地传下去是我们的责任。"②2000 年由国际古迹遗址理事会中国国家委员会制定、通过，中国国家文物局批准向社会公布的《中国文物古迹保护准则》中的"保护原则"部分也提到"必须原址保护""尽可能减少干预""保护现存实物原状与历史信息"等原则③。因此对于工业遗产的保护应首先坚持真实性的原则，在客观条件允许的情况下最大限度保持工业遗产的原址原貌，在遗址整体性保护的条件下，不鼓励重建恢复到过去某种状态，人为制造假文物、假遗产，也不鼓励拆建或者移建。只有当社会经济发展有压倒性需要的时候，才考虑拆迁和异地保护。在经过充分科学论证的合理的遗产开发过程中，应尽量做到遗产开发的可逆性，如有不可避免的改变，应完整记录，保存完备的资料，以备日后保护、研究之用，被拆卸的重要元素也须妥善保管。

2. 完整性原则

工业遗产的有效保护不仅有赖于对工业建筑的保护，还有赖于对工业遗产曾经的具体功用、各类工业流程以及附属功用的全面认识，重视对工业遗产相关元素，如机器设备、证章文书、工人用品等文物价值的保存，注重对工业遗产的整体性保护。《下塔吉尔宪章》指出："工业遗产的保护

① 又称为《国际古迹保护与修复宪章》。

② 国家文物局法制处：《国际保护文化遗产法律文件选编》，北京，紫禁城出版社，1993。

③ 国际古迹遗址理事会中国国家委员会：《中国文物古籍保护准则》，北京市文物局网站，2009-04-15。

有赖于景观、功能与工艺流程完整性的维护，任何对工业遗产的开发活动都必须最大限度地保证这一点。如果机器设备或者部件被拆除，或者是构成一致整体的辅助元素遭到破坏，那么工业遗产的价值和真实性将大打折扣。”①可以说，工业遗产的真实性与完整性是相辅相成的，一旦工业遗产的完整性遭到较大破坏，其真实性也必定打折扣，必定影响对其文化遗产价值的认知。工业遗产的开发不应以破坏原有总体环境、风貌为代价，而应是在真实维护其原貌和原始精神的基础上进行，最大限度地保留工业遗产原有的文化风貌、历史情境，以更好地展现工业遗产特性，发挥其应有的历史文化价值、教育价值。有学者指出，798的兴起，使得北京的“工业遗产”不再只停留在一个概念上，但“798”没有与之相联的工人和产业记忆，曾经的机械设备悉数拆除，仅余空旷的厂房车间，充斥着光怪陆离的现代艺术作品。至于偌大的工厂曾经经历过怎样的世事，宏伟的建筑又曾有何功用，创造了怎样的社会财富，这些问题如今的人们即使身在798，恐怕也都无从体会，无从想象，实为798工业遗产开发保护的一大遗憾，而这正是由于缺乏对工业各类元素的适当保留造成的。工业遗产的保留，是对一种生产方式、一个时代记忆的留存，它从物质上说是保护文化的原生态，从精神上可以说是对民族文化、民族精神的认同。

3. 可持续发展原则

工业遗产的保护不同于其他类型文化遗产的保护模式，其保护不能是静止的、消极的保护方法，而应该是动态的、积极的、及时的。由于有些工业遗产仍然处于生产状态，或者说承担着历史遗留的保证工人生存的问题，因而单纯的文物保护往往令产权单位不堪重负，在失去重要的经济利益的同时，保护也就难以为继了。这样，工业遗产保护对于产权单位来说就陷入了两难境地：不产生效益不符合市场经济的发展方向，也不能保证

① 英文原文：“Conservation of the industrial heritage depends on preserving functional integrity, and interventions to an industrial site should therefore aim to maintain this as far as possible. The value and authenticity of an industrial site maybe greatly reduced if machinery or components are removed, or if subsidiary elements which form part of a whole site are destroyed.”

单位的存活，但过度追求经济利益的非理性开发，又必然会损害工业遗产本身的留存。如何在尊重工业遗产原有的格局、结构和特色的条件下，尽可能保持其真实性和完整性，同时又为其注入新的活力，赋予其新的功能与使命，让工业遗产在保护性利用中找到新的平衡点，在保护中利用，以利用促保护，形成保护和开发利用的良性循环，这正是今后工业遗产保护面临的重要课题。

此外，中国工业的发展进程与城市的发展变化进程息息相关，在城市化的巨浪中，对工业遗产孤立性的保护显然难以为继的。工业遗产孕育、发展于城市，对其进行保护和利用必须最终归于城市的功能与空间的组织之中，必须融入城市的发展之中。精心考量工业遗产的保护与利用，使城市整体的功能趋于优化、丰富与完善，进而使工业遗产成为城市功能与空间的有机组成部分，只有这样才能解决工业遗产保护与城市更新与发展之间的矛盾，使融入城市整体功能中的工业遗产不会再成为前进道路上的障碍。因此，既要重视工业遗产对于城市记忆的不可替代性，又要注重合理利用和可持续发展，不是为保护而保护，而是需要采取多样的方式来深挖工业遗产的内涵，并活化地展现工业遗产内涵，才能最终实现利益的相对合理分配，实现社会效益(公众利益)与经济效益(企业经济利益、政府财政收入)的双赢。这需要社会各方综合运用经济、行政两种手段，尽量挖掘工业遗产在历史、社会、科技、经济和审美等诸多方面的价值，赋予其新的内涵与功能，以实现城市经济与工业遗产保护的良性互动发展。

表 6-2　四类工业遗产保护开发模式特征量化评价对比

保护开发模式	经济收益	对既有景观影响	文化传承	适合工业遗产类型
文化产业	较高(5)	最大(1)	较差(1)	综合价值较低、空间资源丰富的工业遗产
科普体验	一般(3)	较小(4)	较好(3)	生产型工业遗产与非物质文化遗产
历史情境	较低(1)	最小(5)	好(5)	典型性、富于较高文物价值的工业遗产
综合利用	高(5)	较大(3)	一般(2)	历史文化价值、区位条件优越的工业遗产

4. 重视非物质文化遗产保护原则

在工业遗产的构成中，除了显性的工业建筑、生产设施外，还有一类遗产资源经常为人所忽略，即大量隐藏在显性资源背后的非物质文化遗产，它们也是北京城市工业产生、发展的重要构件和精神支柱。

北京工业遗产中的非物质文化遗产资源十分丰富。工业遗产见证的是工业文明的技术成就，技术价值是工业遗产区别于其他文化遗产最显著的特征。大量珍贵的近现代工业技术，是北京社会发展和工业生产、技术进步的重要见证，对其后工业和工程技术的发展有着深远的影响。同时，在相当长的历史时期内积淀形成的企业精神、企业文化及企业愿景，也是北京工业遗产的丰厚文化内涵重要组成部分，特别是几代工人阶级在发展工业中彰显的爱国主义、革命精神、创新精神，以及为北京争光、为祖国争气的精神，给后人留下了艰苦奋斗、乐观向上的宝贵精神财富，也深深地印刻在了北京人的记忆、感情与习惯之中。通过保护这些反映工业化时代特征，承载真实和相对完整历史信息的文化资源，既是对民族历史完整性的尊重，也是对近代以来中国传统产业工人历史贡献的纪念和其崇高精神的传承。此外，北京目前拥有大量以工业企业、工业行业命名的道路、桥梁、车站，如化工路、针织路、环铁桥等，虽然大部分企业已经搬迁不复存在，但是保留其名称文化意义很大。透过这些地理名词可以使人们大致了解这一区域曾经的历史脉络和文化内涵。就如骡马市、缸瓦市、菜市口、花市、西直门、宣武门、西单、王府井等承载了古代北京城市信息的街区名称一样，这些工业时代遗留的街区名称，对于品读城市精神、了解城市脉络、甚至仅仅是引起人们的好奇从而导致人们去探索城市文化一样，都是大有裨益的。

总之，必须要提高对保护工业非物质文化遗产重要性的认识，加强对北京工业文化、工业技术史的研究，重视工业历史资料的保护，发挥“时近则易核，地近则迹真”的优势，为北京工业保存珍贵的工业影像、工业文字资料。在此基础上，要加大对北京工业文化的研究力度，加大对工业遗产精神内涵的研究，系统梳理和总结北京的工业精神和优良传统。通过保护和传承工业遗产中所体现的文化内涵，尽量弥补因北京开展此项工作起步较晚以及物质遗产大范围消失造成的损失。

5. 适度原则

所谓适度原则，指工业遗产的保护与开发程度必须与现阶段的社会经济发展水平相适应，保护与开发工作要与城市建设相协调，并力求做到保护观念适当超前，措施具有前瞻性。

当前北京还处于工业化后期阶段，人均GDP虽然位居全国前列，但生产力水平、现代化程度与西方国家大都市相比仍有较大差距，诸如住房、医疗、教育等大量民生问题还亟待解决。为此，人们对于生活水平的提高、生活环境的改善十分迫切，因而对于工业遗产保护这类较高层次的精神文化生活的追求往往不够迫切，也就容易被人们忽视，被相关管理部门置于次要地位，而集中精力于经济发展。这就决定了北京的工业遗产保护暂时处于较低水平，普遍性的工业遗产保护是目前北京所无法承受的。

但工业遗产保护又是时不我待的，如不采取有力措施及时抢救，而是任凭其自生自灭，将很有可能重蹈北京古城墙消失的覆辙，近代以来北京城市工业化的历程将仅仅停留在影像之中，留存于书本里，留存在口述史中，一个时代的物质遗存将有可能葬送在我们这代人手中，而当我们意识到时，已经为时晚矣。因此，不论政府还是民间，都应当不断更新工业遗产保护观念，上下齐心，合理规划，尽最大的努力，牺牲点滴当代的物质享受来换取人类文明的永恒传承。

适度保护原则既不只关心经济利益、物质利益而轻视甚至放弃工业遗产的保护与开发，也不使工业遗产的保护与开发同经济社会发展水平脱离而过分超前与激进，适度保护，适度开发，从宏观和整体上把握和推进工业遗产保护开发和经济社会发展的共同和谐共进。

6. 创意性原则

所谓创意性原则，指在保护开发过程中充分考虑特定工业遗产资源的特性与区位条件，积极发挥自身优势，挖掘潜在价值，因地制宜制定保护开发策略，还要与时俱进，使开发保护更富时代气息与想象力。

工业遗产具有不可复制性，每处工业遗产都因自身独特的“经历”而具有各不相同的历史、技术、社会、建筑等价值。这种独特性要求在保护和开发过程中“量体裁衣”，根据该处工业遗产的特点，结合其所在区域的整体规划，选择最合适的保护和开发模式，制订出最优的方案与实施措施。实践证明，“赶时尚”“窝蜂”，照搬既有开发模式或单纯仿效其他工业遗产开发的成功经验，往往会成东施效颦，无法取得理想的效果。工业遗产是全新的文化资源，对其保护更是前人所未曾经历的，是需要当代人探寻摸索的，而这正是人们展现人类文明智慧与创造力的极好机会，应更好地把握机遇，推进工业遗产的保护开发，创造属于我们这一时代的文化印迹。

(二)北京工业遗产保护的实践

然而，理论是灰色的，实践之树才是长青的。原则再好，也必须付诸实践，在实践中检验，在实践中改善。那么，怎样实践上述原则呢？显然，这是一项任务艰巨、内容繁多的系统工程，需要社会各界长期的共同努力。政府决策部门要科学引导、规范管理；社会文化机构要深入调研、深刻探究，给工业遗产保护利用以智力支持；企业等产权单位要大胆创新、积极实践；市民公众要广泛参与、热情支持，这些都是工业遗产保护开发工作不可或缺的主要支撑和成功的基础条件。

1. 政府部门要加强管理与引导

在民众的工业遗产保护意识较弱、民间力量尚未整合、学界研究有待拓展的时候，政府部门的管理与引导在北京工业遗产保护与开发过程中占据着举足轻重的地位，政府机关的统筹领导，调动社会各方积极因素，会有力地推动工业遗产保护事业稳步前进。

首先，政府部门应切实提升发展观念，转变应对城市更新改造与应对工业产业转型挑战的工作思路，充分认识保护工业遗址的重要性、紧迫性及其富含的巨大市场潜力、经济利益和文化价值。

工业的转型和落后工业企业的退出，是首都经济发展的必然选择，但在这些企业退出之后所遗留下来的厂房、设施是记录北京城市发展，特别是近现代发展史不可或缺的文化遗产，它们同其他的文化遗产一样，是一个时代的象征，具有很深的历史底蕴和文化内涵。加强工业遗址的保护，挖掘并弘扬其中的精神遗产，是建设社会主义先进文化、构建社会主义和谐社会的必然要求。要从对历史负责、传承文脉的高度，从加强新时代中国特色社会主义文化建设的高度，充分且深刻地认识到保护工业遗产的重要性。我国现在正处于经济社会快速发展的重要时期，这是对工业遗产进行保护和利用的良好机遇。但更应认识到，工业遗产正面临着前所未有的危险。城市的更新和转型升级，市场经济的冲击带来的挑战，给老企业的冲击是巨大且致命的，很多老旧企业都希望通过出让土地获取利润并实现新生，在这个进程中如果工业遗产得不到合理、科学的保护和利用，就会遭受到无法挽回的毁灭性打击。这就需要政府部门认识到当前和今后一个时期是保护和利用工业遗产的关键时期，尤其是工业遗产的保护更加具有现实性和紧迫性。政府部门应当从经济社会长远发展的角度提高对工业遗产价值的认识。工业遗产的保护与经济的发展并非是不可兼得的，二者之间的矛盾是可调和的。对工业遗产进行合理的开发和利用，不但不会成为经济发展和人民生活水平提高的障碍和累赘，反而能够促进老旧工厂的改造和重生，提高企业效益，亦能完善城市功能，优化空间利用，还能丰富人民的精神文化生活，传承历史记忆，弘扬社会主义文化，实现物质利益和精神利益上的双赢。政府部门只有首先从观念上完善自身，与时俱进，深谋远虑，才能正确认识工业遗产中蕴含的价值与机遇，正确认识工业遗产保护的重要性和紧迫性，正确认识和处理工业遗产的保护与利用和经济社会发展之间的关系，进一步完善管理体制和规范，落实相关政策措施。

其次，政府应建立统筹负责工业遗产保护的综合性行政机构，形成相对完善的工业遗产管理体制。当前，工业遗产的管理上存在多头管理、权责不明的问题。实际上，我国工业遗产管理体制并没有形成独立的体系，仍然主要依附于文物管理系统①。但是，工业遗产本身并不同于一般的文物，且很多工业遗产没有被列为文物保护单位，通过文物管理的系统和方式去管理工业文化遗产，必然会产生很多疏漏和问题。工业遗产的实际管理会涉及市县两级的文物、园林、建设、工业、国有资产等诸多政府部

① 张京成、刘利永、刘光宇：《工业遗产的保护与利用——“创意经济时代”的视角》，150页，北京，北京大学出版社，2013。

门。具体工作中往往会出现相互推诿、管理重叠或缺失、政策措施不衔接甚至抵牾冲突等问题，最终受害的还是工业遗产。因此，政府有必要建立相对完善的工业遗产管理体制，对各部门的职责与权限做出明确详细的规定，使各部门之间权责明晰，相互衔接，相互配合。同时，应建立健全工业遗产保护责任制度，在由于保护措施不力使工业遗产出现重大损失的时候，应当及时向相关职能部门及其主要负责人问责。此外，在不增加行政编制和财政支出的情况下，政府应立足现有行政资源，加以整合、优化，在市政府成立一个综合性行政机构负责此项工作，统筹北京市工业遗产的保护与开发工作。这样的一个综合性行政机构，有利于集中利用各部门的优势资源进行科学决策，有利于协调、加强各部门之间的联系与沟通，提高工作效率和质量，进而真正做到及时、科学、有效地对工业遗址采取保护措施，合理、适度地对工业遗产进行开发利用。

最后，政府应实施具体切实有效的政策、措施，对工业遗产的保护与利用进行全方位的管理与引导。

一是牵头并配合社会文化机构对北京全市的工业文化遗产进行全面的调查，并建立工业遗产登录制度和评价标准。登录制度是对除指定的文保单位外的文化遗产进行预备保护的制度。这项相对成熟的文保制度不但适用于其他文物，同样适用于工业遗产，实施登录制度，就扩大了工业遗产保护的范畴，能够将更多的工业遗产纳入保护的视野，将单一的指定保护提升到全面的、多类型的广义性保护。目前北京市内的绝大部分工业遗产并没有被评定为文物保护单位，这使得这些工业遗产并不受到法律的保护。工业遗产《北京市工业遗产保护与再利用工作导则》中指出：“凡列入文物保护单位的工业遗产，其保护、使用应遵循《中华人民共和国文物保护法》的规定。对尚未列入不可移动文物的工业遗产，根据遗产价值及经济利用价值的不同，分为三个等级，并在符合不可移动文物的条件下，可申报为各级文物保护单位。”[1]而登录制度正是让更多类型的文化遗产在进

① 《关于印发〈北京市工业遗产保护与再利用工作导则〉的通知》，北京市文物局网站，2009-04-15。

行法定保护前登录在册，从而为其最终纳入法定保护创造条件。为实现对工业遗产的登录，首先，应由政府牵头并配合社会文化机构对北京市工业遗产进行普查，全面了解工业遗产的整体状况和个体信息。其次，政府部门应建立工业遗产评价标准，分析认定工业遗产的历史、技术、文化、经济、社会等方面的价值，最终提出工业遗产登录名单。《工作导则》中将北京市工业遗产分为三个等级："优秀近现代建筑类工业遗产，即符合优秀近现代建筑标准的工业遗产"，"遗产价值突出的工业遗存，即与北京工业发展密切相关的、具有突出的发展阶段标志性和行业代表性的遗存"，"再利用价值突出的工业遗存，即虽然遗产价值不突出，但可利用空间大、便于改造、再利用价值突出的工业遗存"。在这种评价分级的基础上，应建立工业遗产分级管理制度，对登录名单中不同等级的工业遗产区别对待，从而优化资源配置、提高管理效率。① 最后，对登录名单中符合申报各级文物保护单位的工业遗产由文物部门组织论证，尽快纳入法律保护的范围；而对没有纳入指定保护的工业遗产，也应该进行管理控制，制定相应的保护措施，对保护和利用进行监督和引导。

二是制定和完善北京市工业遗产保护和利用的整体规划。总体来看，当前北京的工业遗产保护与利用多是自发的、孤立的，既无整体的规划，没有与周边环境有机连接，也没有融入城市的建设发展之中，这使得工业遗产的保护与利用和城市的空间与功能脱节，很难彰显其重要的文化和经济价值，人们也很难重视。1987年国际古迹遗址理事会第八届全体大会在华盛顿通过的《保护历史城镇与城区宪章(华盛顿宪章)》指出，"保护规划的目的应旨在确保历史城镇和城区作为一个整体的和谐关系"。2006年5月国家文物局下发的《关于加强工业遗产保护的通知》中，更是着重指出了规划的重要性："各地文物行政部门应努力争取得到地方各级人民政府的支持，密切配合各相关部门，将工业遗产保护纳入当地经济、社会发展规划和城乡建设规划。认真借鉴国内外有关方面开展工业遗产保护的经验，

① 张京成、刘利永、刘光宇：《工业遗产的保护与利用——"创意经济时代"的视角》，155页，北京，北京大学出版社，2013。

结合当地情况，加强科学研究，在编制文物保护规划时注重增加工业遗产保护内容，并将其纳入城市总体规划。密切关注当地经济发展中的工业遗产保护，主动与有关部门研究提出改进和完善城市建设工程中工业遗产保护工作的意见和措施，逐步形成完善、科学、有效的保护管理体系。”①根据这两个文件的精神，首先，政府应将工业遗产的保护与利用融入城市的规划之中，使工业遗产的保护与开发和城市经济社会的发展有机结合并相互推动。政府应对特定地区、特定工业遗产的现状进行深入的分析，确定科学合理的保护范围和保护方法，使工业遗产保护与利用同工业区域整体的更新和发展相协调。其次，政府应将工业遗产的保护与利用纳入北京的相关经济社会发展政策中，如将工业遗产的开发利用和旅游产业、文化产业等统筹规划，实现协同发展。又次，整体规划中应确立多层次的管理与保护体系，制定工业遗产保护专项规划，突出重点工业遗产的地位，以重点工业遗产为入手点，以对其保护与利用的成果为示范，进而带动整个区域的工业遗产保护与利用。此外，在交通线路、配套设施等方面，也需要进行整体性的考虑和规划。在今后的城市规划建设中，努力将工业遗产保护与旧城区改造、城市拆迁相互衔接，适当保留工业元素。在面临结构性改造的工业区，要充分考虑改造对工业遗址的潜在威胁，将保护工业遗址的计划与该区域的整体规划相结合。

三是针对工业遗产的保护与利用制定转型法规，实现有法可依，确立工业遗产法律地位，实现北京工业遗产保护与利用的规范化、法制化。目前我国针对工业遗产的立法尚属于空白，《关于加强工业遗产保护的通知》实际上只是国家文物局对其下属文物部门下发的规范性文件，并没有法律效力，也很难约束文物部门之外的其他机构。且其中既没有对工业遗产的保护作出详细规定，也没有对破坏工业遗产的行为提出惩罚措施。而在地方层面上，北京市出台的《北京市工业遗产保护与再利用工作导则》也只是北京工业促进局、市规划委员会和市文物局联合发布的工业遗产保护与利

① 孟佳、聂武钢：《工业遗产与法律保护》，220～221页，北京，人民法院出版社，2009。

用工作的指导性规范，同样没有法律效力。因此，除少数属于文物保护单位的工业遗产外，其他大部分文化遗产的保护与利用处于无法可依的状态。而属于文保单位的工业遗产虽然可以依据我国《文物保护法》进行管理和保护，但由于工业遗产的特殊性，《文物保护法》中对工业遗产的保护并不能有效、全面地适用。

有法可依是工业遗产保护和利用顺利进行的重要保障，缺乏法律依据，不仅不利于对工业遗产的管理，还会在面对为追逐利益而破坏工业遗产的情况时无可奈何、无法惩罚。因此，在国家暂无相应的法律法规的情况下，北京可在地方层面上根据工业遗产的现状和存在的问题，尽快制定针对性强的、与其他相关法规相配套的地方性法规和行政规章，加快工业遗址保护法建设。对已经列入文物保护单位的工业遗产，在制定法规和规章的过程中，应考虑工业遗产的特殊性，弥补《文物保护法》在工业遗产保护上的不足①；而对非文物保护单位的其他工业遗产，应全面、详细地对工业遗产保护和利用进行规范，并明确违反法规、破坏工业遗产的行政处罚机制。此外，在法规和规章出台后，政府部门应坚持严格依照法规、规章办事，做到有法必依，依法办事，在工业遗产的保护与利用中以法规和规章为准绳，减少或消除由于领导变更可能带来的消极影响，避免政策的摇摆和频繁改变。

四是加大对工业遗产保护与利用的扶持力度，引入市场机制，多元化主体共同保护和利用工业遗产。拥有工业遗产的工业企业多具有较长历史，企业负担相对较重，为了解决自身的问题，企业多看重通过土地置换、厂房搬迁等方式获取的短期经济效益，以维持企业的运营发展。还有些工业遗产被闲置、荒废或者廉价出租、出让，产权所有者从物质利益上考虑，很少进行维修和保护。如果片面采用行政手段，对企业所属工业遗产进行强制保护，将给大批企业带来不可预料的损失，这也与工业遗产保护服务社会公众的初衷相悖。政府可以建立工业遗产专项保护资金，为工业遗产提供保护资助。同时，政府应充分考虑到老旧企业等产权单位的实

① 例如，怎样对工业遗产进行动态保护、工业遗产的产权归属等。

际利益，采取给予优惠政策、提供项目风险投资、降低企业应缴税率、减免企业用地费用等方式为产权所有者的遗产保护与开发提供高质量的管理保障服务与开发便利条件，用税收、政策等方面的扶持鼓励和引导产权单位主动对工业遗产进行保护与利用。当然，工业遗产的保护与利用是一项长效的投资，单靠政府的资金和力量难以进行长期有效的保护，更不能使工业遗产得到充分、科学的有效利用。而投资者面对规模大、工期长的工业遗产开发利用工程，往往担心其风险性和不确定性，不敢注入资金。因此，政府需要利用各种优惠政策，吸引社会力量与民间资本参与到工业遗产的保护与利用之中，通过引入市场机制，盘活工业遗产资源。在必要时，政府可直接投资具体的工业遗产开发利用项目，通过示范打消投资者的疑虑。在市场化条件下，政府一方面是要让投资者看到通过对工业遗产的合理利用可以获取经济效益，另一方面为了避免产权单位或投资方将工业遗产完全作为资产运营，还需要加强对工业遗产的核心价值实施充分地保护。政府是管理和引导的主体，产权单位和其他投资者是利用和运营的主体，两者各司其职，管办分离，充分发挥市场机制的积极作用。工业遗产保护与利用的市场化，既可以实现政府、企业、投资者的互利共赢，也有助于保护与利用的可持续发展，将开创工业遗产保护开发工作的新局面。

五是政府应鼓励和引导社会文化科研机构和新闻媒体加强对工业遗产的研究，在政府的有关科研立项上给予工业遗产的研究以一定的空间，吸引更多学科的学者进入工业遗产研究的领域，推动工业遗产的学术研究攀上新的台阶。同时注重工业遗产的宣传，委托有关方面举办相应的活动向群众介绍工业遗产及其重要的价值，努力营造社会关注遗产、珍惜遗产的良好氛围。此外，政府还可以积极与其他省市或国家的政府部门、科研机构和企业加强沟通交流，相互学习，相互借鉴，结合本地实际吸收、学习成功经验。

2. 产权所有者和投资者在开发利用中的权责区分

首先，工业遗产脱胎于旧有的工业设施、工业生产，因而其产权多归属于工业企业，它们的行为在很大程度上决定了北京工业遗产保护与利用能否真正取得实效、走向深入。因此，以工业企业为主的产权所有者必须认识到自身在工业遗产保护开发中的地位。政府部门只是工业遗产保护与开发管理者和引导者，负责为工业遗产的保护与开发提供优惠条件，创造有利环境。产权所有者在工业遗产的保护、利用和运营中处于主体地位，是工业遗产保护的直接责任主体，也是工业遗产开发利用的直接受益者。产权所有者应该增强保护观念，更新对工业遗产保护与开发的认识，明确自身的主体地位。

其次，产权所有者应该认识到工业遗产并不是企业的私产，而是全民族宝贵的文化遗产，因此工业遗产既不是企业向前发展、升级转型的包袱和障碍，也不单纯是企业盈利增收的“摇钱树”。工业遗产对产权所有者来说，是一种需要珍惜爱护的长期、可持续的资源，它不仅有丰厚的经济价值，还有重要的文化价值、历史价值。产权所有者既可以通过领取政府专项资助，对工业遗产进行保护，并通过对工业遗产合理的开发利用，直接获取经济收益，也可以积极招商引资，将工业遗产交由更为专业的投资者或运营机构代为开发、运营，通过租金获取收益。当然，需要强调的是，工业遗产开发利用是以有效保护为前提的，一旦工业遗产遭到了破坏，其开发利用的价值也会大大降低。

再次，产权所有者和其他投资者在工业遗产的保护与利用过程中应开拓视野，有所创新。根据工业遗产的实际情况和市场的实际需求，综合运用各类模式、手段进行工业遗产的保护与利用，避免同质化，努力通过开发利用，彰显产权单位工业遗产与众不同的独特价值和魅力。此外，在开发利用过程中，应注意运用网络、自媒体等新兴技术手段加强工业遗产的宣传推广，注意工业文化遗产内在文化价值、历史价值的传承，提升产业开发附加值黏着力。

最后，在工业遗产的保护开发、产业运营中，工业企业应充分自律，完善内部管理，做到诚信经营与有序竞争，同时社会监督与政府监管要不断跟进，以维持健康的市场环境。目前北京地区已出台工业遗产旅游的服务标准，规范工业遗产旅游活动中的经济行为，减少因企业不法经营给公众带来的损失，有力促进了产业持续发展。这一经验可以推广到其他各类工业遗产保护开发进程中，减少诸如因企业过度追求经济利益而破坏工业遗产历史风貌等问题的出现。

3. 社会文化科研机构的职责与使命

北京是中国重要的科研文化中心，社会文化机构、高等院校、科研机构数量众多，文化科研工作者和新闻工作者数以万计。在工业遗产的保护和利用中，应当充分发挥北京这一人才技术优势，使之成为北京工业遗产保护开发的助推器。

首先，社会文化科研机构应与政府部门相互配合，着力加强对北京工业遗产现状的普查、认定、分类工作，进行保护开发方案的科学规划，为工业遗产的成功开发保护搭建媒介桥梁。应充分利用市县两级社会文化机构的力量，如市级的首都博物馆、首都图书馆、北京档案馆，区县一级的文化馆、图书馆，尽快完成全市范围内，特别是远郊区县信息盲区的工业遗产普查工作，以照片、录像、图纸和文字等形式系统发掘整理遗产地的景观和档案，收集包括口述历史和当事人记忆在内的信息，建立工业遗产数据库。组织建筑、文化、历史、工业与城市规划等各领域的专家学者为主的专家组，开展工业遗产的认定、分类，按各工业项目在历史上的作用、产品功能、建筑形式、文化内涵等方面进行考察，建立分类分级的工业遗产目录，确定北京工业遗产的保护范围，为政府部门的工业遗产保护管理提供决策依据。

其次，高等院校、社会文化科研机构应加强工业遗产的理论研究，深化工业遗产的研究，创新保护开发思路，为今后的保护开发工作提供更高水平的智力支持和人才保障。我国的工业遗产的研究刚刚起步，与国际先进水平相比还有很大差距，许多方面的研究还有待深入，有些方面研究甚至是空白，与实际需要相比，研究滞后的状态十分明显。这种落后研究状况显然不能适应飞速发展的社会转型带来的工业遗产问题的需要，也不能给工业遗产的保护以适当的、及时的理论支撑。因此，加强工业遗产的研究，形成相对成熟的工业遗产学显然是今后一个时期学界面临的急迫任务。从学科性质看，工业遗产研究又具有极强的学科交叉性质，它涉及了历史学、经济学、行政管理学、建筑学、旅游学、城市规划、工业技术、美学等诸多学科门类，因而需要学界加强联系，相互学习、相互借鉴，共同提高，推进工业遗产研究的深化。在部分高等院校中，可以依据形势发展的需要，进行必要的专业调整，增设涉及工业遗产保护开发的特色专业，加强工业遗产保护的理论研究，推进教育和培训工作开展，一方面推进学术研究，另一方面则为工业遗产保护开发事业提供急需的专业人才。

最后，社会文化机构应加强相互合作，打破地域、管理体制的阻隔，优化资源配置，推动科研与产业结合，成为工业遗产保护的积极倡导者与实践者，发挥示范与引领作用。“产、学、研”结合是当前社会发展的趋势，也是工业遗产保护的必由之路。目前北京清华安地建筑设计顾问有限责任公司在该领域已进行了成功实践，该机构为清华大学建筑设计专业的专家学者创立，采用现代企业化运作模式，运用他们掌握的先进保护理念和开发技术，服务于工业遗产保护开发，先后参与了北京751厂工业遗产改造工程、成都红光电子管厂职工食堂改造工程、北京焦化厂工业遗产保护工程等方案设计与招投标，并取得良好社会反响。这种工程实践，既创造了可观的经济收入又极大地促进了该机构专业研究的深入，该机构近年来先后完成了对包括首钢、北京琉璃河水泥厂、京棉二厂在内的大批的工业遗产调研，发表相关论文数十篇，并著有《城市工业用地与工业遗产保护》专著一部，是他们多年来工业遗产保护开发实践的经验总结与理论集成。这一成功模式值得吸收借鉴。

4. 工业遗产保护宣传与社会公众的参与

同济大学张松教授指出：“城市遗产保护不只是技术层面的工作，解决问题的关键在于民众意识的觉醒。广泛的历史保护只有建立在同样广泛的对文化价值的认同的基础上方有可能。有了一致的保护优秀传统文化的意识，再在此基础上建立有效的公众参与和监督机制，城市遗产保护的具体工作才能得以全面、顺利地展开。”遗产保护是全社会的责任和义务，公众的关注和兴趣是做好工业遗产保护工作最可靠的保证。没有社会公众的充分参与，没有形成有利于工业遗产保护的社会氛围，仅仅有政府重视和部分专业人士的努力往往事倍功半，必须要把这种意识深入民众中去。没有全社会对于保护工业遗产重要意义的广泛共识，工业遗产所蕴含的教育价值、社会价值、历史文化价值也无法得到充分展现和利用，社会各方投入大量人力物力进行的工业遗产保护开发也达不到预想的服务公众、传承文脉的最终目的。而要想获得所期望的公众支持，宣传和教育公众非常必要。在这种宣传教育中，政府应发挥主导作用，联合企业、社会文化科研机构、新闻媒体等相关部门加强宣传教育，借助各种现代传播手段，采取多渠道的形式来展示、宣传工业文明，向市民及游客传递遗产保护意识，共同传承城市文化，保存历史记忆。

(1)在基础教育中加入工业遗产的启蒙和保护利用教育

根据第五章的调查显示，逾半数的被调查者认为，民众的广泛参与对于工业遗产保护意义重大，而在社会人群中，青少年群体则属于工业遗产保护消极人群，他们对于工业遗产或略知一二，或懵懂无知。而青少年是社会的未来，他们对未来社会的走向十分关键。因而工业遗产宣传教育应从青少年抓起，根据学生的实际接受能力与认知水平，有针对性地逐步展开对中小学生工业遗产保护意识的培养。可以采用多种方法将工业遗产的文化元素纳入教学中，譬如，可将工业化与工业遗产保护、北京城市发展相关内容纳入中小学社会课、历史课中，开展关于工业遗产的教学。另外，当代的基础教育强调热爱家乡，热爱传统文化，特别是在各中学，一般都设有乡土教材和校本课，这种教育一般都紧密结合本校、本地区的历史和文化发展的实际，突出教育的乡土性。在这种教学中，各学校可以结合本校的地理位置和与附近工业遗产的密切关系，开展相关教学。在学生活动课、研究性学习实践中，可以引导学生展开对本地区工业遗产资源的调查，增进学生对家乡北京的了解与热爱，形成对工业遗产问题更加感性的认知，进而明了工业遗产的概念，树立保护工业遗产的意识，如能进而影响其父母与亲人的观念则更好。

(2)大众传媒与公众普及

提高公众对工业遗产的了解、兴趣以及对其价值的认同，是保护遗产最基础的工作之一，而目前公众普及的最方便、快捷的方式莫过于大众传媒。应综合利用电视、广播、报刊等传统媒体与网络、手机等新媒体资源，针对不同受众展开全方位、多角度的宣传报道，减少受众盲区。积极向社会、群众普及工业遗产相关的基础知识，介绍工业遗产的深厚底蕴和重要价值，报道工业遗产保护和利用的相关活动和发展进程，教育、引导、发动群众参与工业遗产的保护和利用，唤起人们积极参与保护的热情。此外，新闻媒体还应该发挥自身的舆论监督职能，对破坏工业遗产的行为进行揭发曝光，对工业遗产保护和利用过程中的不良现象和趋势提出批评。可在北京卫视频道、北京电视台公共频道、北京人民广播电台城市服务管理广播设置专题节目，与社会文化机构合作(如首都博物馆等)，举办专题展览、论坛、讲座等学术活动，对工业遗产的意义和价值进行积极介绍，使公众更多地了解首都工业遗址的丰富内涵、介绍工业遗址保护的知识，大力宣传保护工业遗址的先进典型，营造保护工业遗址的良好氛围，提高对工业遗址保护重要性的认识，增强全社会对工业遗址的保护意识。

(3)工业遗产自身宣传

工业遗产保护自身的宣传也尤为必要，无论是那些专业性工业技术博物馆还是处于妥善保护和开放状态下的工业遗产地都是宣传工业遗产价值和保护事业的重要场所。利用各种类型的工业建筑和丰富的工业文物精心设计各类专题展览，提高博物馆的展示水平，使学术性、知识性、趣味性、观赏性相统一，在具有独特氛围的场所中向观众直接形象地展示相关工业的发展历程，展示企业和产业工人的历史贡献，展示工业社会生活的某一个方面。这些工业遗址和工业文物可以用自身的独特方式向观众述说历史，使工业遗产的形象更加生动活泼，从而吸引更多的观众前来，起到更好地教育展示作用。特别是对于那些生产型的工业遗产，通过自身宣传，在宣传工业遗产保护理念的同时还可以扩大企业影响，实现更好的品牌效应与经济效益，利于推动工业遗产保护可持续进行。

在公众工业遗产保护意识不断提高的同时，应积极吸纳广大普通市民参与到工业遗产保护行动当中，公众参与是保护工业遗产的主要力量。因为公众是历史精神的真正折射，也是历史事件的亲历者，他们对工业遗产有着特殊的感情，公众意志的表达对工业遗产的命运影响是深远的，国内外不乏这样的生动案例。20 世纪 80 年代末，日本政府曾经因为修建沿海道路计划，准备将历史悠久的北海道小樽运河填埋60%，但是这条运河两岸的仓库、厂房和港口设施，尤其是上百栋明治时代的石造仓库形成了当地独特的工业历史风景。日本当地民众自发参与了运河两岸的工业遗产保护，并且通过公众参与，有效阻止了建设性破坏。类似的实践在后工业化的西欧各国更为普遍。目前在北京工业遗产的普查、登记工作中，已吸纳了部分企业老职工参与历史追忆、文物捐献，但这只是公众参与的开始，今后对工业遗产进行认定、保护开发规划、落实保护措施等阶段都需要公众性的参与，广泛听取民声民意。在工业遗产的保护过程中，应逐步走入工厂、社区，发动广大企业离退休人员与青少年参与其中，可以聘请义务的遗产保护宣传员或者监督员，影响更多的社会群体。毕竟他们中的许多人，从小就和这些工业遗产生活在一起，对工业遗产有着更深入的了解和浓厚的感情，他们的诉说本身就是一部鲜活的历史，对我们的保护开发工作裨益良多。

(4)发挥公众的主观能动性

第五章的公众调查结果显示，有54.88%的被调查者愿意作为志愿者参与保护与宣传，主要代表了青年学生的热情与意愿，他们愿意以志愿者服务的形式组织工业遗产的各项保护工作。43.78%的公众乐意以参观工业遗产的方式参与工业遗产保护，主要代表了有钱或者有闲人员的意愿。从工业遗产的保护利用看，志愿者行动正好适应了工业遗产的保护利用需要大量人员参与的需求，参观旅游也适应了工业遗产利用的市场化以增加经济效益的要求，这两种公众参与的方式对于工业遗产的保护利用都是有益的实践形式，应当大力倡导。

因此，地方政府或是文化管理部门应该积极联系相关高等院校，吸引相关专业背景学生通过志愿讲解、参与宣传等方式参与到工业遗迹保护工作中来，充分发挥大学生在工业遗产保护中的热情和作用。同时，参考旅游景点的宣传方式，不仅利用传统宣传方式——树立广告牌，在纸质媒体上发布公告等——吸引游客参观，还可以创新利用新媒体方式招揽游客，建立微博公众号或是微信公众号，不定时发出信息，介绍工业遗产的情况，提供各工业遗产旅游景点的优惠信息。这样既招揽了游客，又可以提升工业遗迹的知名度，为工业遗产提供一定的经济效益，还可以促进公众保护意识的提高。

(三)推进北京工业遗产保护开发的措施

为更好推进北京工业遗产保护开发的进行，除采取以上措施外，还应着力推动以下两个方面的实践：

1. 加强区域整合，努力推动京津冀、环渤海省市合作，实现优势互补

北京是华北地区重要的经济城市，也曾建立过完整的工业体系，但其工业遗产资源较天津、唐山等周边城市优势并不明显，甚至在较长的历史时期内，北京工业的历史地位、发展程度远逊于这些城市。譬如，唐山地区有我国最早的近代机械化煤矿——开滦煤矿，有中国最早的铁路网，还有中国最早的水泥厂——启新水泥厂等。天津则有民国时期中国最大的化工企业——永久黄集团，其拥有第一项以中国人名字命名的专利发明：侯氏制碱法等。另外天津是距离北京最近的有外国租界的城市，其西洋建筑保存下来的比较多。上述工业遗产均保存相对完好，有比较高的旅游价值。随着京津冀经济带一体化发展的趋势加强，抓住这一有利时机，强强联合，优势互补，实现工业遗产资源的优化配置，在诸如工业遗产旅游、产业模式推广方面建立相互衔接的工业遗产保护开发产业链，必将取得更大的规模效应与社会反响。

2. 积极借鉴外部经验，与时俱进，不断更新保护开发观念，确立自身发展导向

工业遗产的保护是一个全球性的问题，许多国家和地区特别是西方发达工业国家在工业遗产研究和保护利用方面都已经积累了丰富的经验，为我们提供了先进经验和路径。作为后起的工业化城市且工业遗产保护开发起步较晚的北京，更要不断虚心学习借鉴国内外城市工业遗产保护开发的最新成果、最新理念，加强国际国内交流，采撷他山之玉，为我所用，通过不断引进消化吸收再创新，力争使我们的保护理念、开发技术走在时代前列，逐步缩短我们与世界先进水平的差距。此外，北京市应通过长期的研究与实践，结合北京的具体情况，逐步确立自身的发展导向。上海市大力发展工业旅游，以工业旅游为核心建立了国内较为先进的工业遗产保护与利用体系。从北京市现阶段的实际与发展趋势来看，可以结合北京文化中心的特点和优势，将文化创意产业作为导向，推动工业遗产的保护与利用。

质言之，北京的工业遗产保护利用已经取得了不小的成绩，但是也存在诸多失误和不足，带来了不少历史的遗憾，已经有不少工业遗产泯灭在历史的烟云中。现存的工业遗产除部分得到较好的保护和利用外，更多工业遗产的生存状况不佳。因此加强保护不但重要而且急迫。这其中，如何破解发展经济和传承文化的矛盾，找到平衡二者的节点是破解的关键。而政府、学界和社会三方合力是破解工业遗产保护和利用困局的最重要力量。

结　语

北京工业遗产是近代中国机器工业发展的产物，同时又是北京近代城市发展的产物。因而北京工业遗产在具有一般工业遗产特质的同时又独具特点，虽发展道路坎坷，但显示了深厚的文化积淀。

中国近代机器工业肇端于洋务派创办的近代军事和民用工业，北京的机器工业同样起于洋务运动时期。北京地区最早出现的近代机器工业企业是1872年由宛平县商人段益三在门头沟创办的通兴煤矿，由于其安装了机器提升设备，而被学界认为是为北京近代工业开始的标志。这个企业实际上是手工业转型的产物，仅仅是在整个工序的某部分使用了机器而已，而且并非生产的核心部位。真正全方位机器生产的近代企业生产模式的是由洋务派于1880年创办的神机营机器局。这个机器局从建设厂房，到从西欧引进大批机械设备，全部采用西洋模式，因而耗资巨大，仅基础建设阶段就先后耗银120余万两。企业建成后能够生产来福炮、机关枪、水雷、炮弹、子弹等近代兵器。可以看出，正是这个机器局引进了近代以来北京最大的一批机械设备，开启了体系化、规模化机器生产的大幕。其生产能力与技术水平比仅利用蒸汽取水、提升作业的通兴煤矿，水平高低不言自明。这表明，正是清廷主持下洋务派操办的神机营机器局真正开启了北京早期工业化的大幕。

其后，北京的近代机器工业同全国其他地区一样，也经历了清末新政时期的发展，辛亥革命后及第一次世界大战时期“黄金十年”的进一步发展。其间也发生了由官办为主向民办为主的经济模式转换，经历了由重点发展重工业到轻重工业共同发展的转换。特别是经过后一个相对快速发展的时期，北京机器工业的水平跃上了一个新的台阶，不但工业门类逐渐增多，还出现了能够体现当时工业发展高端水平的化学、电力、钢铁、机械制造等行业。重工业有了长足进步，纺织、食品等轻工业行业也蓬勃发展起来。20世纪30年代后期，北京的近代工业同其他沦陷区一样，因为遭到了日本侵略者铁蹄的践踏，而备受摧残，步履蹒跚。

中华人民共和国成立后，北京人民同全国人民一样，以高度的热情投入火热的社会主义建设中，北京工业进入了近代以来从未有过的高速发展期，以年均两位数的增长率快速发展。到20世纪80年代初，北京已经成长为全国第二大综合性工业城市，北方的第一大工业中心。这一时期，北京建立了门类齐全的工业体系，形成了比较合理的工业布局，为北京的城市发展奠定了雄厚的物质基础。

北京近代机器工业的运行还与北京的城市发展、城市特点息息相关。从这个角度看，北京有着3000年的建城史和800年的建都史，有悠久辉煌的城市发展史。在长期的城市发展中，北京创造了灿烂的古代文明，也形成了自身的城市特点，即全国的政治中心和文化中心，古都北京既具有浓厚的政治色彩，又具有深厚的文化积淀。步入近代后，北京又开始了从消费城市向生产城市的艰难转型，工农业生产都获得了比较大的发展。正是这样的城市特点，形成北京近代机器工业的发展大体与中国的工业化同步，同时也出现了不同于其他城市和地区独特的发展道路。

在晚清的工业发轫阶段，北京也是在洋务派的操办下真正开始了机器工业生产，但是由于首都的特殊性，北京的机器工业发展更体现了统治阶级的意志。比如，由于统治需要作为当时最主要交通方式——铁路，在北京的工业经济中占据了重要地位，并且获得了比较快的发展。到清廷覆亡，尽管全国的铁路运营总里程不多，但北京地区却已经建成了包括京张铁路、京汉铁路在内的连通北京与各地的交通大动脉，实现了交通联络的快速化。同时，北京西郊还建立了长辛店机车车辆厂，使得北京初步具备了修理机车和维护铁路的能力，保证了铁路交通的正常运转，同时也就保证了统治阶级的及时出行和统治阶级意志的及时传达。除铁路外，电力照明、自来水供应等近代公共事业也是清末北京工业发展较快的一个领域，这显然是适应了首都的城市建设需求，也是适应了统治阶级对奢靡生活的需求，更是在京外国公使团生活需求的结果。虽然早在北京之前，上海等地已经出现了公共事业，但是在全市工业中占比大、发展快却是北京公共事业发展的突出特点。

1927—1937 年的国民政府统治时期，是目前学界公认的民国时期中国经济发展比较好的一个阶段，堪比辛亥革命后的黄金时期，被学界称为两个黄金时期。但是，对于北京工业的发展来说这一时期却进入了蹒跚停滞阶段。这显然与全国的情况截然相反，这与北京的特殊的政治环境，与城市地位的下降有密切关系。1927 年，国民政府迁都南京，北京失去了首都地位而改称北平。在此巨变下，作为生产力首要因素的人力大量流失，北京的人口数量急剧下降，工厂失去市场和劳动力，店铺失去消费者，因此大量倒闭，为工商业发展提供资金融通服务的金融银行业也因失去客户而不断萎缩。与此同时，北京又在日寇全面侵华前就开始遭受侵扰。1935 年华北事变后，北京事实上已经处于日寇的围困之下。这些政治上的变化都使得北京机器工业的发展雪上加霜，步履维艰。日寇全面侵华的七七事变爆发后，北京处于日本侵略者的严密控制之下，成为日伪在华北的统治中心和主要经济据点，北京的自然资源遭到了掠夺性开发和利用，机器制造业则朝着适应侵略者需要的方向畸形发展。北京工业在此一时期成为不折不扣的殖民地经济，不但不能为北京的发展提供物质基础，还加大了北京工业进一步发展的困难。

上述情况的发生显然都与北京的政治地位密切相关。上述城市特点和独特的城市发展道路决定了北京工业遗产的特点。一方面，北京近代机器工业发展的道路在整体上与近代以来中国机器工业的发展道路一致，北京的工业遗产具有典型的近代机器工业的特点与风貌。另一方面，由于北京工业发展中特殊的政治因素，导致北京工业发展水平在全国处于中下游水平，甚至不及北京附近的天津、唐山等城市的发展水平。因此，从整体上看，除了京张铁路外，近代北京工业基本没有出现过从技术进步角度衡量具有代表性的工业企业。相比北京的近邻天津就曾经产生过以侯氏制碱法为代表的享誉世界的先进技术，和由此生长和发展的永久黄化工集团。另一个近邻唐山则出现了中国最早的也是规模最大的开滦煤矿，还诞生了近代中国第一条实用的货运铁路。这些企业在当代转型后产生的工业遗产，显然在中国的工业遗产序列中更具标志性的重要意义。但北京工业的发展缺乏这样的标志性企业，其工业遗产从技术进步的角度看也就缺乏了典型意义。所以，仅仅从技术进步的层面来衡量北京的工业遗产则缺乏相应的典型范例。因之，当我们衡量乃至确定北京的工业遗产时，不能仅仅遵循技术进步的标尺，必须深入挖掘北京工业遗产的文化内涵和精神内涵。

北京是具有三千年建城史的文化古都，在漫长的历史发展中形成了深厚的文化积淀，这种积淀在近代北京的城市转型和工业发展的过程中产生了重大影响，其中有的是显而易见的，有的则是潜移默化的。因此，开展工业遗产保护的时候就应当深入挖掘这种宝贵的精神遗产，赋予工业遗产以更多的生存价值，并发挥其积极的文化遗产价值。北京工业遗产蕴含的非物质文化遗产价值正如本书第四章所言，表现在多个方面，而这些方面的非物质文化遗产价值又与北京的城市特点有关。譬如，由于近代以来北京首都地位的影响，北京工业遗产更多的蕴含了近代以来北京政治发展中显现的进步精神和价值追求。无论是洋务派在修建铁路中表现的进取精神和冒险精神，还是詹天佑为国争光的爱国精神，无一不与当时的政治斗争、国际形势有关。无论是以二七大罢工为代表的工人阶级的革命精神，还是北京工人在技术革新中体现的政治热情，这些精神都属于北京这座近代以来饱经沧桑的古老而现代的伟大城市。

北京工业遗产所具有的特点，决定了北京工业遗产的价值不仅仅在于其是近代中国工业发展的物质遗存，也不仅仅在于其是近代中国工业追求技术进步的物质证据，更重要的还在于其是近代以来中国人民探寻解放道路、追求民族独立、国富民强的重要见证和物质遗存。这其中闪耀着民族进步、人民解放的熠熠光辉。为此，在进行工业考古时，不但要关注那些具有技术进步价值的工业遗产，也要关注那些具有特殊民族精神的工业遗产。要注重梳理其来龙去脉，了解其本真面貌，并循此线索挖掘其光辉的精神内涵，发现其光辉的非物质文化价值。正是遵循上述原则，我们在本书中详列的工业遗产，既包含京张铁路这样的技术进步和爱国主义典范，也包括了技术进步价值不是特别大，但是在北京的社会进步、城市发展等方面有所贡献甚至突出贡献的工业遗产，并且做了详细的工业考古，讲述了其背后的故事，展现了其光辉的精神内涵，以便更好地发挥工业遗产的物质和非物质的文化传承作用。

正是由于北京工业遗产是近代机器工业和北京城市发展的产物，保护和利用工业遗产也就不仅与北京的城市历史有关，还与当下的北京城市发展有关。

一方面，为了保护好工业遗产这份先人留下的宝贵遗产，北京必须自清家底，对北京现有工业遗产的数量、生存情况做详细周全的调查，做到胸中有数，心中有底，以便有针对性实施更好的保护利用，避免进一步产生更多更大的损失。另一方面，由于工业遗产是各类文化遗产中产生最晚的一种，还属于新事物，因而上至决策层下至普通市民都对其知之甚少，甚至是懵懂无知，由此而导致的破坏现象还时常发生，特别是在当前北京城市发展转型的过程中，无视工业遗产的价值、盲目追求城市造新而破坏工业遗产甚至拆毁工业遗产的现象还在不断发生，成为当前北京工业遗产生存和保护最大的威胁。因此，在工业遗产相关知识的公众启蒙任重道远。上述两个方面显然已经不是单纯的历史研究了，而是饱含了史学研究的现实关怀。

历史研究是否要有现实关怀的问题，是一个困扰学界已久的问题。究竟是躲进小楼成一统？还是“直须看尽洛城花”？学界争论由来已久，也确有学者遵循躲进小楼成一统的学术路径，完成了诸多研究成果，为学术发展做出了贡献。但是，完全脱离当代情境的史学研究实际上是不存在的，所存在的只不过是与现实距离的大小问题。其实，对于此一问题，学界早有共识，克罗齐的“一切历史都是当代史”①早已成为尽人皆知的名言，并被学界广泛认同。

克罗齐所说的这种当代史究竟是什么意思？目前学界众说纷纭，观点各不相同。笔者以为，这种当代史首先是指当代人介入史学研究时的当代视野和思想方法。任何个人都是时代的产物，都是其所处社会条件的产物，不可能超然于自身所处时代社会之外，时代的人思考历史问题时也就不可能不是时代的思想方法和思维模式。同时，克罗齐所指的当代史也指

① ［意］贝奈斯托·克罗齐、［英］道格拉斯·安斯利：《历史学的理论和实际》，傅任敢译，2页，北京，商务印书馆，1982。

史学家的现实关怀，以及史学问题与当代问题的密切关联。也就是说，任何历史问题只有与现实有密切关系的时候，才会引起人们的兴趣，也才会被人们关注。因此，历史研究现实关怀的发生，一方面是史学研究当代意义的开拓和史学家研究方法的与时俱进，另一方面则是史学问题的出现本身就与现实有直接关联的结果。本书关于工业遗产的研究则显然具备了上述两个要件，一是工业遗产的研究拓展了近代经济史和工业史研究的领域和视野，引入了工业考古的学术视野和学术方法，显著增强了相关研究的现实性。同时，工业遗产的学术研究又与现实社会的工业遗产保护直接相关，是从历史问题走向现实问题的研究。我们的研究不但从北京工业发展的历史轨迹出发，以工业考古为路径，详细梳理了北京工业遗产的生存情况，并且力图探究北京工业遗产保护利用的途径和方法，为工业遗产的保护利用出谋划策。我们的这种探究显然更贴近社会现实了，是对当今社会行动的一种考虑和思量。

要实现对当今社会行动的考量，要完成这种与现实关怀直接相关联的学术研究，仅仅使用传统的史学研究方法明显是不够的了，必须要在坚持史学研究基本方法的同时，引入其他研究现实问题学科的研究理论和研究方法。要以丰富的史学研究手段和方法，配合其他学科的现代研究模式，不断深化对问题的理解和研究，解决史学研究面临的新问题。譬如，调查工业遗产现状、研究工业遗产保护时，不但要坚持史学研究的文本研究、考镜源流、辩章学术等基本研究方法，还需要引入人类学的田野调查法，引入社会学的问卷调查法和访谈调查法等研究方法等，只有综合使用了上述研究现实问题的学术研究方法，才能通过工业考古和田野调查明了当前北京工业遗产的生存情况，也才能通过问卷调查和访谈调查清楚公众对于工业遗产的认知情况，从而为探究保护利用北京工业遗产的路径、方法、模式提供客观、可靠的依据。可以说，本书就是尝试着做了这种学术研究方法的杂交工作，力图结合其他学科研究方法蹚出一条新路，努力接近史学的现实关怀。

其实，主张借鉴其他学科的研究方法去开辟史学研究的新路并非我们的独创，也并非我们的新论。早在1988年，前辈学者傅衣凌先生就写了题为《社会调查在历史研究上的作用》[①]的文章，提出要通过社会调查深化史学研究的问题。他认为，“史料是多种多样的，有文字的，考古的，还有民间的口头传承，这些材料在中国传统的史学中历来受到重视。”“因为文字的考古的材料，往往为着社会和自然等因素，而不能保藏原状，且易于散失，而历史的各种遗迹、传说，却能长期地保留在民间，通过社会调查，不仅能够弥补文字考古资料的缺点，还可以大大扩充史料的来源，开阔史学研究的视野。”也就是说，在傅衣凌先生看来，史学研究仅仅囿于文本史料是远远不够的，还必须辅之以其他类型的史料，有时甚至要以利用各种形式的史料为主来研究某类问题。我们在研究实践中深深体会到了傅衣凌先生这一主张的可行性和重要性。例如，本书对于工业遗产的研究，除了对北京工业发展史的研究主要依靠文本史料的考辨，并加以梳理和考察外，关于工业遗产以及老北京银行街生存状况的研究则主要依靠工业考古和田野调查来完成。其实，所谓工业考古，在本质上与田野调查有很多共通之处的，都是要依靠现场调查与现场考察，以及访谈调查来完善其脉络，廓清其面貌，从而全面把握其内涵和本质。这些调查一般而言都属于社会调查，也就是针对某个问题而开展的现场考察和访谈调查，只不过工业考古主要针对的是工业遗产，并且更注重其来龙去脉的完整性，以便确定其工业文化遗产的价值，而非像田野调查那样更多的是在文本史料缺少或者不足的情况下服务于某一史学问题的研究。

注重史学研究新方法的开拓还有一个与时俱进的问题，也就是如何与当今的信息化接轨的问题。当今的时代是信息化的时代，计算机技术、互联网技术、信息处理技术高度成熟为史学研究提供了前所未有的新技术条件，史学研究完全可以利用新技术来拓展、完善、提升史学研究。对此，台湾学者黄亦农先生已经提出了 E-考据的概念，并已取得一定的研究成果。另外，还有人提出了利用大数据进行可视化研究的问题，也因此拓展了史学研究的领域，特别是在史学的空间研究方面取得了不小的进展。本书在研究公众对于工业遗产和老北京银行街认知情况时，尝试借鉴社会

① 傅衣凌：《社会调查在历史研究上的作用》，载《群言》，1988(1)。

学、人类学、教育学等学科的SPSS技术支撑下的问卷调查法，以详细了解公众态度。这种计算机技术支撑下的样本问卷调查显然胜于个别访谈，更能反映样本代表的大多数调查对象的态度和认知情况，再辅之以深度的访谈调查，就能比较全面、详细的掌握问题的全貌和性质。虽然这种研究方法目前还不能在史学研究中发挥主导作用，但是以之辅助史学研究的开展显然是可行的。而正是利用这项技术进行的研究，我们不仅廓清了公众的认知态度，还由此明了了某些工业遗产保护良好或者受损的一些原因，从而为工业遗产的保护提供了确凿的依据。所以，史学研究目前已经到了一个重要的转型关头，坚守史学已有的成熟的研究方法是重要的，做一些新的尝试，丰富史学研究的手段和方法，以开拓史学研究的领域和视野也是必要的。

任何研究都是有遗憾的研究，在研究过程中都会发现新的问题，并由此进入新一轮的研究。因此也就给已有的研究留下了遗憾。我们在本书撰写的过程中深深体会到了这一点。在对北京工业遗产进行研究的过程中，我们发现除了已经呈现给读者的研究成果外，还有诸多问题有待继续挖掘和探讨。例如，工业发展与环境的关系问题。工业革命以来的人类历史，就是人类对自然环境逐步加大影响的历史，就是环境问题日渐突出的历史。这种突出影响必然会反映在工业遗产上。如何发掘工业遗产中保留的环境影响因素，以丰富目前方兴未艾的环境史研究；如何发掘工业遗产保留的环境影响因素，以总结经验教训，为当代的环境保护提供历史借鉴等问题，其实都是十分重要的研究课题，也是工业遗产研究重要方向和最有价值的研究领域。但是，我们的研究在本书中仅仅是做了初步探讨，仅在绪论和第一章中有初步涉及，未能深入探究。加之时间的限制，我们终未能更加广泛深刻的介入。但是，我们会继续关注这个领域，并且期望能弥补遗憾，拓展研究。

北京工业遗产是中国工业遗产的重要组成部分，由于北京特殊的政治环境和首都的城市定位，形成了近代以来不同于其他城市的运行轨迹，政治变化对工业发展的影响十分突出，工业结构因此独具特点，由此产生的工业遗产也独具特点，因而在全国的工业遗产中占据重要的、独特的地位。对于独具特点的北京工业遗产加强保护研究显然是十分重要的。但是，调查显示，目前北京上至官方下至百姓，对此并无高度重视和有力的保护措施。因此，北京工业遗产的保护与利用任重道远，而研究者的挖掘阐述尤显重要。只有充分论证了北京工业遗产的深厚内涵，独具特点的文化遗产价值和保护利用的有效方法路径，才能最终引起各方重视，从而使北京工业遗产的保护利用走上良性发展的道路。

附录一　首都公众对工业遗产认知情况调查问卷

尊敬的市民朋友：

您好！我们是北京工业遗产课题组成员。为全面了解社会公众对工业遗产的认知情况，推进首都工业遗产的有效保护与合理开发，建设人文北京，我们特开展此次调查。问卷采用匿名形式，调查结果将严格保密，且仅用于学术研究。问卷简单易做，不会占用您太多时间，请您在填写问卷时，根据问题要求和个人真实想法作答。最后，由衷感谢您的支持与配合，并祝您工作顺利，生活愉快！

一、个人基本情况

1. 请问您在北京的居住时间是：

□无定居　□一年至五年　□五年至十年　□十年至三十年　□三十年以上

2. 请问您所处的年龄阶段是：

□18 岁以下　□19～28 岁　□ 29～39 岁　□40～50 岁　□ 51～60 岁　□61 岁以上

3. 请问您的性别是：　□男　□女

4. 请问您的受教育程度是：

□小学　□初中(中专，职高，技校)　□高中(大专)　□本科　□本科以上

5. 请问您目前的职业是：

□工人　□进城务工人员　□公务员与领导干部　□教师和科技人员
□离退休人员　□公司职员与管理人员　□私营业主　□自由职业
□下岗失业人员　□其他________

6. 请问您主要工作生活的区域是：

□东城、西城　□海淀、朝阳、丰台、石景山　□其他远郊区县

7. 请问您的月平均收入是：

□2000 元以下　□2000～3000 元　□3000～5000 元　□5000 元以上

二、对工业遗产的了解

1. 您了解文化遗产的概念内涵吗？

□非常了解　□知道一点　□不知道(选此项者可不回答第二题)

2. 您是通过何种渠道了解文化遗产的？

□书报杂志　□电视新闻媒体　□网络　□政府机构宣传活动　□听人所说　□志愿者宣传

3. 您认为工业遗产属于文化遗产的何种类型？

□物质文化遗产　□非物质文化遗产　□二者兼有

4. 您认为下列属于工业遗产的选项是？(可多选)

□故宫　□国家大剧院　□电报大楼　□首钢石景山厂区　□前门火车站　□二锅头生产工艺

5. 您是通过何种渠道了解工业遗产的？(可多选)

□书报杂志　□电视新闻媒体　□网络空间

□政府机构宣传活动　□听人所说　□志愿者宣传

6. 您觉得工业遗产在当今社会还有价值吗？(选第三项者请跳过下一题)

□有　□有一些　□没有

7. 您认为工业遗产有哪些价值？(可多选)

□经济发展与城市规划的借鉴价值　□保存历史记忆与增强文化认同

□学术研究与社会教育价值　□旅游开发、土地开发的经济价值

□休闲娱乐价值

8. 您觉得工业遗产和您的生活关系密切吗？

□非常紧密　□比较紧密　□一般　□不太紧密　□没有任何关系

您这样认为的理由是：________________________________

9. 您是否实地参观过一处以上北京工业遗址？并请说明具体名称。

□是，参观遗址是________________　□否

三、对工业遗产保护问题的认识

1. 您认为工业遗产是否有保护的必要性？

□有 □没有（选此项者请跳过下一题） □无所谓

2. 您关注工业遗产保护问题吗？

□非常关注 □只是听说，但不了解 □不知道（选此项者跳过下一题）

3. 您了解下列北京工业遗产保护或利用工程吗？（可多选）

□798 厂改造为创意产业园 □北京葡萄酒厂部分改造为博物馆

□北京焦化厂改为交通枢纽 □603 厂改造为北京新京报社

□首钢厂区改造为主题公园和国际动漫城

4. 有人提出工业遗产保护的重要程度问题，你赞成哪一个说法？

□与保护故宫、颐和园等古代文化遗产同等重要

□北京是文化古都，保护古代遗产更重要

□工业遗产的保护可有可无

5. 有人认为社会发展需要工业遗产，下列说法您赞成吗？（可多选）

□工业遗产是近代工业社会的表征，缺了工业遗产就丢失了一段历史物证

□能够为当代中国工业和社会经济的发展提供历史借鉴

□能够带动旅游开发 □能够带动周围经济发展

□能够增强民众的历史认同感 □能够为学术研究提供更多的生动资料

6. 您觉得北京工业遗产的保护状况怎么样？

□非常好 □比较好 □一般 □不好 □不清楚

7. 有人提出工业遗产的保护利用的原则，您赞成哪一个说法？

□以保护为主，力求保持遗址原貌，保护重于开发

□保护与开发相协调，因地制宜可持续地进行改造

□以利用为主，为经济效益为中心，利用高于保护

8. 下列工业遗产的利用模式您较为认可的是？（可多选）

□建成博物馆，供大家参观，如正阳门火车站

□建成主题公园，提升旅游业，如首钢密云铁矿

□继续发挥作用，让大家近距离感知历史，如西直门火车站

□利用其建筑，改变内部搞商业开发，如北京手表厂改造为双安商场

□利用其建筑，搞创意产业，如原798厂改为创意产业园

□完全拆除旧有建筑，进行房地产开发，如原东郊机械工业区改为CBD

9. 部分工业遗产遭到了严重破坏，您认为其原因是？(可多选)

□政府管理缺失，缺乏对工业遗产的保护　□企业尤其是房地产企业过分看重经济效益　□所有者并不清楚其价值　□宣传教育不够，民众轻视工业遗产价值

四、工业遗产保护的政策与行动

1. 有人认为北京工业遗产保护重视程度和资金投入不够，您赞同吗？

□非常赞同　□赞同　□不太赞同　□不赞同　□不清楚

2. 工业遗产保护主要应当由哪方投入？

□政府　□工业遗产所有者　□社会投资者　□非营利性组织　□利用开发方

3. 请从下列加强工业遗产保护的各项要素中，选出最重要的三项：______，______，______。

①中央政府统筹管理　②地方政府的高度重视　③民间组织的积极推动　④民众的广泛参与　⑤国际组织的支持　⑥各领域专家的建言献策

4. 您愿意参与工业遗产保护有关的活动吗？

□愿意　□不愿意　□无所谓

5. 您觉得公众参与保护工业遗产的方式是？

□作为志愿者参与保护宣传　□作为代表参与政策制定　□为遗产保护方案制定提供意见　□参观工业遗址　□参与工业旅游活动

□其他____________

6. 对工业遗产的保护您还有什么意见建议吗？

____

____

____

问卷至此结束，我们对您在百忙之中填写问卷表示由衷感谢，并祝您生活愉快，天天开心！

附录二　民众对老北京银行街认知情况调查问卷

您好！

我们是北京师范大学的学生。为了解民众对西交民巷老银行街金融业遗产的认识，推进金融业遗产的有效保护与合理开发，我们特做此次调查。此次调查采用匿名的形式，所得内容与数据完全用于学术研究，不会对外公布您的个人信息及问卷的回答情况。问卷简单易做，不会占用您太多的时间，请您根据问卷要求真实填写，谢谢您的合作！

一、个人信息

1. 您的居住所在地：

□西城区	□东城区	□海淀区	□朝阳区	□丰台区	□石景山区
□通州区	□门头沟区	□顺义区	□昌平区	□怀柔区	□大兴区

2. 您在北京居住的时间：

□无定居　□一年以下　□一年至五年　□五年至十年　□十年至三十年　□三十年以上

3. 您的年龄：

□18 岁以下　□19～28 岁　□ 29～39 岁　□40～50 岁　□ 51～66 岁　□67 岁以上

4. 您的受教育程度：

□小学　□初中(中专，职高，技校)　□高中(大专)　□本科　□本科以上

5. 您的职业是：

□工人　□农业从业者　□公务员　□教育文化工作者　□科技从业者　□金融业从业者　□企业家　□个体户及其他商业从业者　□学生　□其他____________

二、对老银行街基本情况及其历史价值的了解

1. 您知道西交民巷老北京银行街吗？

□知道　□不知道(转至第三部分：对西交民巷老北京银行街遗址保护现状的认识)

2. 下列具体的西交民巷银行旧址，您知道的有________________(可多选)。

□户部银行　□大陆银行　□中国农工银行　□中央银行　□北洋保商银行　□金城银行

3. 您觉得老北京银行街对当今社会还有价值吗？

□有　□没有(转至第8题)

4. 您认为老北京银行街的存在有哪些价值？(可多选)

□金融业发展价值　□休闲娱乐价值　□城市规划的借鉴价值

□增强民族历史认同感　□历史研究价值　□建筑业的研究价值

□旅游开发的经济价值　□文化教育价值　□居住价值

5. 您觉得老北京银行街和您的生活关系紧密吗？

□非常紧密　□比较紧密　□一般　□不太紧密　□没有任何关系

您这样认为的理由是：____________________________

6. 您关注老北京银行街目前的保护状况吗？

□非常关注，持续了解　□只是听说，但不了解　□不知道(转到第三部分)

7. 您是通过什么途径知道老北京银行街目前的保护状况的？(可多选)

□书报杂志　□电视新闻媒体　□上网　□政府机构宣传活动　□听人所说　□学生志愿、实践队伍宣传

8. 您觉得保护老北京银行街有必要吗？

□有　□没有　□无所谓

9. 您觉得对于老北京银行街保护的必要原因是什么？(可多选)

□社会缺少对于北京近代西洋建筑的关注

□能够带来更多的旅游开发效益

□能够带动周围经济发展

□能够增强民族历史认同感

□能够为中国近代经济史提供更好的研究资料

三、对西交民巷老北京银行街遗址保护现状的认识

1. 您觉得现在西交民巷的整体保护状况怎么样？

□非常好　□比较好　□一般　□不太好　□非常不好　□不清楚

2. 您觉得整条街上银行旧址的保护情况怎么样？

□非常好　□比较好　□一般　□不太好　□非常不好　□不清楚

您这样判断的理由是：________________________________

3. 您觉得整条街上四合院、胡同等遗迹(门、门墩、房屋建筑、拴马桩、路面等)的保护情况怎么样？

□非常好　□比较好　□一般　□不太好　□非常不好　□不清楚

您这样判断的理由是：________________________________

4. 您认为西交民巷整条街的环境如何？

□非常好　□比较好　□一般　□不太好　□非常不好　□不清楚

您这样判断的理由是：________________________________

5. 您觉得有必要维护西交民巷的旧貌吗？

□有　□没有　□无所谓

6. 您认为有必要维护西交民巷旧貌的原因是？(可多选)

□更能体现西交民巷巨大的历史文化价值和深厚积淀

□更能创造优美整洁的人文景观

□更能吸引游客，促进旅游效益

7. 您觉得现在西交民巷老银行街的银行旧址遭受的破坏因素有(可多选)：

□不知道是古建　□房地产开发侵占　□古建筑被拆毁　□居民乱丢垃圾　□城市规划建设的需要　□缺乏保护金融业遗产的意识　□其他__________

8. 您怎样看待对银行旧址的保护？

□很重要，是街区文化的重要内容　□比较重要，能够创造一定的经济效益　□一般，是日常生活的点缀　□不太重要，可有可无　□一点也不重要，占用土地，没有价值

9. 您对把西交民巷老北京银行街建设成现代城市文物保护区的模式持什么态度?

□赞同，应大力建设 □赞同，但只可在部分区域建设 □不赞同 □无所谓

10. 您对把西交民巷老北京银行街开发成旅游景点的模式，持什么态度?

□赞同，应大力建设 □赞同，但只可在部分区域建设 □不赞同 □无所谓

11. 您对政府西交民巷老北京银行街规划持什么态度?

□赞同，应大力建设 □赞同，但只可在部分区域建设 □不赞同 □无所谓

四、对西郊民巷老北京银行街保护与利用的参与态度

1. 您愿意参加西郊民巷老北京银行街保护的相关活动吗?

□ 愿意 □不愿意 □无所谓

2. 您觉得西郊民巷老北京银行街上居民的保护重要吗?

□非常重要 □比较重要 □一般 □不太重要 □一点也不重要

3. 请您从下列加强西郊民巷老北京银行街文物、古迹保护的各项要素，选出最重要的三项。

①中央政府统筹 ②地方政府重视 ③民间组织积极推动 ④民众参与 ⑤国际组织的资金、技术支持 ⑥各领域专家的宣传、保护

最重要的三项：______，______，______。

4. 您如何看待民众参与在西郊民巷老北京银行街文物、古迹保护上的作用?

□非常重要，起决定性作用 □很重要，不可缺少 □比较重要

□不重要，可有可无

5. 您认为民众应如何参与西郊民巷老北京银行街保护?（可多选）

□自己不破坏

□积极参与政府和民间组织的保护活动

□积极向他人宣传保护西郊民巷老北京银行街

□制止他人、集体一切破坏西郊民巷老北京银行街的活动

□互动学习西郊民巷老北京银行街的历史

□其他__________________

6. 在对西郊民巷老北京银行街文物、古迹的保护中，您还有什么建议？

____

问卷至此结束，再次感谢您能抽出宝贵的时间填这份问卷，祝您事业有成，万事顺心！

参考文献

一、史料

1. 北京市档案馆藏：北平市政府档案全宗J1。

2. 北京市档案馆藏：北平市社会局档案全宗J2。

3. 北京市档案馆藏：北平市财政局档案全宗J9。

4. 北京市档案馆藏：石景山钢铁厂档案全宗J61。

5. 北京市档案馆藏：北平市商会档案全宗J71。

6. 北京市档案馆藏：冀北电力公司档案全宗J84。

7.《同治朝筹办夷务始末》，中华书局2008年版。

8. 朱寿朋编：《光绪朝东华录》，中华书局1958年版。

9. 总理衙门清档：《海防档》，台湾艺文印书馆1957年影印本。

10. 中国史学会编：《中国近代史资料丛刊〈洋务运动〉》，上海人民出版社1961年版。

11. 孙毓棠编：《中国近代工业史资料》，第一辑，科学出版社1957年版。

12. 汪敬虞编：《中国近代工业史资料》，第二辑，科学出版社1957年版。

13. 陈真、姚洛编：《中国近代工业史资料》，第一辑，生活·读书·新知三联书店1957年版。

14. 陈真编：《中国近代工业史资料》，第三辑，生活·读书·新知三联书店1961年版。

15. 彭泽益编：《中国近代手工业史资料》，生活·读书·新知三联书店1957年版。

16. 宓汝成编：《中国近代铁路史资料》，中华书局1963年版。

17. 中国第二历史档案馆编：《中华民国史档案资料汇编》，第三辑、第五辑，江苏古籍出版社1991年版。

18.《中华民国商业档案资料汇编》，第一卷，中国商业出版社 1991 年版。

19. 中国第二历史档案馆沈家五编：《张謇农商总长任期经济资料选编》，南京大学出版社 1987 年版。

20. 国家图书馆古籍馆编：《国家图书馆藏京张路工集》，天津古籍出版社 2013 年影印版。

21. 中国科学院经济研究所、中央工商行政管理局资本主义经济改造研究室主编、青岛市工商行政管理局史料组编：《中国民族火柴工业》，中华书局 1963 年版。

22. 翦伯赞、郑天挺主编：《中国通史参考资料》近代部分，中华书局 1980 年版。

23. 李文海主编：《民国时期社会调查丛编》二编，福建教育出版社 2014 年版。

24. 中国人民大学工业经济系编著：《北京工业史料》，北京出版社 1960 年版。

25. 邹鲁：《日本对华经济侵略》，国立中山大学出版部 1935 年版。

26. 王季点、薛正清：《调查北京工厂报告》，首都图书馆地方文献部藏，民国十三年(1924 年)版。

27. 池泽汇、娄学熙、陈问咸编：《北平市工商业概况》，北平市社会局民国 21 年(1932 年)版。

28. 林子英：《实业革命史》，商务印书馆 1928 年版。

29. 吴贯因：《中国经济史眼》，上海联合书店 1930 年版。

30. 中国人民银行上海市分行金融研究室编：《金城银行史料》，上海人民出版社 1983 年版。

31.《北京金融史料·银行篇(三)·中国农工银行史料》，中国人民银行北京市分行自刊，1993 年版。

32. 中共中央组织部、中共中央党史研究室、中央档案馆编：《中国共产党组织史资料》第一卷“党的创建和大革命时期(1921.7—1927.7)”，中共党史出版社 2000 年版。

33. 中共北京市委组织部、中共北京市委党史资料征集委员会、北京市档案局编：《中国共产党北京市组织史资料(1921—1987)》，人民出版社1992年版。

34. 中国人民政治协商会议北京市委员会文史资料研究委员会编：《北京的黎明》，北京出版社1988年版。

35. 中共北京市委党史研究室编：《北京革命史回忆录》第一辑，北京出版社1991年版。

36. 中国社会科学院近代史研究所编：《五四运动回忆录》，中国社会科学出版社1979年版。

37. 中国革命博物馆编：《北方地区工人运动资料选编(1921—1923)》，北京出版社1981年版。

38. 邓中夏：《中国职工运动简史(1919—1926)》，人民出版社1953年版。

39. 中国社会科学院、中央档案馆编：《1949—1952中华人民共和国经济档案资料选编(综合卷)》，中国城市经济社会出版社1990年版。

40. 中国社会科学院、中央历史档案馆：《1949—1952中华人民共和国经济档案资料选编(工业卷)》，中国物资出版社1996年版。

41. 中共中央文献研究室编：《建国以来重要文献选编(第二册)》，中央文献出版社1992年版。

42. 詹同济编译：《詹天佑日记书信文章选》，北京燕山出版社1989年版。

43. 詹同济编：《詹天佑文集》，北京燕山出版社1993年版。

44. 刘揆一著，饶怀民编：《刘揆一集》，湖南人民出版社2008年版。

45. 北京市总工会、北京市科学技术协会编：《倪志福钻头及其刃磨方法》，北京出版社1960年版。

46. 中国城市规划设计研究院、建设部城乡规划司编：《城市规划资料集》第8分册《城市历史保护与城市更新》，中国建筑工业出版社2008年版。

47. 张松编：《城市文化遗产保护国际宪章与国内法规选编》，同济大学出版社2007年版。

48.《中国煤炭志》编纂委员会：《中国煤炭志·北京卷》，煤炭工业出版社 1999 年版。

49. 北京市地方志编辑委员会：《北京志·综合经济管理卷·金融志》，北京出版社 2001 年版。

50. 北京市地方志编纂委员会：《北京志·电力工业志》，北京出版社 2004 年版。

51. 北京市地方志编纂委员会：《北京志·市政卷·公共交通志》，北京出版社 2002 年版。

52. 北京市地方志编纂委员会：《北京志·建筑卷·建筑志》，北京出版社 2003 年版。

53. 北京市地方志编纂委员会：《北京志·市政卷·供水志、供热志、燃气志》，北京出版社 2003 年版。

《商务官报》《政府公报》《银行周报》《中央银行月报》《中大季刊》《中华人民共和国国务院公报》《人民日报》《北京日报》《北京晚报》《工人日报》《中国食品安全报》《北京周报》《京华时报》《科技日报》《环球市场信息导报》《首都建设报》《北京青年报》《北京商报》《昌平报》《中国房地产报》。

二、论著

1. 马克思、恩格斯：《马克思恩格斯选集》，人民出版社 1995 年版。

2. 马克思、恩格斯：《共产党宣言》，人民出版社 1997 年单行本。

3. 马克思：《资本论》，第一卷，人民出版社 2004 年版。

4. 恩格斯：《路德维希·费尔巴哈和德国古典哲学的终结》，人民出版社 1997 年单行本。

5. 毛泽东：《毛泽东选集》，人民出版社 1991 年版。

6. 毛泽东：《毛泽东文集》，人民出版社 1999 年版。

7. 周恩来：《周恩来选集》下卷，人民出版社 1984 年版。

8. 邓小平：《邓小平文选》，第 1 卷，人民出版社 1994 年版。

9. 北京师范大学历史系三年级、研究班：《门头沟煤矿史稿》，人民出版社 1958 年版。

10. 彭明：《五四运动在北京》，北京出版社 1979 年版。

11. 吴承明：《中国资本主义与国内市场》，中国社会科学出版社 1985 年版。

12. 果鸿孝：《中国著名爱国实业家》，人民出版社 1988 年版。

13. 靳德行主编：《中华人民共和国史》，河南大学出版社 1989 年版。

14. 中国近代煤矿史编写组：《中国近代煤矿史》，煤炭工业出版社 1990 年版。

15. 杜恂诚：《民族资本主义与旧中国政府(1840—1937)》，上海社会科学院出版社 1991 年版。

16. 陆仰渊、方庆秋：《民国社会经济史》，中国经济出版社 1991 年版。

17. 曹子西主编：《北京通史》，中国书店出版社 1994 版。

18. 方彪：《北京简史》，北京燕山出版社 1995 年版。

19. 史明正：《走向近代化的北京城：城市建设与社会变革》，北京大学出版社 1995 年版。

20. 王章辉、孙娴主编：《工业社会的勃兴》，人民出版社 1995 年版。

21. 张仲礼主编：《东南沿海城市与中国近代化》，上海人民出版社 1996 年版。

22. 周一兴主编：《当代北京简史》，当代中国出版社 1999 年版。

23. 夏衍：《包身工》，解放军文艺出版社 2000 年版。

24. 汪敬虞主编：《中国近代经济史：1895—1927》，人民出版社 2000 年版。

25. 严中平主编：《中国近代经济史：1840—1894》，人民出版社 2001 年版。

26. 经盛鸿：《詹天佑评传》，南京大学出版社 2001 年版。

27. 中国日用化工协会火柴分会编：《中国火柴工业史》，中国轻工业出版社 2001 年版。

28. 许涤新、吴承明主编：《中国资本主义发展史》，第二卷，人民出版社 2003 年版。

29. 关续文：《老北京冶铁史话》，香港银河出版社 2004 年版。

30. 张复合：《北京近代建筑史》，清华大学出版社 2004 年版。

31. 王玉丰：《揭开昨日工业的面纱：工业遗址的保存与再造》，科学工艺博物馆 2004 年版。

32. 王世仁：《文化遗产保护知行录》，中国建筑工业出版社 2015 年版。

33. 刘永祥：《金城银行——中国近代民营银行的个案研究》，中国社会科学出版社 2006 年版。

34. 刘会远、李蕾蕾：《德国工业旅游与工业遗产保护》，商务印书馆 2007 年版。

35. 上海创意产业中心编：《上海培育发展创意产业的探索与实践》，上海科学技术文献出版社 2006 年版。

36. 左琰：《德国柏林工业建筑遗产的保护与再生》，东南大学出版社 2007 年版。

37. 中国建筑设计研究院建筑历史研究所编：《北京近代建筑》，中国建筑工业出版社 2008 年版。

38. 张复合：《图说北京近代建筑史》，清华大学出版社 2008 年版。

39. 徐雪梅：《老工业基地改造中的社区建设研究：以辽宁为个案》，中国社会科学出版社 2008 年版。

40. 王建国等：《后工业时代产业建筑遗产保护更新》，中国建筑工业出版社 2008 年版。

41. 白青锋等：《锈迹：寻访中国工业遗产》，中国工人出版社 2008 年版。

42. 王德刚、田芸：《工业旅游开发研究》，山东大学出版社 2008 年版。

43. 建筑文化考察组、潍坊市规划局编：《山东坊子近代建筑与工业遗产》，天津大学出版社 2008 年版。

44. 张复合：《中国近代建筑研究与保护》，清华大学出版社 2008 年版。

45. 曹子西主编：《北京史志文化备要》，中国文史出版社 2008 年版。

46. 北京市地方志编纂委员会:《北京年鉴2007》,北京出版社2008年版。

47. 单霁翔:《文化遗产保护与城市文化建设》,中国建筑工业出版社2009年版。

48. 聂武钢、孟佳:《工业遗产与法律保护》,人民法院出版社2009年版。

49. 上海文物管理委员会编:《上海工业遗产新探》,上海交通大学出版社2009年版。

50. 刘伯英、冯钟平:《城市工业用地更新与工业遗产保护》,中国建筑工业出版社2009年版。

51. 于大江主编:《工业旅游方略:青岛工业旅游发展研究》,社会科学文献出版社2009年版。

52. 刘伯英:《中国工业建筑遗产调查与研究》,清华大学出版社2009年版。

53. 周谷城:《中国社会史论》,湖南教育出版社2009年版。

54. 岳宏:《工业遗产保护初探:从世界到天津》,天津人民出版社2010年版。

55. 李惠民:《近代石家庄城市化研究(1901—1949)》,中华书局2010年版。

56. 李炯华:《工业旅游理论与实践》,光明日报出版社2010年版。

57. 北京卷编辑部:《当代中国城市发展丛书·北京》,当代中国出版社2011年版。

58. 郭琦、朱京海:《工业遗存概论》,辽宁科学技术出版社2011年版。

59. 王西京、陈洋、金鑫:《西安工业建筑遗产保护与再利用》,中国建筑工业出版社2011年版。

60. 张京成、王国华:《北京文化创意产业发展报告》,社会科学文献出版社2012年版。

61. 左琰、安延清:《上海弄堂工厂的死与生》,上海科学技术出版社2012年版。

62. 韩福文、刘春兰：《东北地区工业遗产保护与旅游利用研究》，光明日报出版社 2012 年版。

63. 舒韶雄等：《黄石矿冶工业遗产研究》，湖北人民出版社 2012 年版。

64. 王明友、李淼淼：《中国工业旅游研究》，经济管理出版社 2012 年版。

65. 张京成：《工业遗产的保护与利用："创意经济时代"的视角》，北京大学出版社 2013 年版。

66. 骆高远：《寻访我国"国保"级工业文化遗产》，浙江工商大学出版社 2013 年版。

67. 彭小华：《品读武汉工业遗产》，武汉出版社 2013 年版。

68. 田燕：《文化线路下的汉冶萍工业遗产研究》，武汉理工大学出版社 2013 年版。

69. 单霁翔：《用提案呵护文化遗产》，天津大学出版社 2013 年版。

70. 刘宗绪主编：《世界近代史》，北京师范大学出版社 2014 年版。

71. 许东风：《重庆工业遗产保护利用与城市振兴》，中国建筑工业出版社 2014 年版。

72. 宋颖：《上海工业遗产的保护与再利用研究》，复旦大学出版社 2014 年版。

73. 王慧：《中国农村工业遗产保护与旅游利用研究》，辽宁大学出版社 2014 年版。

74. 刘金林、聂亚珍、陆文娟：《资源枯竭城市工业遗产研究——以黄石矿冶工业遗产研究为中心的地方文化学科体系的构建》，光明日报出版社 2014 年版。

75. 王晶：《工业遗产保护更新研究——新型文化遗产资源的整体创造》，文物出版社 2014 年版。

76. 国家旅游局规划财务司：《大力发展工业遗产旅游促进资源枯竭型城市转型》，旅游教育出版社 2014 年版。

77. 李和平、肖竞：《城市历史文化资源保护与利用》，科学出版社

2014 年版。

78. 韦峰：《在历史中重构：工业建筑遗产保护更新理论与实践》，化学工业出版社 2015 年版。

79. [美] 本・巴鲁克：《美国企业史》，上海人民出版社 1975 年译本。

80. [德]汉斯・豪斯威尔：《近代经济史》，商务印书馆 1987 年版。

81. [意]卡洛・M. 奇波拉：《欧洲经济史》第 2 卷，商务印书馆 1988 年版。

82. [美]道格拉斯・C・诺思、罗伯特・保尔・托马斯：《西方世界的兴起》，学苑出版社 1988 年版。

83. [英]戴伦・J. 斯蒂芬、W. 博伊德：《遗产旅游》，旅游教育出版社 2007 年版。

84. [美]艾米莉・洪尼格：《姐妹们与陌生人——上海棉纱厂女工，1919—1949》，江苏人民出版社 2011 年版。

85. [美]Dallen J. Timothy：《文化遗产与旅游》，中国旅游出版社 2014 年版。

86. Patrick Dambron. *Patrimoine Industriel & Developpement Local*. Paris：Editions Jean Delaville，2004.

三、论文集和论文

1. 中国文化遗产研究院编：《文化遗产保护科技发展国际研讨会论文集：中国文物研究所成立七十周年纪念》，科学出版社 2007 年版。

2. 无锡市文化遗产局：《中国工业遗产保护论坛文集》，凤凰出版社 2007 年版。

3. 刘伯英：《中国工业建筑遗产调查与研究：2008 年中国工业建筑遗产国际学术研讨会论文集》，清华大学出版社 2009 年版。

4. 朱文一、刘伯英：《中国工业建筑遗产调查研究与保护：2010 年中国首届工业建筑遗产学术研讨会论文集》，清华大学出版社 2011 年版。

5. 朱文一、刘伯英：《中国工业建筑遗产调查、研究与保护(二)：2011 年中国第二届工业建筑遗产学术研讨会论文》，清华大学出版社 2012 年版。

6. 张晓科、陈晨：《新型城镇化道路下的工业遗产保护模式研究——以天津滨海新区为例》，中国城市规划学会：《城市时代，协同规划——2013年中国城市规划会议论文集》2013年版。

7. 河南省文物建筑保护研究院编：《文物建筑》第7辑，科学出版社2014年版。

8. 俞孔坚、庞伟：《理解设计：中山岐江公园工业旧址再利用》，载《建筑学报》2002年第8期。

9. 王东：《北京的现代化城市建设与文化古都保护》，载《北京社会科学》2003年第1期。

10. 李辉、周武忠：《我国工业遗产地保护与利用研究述评》，载《东南大学学报(哲学社会科学版)》2005年第S1期。

11. 张伶伶、夏柏树：《东北地区老工业基地改造的发展策略》，载《工业建筑》2005年第3期。

12. 邵健健：《超越传统历史层面的思考——关于上海苏州河沿岸产业类遗产"有机更新"的探讨》，载《工业建筑》2005年第4期。

13. 李林、魏卫：《国内外工业遗产旅游研究述评》，载《华南理工大学学报(社会科学版)》2005年第4期。

14. 沈实现、韩炳越：《旧工业建筑的自我更新——798工厂的改造》，载《工业建筑》，2005年第8期。

15. 何俊涛、刘会远、李蕾蕾：《德国工业旅游面面观(外一则)——原东德Lausitz褐煤矿与西德RWE褐煤矿的差距》，载《现代城市研究》，2006年第1期。

16. 许新年、王东：《建国初期"增产节约运动"的由来》，载《党史纵横》2006年第3期。

17. 王慧芬：《论江苏工业遗产保护与利用》，载《东南文化》2006年第4期。

18. 单霁翔：《关注新型文化遗产——工业遗产的保护》，载《中国文化遗产》2006年第4期。

19. 王雯淼：《城市中的工业遗产记忆》，载《建筑创作》2006年第8期。

20. 刘伯英、李匡：《首钢工业区工业遗产资源保护与再利用研究》，载《建筑创作》2006 年第 9 期。

21. 邢怀滨、冉鸿燕、张德军：《工业遗产的价值与保护初探》，载《东北大学学报(社会科学版)》2007 年第 1 期。

22. 刘伯英、李匡：《北京焦化厂工业遗产资源保护与再利用城市设计》，载《北京规划建设》2007 年第 2 期。

23. 尤宝铭：《西北地区工业遗产的保护与开发利用》，载《中国博物馆》2007 年第 3 期。

24. 阙维民：《国际工业遗产的保护与管理》，载《北京大学学报(自然科学版)》2007 年第 4 期。

25. 盖文启、蒋振威：《北京市现代制造业发展的布局问题探讨》，载《北京社会科学》2007 年第 5 期。

26. 李晓春：《论制造业在北京经济发展中的战略地位》，载《北京社会科学》2007 年第 5 期。

27. 任睿：《北京城市快速发展时期双井老工业区转型研究》，载《华中建筑》2007 年第 6 期。

28. 李建华、王嘉：《无锡工业遗产保护与再利用探索》，载《城市规划》2007 年第 7 期。

29. 王肖宇、陈伯超、张艳锋：《沈阳工业建筑遗产保护与利用》，载《工业建筑》2007 年第 9 期。

30. 孙烈：《全国首届工业遗产与社会发展学术研讨会在哈尔滨召开》，载《中国科技史杂志》2008 年第 3 期。

31. 杨卫泽：《工业百年与无锡工业遗产保护》，载《中国名城》2008 年第 3 期。

32. 温宗勇、侯兆年、黄威等：《不该忘却的城市记忆(上)——〈北京优秀近现代建筑保护名录〉(第一批)全记录》，载《北京规划建设》2008 年第 3 期。

33. 李楠：《不该忘却的城市记忆(中)——〈北京优秀近现代建筑保护名录〉(第一批)全记录》，载《北京规划建设》2008 年第 4 期。

34. 刘春成、白旭飞、侯汉坡：《浅析北京工业空间布局演变路径》，载《北京社会科学》2008年第4期。

35. 阙维民：《世界遗产视野中的中国传统工业遗产》，载《经济地理》2008年第6期。

36. 李和平、张毅：《与城市发展共融——重庆市工业遗产的保护与利用探索》，载《重庆建筑》2008年第10期。

37. 刘伯英、李匡：《北京工业遗产评价办法初探》，载《建筑学报》2008年第12期。

38. 郝珺、孙朝阳：《工业遗产地的多重价值及保护》，载《工业建筑》2008年第12期。

39. 孙朝阳：《浅谈工业遗产地的文化情境》，载《山西建筑》2008年第30期。

40. 陈军：《北京工业发展30年：搬迁、调整、更新》，载《北京规划建设》2009年第1期。

41. 刘伯英：《关注工业遗产更要关注工业资源》，载《北京规划建设》2009年第1期。

42. 栾景亮、贾昳仑：《落实科学发展观 不断提升城乡规划水平——北京焦化厂工业遗产保护与开发利用规划方案征集》，载《北京规划建设》2009年第1期。

43. 宣祥鎏：《工业遗产保护是历史名城保护的新拓展》，载《北京规划建设》2009年第1期。

44. 北京市城市规划设计院：《北京市焦化厂工业遗产保护和开发利用方案综合》，载《北京规划建设》2009年第1期。

45. 侯凤武、张立昆、苏英亮等：《国内工业遗产更新改造理念再析》，载《工业建筑》2010年第6期。

46. 刘伯英、李匡：《北京工业建筑遗产现状与特点研究》，载《北京规划建设》2011年第1期。

47. 刘伯英：《工业建筑遗产保护发展综述》，载《建筑学报》2012年第1期。

48. 刘伯英、李匡：《首钢工业遗产保护规划与改造设计》，载《建筑学报》2012 年第 1 期。

49. 李和平、郑圣峰、张毅：《重庆工业遗产的价值评价与保护利用梯度研究》，载《建筑学报》2012 年第 1 期。

50. 张艳、柴彦威：《北京现代工业遗产的保护与文化内涵挖掘——基于城市单位大院的思考》，载《城市发展研究》2013 年第 2 期。

51. 刘伯英、夏天、薛运达等：《“中国工业建筑遗产保护之困境与出路”主题沙龙》，载《城市建筑》2012 年第 3 期。

52. 季宏、王琼：《天津近代工业遗产建筑的风格与特征》，载《福州大学学报(自然科学版)》2013 年第 6 期。

53. 刘爱丽：《天津工业遗产现状研究》，载《社科纵横》2013 年第 8 期。

54. 吴强、褚艳洁：《上海玻璃厂遗址保护及利用的评鉴与分析》，载《工业建筑》2013 年第 12 期。

55. 刘抚英：《欧洲工业遗产之路初探》，载《华中建筑》2013 年第 12 期。

56. 王铁铭：《中国工业遗产研究现状述评》，载《城市建筑》2013 年第 22 期。

57. 张春茂、万川特、王维：《首钢工业遗产改造中的绿色转化》，载《工业建筑》2014 第 S1 期。

58. 张青、郄红伟、周婧博：《天津市工业遗产现状分析及保护对策研究》，载《科技和产业》2014 年第 1 期。

59. 青木信夫、闫觅、徐苏斌等：《天津工业遗产群的构成与特征分析》，载《建筑学报》2014 年第 2 期。

60. 田燕、张赐、王铮：《武昌沿江地区工业遗产再生实践研究》，载《工业建筑》2014 年第 2 期。

61. 王小斌：《北京 798 工业遗产街区立体农场的创意设计》，载《工业建筑》2014 年第 2 期。

62. 李志英：《增产节约运动的来龙去脉及其双面相》，载《晋阳学刊》2017 年第 2 期。

63. 吕建昌：《从绿野村庄到洛厄尔：美国的工业博物馆与工业遗产保护》，载《东南文化》2014年第2期。

64. 齐一聪：《工业遗产再生的设计方法与管理模式探析》，载《工业建筑》2014年第4期。

65. 邓巍、胡海艳：《基于文化空间整合的武汉市工业遗产保护体系研究》，载《工业建筑》2014年第4期。

66. 张犁：《工业遗产对城市再生的影响——英国利兹市城市再生的特点与启示》，载《西安交通大学学报(社会科学版)》2014年第5期。

67. 夏健、王勇、杨晟：《基于城市特色的苏州工业遗产认定》，载《工业建筑》2014年第6期。

68. 殷健、张晓云、范婷婷等：《经济平衡视角下的工业遗产保护和利用——沈阳红梅味精厂"抢救式"规划实践》，载《工业建筑》2014年第9期。

69. 青木信夫、徐苏斌、张蕾等：《英国工业遗产的评价认定标准》，载《工业建筑》2014年第9期。

70. 李勤、孟海：《国外工业遗产保护和更新的借鉴》，载《工业建筑》2014年第10期。

71. 刘玲玲、蒋伟荣、魏士宝：《工业遗产保护视野下的旧工业区景观改造——以西安大华纱厂为例》，载《建筑与文化》2014年第11期。

72. 季宏、王琼：《我国近代工业遗产的突出普遍价值探析——以福建马尾船政与北洋水师大沽船坞为例》，载《建筑学报》2015年第1期。

73. 李焜：《2014中国第五届工业遗产学术研讨会暨中国历史文化名城委员会西北片区会议综述》，载《建筑与文化》2015年第1期。

74. 赵一青、许檩：《工业遗产的保护和利用国内研究现状综述》，载《山西建筑》2015年第3期。

75. 张卫、叶青：《基于层次分析法的长沙工业遗产评价体系研究》，载《工业建筑》2015年第5期。

76. 赵林、宋蒙蒙：《济南老火车站保护改造中人文精神的体现》，载《工业建筑》2015年第5期。

77. 方一兵、姚大志：《论冶金工业遗产的技术史价值》，载《工业建筑》2015年第5期。

78. 朱强：《京杭大运河江南段工业遗产廊道构建》，北京大学2007年博士学位论文。

79. 寇怀云：《工业遗产技术价值保护研究》，复旦大学2007年博士学位论文。

80. 季宏：《天津近代自主型工业遗产研究》，天津大学2011年博士学位论文。

后记

我和宋健是忘年交，我们共享一个属相，但却相差了三轮，我俩的年龄差距之大可想而知。但是，尽管人生履历的差异如此大，有一点却是相通的，那就是我们都是在皇城根儿下长大的北京人，我们都对家乡有一份刻骨铭心、深深的爱恋。我们都曾无数次的看家乡的日出日落，云卷云舒；我们都曾无数次的看家乡的花开花谢，春去秋来。我们都目睹了家乡的巨大变化，看着一座座高楼大厦拔地而起，看着一条条崭新的大马路在不经意间出现。家乡变得越来越新了，带来了更多的生机和便利。然而，我们都非常熟悉的、从小玩耍于其中的许多小胡同、大院子却在不声不响中悄悄消失了，曾经长满青草的城墙早已不见了踪影，曾经被众多小商店、老字号充斥的喧嚣的西单、东单、王府井等老街也早已变了模样。曾经的机器轰鸣不见了，曾经学工的工厂变的无法相认。儿时的记忆越走越远了，能够找到的、儿时的痕迹越来越少了。对此，我们都不禁唏嘘，黯然神伤。

为了留住家乡的美丽过去，为了保存家乡的美好记忆，我们义无反顾地投入对北京工业遗产的记录和研究中。历经五个寒暑，我们走访了京城众多的工厂和遗迹，我们在厚厚的发黄的档案和报章中找寻那些曾经辉煌的身影，在脑海中凭吊那些过早逝去的历史见证。我们思考它们的价值，研究它们的历史意义，力图全景式的从历史沿革、工业考古、非物质文化遗产价值乃至保护对策等方面对北京工业遗产作一全面研究。现在，我们终于有了可喜的成果可以奉献给社会，奉献给我们热爱的家乡了。但是，由于时间和能力等各方面的限制，我们的研究不可能尽善尽美，完美无缺。然而，我们尽力了，我们为家乡的美丽过去和美好未来尽力了。

本书是分工合作的产物，李志英负责全书的统筹策划，撰写绪论的第一、三节和第一、四、五章及结语，并负责最后的统稿和定稿。宋健负责撰写绪论第二节和第二、六章，并负责全部照片的技术处理，第三章是我们两人合作的产物。另外，本书的调查工作是一项十分庞大繁杂的工作，绝非一两人之手能覆盖。因此，下列同学参与了本书的问卷调查和访谈调查，调查数据录入和分析，及部分调查初稿的撰写工作，他们是熊艺钧、于泳、尹露露、李琰、刘胤隆、鲍旦颖、董啸、王春然、李姣乐、刘奕彤、黄丹阳、林蔚、靳小萌、吴羚靖、裴启辰、李杨、周啸然等，对于他们的辛勤劳动和贡献，在此一并表示衷心感谢。还要感谢王思齐、陈金涛发挥自己的业务专长，为我们提供了日本工业遗产的日文资料。要特别感谢商秀玲女士，她在家务负担极其繁重的情况下，帮助我们找到了北京胶印二厂的遗址，为我们的工业考古和调查访谈提供了线索，使得我们的研究能够尽可能的完满。责任编辑王艳平、刘松弢、刘东明为本书的顺利出版付出了辛勤劳动，对他们的贡献也在此致以衷心的感谢。另外，学界的众多研究成果包括研究论文和图片，都给予我们的研究以诸多启发，在此一并致以由衷的感谢。

李志英

2017年岁末于北京海淀北太平庄